普通高等教育“十二五”规划教材

水利水电工程造价

主　编　沈阳农业大学　李春生
主　审　武 汉 大 学　何亚伯

U0217496

中国水利水电出版社
www.waterpub.com.cn

内 容 提 要

本书为普通高等教育“十二五”规划教材。依据我国最新颁布的水利水电工程定额及编制规定，从我国水利水电工程建设与管理的实际出发，本书以水利水电工程造价编制全过程为主线，系统地介绍了基本建设程序与工程造价、工程定额、水利水电工程基础单价、水利水电建筑工程概算、水利水电设备及安装工程概算、水利水电施工临时工程概算、水利水电工程设计总概算、投资估算、施工图预算、施工预算、水利水电工程清单计价、水利水电工程造价电算、经济评价等内容。

本书除作为大专院校水利水电工程相关专业工程造价课程的教材外，也可供从事水利水电工程规划、设计、施工、监理等相关工作的工程技术人员阅读参考。

图书在版编目（CIP）数据

水利水电工程造价 / 李春生主编. -- 北京 : 中国水利水电出版社, 2013.2(2020.12重印)
普通高等教育“十二五”规划教材
ISBN 978-7-5170-0609-1

Ⅰ. ①水… Ⅱ. ①李… Ⅲ. ①水利水电工程－工程造价－高等学校－教材 Ⅳ. ①TV512

中国版本图书馆CIP数据核字(2013)第014596号

书　　名	普通高等教育“十二五”规划教材 **水利水电工程造价**
作　　者	主编　沈阳农业大学　李春生　　主审　武汉大学　何亚伯
出版发行	中国水利水电出版社 （北京市海淀区玉渊潭南路1号D座　100038） 网址：www.waterpub.com.cn E-mail：sales@waterpub.com.cn 电话：(010) 68367658（营销中心）
经　　售	北京科水图书销售中心（零售） 电话：(010) 88383994、63202643、68545874 全国各地新华书店和相关出版物销售网点
排　　版	中国水利水电出版社微机排版中心
印　　刷	清淞永业（天津）有限公司
规　　格	184mm×260mm　16开本　21.5印张　510千字
版　　次	2013年2月第1版　2020年12月第4次印刷
印　　数	8001—10000册
定　　价	**56.00**元

前言

本书是根据普通高等教育“十二五”规划教材编写委员会的编写要求，并结合《水利工程设计概（估）算编制规定》（水总［2002］116号），以先进、实用为目标进行编写的。

随着我国社会主义市场经济体制的建立和逐步完善，基本建设造价管理模式也逐步由与计划经济相适应的概预算定额管理向与市场经济相适应的工程造价管理转换。

本书以水利水电工程造价编制全过程为主线，系统地介绍了基本建设程序与工程造价、工程定额、水利水电工程基础单价、水利水电建筑工程概算、水利水电设备及安装工程概算、水利水电施工临时工程概算、水利水电工程设计总概算、投资估算、施工图预算、施工预算、水利水电工程清单计价、水利水电工程造价电算、经济评价等内容。在编写过程中，贯彻理论联系实际，注重实践能力的培养，力求反映水利水电工程造价编制的先进经验和技术成就。

本书由沈阳农业大学、三峡大学联合编写。主编为李春生，副主编为黄建文、李玉清、谷晓萍、殷德胜、崔亚军。编写人员分工如下：第一～五章由李春生编写，第六、七章由殷德胜、谷晓萍、崔亚军编写，第九、十章由李玉清、黄建文编写，第八、十一章由黄建文编写。附录由谷晓萍整理。

本书由武汉大学何亚伯教授主审，提出了许多宝贵意见，对提高本书质量提供了很大帮助，中南勘测设计研究院崔金虎高工提供了大量资料，在此一并表示衷心的感谢！

本书的编写，参考和引用了一些相关专业书籍的论述，编者在此向有关人员致以衷心的感谢！

限于时间和水平，书中难免存在缺点和错误，恳请读者批评指正。

编　者

2012年11月

目 录

前言

第一章 基本建设程序与工程造价 …… 1

第一节 基本建设程序 …… 1

第二节 工程造价的概念 …… 4

第三节 工程项目划分与费用构成 …… 8

第四节 水利水电工程造价编制程序 …… 12

复习思考题 …… 12

第二章 工程定额 …… 13

第一节 概述 …… 13

第二节 定额的编制 …… 16

第三节 定额的使用 …… 27

复习思考题 …… 28

第三章 水利水电工程基础单价 …… 29

第一节 人工预算单价 …… 29

第二节 材料预算价格 …… 32

第三节 施工用电、水、风价格 …… 37

第四节 施工机械使用费 …… 43

第五节 混凝土、砂浆材料单价 …… 50

第六节 砂石料单价 …… 53

复习思考题 …… 56

第四章 水利水电建筑工程概算 …… 57

第一节 概述 …… 57

第二节 建筑工程概算单价 …… 63

第三节 工程量计算 …… 83

第四节 建筑工程概算编制 …… 85

第五节 工料分析 …… 88

复习思考题 …… 89

第五章 水利水电设备及安装工程概算 …… 90

第一节 概述 …… 90

第二节 设备费计算 …… 94

第三节 安装工程单价计算 …… 96

第四节 设备及安装工程概算编制 …… 101

复习思考题 …… 102

第六章 水利水电施工临时工程概算 …… 103

第一节 概述 …… 103

第二节 施工临时工程概算编制 …… 104

复习思考题 …… 105

第七章 水利水电工程设计总概算 …… 106

第一节 编制依据及编制程序 …… 106

第二节 概算文件构成 …… 107

第三节 工程总概算的编制 …… 109

第四节 某水利枢纽工程概算编制案例 …… 116

复习思考题 …… 146

第八章 水利水电工程投资估算、施工图预算、施工预算 …… 147

第一节 投资估算 …… 147

第二节 施工图预算 …… 157

第三节 施工预算 …… 163

复习思考题 …… 167

第九章 水利水电工程清单计价 …… 168

第一节 工程招标与投标报价 …… 168

第二节 工程量清单概述 …… 179

第三节 分类分项工程清单计价的编制 …… 187

第四节 措施项目清单计价的编制 …… 196

第五节 某水利工程清单报价编制案例 …… 198

复习思考题 …… 211

第十章 水利水电工程造价电算 …… 212

第一节 工程造价计算机辅助系统 …… 212

第二节 不同类型的工程估价与报价软件系统 …… 214

第三节 水利水电工程工程量清单计价系统 …… 215

第四节 凯云水利水电工程造价管理系统 …… 221

第十一章　水利水电工程经济评价 …… 231
第一节　财务评价 …… 231
第二节　国民经济评价 …… 243
第三节　不确定性分析及风险分析 …… 253
第四节　某水利水电工程经济评价实例 …… 262
复习思考题 …… 275

附录1　水利基本建设工程项目划分 …… 276
附录2　混凝土、砂浆配合比及材料用量表 …… 293
附录3　水利水电工程设计工程量计算规定（SL 328—2005） …… 303
附录4　混凝土温控费用计算参考资料 …… 307
附录5　建设工程监理与相关服务收费管理规定 …… 312
附录6　工程勘察设计收费标准 …… 318
附录7　概算表格 …… 325
附录8　土石方松实系数换算表 …… 334
附录9　一般工程土类分级表 …… 335

参考文献 …… 336

第一章　基本建设程序与工程造价

第一节　基 本 建 设 程 序

基本建设的特点是投资多，建设周期长，涉及的专业和部门多。工作环节错综复杂。为了保证工程建设顺利进行，达到预期的目的，在基本建设的实践中，人们逐渐总结出一套共同遵守的工作顺序，这就是基本建设程序。基本建设程序是基本建设全过程中各项工作的先后顺序和工作内容及要求。

按建设程序进行水利水电工程建设是保证工程质量和投资效果的基本要求，是水利水电工程建设项目管理的重要工作。为此水利部于 1995 年 4 月 21 日发布施行了《水利工程建设项目管理规定》（水建［1995］128 号)，于 1998 年 1 月 7 日发布施行了《水利工程建设程序管理暂行规定》（水建［1998］16 号)。水利工程建设程序一般分为：项目建议书、可行性研究报告、初步设计、施工准备（包括招标设计)、建设实施、生产准备、竣工验收、后评价等阶段。

一、项目建议书

项目建议书应根据国民经济和社会发展长远规划、流域综合规划、区域综合规划、专业规划，按照国家产业政策和国家有关投资建设方针进行编制，是对拟进行建设项目的初步说明。主要从宏观上分析项目建设的必要性、建设条件的可行性、获利的可能性。即从国家或地区的长远需要分析建设项目是否有必要，从当前的实际情况分析建设条件是否具备，从投入与产出的关系分析是否值得投入资金和人力。

项目建议书编制一般委托有相应资格的设计单位承担，并按国家规定权限向上级主管部门申报审批。

二、可行性研究报告

可行性研究是综合应用工程技术、经济学和管理科学等学科基本理论对项目建设的各方案进行的技术、经济比较分析，提出评价意见，推荐最佳方案，论证项目建设的必要性、技术可行性和经济合理性。可行性研究报告是项目立项决策依据，同时也是项目办理资金筹措、签订合作协议、进行初步设计等工作的依据和基础，一经批准，不得随意修改和变更。可行性研究报告的内容一定要做到全面、科学、深入、可靠。

可行性研究报告，按国家现行规定的审批权限报批。申请项目可行性研究报告，必须同时提出项目法人组建方案及运行机制、资金筹措方案、资金结构及回收资金办法，并依照有关规定附上具有管辖权的水行政主管部门或流域机构签署的规划同意书，对取水许可预申请的书面审查意见，审批部门要委托有项目相应资质的工程咨询机构对可行性研究报告进行评估，并综合行业归口主管部门、投资机构（公司）、项目法人（或项目法人筹备机构）等方面的意见进行审批。

项目可行性报告批准后，应正式成立项目法人，并按项目法人责任制实行项目管理。

三、初步设计

初步设计是根据批准的可行性研究报告和必要而准确的设计资料，对设计对象进行通盘研究，阐明拟建工程在技术上的可行性和经济上的合理性，规定项目的各项基本技术参数，编制项目的总概算。设计是复杂的综合性很强的技术经济工作，它建立在全面正确的勘测、调查工作之上。不仅设计前要有大量的勘测、调查、试验工作，在设计中以及工程施工中都要有相当细致的勘测、调查、试验工作。

初步设计是解决建设项目的技术可靠性和经济合理性问题。因此，初步设计具有一定程度的规划性质，是建设项目的“纲要”设计。初步设计要提出设计报告、初设概算和经济评价三项资料。主要内容包括：工程的总体规划布置，工程规模（包括装机容量、水库的特征水位等），地质条件，主要建筑物的位置、结构形式和尺寸，主要建筑物的施工方法，施工导流方案，消防设施、环境保护、水库淹没、工程占地、水利工程管理机构等。对灌区工程来说，还要确定灌区的范围，主要干支渠道的规划布置，渠道的初步定线、断面设计和土石方量的估计等。还应包括各种建筑材料的用量，主要技术经济指标，建设工期，设计总概算等。

对大中型水利水电工程中一些水工、施工中的重大问题，如新坝型、泄洪方式、施工导流、截流等，应进行相应深度的科学研究，必要时，应有模型试验成果的论证。

初步设计任务应择优选择有相应项目资格的设计单位承担，依照有关初步设计编制规定进行编制。初步设计报批前，一般由项目法人委托有相应资格的工程咨询机构或组织专家，对初步设计中的重大问题进行咨询论证。设计单位根据咨询论证意见，对初步设计文件进行补充、修改和优化。初步设计由项目法人组织审查后，按国家现行规定权限向主管部门申报审批。

四、施工准备

项目在主体工程开工之前，必须完成各项施工准备工作，其主要内容包括：落实施工用地的征地、拆迁；完成施工用水、电、通信、道路和场地平整等工程；建设生产、生活必需的临时工程；准备施工图纸；完成施工招标工作，择优选定监理单位、施工单位和材料设备供应厂家。这一阶段的工作对于保证项目开工后能否顺利进行具有决定性作用。

施工准备工作开始前，项目法人或其代理机构，必须按照规定向水行政主管部门办理报建手续，项目报建须交验工程建设项目的有关批准文件。工程项目进行项目报建登记后，方可组织施工准备工作。工程建设项目施工，除某些不适应招标的特殊工程项目外（须经水行政主管部门批准），均须实行招标投标。

水利工程项目进行施工准备必须满足如下条件：①初步设计已经批准；②项目法人已经建立；③项目已列入国家或地方水利建设投资计划，筹资方案已经确定；④有关土地使用权已经批准；⑤已办理报建手续。

五、建设实施

建设实施阶段是项目法人按照批准的建设文件，组织工程建设，保证项目建设目标的实现。项目法人或其代理机构必须按审批权限，向主管部门提出主体工程开工申请报告，经批准后，主体工程方能正式开工。

主体工程开工须具备如下条件：①前期工程各阶段文件已按规定批准，施工详图设计可以满足初期主体工程施工需要；②建设项目已列入国家或地方水利建设投资年度计划，年度建设资金已落实；③主体工程招标已经决标，工程承包合同已经签订，并得到主管部门同意；④现场施工准备和征地移民等建设外部条件能够满足主体工程开工需要。

施工是把设计变为具有使用价值的建设实体，必须严格按照设计图纸进行，如有修改变动，要征得设计单位的同意。施工单位要严格履行合同，要与建设、设计单位和监理工程师密切配合。在施工过程中，各个环节要相互协调，要加强科学管理，确保工程质量，全面按期完成施工任务。要按设计和施工验收规范验收，对地下工程，特别是基础和结构的关键部位，一定要在验收合格后，才能进行下一道工序施工，并做好原始记录。

六、生产准备

生产准备是项目投产前所要进行的一项重要工作，是建设阶段转入生产经营的必要条件。项目法人应按照建管结合和项目法人责任制的要求，适时做好有关生产准备工作。生产准备应根据不同类型的工程要求确定，一般应包括如下主要内容：

（1）生产组织准备。建立生产经营的管理机构、配备生产人员、制定相应管理制度。

（2）招收和培训人员。按照生产运营的要求，配备生产管理人员，并通过多种形式的培训，提高人员素质，使之能满足运营要求。有条件时，生产管理人员要尽早介入工程的施工建设，参加设备的安装调试和工程验收，熟悉情况，掌握好生产技术和工艺流程，为顺利衔接基本建设和生产经营阶段做好准备。

（3）生产技术准备。主要包括技术资料的汇总、运行技术方案的制定、岗位操作规程制定和新技术准备。

（4）生产的物资准备。主要是落实投产运营所需要的原材料、协作产品、工器具、备品备件和其他协作配合条件的准备。

（5）正常的生活福利设施准备。

七、竣工验收

当建设项目的建设内容全部完成，并经过单位工程验收，符合设计要求并按有关规定的要求完成了档案资料的整理工作，完成竣工报告、竣工决算等必须文件的编制后，项目法人按规定向验收主管部门提出申请，根据国家和部颁验收规程，组织验收。工程规模较大、技术较复杂的建设项目可先进行初步验收。不合格的工程不予验收；有遗留问题的项目，对遗留问题必须有具体处理意见，且有限期处理的明确要求并落实责任人。

水利水电工程按照设计文件所规定的内容建成以后，在办理竣工验收以前，必须进行试运行。如工程质量不合格，应返工或加固处理。

竣工验收程序，一般分两个阶段：单项工程验收和整个工程项目的全部验收。对于大型工程，因建设时间长或建设过程中逐步投产，应分批组织验收。验收之前，项目法人要组织设计、施工等单位进行初验，待施工单位对初验的问题作出必要的处理之后，再向主管部门提交验收申请，根据国家和部颁验收规程，组织验收。

项目法人要系统整理技术资料，绘制竣工图，分类立卷，在验收后作为档案资料，交生产单位保存。项目法人要认真清理所有财产和物资，编好工程竣工决算，报上级主管部门审批。竣工决算编制完成后，须由审计机关组织竣工审计，审计报告作为竣工验收的基本资料。

水利水电工程把上述验收程序分为阶段验收和竣工验收，凡能独立发挥作用的单项工程均应进行阶段验收，如截流、下闸蓄水、机组启动、通水等。

竣工验收是工程完成建设目标的标志，是全面考核基本建设成果、检验设计和工程质量的重要步骤。竣工验收合格的项目即从基本建设转入生产或使用。

八、后评价

后评价是工程交付使用并生产运行1～2年后，对项目的立项决策、设计、施工、竣工验收、生产运行等全过程进行系统评价的一种技术经济活动。通过后评价达到肯定成绩、总结经验、研究问题、提高项目决策水平和投资效果的目的。评价的内容主要包括：

（1）影响评价。通过项目建成投入生产后对社会、经济、政治、技术和环境等方面所产生的影响来评价项目决策的正确性。如项目建成后没达到决策时的目标，或背弃了决策目标，则应分析原因，找出问题，加以改进。

（2）经济效益评价。通过项目建成投产后所产生的实际效益的分析，来评价项目投资是否合理，经营管理是否得当，并与可行性研究阶段的评价结果进行比较，找出二者之间的差异及原因，提出改进措施。

（3）过程评价。前述两种评价是从项目投产后运行结果来分析评价的。过程评价则是从项目的立项决策、设计、施工、竣工投产等全过程进行系统分析。

基本建设过程大致上可以分为三个时期，即前期工作时期、工程实施时期、竣工投产时期。从国内外的基本建设经验来看，前期工作最重要，一般占整个过程的50%～60%的时间。前期工作搞好了，其后各阶段的工作就容易顺利完成。

第二节 工程造价的概念

一、工程造价的含义和特点

1．工程造价的含义

工程造价指进行一个工程项目的建造所需花费的全部费用，是指各类水利水电建设项目从筹建到竣工验收交付使用全过程所需的全部费用。工程造价有两种含义。

（1）第一种含义。工程造价是指建设项目的建设成本，即完成一个建设项目所需费用的总和，包括建筑工程费、安装工程费、设备费，以及其他相关的必需费用。显然，这一含义是从投资者的角度来定义的。从性质上讲，建设成本的管理属于对具体工程项目的投资管理范畴，而工程造价不像建设项目投资那样有明确的主体性和目标性，它只表示建设项目所消耗资金的数量标准。

建设成本（工程投资）是对投资方、业主、项目法人而言的。为谋求以较低的投入获得较高的产出，在确保建设要求、工程质量的基础上，建设成本总是要求越低越好，这就必须对建设成本实行从前期就开始的全过程控制与管理。

(2) 第二种含义。工程造价是指建设项目的工程价格。换句话说，就是为建成一项工程，预计或实际在土地市场、设备市场、技术劳务市场以及承包市场等交易活动中所形成的建筑安装工程的价格和建设工程总价格。它是在社会主义市场经济条件下，以工程这种特定的商品形式作为交易对象，通过招投标、承发包或其他交易方式，由市场形成的价格。

工程承发包价格形成于发包方和承包方的承发包关系中，即合同的买卖关系中。双方的利益是矛盾的。在具体工程上，双方都在通过市场谋求有利于自身的合理承包价格，并保证价格的兑现和风险的补偿，因此双方都有对具体工程项目的价格管理问题。这种管理明确属于价格管理范畴。

2. 工程造价的特点

(1) 工程造价的大额性。能够发挥投资效用的任一项工程，不仅实物形体庞大，而且造价高昂。一项工程的造价可以达到几千万、上亿元人民币，特大的工程项目造价可达千亿元人民币。工程造价的大额性使它关系到有关各方面的重大经济利益，同时也会对宏观经济产生重大影响。

(2) 工程造价的差异性。由于基本建设产品的单件性、露天性、建设地点的不固定性，并且用途、功能、规模一般也都不一样，这就决定了工程造价的差异性。

(3) 工程造价的动态性。任一项工程从决策到竣工交付使用，都有一个较长的建设期间，特别是水利水电工程更是如此，在预计工期内，存在许多影响工程造价的动态因素，如工程变更，设备材料价格变动，工资标准以及费率、利率、汇率会发生变化。这种变化必然会影响到造价的变动，所以，工程造价在整个建设期中处于不确定状态，直至竣工决算后才能最终确定工程的实际造价。

(4) 工程造价的层次性。造价的层次性取决于工程的层次性，一个建设项目往往含有多个能够独立发挥设计效能的单项工程，如一个水库工程项目由挡水工程、泄洪工程、引水工程等组成。一个单项工程又是由能够各自发挥专业效能的多个单位工程组成，如引水工程由进（取）水口工程、引水明渠工程、引水隧洞工程、调压井工程、高压管道工程等组成。与此相适应，工程造价也有 3 个层次，建设项目总造价、单项工程造价和单位工程造价。如果专业分工更细，单位工程的组成部分——分部分项工程也可以成为交易对象，如土方工程、基础工程、混凝土工程等，这样工程造价的层次就增加分部工程和分项工程而成为 5 个层次。

二、水利水电工程造价计算的种类

水利水电工程造价，是根据不同设计阶段的具体内容和有关定额、指标分阶段进行编制的。

根据我国基本建设程序的规定，水利水电工程在工程的不同建设阶段，要编制相应的工程造价，一般有以下几种：

(1) 投资估算。它是指在项目建议书阶段、可行性研究阶段对建设工程造价的预测，它应考虑多种可能的需要、风险、价格上涨等因素，要打足投资、不留缺口，适当留有余地。它是设计文件的重要组成部分，是编制基本建设计划，实行基本建设投资大包干、控制其中建设拨款、贷款的依据；也是考核设计方案和建设成本是否合理的依据。它是可行性研究报告的重要组成部分，是业主为选定近期开发项目、做出科学决策和进行初步设计的重要依据。投资估算是工程造价全过程管理的“龙头”，抓好这个“龙头”有十分重要的意义。它主要是根据估算指标、概算指标或类似工程的预决算资料进行编制。

投资估算是建设单位向国家或主管部门申请基本建设投资时，为确定建设项目投资总额而编制的技术经济文件，它是国家或主管部门确定基本建设投资计划的重要文件。主要根据估算指标、概算指标或类似工程的预（决）算资料进行编制。投资估算控制初设概算，它是工程投资的最高限额。

(2) 设计概算。它是指在初步设计阶段，设计单位为确定拟建基本建设项目所需的投资额或费用而编制的工程造价文件。它是设计文件的重要组成部分。由于初步设计阶段对建筑物的布置、结构形式、主要尺寸以及机电设备型号、规格等均已确定，所以概算是对建设工程造价有定位性质的造价测算，设计概算不得突破投资估算。设计概算是编制基本建设计划，实行基本建设投资大包干，控制其中建设拨款、贷款的依据；也是考核设计方案和建设成本是否合理的依据。设计单位在报批设计文件的同时，要报批设计概算，设计概算经过审批后，就成为国家控制该建设项目总投资的主要依据，不得任意突破。

(3) 修改概算。对于某些大型工程或特殊工程应采用三阶段设计时，在技术设计阶段随着设计内容的深化，可能出现建设规模、结构造型、设备类型和数量等内容与初步设计相比有所变化的情况，设计单位应对投资额进行具体核算，对初步设计总概算进行修改，即编制修改设计概算，作为技术文件的组成部分。修改概算是在量（指工程规模或设计标准）和价（指价格水平）都有变化的情况下，对设计概算的修改。由于绝大多数水利水电工程都采用两阶段设计（即初步设计和施工图设计），未作技术设计，故修改概算也就很少出现。

(4) 业主预算。它是在已经批准的初步设计概算基础上，对已经确定实行投资包干或招标承包制的大中型水利水电工程建设项目，根据工程管理与投资的支配权限，按照管理单位及分标项目的划分，进行投资的切块分配，以便于对工程投资进行管理与控制，并作为项目投资主管部门与建设单位签订工程总承包（或投资包干）合同的主要依据。它是为了满足业主控制和管理的需要，按照总量控制、合理调整的原则编制的内部预算，业主预算也称为执行概算。

(5) 标底与报价。标底是招标工程的预期价格，它主要是以招标文件、图纸，按有关规定，结合工程的具体情况，计算出的合理工程价格。它是由业主委托具有相应资质的设计单位、社会咨询单位编制完成的，包括发包造价、与造价相适应的质量保证措施及主要施工方案、为了缩短工期所需的措施费等。其中主要是合理的发包造价，应在编制完成后报送招标投标管理部门审定。标底的主要作用是招标单位在一定浮动范围内合理控制工程造价，明确自己在发包工程上应承担的财务义务。标底也是投资单位考核发包工程造价的主要尺度。

投标报价，即报价，是施工企业（或厂家）对建筑工程施工产品（或机电、金属结构设备）的自主定价。它反映的是市场价格，体现了企业的经营管理、技术和装备水平。中标报价是基本建设产品的成交价格。

（6）施工图预算。它是指在施工图设计阶段，根据施工图纸、施工组织设计、国家颁布的预算定额和工程量计算规则、地区材料预算价格、施工管理费标准、计划利润率、税金等，计算每项工程所需人力、物力和投资额的文件。它应在已批准的设计概算控制下进行编制。它是施工前组织物资、机具、劳动力，编制施工计划，统计完成工作量，办理工程价款结算，实行经济核算，考核工程成本，实行建筑工程包干和建设银行拨（贷）工程款的依据。它是施工图设计的组成部分，由设计单位负责编制的。它的主要作用是确定单位工程项目造价，是考核施工图设计经济合理性的依据。一般建筑工程以施工图预算作为编制施工招标标底的依据。

（7）施工预算。它是指在施工阶段，施工单位为了加强企业内部经济核算，节约人工和材料，合理使用机械，在施工图预算的控制下，通过工料分析，计算拟建工程工、料和机具等需要量，并直接用于生产的技术经济文件。它是根据施工图的工程量、施工组织设计或施工方案和施工定额等资料进行编制的。

（8）竣工结算。它是施工单位与建设单位对承建工程项目的最终结算（施工过程中的结算属于中间结算）。竣工结算与竣工决算是完全不同的两个概念，其主要区别在于：一是范围不同，竣工结算的范围只是承建工程项目，是基本建设的局部，而竣工决算的范围是基本建设的整体；二是成本不同，竣工结算只是承包合同范围内的预算成本，而竣工决算是完整的预算成本。它还要计入工程建设的其他费用、临时费用、建设期还贷利息等工程成本和费用。由此可见，竣工结算是竣工决算的基础，只有先办竣工结算才有条件编制竣工决算。

（9）竣工决算。它是指建设项目全部完工后。在工程竣工验收阶段，由建设单位编制的从项目筹建到建成投产全部费用的技术经济文件。它是建设投资管理的重要环节，是工程竣工验收、交付使用的重要依据，也是进行建设项目财务总结，银行对其实行监督的必要手段。

水利水电工程基本建设程序与工程造价的关系如图1-1所示。建设项目估算、概算、预算及决算，从确定建设项目，确定和控制基本建设投资，进行基本建设经济管理和施工企业经济核算，到最后来核定项目的固定资产，它们以价值形态贯穿于整个基本建设过程中。其中设计概算、施工图预算和竣工决算，通常简称为基本建设的“三算”，是建设项目概预算的重要内容，三者有机联系，缺一不可。设计要编制概算，施工要编制预算，竣工要编制决算。一般情况下，决算不能超过预算，预算不能超过概算，概算不能超过估算。

建设项目概预算中的设计概算和施工图预算，在编制年度基本建设计划，确定工程造价，评价设计方案，签订工程合同，建设银行据以进行拨款、贷款和竣工结算等方面有着

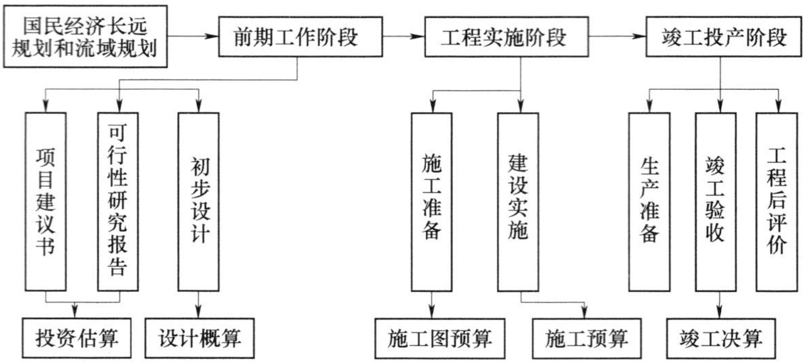

图 1-1　水利水电工程建设程序与工程造价关系图

共同的作用，都是业主对基本建设进行科学管理和监督的有效手段，在编制方法上也有相似之处。但由于二者的编制时间、依据和要求不同，它们还是有区别的。设计概算与施工图预算的区别有以下几点：

（1）编制费用内容不完全相同。设计总概算包括建设项目从筹建开始至全部项目竣工和交付使用前的全部建设费用。施工图预算一般包括建筑工程、设备及安装工程、临时工程等。建设项目的设计总概算除包括施工图预算的内容外，还应包括水库淹没处理补偿费和其他费用等。

（2）编制阶段不同。建设项目设计总概算的编制，是在初步设计阶段进行的，由设计单位编制。施工图预算是在施工图设计完成后，由设计单位编制的。

（3）审批过程及其作用不同。设计总概算是初步设计文件的组成部分，由有关主管部门审批，作为建设项目立项和正式列入年度基本建设计划的依据。只有在初步设计图纸和设计总概算经审批同意后，施工图设计才能开始，因此它是控制施工图设计和预算总额的依据。施工图预算是先报建设单位初审，然后再送交建设银行经办行审查认定，就可作为拨付工程价款和竣工结算的依据。

（4）概预算的分项大小和采用的定额不同。设计概算分项和采用定额，具有较强的综合性，设计概算采用概算定额。施工图预算用的是预算定额，预算定额是概算定额的基础。另外设计概算和施工图预算采用的分级项目不一样，设计概算一般采用三级项目，施工图预算一般采用比三级项目更细的项目。

第三节　工程项目划分与费用构成

一、水利工程项目划分

（一）工程类别划分

水利工程按工程性质划分为两类：一类是枢纽工程，包括水库、水电站和其他大型独立建筑物，枢纽工程大多为多目标开发项目，建筑物种类多，布置集中，施工难度大；另一类是引水工程及河道工程，包括供水工程、灌溉工程、河湖整治工程、堤防工程，这类工程建筑种类少，布置分散，施工难度小。

（二）工程概算构成

水利工程概算由工程部分、移民和环境部分两部分组成（包括水库移民征地补偿、水土保持工程、环境保护工程）。工程部分项目划分和概算编制按照水利部2002年颁发的水总［2002］116号文有关规定执行。移民和环境部分概算编制和划分的各级项目执行《水利工程建设征地移民补偿投资概（估）算编制规定》、《水利工程环境保护设计概（估）算编制规定》和《水土保持工程概（估）算编制规定》。

（三）工程部分概算项目划分

工程部分概算项目划分为五部分。包括：建筑工程，机电设备及安装工程，金属结构设备及安装工程，施工临时工程，独立费用。水利基本建设工程项目划分见附录1。

1．建筑工程

枢纽工程指水利枢纽建筑物和其他大型独立建筑物，引水工程的水源工程包含在水利枢纽建筑物中。本部分由挡水工程、泄洪工程、引水工程、发电厂工程、升压变电站工程、航运工程、鱼道工程、交通工程、房屋建筑工程和其他建筑工程共十项组成。其中挡水工程等前7项称为主体建筑工程，后3项称为一般建筑工程。

引水工程及河道工程指供水、灌溉、河湖整治、堤防修建与加固工程。包括供水、灌溉渠（管）道、河湖整治与堤防工程、建筑物工程（水源工程除外）、交通工程、房屋建筑工程、供电设施工程和其他建筑工程共6项组成。

2．机电设备及安装工程

枢纽工程指构成枢纽工程固定资产的全部机电设备及安装工程。本部分由发电设备及安装工程、升压变电设备及安装工程和公用设备及安装工程3项组成。

引水工程及河道工程指构成该工程固定资产的全部机电设备及安装工程。本部分一般由泵站设备及安装工程、小水电设备及安装工程、供变电工程和公用设备及安装工程4项组成。

3．金属结构设备及安装工程

金属结构设备及安装工程指构成枢纽工程、引水工程及河道工程固定资产的全部金属结构设备及安装工程。金属结构设备及安装工程项目要与第一部分建筑工程项目相对应。

金属结构设备及安装工程，主要包括闸门、启闭机、拦污栅、升船机等设备及安装工程，压力钢管制作及安装工程及其他金属结构设备及安装工程。

4．施工临时工程

指为辅助主体工程施工所必须修建的用于生产和生活临时性工程。本部分一般由导流工程、施工交通工程、施工房屋建筑工程、施工场外供电线路工程和其他施工临时工程5项组成。

5．独立费用

本部分由建设管理费、生产准备费、科研勘测设计费、建设及施工场地征用费和其他5项组成。

（四）三级项目

工程各部分一般划分为3个等级项目，即各部分下设一级、二级、三级项目，每个上一级项目包含若干个下一级项目。一级项目是具有独立功能的单项工程，二级项目相当于单位工程，三级项目相当于分部、分项工程。以第一部分建筑工程为例，枢纽工程中的泄洪工程是一项具有独立功能的单项工程，属一级项目；构成泄洪工程的溢洪道、泄洪洞、冲砂洞（孔）和放空洞等工程为单位工程，属二级项目；各单位工程中的土石方开挖、回填、混凝土、灌浆及钢筋等为分部分项工程，属三级项目。在进行水利工程概算编制时，主体建筑工程工程量要计算到三级项目，三级项目是进行水利工程概（估）算的基础。施工图预算根据计划统计、成本核算的实际需要进一步划分到四级项目，甚至五级项目。

《工程项目划分》在对工程部分进行项目划分规定时，第二、三级项目中仅列出了代表性子目，在编制概（预）算时，应根据工程的设计阶段、设计工作深度和工程的具体情况进行增删调整或再划分。以三级项目为例，项目划分如下：

（1）土方开挖工程，应将土方开挖与砂砾石开挖分列。

（2）石方开挖工程，应将明挖与暗挖、平洞与斜井、竖井分列。

（3）土石方回填工程，应将土方回填与石方回填分列。

（4）砌石工程，应将工程不同部位的干砌石、浆砌石、抛石以及铅丝笼块石分列。

（5）混凝土工程，应将工程不同部位、不同标号、不同级配的混凝土分列。

（6）模板工程，应将不同材质、不同规格形状的模板分列。

（7）钻孔工程，应根据使用的钻孔机械和钻孔的用途分列。

（8）灌浆工程，应按不同的灌浆种类分列。

（9）机电、金属结构设备及安装工程，应根据设计提供的设备清单，分项逐一列出。

（10）钢管制作及安装工程，应将不同管径的钢管、叉管分列。

二、费用构成

建设项目费用是指工程项目从筹建到竣工验收、交付使用所需要的费用总和。水利工程一般规模大、项目多、投资大，在编制概预算时，对建设项目费用划分得更细更多。水利工程建设项目费用包括工程部分、移民和环境部分两部分。移民和环境部分的费用包括水库移民征地补偿费、水土保持工程费和环境保护工程费，其费用构成按《水利工程建设征地移民补偿投资概（估）算编制规定》、《水利工程环境保护设计概（估）算编制规定》和《水土保持工程概（估）算编制规定》执行。

根据水利部现行规定，工程部分的建设项目费用由工程费（包括建筑及安装工程费和设备费）、独立费用、预备费和建设期融资利息组成。建筑安装工程费由直接工程费、间接费、企业利润和税金组成。按概预算项目划分，工程费分为4部分：建筑工程费，机电设备及安装工程费，金属结构设备及安装工程费，施工临时工程费。

编制水利工程概预算，要针对每个工程的具体情况，在工程的不同设计阶段，根据设计深度及掌握的资料，按照设计要求编制工程建设项目费用。认真划分费用的组成是编制工程概预算的基础和前提，图1-2是水利工程建设项目费用构成图。

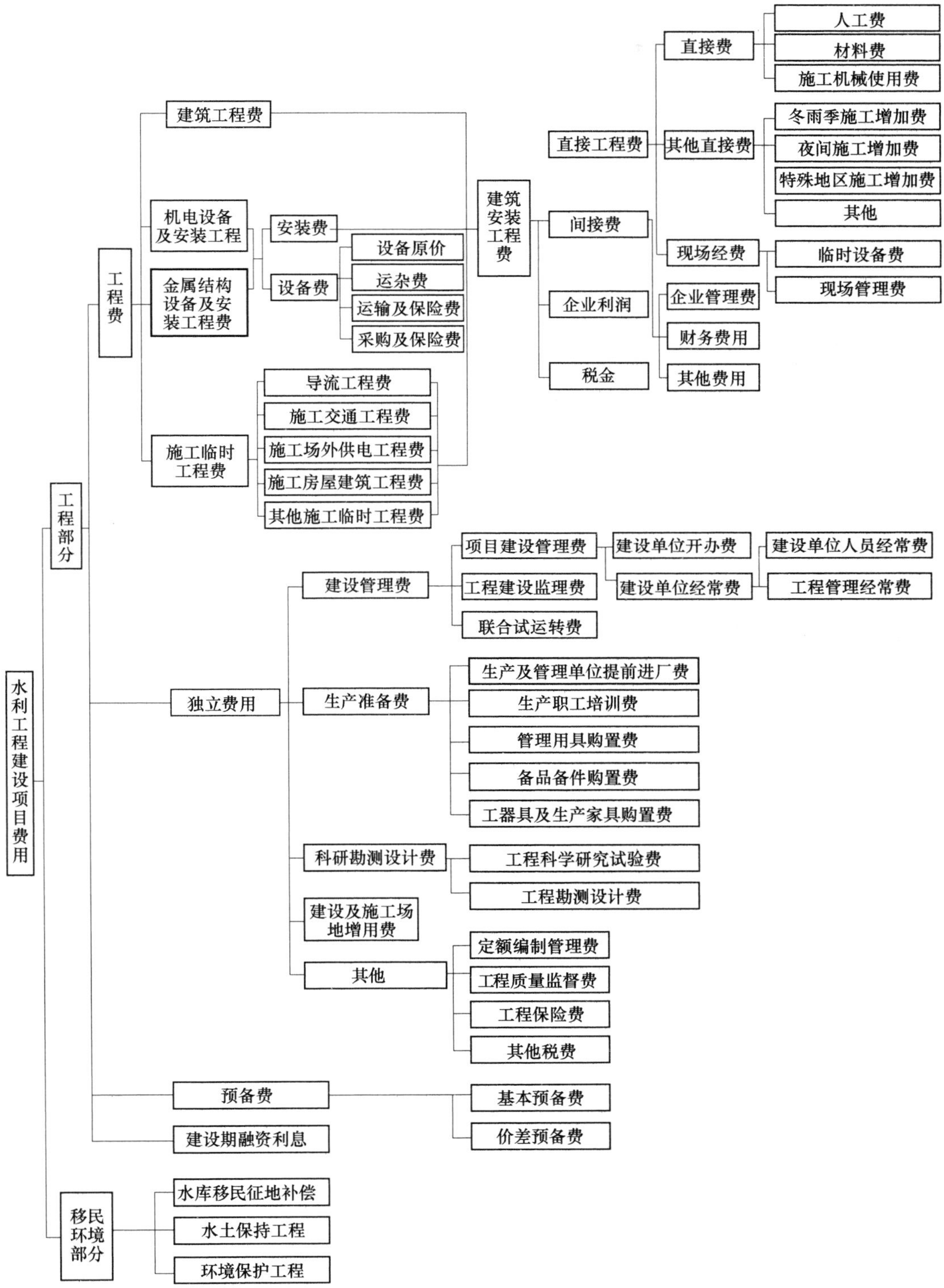

图 1-2　水利工程建设项目费用构成

第四节　水利水电工程造价编制程序

水利水电工程造价的编制程序如下：

（1）熟悉工程的基本情况。编制工程造价前要熟悉本阶段的设计成果，从而了解工程规模、主要水工建筑物的结构形式和技术数据、工程布置、设备型号、地形地质、施工场地布置、对外交通方式、施工导流、施工进度及主体工程施工方法等。

（2）搜集所需的资料。深入实地进行踏勘，了解工程和工地现场情况、砂砾料与天然建筑材料料场开采运输条件、场内外交通运输条件等情况。搜集人工工资、运杂费、供电价格和设备价格等各项基础资料，并且注意新技术、新工艺、新定额资料的搜集与分析。

（3）编制基础单价。基础单价是编制工程单价时计算人工费、材料费和机械使用费所必需的最基本的价格资料，水利水电工程概预算基础单价有：人工预算单价、材料预算价格和施工机械台时费，水、电、风、砂、石、混凝土、砂浆单价等。

（4）工程项目划分。将水利工程建设项目系统地逐级划分为若干个各级项目和费用项目。工程部分项目划分包括建筑工程、机电设备及安装工程、金属结构设备及安装工程、施工临时工程、独立费用5部分。工程各部分一般划分为3个等级项目，三级项目是进行水利工程造价编制的基础。

（5）计算工程量。

（6）计算工程概算单价。

（7）编制各部分工程概算及总概算。

（8）进行工料机的分析。

复习思考题

1. 何谓基本建设程序？可划分为哪几个阶段？
2. 试述工程造价的含义。
3. 试述基本建设程序与工程造价的关系。
4. 水利工程项目如何划分？
5. 简述水利工程建设项目费用构成。
6. 简述水利工程造价编制程序。

第二章　工　程　定　额

第一节　概　　述

一、定额的概念

在社会生产中，为了生产出合格的产品，就必须消耗一定数量的人力、材料、机具和资金等。由于受各种因素的影响，生产一定量的同类产品，这种消耗量并不相同。消耗越大，产品的成本就越高，在产品价格一定的条件下，企业的盈利就会降低，对社会的贡献也就较低，对国家及企业本身都是不利的，因此降低产品生产过程中的消耗具有十分重要的意义。产品生产过程中的消耗不可能无限降低，在一定的技术组织条件下，必然有一个合理的数额。根据一定时期的生产力水平和产品的质量要求，规定在产品生产中人力、物力或资金消耗的数量标准，这种标准就称为定额。确切地说，定额就是在合理的劳动组织和合理地使用材料和机械的条件下，完成单位合格产品所消耗的资源数量标准。

定额水平是一定时期社会生产力水平的反映，它与操作人员的技术水平、机械化程度及新材料、新工艺、新技术的发展和应用有关，与企业的组织管理水平和全体技术人员的劳动积极性有关。所以定额不是一成不变的，而是随着生产力水平的变化而变化的。一定时期的定额水平，必须坚持平均先进的原则，也就是在一定生产条件下大多数企业、班组和个人，经过努力可以达到或超过的标准。因此，定额必须从实际出发，根据生产条件、质量标准和工人现有的技术水平等经过测算、统计、分析而制订，并随着上述条件的变化而进行补充和修订，以适应生产发展的需要。

二、定额的作用与特性

1. 定额的作用

建筑工程、安装工程定额是建筑安装企业实行科学管理的必备条件。无论是设计、计划、生产、分配、估价和结算等各项工作，都必须以它作为衡量工作的尺度。具体地说，定额主要有以下几方面的作用。

（1）定额是编制计划的基础。无论是国家计划还是企业计划；无论是中长期计划，还是短期计划；无论是综合性的技术经济计划，还是施工进度计划，都直接或间接地以各种定额为依据来计算人力、物力、财力等各种资源需要量，所以，定额是编制计划的基础。

（2）定额是确定基本建设产品成本的依据，是评比设计方案合理性的尺度。基本建设产品的价格是由其产品生产过程中所消耗的人力、材料、机械台班数量以及其他资源、资金的数量所决定的，而它们的消耗量又是根据定额计算的，因此定额是确定产品成本的依据。同时，同一基本建设产品的不同设计方案的成本，反映了不同设计方案的技术经济水平的高低。因此，定额也是比较和评价设计方案是否经济合理的尺度。

（3）定额是提高企业经济效益的重要工具。定额是一种法定的标准，具有严格的经济监督作用，它要求每一个执行定额的人，都必须严格遵守定额的要求，并在生产过程中尽可能有效地使用人力、物力、资金等资源，使之不超过定额规定的标准，从而提高劳动生产率，降低生产成本。

企业在计算和平衡资源需要量、组织材料供应、编制施工进度计划和作业计划、组织劳动力、签发任务书、考核工料消耗、实行承包责任制等一系列管理工作时，都要以定额作为标准。因此，定额是加强企业管理，提高企业经济效益的工具。

（4）定额是贯彻按劳分配原则的尺度。由于工时消耗定额反映了生产产品与劳动量的关系，可以根据定额来对每个劳动者的工作进行考核，从而确定他所完成的劳动量的多少，并以此来支付他的劳动报酬。多劳多得、少劳少得，体现了社会主义按劳分配的基本原则，这样企业的效益就同个人的物质利益结合起来了。

（5）定额是总结推广先进生产方法的手段。定额是在先进合理的条件下，通过对生产和施工过程的观察、实测、分析而综合制定的，它可以准确地反映出生产技术和劳动组织的先进合理程度。因此，可以用定额标定的方法，对同一产品在同一操作条件下的不同生产方法进行观察、分析，从而总结比较完善的生产方法，并经过试验、试点，然后在生产过程中予以推广，使生产效率得到提高。

合理制定并认真执行定额，对改善企业经营管理，提高经济效益具有重要的意义。

2. 定额的特性

定额的特性是由定额的性质决定的，社会主义定额的特性有以下 5 个方面：

（1）定额的法令性。定额是由被授权部门根据当时的实际生产力水平而制定，并经授权部门颁发供有关单位使用。在执行范围内任何单位都必须遵照执行，不得任意调整和修改。如需进行调整、修改和补充，必须经授权编制部门批准。因此，定额具有经济法规的性质。

（2）定额的群众性。定额是根据当时的实际生产力水平，在大量测定、综合、分析、研究实际生产中的有关数据和资料的基础上制定出来的，因此它具有广泛的群众性；同时，当定额一旦制定颁发，运用于实际生产中，则成为广大群众共同奋斗的目标。总之，定额的制定和执行都离不开群众，也只有得到群众的充分协助，定额才能订得合理，并能为群众所接受。

（3）定额的相对稳定性。定额水平的高低，是根据一定时期社会生产力水平确定的。当生产条件发生了变化，技术水平的提高，原定额已不适应了，在这种情况下，授权部门应根据新的情况制定出新的定额或补充原有的定额。但是，社会的发展有其自身的规律，有一个量变到质变的过程，而且定额的执行也有一个时间过程，所以每一次制定的定额必须是相对稳定的，决不可朝订夕改，否则会伤害群众的积极性。

（4）定额的针对性。一种产品（或者工序）有一项定额，而且一般不能互相套用。一项定额，它不仅是该产品（或工序）的资源消耗的数量标准，而且还规定了完成该产品（或工序）的工作内容、质量标准和安全要求。

（5）定额的科学性。制定工程定额要进行“时间研究”、“动作研究”及工人、材料和机具在现场的配置研究，有时还要考虑机具改革、施工生产工艺等技术方面的问题等。工程定额必须符合建筑施工生产的客观规律，这样才能促进生产的发展，从这一方面来说定额是一门科学技术。

三、定额的种类

定额的种类很多，按其性质、用途、内容和管理体制的不同，可以划分为很多的类别。

1. 按生产因素分

(1) 劳动定额。劳动定额也称人工定额或工时定额，是在正常施工技术组织条件下，完成单位合格产品所必需的劳动消耗数量的标准。劳动定额有两种表示形式，即时间定额和产量定额，时间定额和产量定额互为倒数。

(2) 材料消耗定额。它是指在节约与合理使用材料的条件下，生产单位合格产品所必须消耗的一定规格的建筑材料、成品、半成品或配件的数量标准。

(3) 机械作业定额。它是指施工机械在正常的施工条件下，合理地、均衡地组织劳动和使用机械时，在单位时间内应当完成合格产品的数量，称为机械产量定额。或完成单位合格产品所需的时间，称为机械时间定额。

(4) 综合定额。它是指在一定的施工组织条件下，完成单位合格产品所需的人工、材料以及机械台班（时）数量。

(5) 机械台班（时）定额。它是指施工过程中使用施工机械一个台班（时）所需机上人工、动力、燃料、折旧、修理、替换配件、安装拆卸以及牌照税、车船使用税、养路税等的定额。

(6) 费用定额。它是指除以上定额以外的其他直接费定额、间接费定额和其他费用定额等。

2. 按建设阶段分

(1) 投资估算指标。它是在可行性研究阶段作为技术经济比较或建设投资估算的依据。是由概算定额综合扩大和统计资料分析编制而成的。

(2) 概算定额或概算指标。它是编制初步设计概算和修正概算的依据。它规定生产一定计量单位的建筑工程扩大结构构件或扩大分项工程所需的人工、材料和施工机械台班（时）消耗量及其金额。主要用于初步设计阶段预测（概算）工程造价。

(3) 预算定额。它是在施工图设计阶段编制施工图预算或招标阶段编制标底的依据，由施工定额综合扩大而成。

(4) 施工定额。它是指一种工种完成某一计量单位合格产品（如打桩、砌砖和浇筑混凝土等）所需的人工、材料和施工机械台班（时）消耗量的标准，是施工企业内部作为编制施工作业计划、进行工料分析、签发工程任务单和考核预算成本完成情况的依据。主要用于施工阶段施工企业编制施工预算。

3. 按我国现行管理体制和执行范围分

(1) 全国统一定额。它是指在工程建设中，各行业、部门普遍使用，在全国范围内统一执行的定额。一般由国家计委或授权某主管部门组织编制颁发。如送电线路工程预算定额、电气工程预算定额和通信设备安装预算定额等。

（2）全国行业定额。它是指在工程建设中，部分专业工程在某一个部门或几个部门使用的专业定额。经国家计委批准，由一个主管部门或几个主管部门组织编制颁发，在主管部部属单位执行。如水利水电建筑工程预算定额、水力发电建筑工程概算定额和公路工程预算定额等。

（3）地方定额。一般指省（自治区、直辖市）根据地方工程特点，在不宜执行国家统一或行业定额情况下组织编制颁发的、在本地区执行的定额。

（4）企业定额。它指建筑、安装企业在其生产经营过程中，在国家统一定额、行业定额、地方定额的基础上，根据工程特点和自身积累资料，结合本企业具体情况自行编制的定额，供企业内部管理和企业投标报价用。

4. 按费用性质划分

（1）直接费定额。它是指由直接进行施工所发生的人工、材料、成品、半成品、机械消耗及其他直接费组成，是计算工程单价的基础。

（2）间接费用定额。它是指企业为组织和管理施工所发生的各项费用，一般以直接费或人工费作为基础计算。

（3）其他基本建设费用定额。它是指不属于建筑安装工作量的独立费用定额，如科研、勘测、设计费定额，技术装备费定额等。

（4）施工机械台班（时）费用定额。它是指施工过程中所使用的施工机械每运转一个台班（时）所发生的机上人员、动力、燃料消耗数量和折旧、大修理、经常修理、安装拆卸、保管等摊销费用的定额。

第二节　定额的编制

一、定额的编制原则

1. 水平合理的原则

定额水平应反映社会的平均水平，体现社会必要劳动的消耗量，也就是在正常施工条件下，大多数工人和企业能够达到和超过的水平，既不能采用少数先进生产者、先进企业所达到的水平，也不能以落后的生产者和企业的水平为依据。

定额水平要与建设阶段相适应，前期阶段（如可行性研究和初步设计阶段）定额水平宜反映平均水平，还要留有适当的余度；而用于投标报价的定额水平宜具有竞争力，合理反映企业的技术、装备和经营管理水平。

2. 基本准确的原则

定额是对千差万别的个别实践进行概括、抽象出一般的数量标准。因此，定额的“准”是相对的，定额的“不准”是绝对的。所以不能要求定额编得与自己的实际完全一致，只能要求基本准确。定额项目（节目、子目）按影响定额的主要参数划分，粗细应恰当，步距要合理。定额计量单位和调整系数的设置应科学。

3. 简明适用的原则

在保证基本准确的前提下，定额项目不宜过细过繁，步距不宜太小、太密，对于影响定额的次要参数可采用调整系数等办法简化定额项目，做到粗而准确，细而不繁，便于使用。

二、定额的编制方法

编制水利工程建设定额以施工定额为基础，施工定额由劳动定额、材料消耗定额和机械使用定额3部分组成。在施工定额的基础上，编制预算定额和概算定额。根据施工定额综合编制预算定额时，应考虑各种因素的影响，对人工工时和机械台时按施工定额分别乘以1.10和1.07的幅度差系数。由于概算定额比预算定额有更大的综合性和包含了更多的可变因素，因此以预算定额为基础综合扩大编制概算定额时，一般对人工工时和机械台时乘以不大于1.05的扩大系数。编制定额的基本方法有经验估算法、统计分析法、结构计算法和技术测定法。实际应用中常将这几种方法结合使用。

1. 经验估算法

经验估算法又称调查研究法。它是根据定额编制专业人员、工程技术人员和操作工人以往的实际施工及操作经验，对完成某一建筑产品分部工程所需消耗的人力、物力（材料、机械等）的数量进行分析、估计，并最终确定定额标准的方法。这种方法技术简单、工作量小、速度快，但精确性较差，往往缺乏科学的计算依据，对影响定额消耗的各种因素，缺乏具体分析，易受人为因素的影响。

2. 统计分析法

统计分析法是根据施工实际中的人工、材料、机械台班（时）消耗和产品完成数量的统计资料，经科学的分析、整理，剔去其中不合理的部分后，拟定成定额。这种方法简便，只需对过去的统计资料加以分析整理，就可以推算出定额指标。但由于统计资料不可避免地包含着施工生产和经营管理上的不合理因素和缺点，它们会在不同程度上影响定额的水平，降低定额工作的质量。所以，它也只适用于某些次要的定额项目以及某些无法进行技术测定的项目。

3. 结构计算法

结构计算法是一种按照现行设计规范和施工规范要求，进行结构计算，确定材料用量、人工及施工机械台班（时）定额的方法，这种方法比较科学，计算工作量大，而且人工和台班（时）还必须根据实际资料推算而定。

4. 技术测定法

技术测定法是根据现场测定资料制定定额的一种科学方法。其基本方法是：首先对施工过程和工作时间进行科学分析，拟定合理的施工工序，然后在施工实践中对各个工序进行实测、查定，从而确定在合理的生产组织措施下的人工、机械台班（时）和材料消耗定额。这种方法具有充分的技术依据，合理性及科学性较强，但工作量大、技术复杂，普遍推广应用有一定的难度，可是对关键性的定额项目却必须采用这种方法。

三、施工定额的编制

施工定额是直接应用于建筑工程施工管理的定额，是编制施工预算、实行内部经济核算的依据，也是编制预算定额的基础。施工定额由劳动定额、材料消耗定额和施工机械台班（时）定额组成。根据施工定额，可以直接计算出各种不同工程项目的人工、材料和机械合理使用量的数量标准。

在施工过程中，正确使用施工定额，对于调动劳动者的生产积极性，开展劳动竞赛和提高劳动生产率以及推动技术进步，都有积极的促进作用。

（一）施工定额编制的原则和依据

1. 施工定额水平

施工定额水平是指在一定时期内的建筑施工技术水平和条件下，定额规定的完成单位合格产品所消耗的人工、材料和施工机械的标准。定额水平的高低与劳动生产率的高低成正比。劳动生产率高，则完成单位合格产品所需的人工、材料和机械台班（时）就少，说明定额水平就高；反之，消耗大，定额水平就低。

在建筑施工企业中，劳动生产率水平大致可分为 3 种情况：一是代表劳动生产率水平较高的先进企业和先进生产者；二是代表劳动生产率较低的落后企业和落后生产者；三是介于前两者之间，处于中间状态的企业和生产者。

施工定额是施工企业进行管理、考核和评定各班组及生产者劳动成果的依据，合理的施工定额应有利于调动劳动者的生产积极性，提高劳动效率，增产节约。因此，在确定施工定额水平时，既不能以少数先进企业和先进生产者所达到的水平为依据，也不能以落后企业及其生产者的水平为依据，而应该依据在正常的施工和生产条件下，大多数企业或生产者经过努力可以达到或超过，少数企业或生产者经过努力可以接近的水平，即平均先进水平。这个水平略高于企业和生产者的平均水平，低于先进企业的水平。实践证明，如果施工定额水平过高，大多数企业和生产者经过努力仍无法达到，则会挫伤生产和管理者的积极性；定额水平订得过低，企业和生产者不经努力也会达到和超额完成，则起不到鼓励和调动生产者积极性的作用。平均先进的定额水平，可望也可及，既有利于鼓励先进，又可以激励落后者积极赶上，有利于推动生产力向更高的水平发展。

定额水平有一定的时限性，随着生产力水平的发展，定额水平必须作相应的修订，使其保持平均先进的性质。但是，定额水平作为生产力发展水平的标准，又必须具有相对稳定性。定额水平如果频繁调整，会挫伤生产者的劳动积极性，在确定定额水平时，应注意妥善处理好这个问题。

2. 施工定额的编制原则

（1）确定施工定额水平要遵循平均先进的原则。在确定施工定额时，要注意处理以下 5 个方面的关系：

1）要正确处理数量与质量的关系。要使平均先进的定额水平，不仅表现为数量，还包括质量，要在生产合格产品的前提下规定必要的劳动消耗标准。

2）合理确定劳动组织。劳动组织对完成施工任务和定额影响很大，它包含劳动组合的人数和技术等级两个因素。人员过多，会造成工作面过小和窝工浪费，影响完成定额水平；人员过少又会延误工期，影响工程进度。人员技术等级过低，低等级组工人做高等级活，不易达到定额，也保证不了工程（产品）质量；人员技术等级过高，浪费技术力量，增加产品的人工成本。因此，在确定定额水平时，要按照工作对象的技术复杂程度和工艺要求，合理地配备劳动组织，使劳动组织的技术等级同工作对象的技术等级相适应，在保证工程质量的前提下，以较少的劳动消耗，生产较多的产品。

3）明确劳动手段和劳动对象。任何生产过程都是生产者借助劳动手段作用于劳动对象，不同的劳动手段（机具和设备）和不同的劳动对象（材料和构件），对劳动者的效率有不同的影响。确定平均先进的定额水平，必须针对具体的劳动手段与劳动对象。因此，在确定定额时，必须明确规定达到定额时使用的机具、设备和操作方法，明确规定原材料和构件的规格、型号、等级以及品种质量要求等。

4）正确对待先进的技术和先进的经验。现阶段生产技术发展很不平衡，新的技术和先进经验不断涌现，其中有些新技术、新经验虽已成熟，但只限于少数企业和生产者使用，没有形成社会生产力水平。因此，编制定额时应区别对待，对于尚不成熟的先进技术和经验，不能作为确定定额水平的依据；对于成熟的先进技术和经验，由于种种原因没有得到推广应用，可在保留原有定额项目水平的基础上，同时编制出新的定额项目。一方面照顾现有的实际情况，另一方面也起到了鼓励先进的作用。对于那些已经得到普遍推广使用的先进技术和经验，应作为确定定额水平的依据，把已经提高了的并得到普及的社会生产力水平确定下来。

5）全面比较，协调一致。既要做到挖掘企业的潜力，又要考虑在现有技术条件下，能够达到的程度，使地区之间和企业之间的水平相对平衡，尤其要注意工种之间的定额水平，要协调一致，避免出现苦乐不均的现象。

（2）定额结构形式要结合实际、简明扼要。

1）定额项目划分要合理。要适应生产（施工）管理的要求，满足基层和工人班组签发施工任务书、考核劳动效率和结算工资及奖励的需要，并要便于编制生产（施工）作业计划。项目要齐全配套，要把那些已经成熟和推广应用的新技术、新工艺和新材料编入定额；对于缺漏项目要注意积累资料，组织测定，尽快补充到定额项目中。对于那些已过时，在实际工作中已不采用的结构材料和技术，则应删除。

2）定额步距大小要适当。步距是指定额中两个相邻定额项目或定额子目的水平差距，定额步距大，项目就少，定额水平的精确度就低；定额步距小，精确度高，但编制定额的工作量大，定额的项目使用也不方便。为了既简明实用，又比较精确，一般来说，对于主要工种、主要项目和常用的项目，步距要小些；对于次要工种、工程量不大或不常用的项目，步距可适当大些。对于手工操作为主的定额，步距可适当小些；对于机械操作的定额，步距可略大一些。

3）定额的文字要通俗易懂，内容要标准化、规范化，计算方法要简便，容易为群众掌握运用。

（3）定额的编制要专业和实际相结合。编制施工定额是一项专业性很强的技术经济工作，而且又是一项政策性很强的工作，需要有专门的技术机构和专业人员进行大量的组织、技术测定、分析和资料整理、拟定定额方案和协调等工作。同时，广大生产者是生产力的创造者和定额的执行者，他们对施工生产过程中的情况最为清楚，对定额的执行情况和问题也最了解。因此，在编制定额的过程中必须深入调查研究，广泛征求群众意见，充分发扬他们的民主权利，取得他们的配合和支持，这是确保定额质量的有效方法。

3. 施工定额的编制依据

（1）国家的经济政策和劳动制度。如建筑安装工人技术等级标准、工资标准、工资奖励制度、工作日时制度以及劳动保护制度等。

（2）有关规范、规程、标准和制度，如现行国家建筑安装工程施工验收规范、技术安全操作规程和有关标准图；全国建筑安装工程统一劳动定额及有关专业部劳动定额；全国建筑安装工程设计预算定额及有关专业部预算定额。

（3）技术测定和统计资料。主要指现场技术测定数据及工时消耗的单项和综合统计资料。技术测定数据和统计分析资料必须准确可靠。

（二）劳动定额

劳动定额是在一定的施工组织和施工条件下，为完成单位合格产品所必需的劳动消耗标准。劳动定额是人工的消耗定额，因此又称为人工定额。劳动定额按其表现形式不同又分为时间定额和产量定额。

1. 时间定额

时间定额也称为工时定额，是指在合理的劳动组织与一定的生产技术条件下，某种专业、某种技术等级的工人班组或个人，为完成单位合格产品所必须消耗的工作时间。定额时间包括准备时间与结束时间、基本生产时间、辅助生产时间、不可避免的中断时间及工人必需的休息时间。

时间定额的单位一般以“工日”、“工时”表示，一个工日表示一个人工作一个工作班，每个工日工作时间按现行制度为每个人 8h。其计算公式为：

$$\text{单位产品时间定额(工日或工时)}=\frac{1}{\text{每工日或工时产量}} \tag{2-1}$$

2. 产量定额

产量定额是指在合理的劳动组织与一定的生产技术条件下，某种专业、某种技术等级的工人班组或个人，在单位时间内完成的合格产品数量。其计算公式为：

$$\text{每工日或工时产量}=\frac{1}{\text{单位产品时间定额(工日或工时)}} \tag{2-2}$$

时间定额和产量定额互为倒数，使用过程中两种形式可以任意选择。在一般情况下，生产过程中需要较长时间才能完成一件产品，以采用工时定额较为方便；如果需要时间不长，或者在单位时间内产量很多的，则以产量定额较为方便。一般定额中常常采用工时定额。

劳动定额是根据国家的经济政策、劳动制度和有关技术文件及资料制定的。制定劳动定额常用经验估计法、统计分析法、比例类推法和技术测定法。

（三）材料消耗定额

材料消耗定额是指在既节约又合理地使用材料的条件下，生产单位合格产品所必须消耗的材料数量，它包括合格产品上的净用量以及在生产合格产品过程中的合理的损耗量。前者是指用于合格产品上的实际数量；后者指材料从现场仓库里领出，到完成合格产品的过程中的合理损耗量，包括场内搬运的合理损耗、加工制作的合理损耗以及施工操作的合理损耗等。基本建设中建筑材料的费用约占建筑安装费用的 60%，因此节约而合理地使用材料具有重要意义。

建筑工程使用的材料可分为直接性消耗材料和周转性消耗材料。材料消耗定额的编制方法有观察法、试验法、统计法和计算法。

1. 直接性消耗材料定额

根据工程需要直接构成实体的消耗材料，为直接性消耗材料，包括不可避免的合理损耗材料。单位合格产品中某种材料的消耗量等于该材料的净耗量和损耗量之和。

$$\text{材料消耗量}=\text{净耗量}+\text{损耗量} \tag{2-3}$$

$$\text{损耗率}=\frac{\text{损耗量}}{\text{消耗量}}\times 100\% \tag{2-4}$$

材料的损耗量是指在合理和节约使用材料情况下的不可避免的损耗量，其多少常用损耗率来表示。之所以用损耗率这种形式表示材料损耗定额，主要是因为净耗量需要根据结构图和建筑产品图来计算或根据试验确定，而往往在制定材料消耗定额时，有关图纸和试验结果还没有做出来。而且就算是同样产品，其规格型号也各异，不可能在编制定额时把所有的不同规格的产品都编制材料损耗定额，否则这个定额就太繁琐了。用损耗率这种形式表示，则简单省事，在使用时只要根据图纸计算出净耗量，应用式（2-3）、式（2-4）就可以算出单位合格产品中某种材料的消耗量。计算公式如下：

$$\text{材料消耗量}=\frac{\text{净耗量}}{1-\text{损耗率}} \tag{2-5}$$

材料消耗定额是编制物资供应计划的依据，是加强企业管理和经济核算的重要工具，是企业确定材料需要量和储备量的依据，是施工队向工人班组签发领料的依据，是减少材料积压、浪费，促进合理使用材料的重要手段。

2. 周转性材料消耗量

前面介绍的是直接消耗在工程实体上的各种建筑材料、成品、半成品，还有一些材料是施工作业用料，也称为施工手段用料，如脚手架和模板等，这些材料在施工中并不是一次消耗完，而是随着使用次数的增加逐渐消耗，并不断得到补充，多次周转。这些材料称为周转性材料。

周转性材料的消耗量，应按多次使用、分次摊销的方法进行计算。周转性材料每一次在单位产品上的消耗量，称为周转性材料摊销量。周转性材料摊销量与周转次数有直接关系。

（1）现浇混凝土结构模板摊销量的计算。

$$\text{摊销量}=\text{周转使用量}-\text{周转回收量} \tag{2-6}$$

$$\text{周转使用量}=\frac{\text{一次使用量}+\text{一次使用量}\times(\text{周转次数}-1)\times\text{损耗率}}{\text{周转次数}} \tag{2-7}$$

$$\text{周转回收量}=\text{一次使用量}\times\frac{1-\text{损耗率}}{\text{周转次数}} \tag{2-8}$$

式中 一次使用量——周转材料为完成产品每一次生产时所需要的材料数量；

损耗率——周转材料使用一次后因损坏而不能复用的数量占一次使用量的比例；

周转次数——新的周转材料从第一次使用起，到材料不能再使用时的次数。

周转次数的确定是制定周转性材料消耗定额的关键。影响周转次数的因素有：材料性质（如木质材料在6次左右，而金属材料可达100次以上），工程结构、形状、规格，操作技术，施工进度以及材料的保管维修等。确定材料的周转次数，必须经过长期现场观测，获得大量的统计资料，按平均合理的水平确定。

（2）预制混凝土构件模板摊销量的计算。在水利工程定额中，预制混凝土构件模板摊销量的计算方法与现浇混凝土结构模板摊销量的计算方法基本相同。但在工业民用建筑定额中，其计算方法与现浇混凝土结构模板摊销量的计算方法不同，预制混凝土构件的模板摊销量是按多次使用平均摊销的计算方法，不计算每次周转损耗率，摊销量直接按式（2－9）计算：

$$摊销量=\frac{一次使用量}{周转次数} \tag{2-9}$$

（四）机械台班使用定额

机械台班使用定额是施工机械生产效率的反映。在合理使用机械和合理的施工组织条件下，完成单位合格产品所必须消耗的机械台班的数量标准，称为机械台班使用定额，也称为机械台班消耗定额。

机械台班消耗定额的数量单位，一般用“台班”、“台时”或“机组班”表示。一个台班是指一台机械工作一个工作班，即按现行工作制工作8h。一个台时是指一台机械工作1h。一个机组班表示一组机械工作一个工作班。

机械台班使用定额与劳动消耗定额的表示方法相同，有时间和产量两种定额。

1．机械时间定额

机械时间定额就是在正常的施工条件和劳动组织条件下，使用某种规定的机械，完成单位合格产品所必须消耗的台班数量，用式（2－10）计算：

$$机械时间定额(台班或台时)=\frac{1}{机械台班或台时产量定额} \tag{2-10}$$

2．机械产量定额

机械产量定额就是在正常的施工条件和劳动组织条件下，某种机械在一个台班或台时内必须完成单位合格产品的数量。所以，机械时间定额和机械产量定额互为倒数。

四、预算定额的编制

预算定额是确定一定计量单位的分项工程或构件的人工、材料和机械台班消耗量的数量标准。全国统一预算定额由国家计委或其授权单位组织编制、审批并颁发执行。专业预算定额由专业部委组织编制、审批并颁发执行。地方定额由地方业务主管部门会同同级计委组织编制、审批并颁发执行。

预算定额是编制施工图预算的依据。建设单位按预算定额的规定，为建设工程提供必要的人力、物力和资金供应；施工单位则在预算定额范围内，通过施工活动，保证按期完成施工任务。

（一）预算定额编制的原则和依据

1．预算定额的编制原则

（1）按社会必要劳动时间确定预算定额水平。在市场经济条件下，预算定额作为确定建设产品价格的工具，应遵照价值规律的要求，按产品生产过程中所消耗的必要劳动时间确定定额水平，注意反映大多数企业的水平，在现实的中等生产条件、平均劳动熟练程度和平均劳动强度下，完成单位的工程基本要素所需要的劳动时间是确定预算定额的主要依据。

(2) 简明适用、严谨准确。定额项目的划分要做到简明扼要、使用方便，同时要求结构严谨，层次清楚，各种指标要尽量固定，减少换算，少留“活口”，避免执行中的争议。

2. 预算定额的编制依据

(1) 现行施工定额。现行预算定额应该在现行施工定额的基础上进行编制，只有参考现行施工定额，才能保证二者的协调性和可比性。

(2) 现行的设计规范、施工及验收规范、质量评定标准和安全操作规程。这些文件是确定设计标准和设计质量、施工方法和施工质量、保证安全施工的法规，确定预算定额，必须考虑这些法规的要求和规定。

(3) 有关科学实验、测定、统计和经验分析资料，新技术、新结构、新材料、新工艺和先进经验等资料。

(4) 现行的预算定额、过去颁发的预算定额和有关单位颁发的预算定额及其编制的基础材料。

(5) 常用的施工方法和施工机具性能资料、现行的工资标准、材料市场价格与预算价格。

(二) 预算定额与施工定额的关系

预算定额是以施工定额为基础的。但是，预算定额不能简单地套用施工定额，必须考虑到它比施工定额包含了更多的可变因素，需要保留一个合理的幅度差。此外，确定两种定额水平的原则是不相同的。预算定额是社会平均水平，而施工定额是平均先进水平。因此，确定预算定额时，水平要相对低一些，一般预算定额水平要低于施工定额5%～7%。

预算定额比施工定额包含了更多的可变因素，这些因素有以下3种：

(1) 确定劳动消耗指标时考虑的因素。包括：①工序搭接的停歇时间；②机械的临时维修、小修和移动等所发生的不可避免的停工损失；③工程检查所需的时间；④细小的难以测定的不可避免工序和零星用工所需的时间等。

(2) 确定机械台班消耗指标需要考虑的因素。包括：①机械在与手工操作的工作配合中不可避免的停歇时间；②在工作班内机械变换位置所引起的难以避免的停歇时间和配套机械相互影响的损失时间；③机械临时性维修和小修引起的停歇时间；④机械的偶然性停歇，如临时停水、停电、工作不饱和等所引起的间歇；⑤工程质量检查影响机械工作损失的时间。

(3) 确定材料消耗指标时，考虑由于材料质量不符合标准或材料数量不足，对材料耗用量和加工费用的影响。这些不是由施工企业的原因造成的。

(三) 预算定额的编制步骤和方法

1. 编制预算定额的步骤

(1) 组织编制小组，拟定编制大纲，就定额的水平、项目划分和表示形式等进行统一研究，并对参加人员、完成时间和编制进度作出安排。

(2) 调查熟悉基础资料，按确定的项目和图纸逐项计算工程量，并在此基础上，对有关规范、资料进行深入分析和测算，编制初稿。

(3) 全面审查，组织有关基本建设部门讨论，听取基层单位和职工的意见，并通过新旧预算定额的对比，测算定额水平，对定额进行必要的修正，报送领导机关审批。

2. 编制预算定额的方法

(1) 划分定额项目，确定工作内容及施工方法。预算定额项目应在施工定额的基础上进一步综合。通常应根据建筑的不同部位、不同构件，将庞大的建筑物分解为各种不同的、较为简单的、可以用适当的计量单位计算工程量的基本构造要素。做到项目齐全、粗细适度、简明实用。同时，根据项目的划分，确定预算定额的名称、工作内容及施工方法，并使施工和预算定额协调一致，以便于相互比较。

(2) 选择计量单位。为了准确计算每个定额项目中的消耗指标，并有利于简化工程量计算，必须根据结构构件或分项工程的特征及变化规律来确定定额项目的计量单位。若物体有一定厚度，而长度和宽度不定时，采用面积单位，如层面、地面等；若物体的长、宽、高均不一定时，则采用体积单位，如土方、砖石、混凝土工程等；若物体断面形状、大小固定，则采用长度单位，如管道、钢筋等。

(3) 计算工程量。选择有代表性的图纸和已确定的定额项目计量单位，计算分项工程的工程量。

(4) 确定人工、材料、机械台班的消耗指标。预算定额中的人工、材料、机械台班消耗指标，是以施工定额中的人工、材料、机械台班消耗指标为基础，并考虑预算定额中所包括的其他因素，采用理论计算与现场测试相结合、编制定额人员与现场工作人员相结合的方法确定的。

(四) 预算定额项目消耗指标的确定

1. 人工消耗指标的确定

预算定额中，人工消耗指标包括完成该分项工程必需的各种用工量。而各种用工量根据对多个典型工程测算后综合取定的工程量数据和国家颁发的《全国建筑安装工程统一劳动定额》计算求得。预算定额中，人工消耗指标是由基本用工和其他用工两部分组成的。

(1) 基本用工。基本用工是指为完成某个分项工程所需的主要用工量。例如，砌筑各种墙体工程中的砌砖、调制砂浆以及运砖和运砂浆的用工量。此外，还包括属于预算定额项目工作内容范围内的一些基本用工量，例如在墙体中的门窗洞、预留抗震柱孔等工作内容。

(2) 其他用工。即辅助基本用工消耗的工日或工时，按其工作内容分为3类：一是人工幅度差用工，是指在劳动定额中未包括的、而在一般正常施工情况下又不可避免的一些工时消耗。例如，施工过程中各种工种的工序搭接、交叉配合所需的停歇时间，工程检查及隐蔽工程验收而影响工人的操作时间，场内工作操作地点的转移所消耗的时间及少量的零星用工等。二是超运距用工，是指超过劳动定额所规定的材料、半成品运距的用工数量。三是辅助用工，是指材料需要在现场加工的用工数量，如筛砂子等需要增加的用工数量。

2. 材料消耗指标的确定

材料消耗指标是指在正常施工条件下，用合理使用材料的方法，完成单位合格产品所必须消耗的各种材料、成品和半成品的数量标准。

（1）材料消耗指标的组成。预算中的材料用量由材料的净用量和材料的损耗量组成。预算定额内的材料，按其使用性质、用途和用量大小划分为主要材料、次要材料和周转性材料。

（2）材料消耗指标的确定。它在编制预算定额方案中已经确定的有关因素（如工程项目划分、工程内容范围、计量单位和工程量的计算）的基础上，可采用观测法、试验法、统计法和计算法确定。首先确定出材料的净用量，然后确定材料的损耗率，计算出材料的消耗量，并结合测定的资料，采用加权平均的方法计算出材料的消耗指标。

3. 机械台班消耗量的确定

（1）编制依据。预算定额中的机械台班消耗指标是以台时为单位计算的，有的按台班计算，一台机械工作 8h 为一个台班，其中：①以手工操作为主的工人班组所配备的施工机械（如砂浆、混凝土搅拌机，垂直运输的塔式起重机）为小组配合使用，因此应以小组产量计算机械台班量或台时量；②机械施工过程（如机械化土石方工程、打桩工程、机械化运输及吊装工程所用的大型机械及其他专用机械）应在劳动定额中的台班定额或台时定额的基础上另加机械幅度差。

（2）机械幅度差。机械幅度差是指在劳动定额中机械台班或台时耗用量中未包括的，而机械在合理的施工组织条件下所必需的停歇时间。这些因素会影响机械的生产效率，因此应另外增加一定的机械幅度差的因素，其内容包括：①施工机械转移工作面及配套机械互相影响损失的时间；②在正常施工情况下，机械施工中不可避免的工序间歇时间；③工程质量检查影响机械的操作时间；④临时水、电线路在施工中移动位置所发生的机械停歇时间；⑤施工中工作面不饱满和工程结尾时工作量不多而影响机械的操作时间等。

机械幅度差系数，从本质上讲就是机械的时间利用系数，一般根据测定和统计资料取定。在确定补充机械台班费时，大型机械可参考以下幅度差系数：土方机械为 1.25，打桩机械为 1.33，吊装机械为 1.30，其他分项工程机械，如木作、蛙式打夯机和水磨石机等专用机械，均为 1.10。

（3）预算定额中机械台班消耗指标的计算方法。具体有以下 3 种指标：

1）操作小组配合机械台班消耗指标。操作小组和机械配合的情况很多，如起重机、混凝土搅拌机等。对于这种机械，计算台班消耗指标时以综合取定的小组产量计算，不另计机械幅度差。即：

$$\text{机械台班消耗指标}=\frac{\text{分项定额的计算单位值}}{\text{小组总产量}} \tag{2-11}$$

2）按机械台班产量计算机械台班消耗量。大型机械施工的土石方、打桩、构件吊装和运输等项目机械台班消耗量按劳动定额中规定的各分项工程的机械台班产量计算，再加上机械幅度差。即：

$$\text{大型机械台班消耗量}=\frac{\text{工序工程量}}{\text{机械台班产量定额}}\times(1+\text{机械幅度差}) \tag{2-12}$$

式中：机械幅度差一般为20%～40%。

3）打夯、钢筋加工、木作和水磨石等各种专用机械台班消耗指标。专用机械台班消耗指标，有的直接将值计入预算定额中，也有的以机械费表示，不列入台班数量。其计算公式为：

$$台班产量=机械配备人数\times每工产量 \tag{2-13}$$

$$台班消耗量=\frac{计量单位值}{台班产量}\times(1+机械幅度差) \tag{2-14}$$

五、概算定额的编制

建筑工程概算定额也叫扩大结构定额，它规定了完成一定计量单位的扩大结构构件或扩大分项工程的人工、材料和机械台班的数量标准。

概算定额是以预算定额为基础，根据通用图和标准图等资料，经过适当综合扩大编制而成的。定额的计量单位为体积（m^3）、面积（m^2）、长度（m），或以每座小型独立构筑物计算，定额内容包括人工工日或工时、机械台班或台时、主要材料耗用量。

（一）概算定额的内容和编制依据

1. 概算定额的内容

概算定额一般由目录、总说明、工程量计算规则、分部工程说明或章节说明、有关附录或附表等组成。

在总说明中主要阐明编制依据、使用范围、定额的作用及有关统一规定等。在分部工程说明中主要阐明有关工程量计算规则及本分部工程的有关规定等。在概算定额表中，分节定额的表头部分分列有本节定额的工作内容及计量单位，表格中列有定额项目的人工、材料和机械台班消耗量指标。

2. 概算定额的编制依据

（1）现行的设计标准及规范、施工验收规范。

（2）现行的工程预算定额和施工定额。

（3）经过批准的标准设计和有代表性的设计图纸等。

（4）人工工资标准、材料预算价格和机械台班费用等。

（5）有关的工程概算、施工图预算、工程结算和工程决算等经济资料。

3. 概算定额的作用

（1）是编制初步设计、技术设计的设计概算和修正设计概算的依据。

（2）是编制机械和材料需用计划的依据。

（3）是进行设计方案经济比较的依据。

（4）是编制建设工程招标标底、投标报价、评定标价以及进行工程结算的依据。

（5）是编制投资估算指标的基础。

（二）概算定额的编制步骤和编制方法

1. 概算定额的编制步骤

概算定额的编制步骤一般分为3个阶段，即编制概算定额准备阶段、编制概算定额初审阶段和审查定稿阶段。

(1) 编制概算定额准备阶段。确定编制定额的机构和人员组成，进行调查研究，了解现行的概算定额执行情况和存在的问题，明确编制目的，并制定概算定额的编制方案和划分概算定额的项目。

(2) 编制概算定额初审阶段。根据所制定的编制方案和定额项目，在收集资料和整理分析各种测算资料的基础上，选定有代表性的工程图纸计算出工程量，套用预算定额中的人工、材料和机械消耗量，再加权平均得出概算项目的人工、材料、机械的消耗指标，并计算出概算项目的基价。

(3) 审查定稿阶段。对概算定额和预算定额水平进行测算，以保证二者在水平上的一致性。如预算定额水平不一致或幅度差不合理，则需要对概算定额做必要的修改，经定稿批准后，颁布执行。

2. 概算定额的编制方法

概算定额的编制原则、编制方法与预算定额基本相似，由于在可行性研究阶段及初步设计阶段，设计资料尚不如施工图设计阶段详细和准确，设计深度也有限，要求概算定额具有比预算定额更大的综合性，所包含的可变因素更多。因此，概算定额与预算定额之间允许有5%以内的幅度差。在水利工程中，从预算定额过渡到概算定额，一般采用的扩大系数为1.03。

第三节 定 额 的 使 用

一、专业对口的原则

水利水电工程除水工建筑物和水利水电设备外，一般还有房屋建筑、公路、铁路、输电线路和通信线路等永久性设施。水工建筑物和水利水电设备安装应采用水利、电力主管部门颁发的定额。其他永久性工程应分别采用所属主管部门颁发的定额，如铁路工程应采用铁道部颁发的铁路工程定额，公路工程采用交通部颁发的公路工程定额等。

二、设计阶段对口的原则

可研阶段编制投资估算应采用估算指标；初设阶段编制概算应采用概算定额；施工图设计阶段编制施工图预算应采用预算定额。如因本阶段定额缺项，须采用下一阶段定额时，应按规定乘以过渡系数。按现行规定，采用概算定额编制投资估算时，应乘以1.10的过渡系数，采用预算定额编制概算时应乘以1.03的过渡系数。

三、工程定额与费用定额配套的使用

在计算各类永久性设施工程时，采用的工程定额除应执行专业对口的原则外，其费用定额也应遵照专业对口的原则，与工程定额相适应。如采用公路工程定额计算永久性公路投资时，应相应采用交通部颁发的费用定额。对于实行招标承包制工程，编制工程标底时，应按照主管部门批准颁发的综合定额和扩大指标，以及相应的间接费定额的规定执行。施工企业投标、报价可根据条件适当浮动。

复习思考题

1. 定额的含义及其作用？定额的特性？

2. 定额按生产因素、按建设阶段、按我国现行管理体制和执行范围、按费用性质如何进行分类？

3. 定额的编制原则及编制方法？

4. 简述劳动定额的编制过程？

第三章　水利水电工程基础单价

在编制水利水电工程概预算投资前，需要根据施工组织、国家（或地区）概预算编制规定及工程具体特点等计算的人工预算单价，材料预算价格，施工用电、水、风预算价格，施工机械使用费，砂石料单价及混凝土材料价格，是编制工程单价的基本依据，并将其统称为基础单价。基础单价编制的准确程度，将直接影响工程概预算编制的质量。

第一节　人工预算单价

人工预算单价是指生产工人在单位时间（工时）的费用，是计算各种生产工人费用时所采用的人工费单价，是计算建筑安装工程单价和施工机械费中人工费的基础价格。在编制概预算时，应根据工程所在地区工资类别、现行水利水电施工企业工人工资标准、现行《水利工程设计概（估）算编制规定》及工资性津贴标准，正确确定生产工人人工预算单价。

一、人工预算单价的组成

人工预算单价由基本工资、辅助工资、工资附加费组成。

1. 基本工资

由岗位工资和年功工资以及年应工作天数内非作业天数的工资组成。其中：

(1) 岗位工资指按照职工所在岗位各项劳动要素测评结果确定的工资。

(2) 年功工资指按照职工工作年限确定的工资，随工作年限增加而逐年累加。

(3) 生产工人年应工作天数内非作业天数的工资，包括职工开会学习、培训期间的工资和探亲假期的工资，调动工作、探亲、休假期间的工资，因气候影响的停工工资，女工哺乳期间的工资，病假在6个月以内的工资以及产、婚、丧假期的工资。

2. 辅助工资

指在基本工资之外，以其他形式支付给职工的工资性收入或根据国家有关规定属于工资性质的各种津贴，主要包括地区津贴、施工津贴、夜班津贴、节日加班津贴等。

3. 工资附加费

指按照国家规定提取的职工福利基金、工会经费、养老保险费、医疗保险费、工伤保险费、职工失业保险基金和住房公积金。

二、人工预算单价计算

根据2002年水利部颁布的《水利工程设计概（估）算编制规定》，人工预算单价计算方法如下：

1. 基本工资

基本工资(元/工日)=基本工资标准(元/月)×地区工资系数×12月÷年应工作天数×1.068 (3-1)

工资标准分枢纽工程、引水及河道工程两种，同时分别划分为工长、高级工、中级工、初级工四个档次，与定额中的劳动力等级相对应。编制概预算时应分别计算。

根据国家有关规定和水利部水利企业工资制度改革办法，并结合水利工程特点，分别确定了枢纽工程、引水工程及河道工程6类工资区分级工资标准，如表3-1所示。按国家规定享受生活费补贴的特殊地区，可按有关规定计算，并计入基本工资。

表3-1　基本工资标准表（6类工资区）　单位：元/月

序号	名称	枢纽工程	引水工程及河道工程
1	工长	550	385
2	高级工	500	350
3	中级工	400	280
4	初级工	270	190

根据劳动部规定，6类以上工资区的工资系数如表3-2所示。

表3-2　地区工资系数表

地区类别	工资系数	地区类别	工资系数
7类工资区	1.0261	10类工资区	1.1043
8类工资区	1.0522	11类工资区	1.1304
9类工资区	1.0783		

年应工作天数为251天（全年减去双休日104天、法定节日10天）；日工作时间8h。年非作业天数指气候影响施工、职工探亲假、开会学习培训、6个月以内病假等在年应工作天数之内而未工作的天数，每年非作业天数平均按16天计算。年有效工作天数为年应工作天数减年非作业天数等于235天。1.068为年应工作天数内非工作天数的工资系数。

在十一类工资区基础上增加的地区生活补贴或费用只有按国家正式文件规定享受生活补贴的特殊地区，才能进入人工预算单价，并计入基本工资。

2. 辅助工资

地区津贴(元/工日)=津贴标准(元/月)×12月÷年应工作天数×1.068 (3-2)

施工津贴(元/工日)=津贴标准(元/天)×365天×95%÷年应工作天数×1.068 (3-3)

夜餐津贴(元/工日)=(中班津贴标准+夜班津贴标准)÷2×(20%～30%) (3-4)

节日加班津贴(元/工日)=基本工资(元/工日)×3×10÷年应工作天数×35% (3-5)

表 3-3 **辅助工资标准表**

序号	项 目	枢纽工程	引水工程及河道工程
1	地区津贴	按国家、省、自治区、直辖市的规定	
2	施工津贴	5.3元/天	3.5～5.3元/天
3	夜餐津贴	4.5元/夜班、3.5元/中班	

注 初级工的施工津贴标准按表中数值的50%计取。

国家有关部门批准的地区津贴计入辅助工资，如表3-3所示，各省、自治区、直辖市规定的各种补贴按现行规定不得计入人工单价。

计算夜餐津贴时，式中的百分比，枢纽工程取30%，引水工程及河道工程取20%。

3. 工资附加费

职工福利基金(元/工日)=[基本工资(元/工日)+辅助工资(元/工日)]×费率标准(%) (3-6)

工会经费(元/工日)=[基本工资(元/工日)+辅助工资(元/工日)]×费率标准(%) (3-7)

养老保险费(元/工日)=[基本工资(元/工日)+辅助工资(元/工日)]×费率标准(%) (3-8)

医疗保险费(元/工日)=[基本工资(元/工日)+辅助工资(元/工日)]×费率标准(%) (3-9)

工伤保险费(元/工日)=[基本工资(元/工日)+辅助工资(元/工日)]×费率标准(%) (3-10)

职工失业保险基金(元/工日)=[基本工资(元/工日)+辅助工资(元/工日)]×费率标准(%) (3-11)

住房公积金(元/工日)=[基本工资(元/工日)+辅助工资(元/工日)]×费率标准(%) (3-12)

表 3-4 **工资附加费标准表**

序号	项 目	费率标准（%）	
		工长、高中级工	初级工
1	职工福利基金	14	7
2	工会经费	2	1
3	养老保险费	按各省、自治区、直辖市规定	按各省（自治区、直辖市）规定的50%
4	医疗保险费	4	2
5	工伤保险费	1.5	1.5
6	职工失业保险基金	2	1
7	住房公积金	按各省、自治区、直辖市规定	按各省、自治区、直辖市规定的50%

注 养老保险费率一般取20%以内，住房公积金费率一般取5%左右。

4. 人工工日预算单价

人工工日预算单价(元/工日)=基本工资+辅助工资+工资附加费 (3-13)

5. 人工工时预算单价

人工工时预算单价(元/工时)=人工工日预算单价(元/工日)÷日工作时间(工时/工日)　(3-14)

【例 3-1】 某引水工程位于八类地区，经国家物价部门批准的该地区津贴为 20 元/月，地方政府规定的特殊地区补贴 10 元/月，假设养老保险费率为 18%，住房公积金费率为 5%，试计算该工程初级工人工预算单价。

解：根据现行规定，国家有关部门批准的地区津贴 20 元/月进入人工预算单价，地方政府规定的特殊地区补贴 10 元/月不进入人工预算单价。计算初级工地区津贴、养老保险费、住房公积金费时，其计算标准费率按给定数值的 50%计。计算过程如表 3-5 所示。

表 3-5　初级工人工预算单价计算表

地区类别：八类工资区		定额人工等级：初级工	
序号	项目	计算式	单价（元）
1	基本工资	190 元/月×1.0522×12 月÷251×1.068	10.21
2	辅助工资		6.07
(1)	地区津贴	20 元/月×12÷251×1.068	1.02
(2)	施工津贴	4.0 元/天×365 天×95%÷251×1.068×50%	2.95
(3)	夜餐津贴	(4.5+3.5) ÷2×20%	0.80
(4)	节日加班津贴	10.21 元/工日×3×10÷251×35%	1.30
3	工资附加费		3.91
(1)	职工福利基金	(10.21+6.07) 元/工日×7%	1.14
(2)	工会经费	(10.21+6.07) 元/工日×1%	0.16
(3)	养老保险费	(10.21+6.07) 元/工日×18%×50%	1.47
(4)	医疗保险费	(10.21+6.07) 元/工日×2%	0.33
(5)	工伤保险费	(10.21+6.07) 元/工日×1.5%	0.24
(6)	职工失业保险基金	(10.21+6.07) 元/工日×1%	0.16
(7)	住房公积金	(10.21+6.07) 元/工日×5%×50%	0.41
4	人工工日预算单价	(10.21+6.07+3.91) 元/工日	20.19
5	人工工时预算单价	20.19 元/工日÷8 工时/工日	2.52

第二节　材料预算价格

在工程建设过程中，直接为生产某建筑安装工程而耗用的原材料、半成品、成品、零件等统称为材料。水利水电工程建设中，材料用量大，材料费是构成建筑安装工程投资的主要组成部分，在建安工程投资中所占比重一般在 30%以上，有的甚至达到 60%。而材料预算价格则是编制建筑安装工程单价材料费的基础单价。所以，正确计算材料预算价格对于提高工程概预算质量、正确合理地控制工程造价具有重要意义。在编制过程中，必须坚持实事求是的原则，进行深入细致的调查研究工作。

一、材料的分类

1. 按对投资影响划分

材料按对投资影响可划分为主要材料和次要材料。

主要材料为在工程施工过程中用量较多（或用量虽小但价格昂贵）、占工程总投资比例较大的材料。水利水电工程中常用的主要材料有水泥、钢材、木材、油料、火工产品、砂石料、电缆及母线、粉煤灰、沥青等。

次要材料为在工程施工过程中用量较少、占工程总投资比例较小的材料。

水利水电建筑安装工程中所用到的材料品种繁多，规格各异，在编制材料的预算价格时没必要也不可能逐一详细计算，对主要材料预算价格应逐一详细计算，而对次要材料，用简化的方法进行计算。

一项工程所用到的某种材料有很多品种、规格，其价格也不尽相同，为了简化计算，往往选取其中几种规格、型号的材料价格来代表该种材料的预算价格，并将其称为该材料代表规格。

钢材包括钢筋、钢板及型钢。根据设计所需要的规格品种的市场价计算。如果设计提供规格品种有困难时，钢筋可以 HPB235 级钢筋 ϕ16～18、HRB335 级钢筋代表，二者比例由设计确定。钢板及型钢的代表规格、型号和比例，按设计要求确定。

汽油代表规格为 70 号，柴油代表规格根据工程所在气温区确定，其中Ⅰ类气温区 0 号比例占 75%～100%，－10～－20 号比例占 0～25%；Ⅱ类气温区 0 号比例占 55%～65%，－10～－20 号比例占 35%～45%；Ⅲ类气温区 0 号比例占 40%～55%，－10～－20号比例占 45%～60%。Ⅰ类气温区包括广东、广西、云南、贵州、四川、江苏、湖南、浙江、湖北和安徽；Ⅱ类气温区包括河南、河北、山西、山东、陕西、甘肃、宁夏和内蒙古；Ⅲ类气温区包括青海、新疆、西藏、辽宁、吉林和黑龙江。

2. 按材料性质划分

材料按性质可划分消耗性材料、周转性使用材料和装置性材料。

消耗性材料指一次性消耗完毕，不可再用的材料，如炸药、电焊条、氧气和油料等。

周转性使用材料指在工程施工过程中，能多次使用，反复周转的工具性材料、配件和用具等，如模板和支撑件等。

装置性材料是指安装工程中构成了工程主体的那部分（不属于设备）材料，是相对于消耗性材料而言的。如管道、轨道、母线和电缆等。

3. 按供应方式划分

材料按供应方式可划分外购材料和自产材料。

外购材料指直接在市场上（或生产厂家）购买的材料，水利水电工程中使用的材料大部分为外购材料。

自产材料指施工企业在施工过程中自己生产的材料。如大型水利水电工程的砂石料用量较大，在条件允许的情况下，施工企业往往自己建立砂石料生产系统。

二、主要材料预算价格

主要材料的预算价格指材料由供货地点到达工地分仓库或相当于施工分仓库的堆料场

的价格。主要材料预算价格的组成一般包括材料原价、包装费、运杂费、运输保险费、采购及保管费5部分。

材料的预算价格计算见式（3-15）。

$$材料预算价格=(材料原价+包装费+运杂费)\times(1+采购及保管费率)+运输保险费 \quad (3-15)$$

为编制的材料预算价格符合工程实际，通常需要了解工程所在区域建筑材料市场价格、供应状况、对外交通条件以及已建工程的实际经验和资料和有关法规，根据节约资金的原则，合理选择材料的供货商、供货地点、供货比例以及合理的运输方式等。

（一）材料原价

材料原价是指材料供应地点的交货价格。按工程所在地区就近大的物资供应公司、材料交易中心的市场成交价、设计选定的生产厂家的出厂价或工程所在地建设工程造价管理部门公布的价格信息计算（有些地区的信息价格已经包含了一定运距内的运输费用）。

（二）包装费

包装费是指为便于材料的运输或为保护材料而进行包装所发生的费用。包括厂家所进行的包装以及在运输过程中所进行的捆扎、支撑等费用。凡由生产厂家负责包装并已将包装费计入材料原价的，在计算材料的预算价格时，不再计算包装费。包装费和包装品的价值，因材料品种和厂家处理包装品的方式不同而异，应根据具体情况分别进行计算。

（三）运杂费

材料运杂费是指材料由产地或交货地点运往工地分仓库或相当于工地分仓库（材料堆放场）所发生的全部费用，包括各种运输工具的运输费、装卸费、调车费及其他费用。在编制材料预算价格时，应按施工组织设计中所选定的材料来源和运输方式、运输工具、运输距离以及厂家和交通部门规定的取费标准，计算材料的运杂费。

从工地的材料总库运到分仓库所发生的场内运杂费应计入材料预算价格；而从工地分仓库到各施工点的运杂费用已计入定额内，在材料预算价格中不予计算。

1. 铁路运杂费

委托国有铁路部门运输的材料，在国有线路上行驶时，其运杂费一律按铁道部《铁路货物运价规则》(2005)、《关于调整铁路货运价格和修改〈铁路货物运价规则〉的通知》（发改价格［2006］510号）规定计算；属于地方营运的铁路，执行地方的规定。

施工单位自备机车车辆在自营专用线上行驶的运杂费，按列车台（时）班费和台班（时）货运量以及运行维护人员开支摊销费计算。其运杂费计算公式为：

$$每吨运费=\frac{机车台班费+车辆台班费之和}{每列火车设计载重量\times装载系数\times列车每班行驶次数}+每吨装卸费+现场管理人员开支的摊销费 \quad (3-16)$$

整车与零担的比例指火车运输中整车和零担货物的比例，又称“整零比”。铁路运输要考虑整零比。铁路运输中整车比零担的运价便宜，故材料运输时，应以整车为主，其整零比视工程规模大小而定。工程规模大、材料用量多，整零比就高。一般情况下，水泥、木材、炸药、汽油和柴油按整车计算，钢材可考虑部分零担。其比例：大型工程按10%～20%选取，中型工程按20%～30%选取。计算时，按整车和零担所占的百分率加权平均计算其运价。

火车整车运输货物，只有当货物重量超过车辆标重时，按其实际重量计费，其余一律按车辆标记载重量装载计费。但在实际运输过程中经常出现不能满载的情况，在计算运杂费时，用装载系数来表示。

$$火车装载系数=实际运输重量\div车辆标记重量 \tag{3-17}$$

$$货物实际运价=规定运价\div装载系数 \tag{3-18}$$

运输部门不是按材料的实际重量，而是按材料运输重量（即毛重）计算运费的，故计算运费时要考虑材料的毛重系数。

$$毛重系数=\frac{毛重}{净重}=\frac{材料实际重量+包装品重量}{材料实际重量} \tag{3-19}$$

毛重系数大于或等于1。一般情况下，水泥、钢材、木材及油罐车运输的油料毛重系数为1。炸药毛重系数为1.17。油桶运输油料时，汽油毛重系数为1.15，柴油毛重系数为1.14。

【例3-2】 火车货车车厢标记重量为60t，装载1550箱炸药，每箱炸药净重28kg，箱重0.7kg。计算该货物的装载系数和毛重系数。若铁路运费为25元/t，则每吨实际运费是多少？

解：

$$装载系数=实际运输重量/运输车辆标记重量$$
$$=[1550\times(28+0.7)]\div60000=0.74$$

$$毛重系数=(材料实际重量+包装品重量)/材料实际重量$$
$$=(28+0.7)\div28=1.03$$

$$每吨实际运费=25元/t\div0.74\times1.03=34.80(元/t)$$

2. 公路运杂费

公路运杂费按工程所在地交通部门的《汽车运价规则实施细则》计算，汽车运输轻泡货物时，按实际载量计价。汽车运输货物时，一般不考虑装载系数，货物计费重量按实际运输重量计算。对质量不足333kg/m^{3}的轻浮货物，整车运输时，其装车长、宽、高不得超过规定限度，以车辆标重计费；零担运输时，以货物包装最长、最宽、最高部分计算其体积，每立方米折算为333kg进行计价。

3. 水路运杂费

水路运输包括内河运输和海洋运输，其运杂费按航运部门现行有关规定计算。

（四）运输保险费

材料运输保险费是指向保险公司交纳的材料保险费，其计算公式为：

$$运输保险费=材料原价\times材料运输保险费率 \tag{3-20}$$

材料运输保险费率依据保险公司的有关规定取值。

（五）采购及保管费

材料采购及保管费是指材料在采购、供应和保管过程中所发生的各项费用。其主要包括材料采购、供应和保管部门工作人员的基本工资、辅助工资、工资附加费、教育经费、办公费、差旅费、交通费及工具用具使用费；仓库、转运站等设施的检修费、固定资产折旧费、技术安全措施费和材料检验费；以及材料在运输、保管过程中发生的损耗等。其计算公式为：

$$采购及保管费=(材料原价+包装费+运杂费)\times 采购及保管费率 \quad (3-21)$$

材料采购保管费率按3%计，个别边远地区（西藏等地）部分材料运输距离较远，预算价格较高，可适度降低采购及保管费率，使之与正常材料预算价格所收取的费用水平相一致。

三、次要材料预算价格

一般执行工程所在地区就近城市建设工程造价管理部门发布的建设工程材料价格信息，加至工地的运杂费进行计算，或按材料市场价加5%左右运杂费、3%采购及保管费计算。

四、材料调差价

为了避免材料市场价格起伏变化，造成间接费、企业利润的相应变化，对主要材料规定了统一的价格，按此价格进入工程单价，计取有关费用，故称为取费价格，也称为基价。

部分偏远地区因材料运输距离较远，预算价格较高，应限价进入工程单价；外购砂石、块石、料石等的预算价格如超过70元/m^3的，按70元/m^3取费，这种只规定上限的基价，称为限价。目前规定的限价还有：水泥300元/t，钢筋3000元/t，汽油3600元/t，柴油3500元/t。

按市场计算出的材料预算价格与限价之差称为调差价。在计算工程单价时，凡遇到外购砂石、块石、料石等的工程单价，其材料预算价格如超过限价，应按限价进入工程单价，余额以补差形式计算税金后列入相应部分之后。

【例3-3】 某水利枢纽工程所用钢筋从一大型钢厂供应，火车整车运输。HPB235钢筋占40%，出厂价为3550元/t，HRB335钢筋占60%，出厂价为3700元/t。从钢厂到转运站采用火车运输，运距350km，从转运站到总仓库采用汽车运输，运距8km，从总仓库到分仓库采用汽车运输，运距3km，从分仓库到施工现场采用汽车运输，运距1km。已知火车的钢筋整车运价号为4，运价率见表3-6，铁路建设基金0.035元/t·km，上站费1.9元/t，装载系数0.9，整车卸车费1.17元/t；汽车运价0.6元/t·km，转运站费5元/t，汽车装车费2.5元/t，卸车费1.9元/t。运输保险费率0.8%，毛重系数为1。计算钢筋预算价格，如表3-6所示。

表3-6　　铁路货物运价率表摘录

类别	运价号	基价1		基价2	
		单位	水平	单位	水平
整车	3	元/t	7.40	元/吨公里	0.0405
	4	元/t	9.30	元/吨公里	0.0454

解：

(1) 材料原价$=3550\times 40\%+3700\times 60\%=3640.00$（元/t）

（2）运杂费

铁路运杂费＝1.9＋[9.3＋(0.035＋0.0454)×3500]÷0.9＋1.17＝44.67(元/t)

公路运杂费＝5＋(2.5＋1.9)×2＋0.6×(8＋3)＝20.4(元/t)

运杂费＝(44.67＋20.4)×1＝65.07(元/t)

（3）运输保险费＝3640.00×8‰＝29.12（元/t）

（4）钢筋预算价格＝(原价＋运杂费)×(1＋采购及保管费率)＋运输保险费

＝(3640.00＋65.07)×(1＋3％)＋29.12

＝3845.34(元/t)

第三节　施工用电、水、风价格

在水利水电工程施工过程中，电、水、风的耗用量非常大，电、水、风的预算价格直接影响到建筑安装工程投资的高低。因此，需要根据施工组织设计中确定的电、水、风供应的布置形式、供应方式、设备配置情况等资料分别计算电、水、风预算价格。

施工用电、风、水价格是编制水利工程投资的主要基础单价，其价格组成由基本单价、损耗摊销费和设施维修摊销费3部分组成。

一、施工用电价格

（一）用电的分类

1．按用电电源分类

按用电电源分外购电和自发电两种形式。

由国家、地方电网、其他企业供电和租赁列车发电站供电的租赁电叫外购电，其中国家电网供电电价低廉，电源可靠，是施工时的主要电源。

由施工单位自建发电厂或柴油发电厂供电叫自发电，自发电一般为柴油发电机组供电，成本较高，一般作为施工单位的备用电源或高峰用电时使用。

2．按用电用途分类

根据其用途可分为生产用电和生活用电两部分。

生活用电系指生活、文化、福利建筑的室内外照明和其他生活用电，这部分费用在现场经费内计列或由职工负担，不在施工用电电价计算范围内。

生产用电指施工机械用电、施工照明用电和其他生产用电，该项费用直接计入工程成本中。水利水电工程中的电价计算仅指生产用电。

（二）电价组成

施工用电价格由基本电价、电能损耗摊销费和供电设施维修摊销费组成。

1．基本电价

外购电的基本电价，是指供电部门按国家或地方规定收取的单位供电价格，包括电网电价、电力建设基金及各种规定的加价（如三峡工程建设基金、燃料附加费等加价）。

自发电的基本电价指发电厂单位的发电成本。

2. 电能损耗摊销费

外购电的电能损耗摊销费指从企业与供电部门的产权分界处起，到现场各施工点最后一级降压变压器低压侧止，所有输配电线路和变配电设备上所发生的电能损耗摊销费。它包括高压输电线路损耗、场内变配电设备及配电线路损耗两部分。高压输电线路损耗指高压电网到施工主变压器高压侧之间的高压输电线路损耗，变配电设备及配电线路损耗指由施工主变压器高压侧至现场各施工点最后一级降压变压器低压侧之间的配电线路损耗和变配电设备上的电能损耗。

自发电的电能损耗摊销费是指从施工单位自建发电厂的出线侧起，至现场各施工点最后一级降压变压器低压侧止，所有输配电线路和变配电设备上所发生的电能损耗摊销费。

从最后一级降压变压器低压侧至施工现场用电点间的电能损耗费用，已包括在各用电施工设备工器具的台时耗电定额之内，计算电价时不再考虑。

3. 供电设施维修摊销费

供电设施维修摊铺费主要指变配电的基本折旧费、大修理费、安装和拆除费、运行维护费以及输电线路的维护费摊销到施工期间每度用电（包括生产和生活用电）的费用。

为供电建造的发电厂房、架设的线路、变电站等费用，均应按现行规定分别列入临时工程部分的相应项目内，不直接计入电价成本。

为施工用电所架设的施工场外供电线路，如电压等级在枢纽工程 35kV、引水及河道工程 10kV 及以上时，场外供电线路、变电站等设备及土建费用，应列入施工临时工程中的施工场外供电工程项目内，不直接计入电价成本。

（三）电价计算

施工用电价格根据施工组织设计确定的供电方式以及不同电源的电量所占比例，按国家或工程所在省（自治区、直辖市）规定的电网电价和规定的加价进行计算。

当自发电采用自设水泵供冷却水时：

$$R_z=\frac{C_c+C_b}{\sum P_c\times K\times(1-K_1)\times(1-K_2)}+C_w \tag{3-22}$$

当自发电采用循环冷却水水时：

$$R_z=\frac{C_c}{\sum P_c\times K\times(1-K_1)\times(1-K_2)}+C_w+C_l \tag{3-23}$$

外购电电价计算：

$$R_w=\frac{C_g}{(1-K_3)\times(1-K_2)}+C_w \tag{3-24}$$

式中　R_z——自发电电价，元/（kW·h）；

R_w——外购电电价，元/（kW·h）；

C_c——柴油发电机组（台）时总费用，元；

C_b——水泵组（台）时总费用，元；

C_g——外购电基本电价，元/（kW·h）；

C_w——供电设施维修摊销费，初设可取 0.02～0.03 元/（kW·h）；

$\sum P_c$——柴油发电机额定容量之和，kW；

K——发动机出力系数（即能量利用系数），一般取 0.8～0.85；

K_1——厂用电率，取4%～6%；

K_2——变配电设备及配电线路损耗率，取5%～8%；

K_3——高压输电线路损耗率，取4%～6%；

C_l——单位循环冷却水费，取0.03～0.05元/（kW·h）。

【例3－4】 某水利工程电网供电占96%，自备柴油发电机组（450kW机组2台）供电占4%。该电网电价及附加费见表3－7。

表3－7　　电网电价及附加费

项目名称	单位	单价（元）
大宗工业用电	元/（kW·h）	0.401
非工业用电	元/（kW·h）	0.453
省电力建设基金	元/（kW·h）	0.067
三峡工程建设基金	元/（kW·h）	0.009
燃料附加费	元/（kW·h）	0.048
市电网建设附加费	元/（kW·h）	0.02

已知：自备柴油发电机组能量利用系数K_1取0.85，厂用电率取5%，变配电设备及配电线路损耗率取7%，高压输电线路损耗率为5%，循环冷却水摊销费0.04元/kW·h，供电设施维修摊销费为0.03元/kW·h，柴油发电机组台时费312.8元/台时。根据以上已知条件，计算施工用电综合电价。

解： 外购电基本电价＝0.453＋0.067＋0.009＋0.048＋0.02＝0.597[元/(kW·h)]

外购电电价＝0.597÷[(1－5%)×(1－7%)]＋0.03＝0.706[元/(kW·h)]

自发电电价＝(312.8×2)÷[(450×2)×0.85×(1－5%)×(1－7%)]＋0.04＋0.03＝0.996[元/(kW·h)]

综合电价＝外购电电价×外购电比例＋自发电电价×自发电比例
＝0.706×96%＋0.996×4%
＝0.72[元/(kW·h)]

二、施工用水价格

（一）用水的分类

水利水电工程施工用水分生产用水和生活用水两部分。

生产用水是指直接进入工程成本的施工用水，包括钻孔灌浆用水、砂石料筛洗用水、混凝土拌制养护用水、施工机械用水、房屋建筑用水、修配及机械加工用水等。生产用水要符合生产工艺的要求，保证工程用水的水压、水质和水量。

生活用水主要指职工、家属的饮用水和洗涤用水、生活区的公共事业用水等。生活用水要符合卫生条件的要求。

水利工程施工用水水价，仅指生产用水水价。生活用水用现场经费开支或由职工自行负担，不在水价计算范围之内。如果生产、生活用水由同一系统供水，凡因生活用水所增加的费用（如净化药品费等），均不应计入生产用水的单价之内。如果生产用水分区设置供水系统，需按各系统供水量的比例加权计算综合水价。

（二）水价组成

施工用水价格由基本水价、供水损耗摊销费和供水设施维修摊销费组成。

1. 基本水价

基本水价是根据施工组织设计确定的高峰用水量所配备的供水系统设备，按台时产量分析计算的单位水量的价格。该价格是构成水价的基本部分，其高低与生产用水的工艺要求及施工布置有关，如扬程高、水泵出水量小、水质需作沉淀处理时，水价就高；反之则低。

2. 供水损耗摊销费

供水损耗是指施工用水在储存、输送、处理过程中的水量损失。

储水池、供水管路的施工质量，以及运行中维修管理的好坏，对水量损耗率大小的影响较大。供水范围大、扬程高、采用两级以上泵站供水系统的损耗率较大，反之损耗率较小。

3. 供水设施维修摊销费

供水设施维修摊销费是指摊入单位水价的水池、供水管道等供水设施的维修费用。水池、供水管道等供水设施的建安费已计入施工临时工程中的其他临时工程内，不能直接摊入水价成本。

（三）水价计算

施工用水价格，根据施工组织设计所配置的供水系统设备组（台）时总费用和组（台）时总有效供水量计算。

$$R_s=\frac{C_b}{\sum P_b\times K\times(1-K_1)}+C_w \qquad (3-25)$$

式中 R_s——施工用水水价，元/m^3；

C_b——水泵组（台）时总费用，元；

P_b——水泵额定流量之和，m^3/［组（台）时］；

K——水泵出力系数（即能量利用系数），取0.75～0.85；

K_1——供水损耗率取8%～12%；

C_w——供水设施维修摊销费取0.02～0.03元/m^3。

（四）水价计算时应注意的问题

（1）关于水量验证。水量验证的目的是使设计选用的水泵出水量既要满足设计需水量，同时又不浪费，使系统设计合理经济。计算水泵的台时总出水量，宜根据施工组织设计配备的水泵型号、系统的实际扬程和水泵性能曲线确定。对施工组织设计提出的台时用水量，也应按上述方法进行验证，设计所配备水泵的净出水总量应略大于设计总用水量。如出水量小于用水量，或出水量远多于用水量，则应反馈给施工组织设计，对出水量或水泵型号、数量作适当调整。

（2）供水系统为一级供水，台时总出水量按全部工作水泵的总出水量计。

（3）供水系统为多级供水，且供水全部通过最后一级水泵，台时总出水量按最后一级的出水量计，而台时总费用应包括所有各级工作水泵的台时费。

（4）施工用水为多级提水并中间有分流时，要逐级计算水价。

（5）在生产、生活采用同一多级水泵供水系统时，如最后一级全部供生活用水，则最后一级水泵的台时费不应计算在台时总费用内，但台时总出水量应包括最后一级出水量。

（6）在计算台时总出水量和总费用时，在总出水量中如不包括备用水泵的出水量，则台时费中也不应包括备用水泵的台时费；反之，如计入备用水泵的出水量，则台时总费用中也应计入备用水泵的台时费。水价计算时，一般不计备用水泵的台时费及出水量。

（7）施工用水有循环用水时，水价要根据施工组织设计的供水工艺流程计算。

【例 3－5】 某水利工程施工用水分左右岸两个取水点，左岸设三级供水，右岸设两级供水，各级泵站出水口处均设有调节水池，供水系统主要技术指标见表 3－8。试计算施工用水综合水价。

表 3－8　　供水系统主要技术指标

位置		电机功率（kW）	台数（台）	水泵额定流量（m^3/h）	设计用水量（m^3/组时）	台时费（元/台时）	备注
左岸	一级泵站	230	3	1315	0	155.88	另备用 1 台
	二级泵站	165	3	1196	2250	118.23	另备用 1 台
	三级泵站	125	1	155	100	112.93	另备用 1 台
	小计				2350		
右岸	一级泵站	65	2	160	150	55.75	另备用 1 台
	二级泵站	47	1	85	55	49.72	另备用 1 台
	小计				205		

解：

（1）进行水量验证。水泵出力系数 k 取 0.80；供水损耗率取 12%；供水设施维修摊销费取 0.03 元/m^3

实际组时净供水量＝水泵额定容量之和×水泵出力系数 k×（1－供水损耗率）

各级泵站实际组时净供水量计算结果见表 3－9，从表 3－9 可以看出，各级各级泵站实际组时净供水量均大于设计用水量，满足用水要求。

（2）施工用水分级水价。计算各级泵站设计组时用水量占总用水量百分比，计算结果见表 3－9。

各级泵站水价＝上级泵站供水单价＋组时总费用÷组时净供水量＋供水设施维修摊销费

左岸一级泵站供水水价＝3×155.88÷2777.28＝0.168（元/m^3）

左岸二级泵站供水水价＝0.168＋(3×118.23÷2525.95)＝0.308(元/m^3)

左岸三级泵站供水水价＝0.308＋(1×112.93÷109.12)＝1.343(元/m^3)

右岸一级泵站供水水价＝2×55.75÷225.28＝0.495(元/m^3)

右岸二级泵站供水水价＝0.495＋(1×49.72÷59.84)＝1.326(元/m^3)

（3）施工用水综合单价。

施工用水综合单价＝(0.168×0%＋0.308×88%＋1.343×4%＋0.495×6%＋1.326

×2%)+0.03=0.411(元/m^3)

表 3-9　　水价计算过程表

位置		电机功率(kW)	台数(台)	水泵额定流量(m^3/h)	实际净供水量(m^3/组时)	设计用水量(m^3/组时)	设计用水量比例(%)	分级水价(元/m^3)
左岸	一级泵站	230	3	1315	2777.28	0	0	0.168
	二级泵站	165	3	1196	2525.95	2250	88	0.308
	三级泵站	125	1	155	109.12	100	4	1.343
	小计					2350	92	
右岸	一级泵站	65	2	160	225.28	150	6	0.495
	二级泵站	47	1	85	59.84	55	2	1.326
	小计					205	8	

三、施工用风价格

水利工程施工用风指用于石方爆破钻孔、混凝土工程、基础处理、金属结构和机电设备安装等工程施工时，施工机械（如风钻、潜孔钻、凿岩台车、混凝土喷射机等）所需的压缩空气。一般由自建供风系统供给。风价是计算各种风动机械台时费的基础价格。

压缩空气可由固定式空压机或移动式空压机供给。在大、中型工程中，一般采用多台固定式空压机组成供风系统，并以移动式空压机为辅助。对于工程量小、布局分散的工程，宜采用移动式空压机供风，此时可将其与用风的施工机械配套，以空压机台时费乘以台时使用量直接计入工程单价，不再单独计算风价，相应风动机械台时费中两类费用不再计算台时耗风费用。

为保证风压和减少管道损耗，水利工程施工工地一般采用分区布置供风系统，如左坝区、右坝区、厂房区等。各区供风系统，因布置形式和机械组成不一定相同，因而各区的风价也不一定相同，此种情况下应采用加权平均的方法计算综合风价。

（一）风价的组成

施工用风价格由基本风价、供风损耗摊销费和供风设施维修摊销费组成。

1. 基本风价

基本风价指根据施工组织设计供风系统所配置的空压机设备，按台时总费用除以台时总供风量计算的单位风量价格。风价计算时，一般不考虑备用空压机。

2. 供风损耗摊销费

供风损耗摊销费指由压气站至用风现场的固定供风管道在送风过程中所发生的风量损耗的摊销费用。其大小与管道铺设好坏、管道长短有关。供风管道短的，损耗小，反之损耗大。风动机械本身的用风及移动的供风损耗已包括在机械台时耗风定额内，不在风价中计算。

3. 供风维修摊销费

供风维修摊销费指摊入风价的供风设施的维护修理费用。

（二）风价的计算

施工用风价格，根据冷却水的不同供给方式，可按以下公式计算：

（1）采用专用水泵供给冷却水时：

$$R_f=\frac{C_j+C_b}{\sum P\times 60\times K\times(1-K_1)}+C_w \tag{3-26}$$

（2）采用循环冷却水、不用水泵时：

$$R_f=\frac{C_j}{\sum P\times 60\times K\times(1-K_1)}+C_w+C_l \tag{3-27}$$

式中 R_f——施工用风价格，元/m^3；

C_j——空压机组（台）时总费用，元；

C_b——水泵组（台）时总费用，元；

C_l——单位循环冷却水费，0.005 元/m^3；

$\sum P$——空压机额定容量之和，m^3/min；

K——空压机出力系数（即能量利用系数），一般取 0.70～0.85；

K_1——供风损耗率，取 8%～12%；

C_w——供风设施维修摊销费，0.002～0.003 元/m^3。

【例 3-6】 某水库大坝施工用风，共设置左坝区和右坝区两个压气系统。左坝区配置 45m^3/min 的固定式空压机 1 台，台时预算价格 133.5 元/（台时），20m^3/min 的固定式空压机 6 台，台时预算价格 77.02 元/台时；右坝区配置 9m^3/min 的移动式空压机 4 台，台时预算价格 48.13 元/台时。冷却用水泵 7kW 的 3 台，台时预算价格 17.11 元/（台时）。其他资料：空气压缩机能量利用系数 0.80，风量损耗率 12%，供风设施维修摊销费 0.002 元/m^3，试计算施工用风风价。

解：（1）台时总费用＝133.5×1＋77.02×6＋48.13×4＋17.11×3＝839.47(元)

（2）台时总供风量＝(45×1＋20×6＋9×4)×60×0.8＝9648.00(m^3)

（3）施工用风价格＝839.47÷[9648.00×(1－12%)]＋0.002＝0.10(元/m^3)

第四节 施工机械使用费

施工机械台时费是指一台施工机械正常工作 1h 所支出和分摊的各项费用之和，包括消耗在建筑安装工程项目上的机械磨损、维修和动力燃料费用等。施工机械使用费以台时为计量单位。台时费是计算建筑安装工程单价中机械使用费的基础单价。随着水利工程机械化施工程度的提高，施工机械使用费在工程投资中所占比例越来越大，目前已达到 20%～30%，因此准确计算台时费非常重要。

一、施工机械台时费的组成及计算

施工机械台时费由一类费用和二类费用组成。

（一）一类费用

现行水利部 2002 年颁发的《水利工程施工机械台时费定额》（以下简称《台时费定

额》）中，一类费用按2000年的物价水平以金额形式表示，随着时间及物价水平的变化，应按主管部门发布的调整系数调整。

一类费用大小主要取决于机械的价格和年工作制度，由折旧费、修理及替换设备费（含大修理费、经常性修理费）、安装拆卸费组成。

1. 折旧费

指施工机械在规定的机械使用期内收回施工机械原始价值的台时折旧摊销费用。

2. 修理及替换设备费

修理费指机械使用过程中，为了使机械保持正常状态而进行修理所需的费用（即大修理费，其时间间隔较长）和机械正常运行及日常保养所需的润滑油料、擦拭用品的费用（经常性修理费），以及机械保管所需的费用。

替换设备费包括机械需用的蓄电池、变压器、启动器、电线、电缆、电器开关、仪表、轮胎、传动皮带、输送皮带、钢丝绳、胶皮管等替换设备和为了保证机械正常运转所需的随机用的工具和附具的摊销费用。

机械保管费指机械保管部门保管机械所需的费用，包括机械在规定年工作台时以外的保养、维护所需的人工、材料和用品费用。

3. 安装拆卸费

指机械进出施工现场进行安装、拆卸、试运转和场内转移及辅助设施的摊销费用。其主要内容有：

（1）安装前的准备，如设备开箱、检查清扫、润滑及电气设备烘干等所需费用。

（2）设备自场内仓库至安装拆卸地点的往返运输费用和现场范围内的运转费用。

（3）设备进、出入工地的安装、调试以及拆除后的整理、清扫和润滑等费用。

（4）一般的设备基础开挖、混凝土浇筑和固定锚桩等费用。若因地形条件和施工布置需要进行大量土石方开挖及混凝土浇筑等，应列入临时工程项目。

（5）为设备的安装拆卸所搭设的平台、脚手架、地锚和缆风索等临时设施和施工现场清理等的费用。

由于部分大型和特大型施工机械的单机一次安装拆卸费用较大，如果将其放在台时费中逐步摊销，则要长期占用流动资金，影响资金的周转使用。因此，现行施工机械台时费定额中，将下列6种类型的大型机械安装拆卸费用，列入施工临时工程中的“其他施工临时工程”项内。这6种机械是：①斗容为3m^{3}及以上挖掘机、轮斗挖掘机；②混凝土搅拌站、混凝土搅拌楼；③胎带机；④塔带机；⑤缆索起重机、简易缆索起重机、20t及以上塔式起重机，门座式起重机；⑥针梁模板台车、钢模台车、滑模台车。除上述6种机械外，凡台时费定额中列有安装拆除费的施工机械，其安装拆除费均应计入台时费，不要在临时工程中单独列项。

在《台时费定额》备注栏内注有“※”的大型机械，表示该项定额未列安装拆卸费，其费用在“其他施工临时工程”中计算。

（二）二类费用

二类费用在施工机械台时费定额中以实物量式表示，是指机上人工费和机械所消耗的燃料费、动力费，其数量定额一般不允许调整，但是因工程所在地的人工预算价、材料市场价格各异，所以此项费用一般随工程地点不同而变化，曾称可变费用，其组成如下：

(1) 机上人员人工费。指支付直接操纵施工机械的机上人员预算工资所需的费用。机下辅助人员预算工资一般列入工程人工费，不包括在内。

$$机上人员人工费=定额人工数量\times中级工人工预算单价 \tag{3-28}$$

(2) 燃料动力费。指施工机械运转时所耗用的各种动力、燃料及各种消耗性材料，包括风、水、电、汽油、柴油、煤及木柴等所需的费用。其中，电量消耗包括机械本身的消耗和最后一级变压器低压侧到施工地点之间的线路损耗；风、水的消耗包括机械本身的消耗和移动支管的损耗。

$$燃料、动力费=\sum(燃料、动力、消耗性材料定额消耗量\times相应单价) \tag{3-29}$$

$$二类费用=机上人员人工费+燃料动力费 \tag{3-30}$$

(三) 三类费用

三类费用是指施工机械每台时所摊销的牌照税、车船使用税、养路费、保险费等。按各省、自治区、直辖市现行规定收费标准计算，计算方法见式 (3-31)、式 (3-32)。不领取牌照、不缴纳养路费的非车船类施工机械不计算。一般情况下不需支付第三类费用。

$$R_c=\frac{P_c\times H_z}{T_a} \tag{3-31}$$

$$R_l=\frac{P_l\times H_z\times 12}{T_a} \tag{3-32}$$

式中 R_c——车船使用税，元/(台时)；

R_l——养路费，元/(台时)；

P_c——车船使用税标准，元/(年·t)；

P_l——养路费标准，元/(年·t)；

H_z——吨位，t；

T_a——年工作台时，台时/年。

一类、二类、三类费用之和即为施工机械台时费。

【例 3-7】 某地区 2012 年修筑一土石坝工程，试计算该工程使用的 $2m^3$ 斗容电动单斗挖掘机台时费，水利工程施工机械台时费定额摘录见表 3-10。已知中级工单价 4 元/工时，电价 0.7 元/(kW·h)。假定物价上涨指数为 5%。

表 3-10 水利工程施工机械台时费定额摘录

项目		单位	单斗挖掘机				
			油动		电动		
			斗容 (m^3)				
			0.5	1.0	2.0	3.0	4.0
(一)	折旧费	元	21.97	28.77	41.56	68.28	175.15
	修理及替换设备费	元	20.47	29.63	43.57	55.67	84.67
	安装拆卸费	元	1.48	2.42	3.08		
	小计	元	43.92	60.82	88.21	123.95	259.82

续表

项　目		单位	单斗挖掘机				
			油动		电动		
			斗容（m^3）				
			0.5	1.0	2.0	3.0	4.0
（二）	人工	工时	2.7	2.7	2.7	2.7	2.7
	汽油	kg					
	柴油	kg	10.7	14.2			
	电	kW·h			100.6	128.1	166.8
	风	m^3					
	水	m^3					
	煤	kg					
备注						※	※
编号			1001	1002	1003	1004	1005

解：$2m^3$ 斗容电动单斗挖掘机台时费如表3-11所示。

表3-11　　施工机械台时费

定额编号			1003	
机械名称			$2m^3$ 电动单斗挖掘机	
项　目	单　位	单价（元）	定额	合计（元）
（一）				158.41
折旧费 修理及替换设备费 安装拆卸费	元 元 元		41.56 43.57 3.08	
（二）				81.22
人工 电	工时 kW·h	4.00 0.70	2.7 100.6	10.80 70.42
总计				239.63

二、补充施工机械台时费的编制

当施工组织设计选取的施工机械在《台时费定额》中缺项，或者规格、型号不符时，必须编制补充施工机械台时费，其水平要与同类机械相当。编制时可采用施工机械台时费定额编制方法、直线内插法、占折旧费比例法进行编制。

（一）按施工机械台时费定额编制方法编制

1. 折旧费

折旧费指机械在寿命期内回收原值的台时折旧摊销费用。《水利工程施工机械台时费定额》的折旧费按平均年限法确定。

$$折旧费=\frac{机械预算价格\times(1-机械残值率)}{机械经济寿命台时} \tag{3-33}$$

$$机械残值率=\frac{机械残值-机械清理费}{机械预算价格}\times 100\% \quad (3-34)$$

$$机械经济寿命台时=经济使用年限\times 年工作台时 \quad (3-35)$$

式中，国产机械预算价格为设备出厂价与运杂费之和，其中运杂费一般按出厂价的5%计算。

进口机械预算价格为到岸价、关税、增值税、银行手续费、进出口公司手续费、商检费、港口杂费、运杂费用之和，按国家现行规定和有关资料计算。

公路运输机械预算价格在机械预算价格的基础上，需增加车辆购置附加费。按现行规定，国产车取出厂价的10%，进口车取到岸价、关税、增值税之和的15%。

机械残值率指机械报废后回收的价值，扣除机械清理费后占机械预算价格的百分率。通常选取2%～5%。

机械经济寿命台时指机械开始运转至经济寿命终止的运转总台时；经济使用年限为机械从使用到经济寿命终止的平均年限；年工作台时为机械在经济寿命使用期内平均每年运行的台时数。

2. 修理及替换设备费

修理及替换设备费指机械使用过程中，为了使机械保持正常功能而进行修理所需费用，日常保养所需的润滑油料费，擦拭用品费，机械保管费以及替换设备，随机使用的工具附具等所需的台时摊销费用。其具体包括以下项目：

（1）大修理费。大修理费指机械按照规定的大修理间隔期，为使机械保持正常功能而进行大修理所需的摊销费用。计算公式如下：

$$台时大修理费=一次大修理费用\times 大修理次数\div 经济寿命台时 \quad (3-36)$$

$$大修理次数=经济寿命台时\div 大修理间隔台时-1 \quad (3-37)$$

式中，一次大修理费用指机械进行一次全面修理所消耗的全部费用。主要是人工费、材料、配件、机械使用费、管理费、场内往返运输费等费用。

大修理次数指机械在使用期内，必须进行大修理的平均次数。

（2）经常修理费。经常修理费指机械中修及各级定期保养的费用。

$$经常修理费=\frac{一次中修费\times 中修次数+\sum 各级保养一次费用\times 各级保养次数}{大修理间隔台时} \quad (3-38)$$

（3）润滑材料及擦拭材料费。润滑材料及擦拭材料费指机械进行正常材料运转及日常保养所需的润滑油料、擦拭用品费。按各润滑材料及擦拭材料台时用量与相应单价乘积之和计算。

（4）保管费。保管费指机械保管部门保管机械所需的费用。包括机械在规定年工作台时以外的保养、维护所需的人工、材料和用品费用。

$$台时保管费=(机械预算价格\div 机械年工作台时)\times 保管费率 \quad (3-39)$$

保管费率的高低与机械预算价格有直接的关系。机械预算价格低，保管费率高；机械预算价格高，保管费率低。保管费率一般在0.15%～1.5%范围内。

（5）替换设备费。替换设备费指机械正常运转时耗用的设备用品及随机使用的工具附件等的摊销费用。其包括机上需用的轮胎、启动机、电线、电缆、蓄电池、电气开关、仪表、传动皮带、钢丝绳、胶皮管和碎石机鄂板等。

$$替换设备费=\sum\left(\frac{某替换设备费一次用量\times替换设备单价}{替换设备的寿命台时}\right) \tag{3-40}$$

3. 安装拆卸费

安装拆卸费指机械进出工地的安装、拆卸、试运转和场内转移及辅助设施的摊销费用。部分大型施工机械的安装拆卸费不在台时费中计列，其费用已列入“其他施工临时工程”项内。

$$安装拆卸费=\frac{一次安装拆卸费\times每年平均安装拆卸次数}{年工作台时} \tag{3-41}$$

对于同类型的新机械可利用已有的资料按式（3-42）计算：

$$安装拆卸费=折旧费\times安装拆卸费率 \tag{3-42}$$

4. 机上人工

机上人工，指直接操纵施工机械的司机、司炉及其他操作人员。机械人工数量，按机械性能、操作需要和三班制作业等特点确定。一般配备原则为：

（1）一般中、小型机械，原则上配一人。

（2）大型机械，一般二人。

（3）特大型机械，根据实际需要配备。

（4）1人可照看多台同时运行的机械（如水泵等），每台可配少于1人。

（5）为适应三班作业需要，部分机械可配备大于1人小于2人。

（6）操作简单的机械，如风钻、振捣器等，及本身无动力的机械，如羊足碾等，在建筑工程定额中已计列操作工人，台时费定额中不列机上人员。编制补充机械台时定额时，可参照同类机械确定机上人工工时数。

$$台时机上人工费=机上人工工时数\times人工预算单价 \tag{3-43}$$

5. 动力、燃料费

$$台时动力、燃料费=\sum(动力、燃料消耗量\times相应单价) \tag{3-44}$$

$$Q=N\times t\times k \tag{3-45}$$

式中 Q——台时电力耗用量，kW·h；

N——电动机额定功率，kW；

t——设备工作小时数量，取1h；

k——电动机综合利用系数。

$$Q=N\times T\times G\times k \tag{3-46}$$

式中 Q——内燃机械台时油料消耗量或蒸气机械台时水（煤）消耗量，kg；

N——发动机额定功率，kW；

T——设备工作小时数量，取1h；

G——额定单位耗油量或额定单位耗水（煤）量，kg/(kW·h)；

k——发动机或蒸汽机综合利用系数。

$$Q=V\times t\times k \tag{3-47}$$

式中　Q——台时压缩空气消耗量，m^3；

V——额定压缩空气消耗量，m^3/min；

t——设备工作小时数量，取 60min；

k——风动机械综合利用系数。

【例 3-8】 试计算 QTZ40C 塔式起重机台时费。基础资料如下：①出厂价 40.7 万元，运杂费率 5%；②设备使用年限 19 年，年工作台时 2000 个，耐用总台时 38000 个，残值率 4%；③大修理次数 2 次，一次大修理费占设备预算价格的 4%；④台时经常性修理费占台时大修理费的 231%；⑤台时替换设备费占台时大修理费的 88%；⑥安装拆卸及辅助设施费，由于建筑塔机的特点，按规定单独计算，不列入台时费；⑦年保管费占设备预算价格的 0.25%；⑧动力、燃料费。电动机容量 53.4kW（其中主机容量 30kW），时间利用系数 0.4，能量利用系数 0.5，电动机效率 0.88，低压线路损耗系数 0.95；⑨机上人工 2 个，预算工资 6.65 元/工时，电价 0.5 元/（kW·h）。

解：（1）一类费用。

设备预算价＝407000×(1＋5%)＝427350(元)

基本折旧费＝427350×(1－4%)÷38000＝10.8[元/(台时)]

大修理费＝427350×4%×2÷38000＝0.90[元/(台时)]

经常性修理费＝0.90×231%＝2.08[元/(台时)]

替换设备及工具、附具费＝0.90×88%＝0.79[元/(台时)]

保管费＝427350×0.25%÷2000＝0.53[元/(台时)]

一类费用＝15.10[元/(台时)]

（2）二类费用。

机上人工工资＝6.65×2＝13.30[元/(台时)]

耗电费＝54.5×0.4×0.5×0.5÷(0.88×0.95)＝6.52[元/(台时)]

二类费用＝19.82[元/(台时)]

台时费＝一类费用＋二类费用＝34.92[元/(台时)]

（二）按直线内插法编制

当所求设备的容量、吨位、动力等设备特征指标在《水利工程施工机械台时费定额》范围之内时，一般采用“直线内插法”编制补充台时费。直线内插法是编制补充台时费最简易、最实用的方法。

（三）按占折旧费比例法编制

当所求设备的容量、吨位、动力等设备特征指标在《水利工程施工机械台时费定额》范围之外时，常采用“占折旧费比例法”编制补充台时费。

所谓“占折旧费比例法”，就是借助已有设备定额资料来推算所求设备的台时费定额指标。即利用定额中某类似设备的设备修理及替换设备费、安装拆卸费与其折旧费的比例后，再乘以 0.8～0.95 系数（设备容量、吨位或动力接近定额的取大值，反之取小值），推算同类型所求设备的台时费第一类费用，并根据有关动力消耗参数确定第二类费用指标，计算出所求设备的台时费定额指标。

第五节 混凝土、砂浆材料单价

混凝土及砂浆材料单价指按混凝土及砂浆设计强度等级、级配及施工配合比配制 $1m^3$ 混凝土、砂浆所需的水泥、砂、石、水、掺和料及外加剂等各种材料的费用之和。它不包括拌制、运输、浇注等工序的人工费、材料费、机械使用费，也不包含搅拌损耗外的施工操作损耗及超填量等。

混凝土、砂浆材料费用在混凝土工程造价中占有较大比重，在编制混凝土工程单价时，应根据设计选定的混凝土及砂浆的强度等级、级配和水泥强度等级确定出各组成材料的用量，进而计算出混凝土、砂浆材料单价。

一、混凝土材料单价计算

（一）选定水泥品种与强度等级

水泥品种与强度等级应依据设计选定。当初步设计深度不够时，可按下列原则选择水泥品种，拦河坝等大体积水工混凝土，一般可选用强度等级为 32.5 或 42.5 的水泥。对水位变化区外部混凝土，宜选用普通硅酸盐大坝水泥和普通硅酸盐水泥；对大体积建筑物内部混凝土、位于水下的混凝土和基础混凝土，宜选用矿渣硅酸盐大坝水泥、矿渣硅酸盐水泥和粉煤灰硅酸盐水泥。

（二）确定混凝土强度等级和级配

混凝土强度等级和级配应根据水工建筑物各结构部位的运用条件、设计要求和施工条件确定。在资料不足的情况下，可参照如表 3-12 所示选定。

表 3-12 混凝土强度等级与级配参考表

工程类别		不同强度等级不同级配混凝土所占比例（%）			
		C20～C25	C20 三级配	C15 三级配	C10 四级配
大体积混凝土坝		8	32		60
轻型混凝土坝		8	92		
水闸		6	50	44	
溢洪道		6	69	25	
进水塔		30	70		
进水口		20	60	20	
隧洞衬砌	混凝土泵浇筑	80	20		
	其他方法浇筑	30	70		
竖井衬砌	混凝土泵浇筑	100			
	其他方法浇筑	30	70		
明渠混凝土			75	25	
地面厂房		35	35	30	
河床式电站厂房		50	25	25	

续表

工程类别	不同强度等级不同级配混凝土所占比例（%）			
	C20～C25	C20 三级配	C15 三级配	C10 四级配
地下厂房	50	50		
扬水站	30	35	35	
大型船闸	10	90		
中、小型船闸	30	70		

（三）确定混凝土各材料用量

初设阶段编制设计概算时，掺粉煤灰混凝土、碾压混凝土的各种材料用量，应按各工程的混凝土级配及施工配合比试验资料计算。初设阶段的纯混凝土、掺外加剂混凝土，或者可行性研究阶段的掺粉煤灰混凝土、碾压混凝土、纯混凝土、掺外加剂混凝土等，若无试验资料，可参照概算定额附录混凝土配合比表选取（见附录 2）。

（四）计算混凝土材料单价

$$混凝土材料单价=\sum(某材料用量\times某材料预算价格) \qquad (3-48)$$

（五）计算混凝土材料单价需注意的问题

1. 水泥混凝土强度等级的调整

除碾压混凝土材料配合比参考表外，水泥混凝土强度等级均以 28d 龄期用标准试验方法测得的具有 95%保证率的抗压强度标准值确定，如设计龄期超过 28d，按表 3－13 系数换算。计算结果如介于两种强度等级之间，应选用高一级的强度等级。

表 3－13　　不同龄期水泥混凝土强度等级折合系数

设计龄期（d）	28	60	90	180
强度等级折合系数	1	0.83	0.77	0.71

《水利建筑工程概算定额》混凝土配合比中材料用量，已考虑了混凝土的强度保证率及强度的离差系数对混凝土材料用量的影响，其值已反映在该定额配合比表的“预算量”中，因此，可直接按设计提供的设计标号来选择。

2. 骨料种类、粒度换算系数

混凝土配合比表系卵石、粗砂混凝土，如改用碎石或中、细砂，按表 3－14 系数换算。

表 3－14　　骨料种类、粒度换算系数

项目	水泥	砂	石子	水
卵石换为碎石	1.10	1.10	1.06	1.00
粗砂换为中砂	1.07	0.98	0.98	1.07
粗砂换为细砂	1.10	0.96	0.97	1.10
粗砂换为特细砂	1.16	0.90	0.95	1.16

注　水泥按重量计，砂、石子、水按体积计；若实际采用碎石及中细砂时，则总的换算系数应为各单项换算系数的乘积。

3. 混凝土细骨料的划分标准

细度模数 3.19～3.85（或平均粒径 1.2～2.5mm）为粗砂；

细度模数 2.5～3.19（或平均粒径 0.6～1.2mm）为中砂；

细度模数 1.78～2.5（或平均粒径 0.3～0.6mm）为细砂；

细度模数 0.9～1.78（或平均粒径 0.15～0.3mm）为特细砂。

4. 埋块石混凝土

埋块石混凝土，应按配合比表的材料用量，扣除埋块石实体的数量计算

埋块石混凝土材料量＝配合表列材料用量×(1－埋块石率%)

“块石”在浇筑定额中的计量单位以码方计，相应块石开采、运输单价的计量单位亦以码方计。$1m^3$ 块石实体方＝$1.67m^3$ 码方。

因埋块石增加的人工如表 3－15 所示。

表 3－15　　因埋块石增加的人工数量

埋块石率（%）	5	10	15	20
每 $100m^3$ 埋块石混凝土增加人工工时	24.0	32.0	42.4	56.8

注　不包括块石运输及影响浇筑的工时。

5. 有抗渗抗冻要求时水灰比的选择

混凝土配合比材料用量应同时考虑设计上要求的混凝土强度指标、抗渗指标和抗冻指标。当有抗渗、抗冻要求时，按表 3－16 选用水灰比。

表 3－16　　水灰比等级选用

抗渗等级	一般水灰比	抗冻等级	一般水灰比
W4	0.60～0.65	F50	＜0.58
W6	0.55～0.60	F100	＜0.55
W8	0.50～0.55	F150	＜0.52
W12	＜0.50	F200	＜0.50
		F300	＜0.45

6. 混凝土配合比表中材料用量的损耗

除碾压混凝土材料配合比参考表外，混凝土配合比表的预算量包括场内运输及操作损耗在内。不包括搅拌后（熟料）的运输和浇筑损耗，搅拌后的运输和浇筑损耗已根据不同浇筑部位计入定额内。

7. 水泥用量调整

水泥用量按机械拌和拟定，若系人工拌和，水泥用量增加 5%。

8. 水泥强度等级与用量换算

当工程采用水泥的强度等级与配合比表中不同时，应对配合表中的水泥用量进行调整，调整系数如表 3－17 所示。

表 3-17 水泥强度等级换算系数参考表

原强度等级 \ 代换强度等级	32.5	42.5	52.5
32.5	1.00	0.86	0.76
42.5	1.16	1.00	0.88
52.5	1.31	1.13	1.00

二、砂浆材料单价计算

砂浆材料单价的计算方法同混凝土材料的计算方法，应根据工程试验提供的资料确定砂浆的各组成材料及相应的用量，进而计算出砂浆材料单价。若无试验资料，可参照《水利建筑工程概算定额》附录砂浆材料配合比表中各组成材料的预算量（见附录 2），进而计算出砂浆材料单价。

【例 3-9】 某混凝土大坝工程，设计选定的纯混凝土强度等级与级配为：C20 二级配占 65%，C15 三级配占 35%。C20 混凝土采用强度等级 32.5 的普通水泥，C15 混凝土采用强度等级为 32.5 的矿渣水泥。已知：混凝土各组成材料的预算价格分别为：32.5 普通水泥 320 元/t，32.5 矿渣水泥 340 元/t，粗砂 45 元/m^3，卵石 60 元/m^3，水 0.50 元/m^3。试计算混凝土材料概算单价。

解：（1）参考《概算定额》附录纯混凝土材料配合比表，查得上述各种强度等级与级配的混凝土各组成材料预算量，列入表 3-18。

（2）计算各种强度等级与级配的混凝土材料单价，并按所占比例加权平均计算其综合单价，如表 3-18 所示。

表 3-18 混凝土材料单价计算表

混凝土强度等级	级配	材料预算量				材料费（元）				混凝土材料单价（元/m^3）
		水泥（kg）	粗砂（m^3）	卵石（m^3）	水（m^3）	水泥	粗砂	卵石	水	
C20	二	289	0.49	0.81	0.15	92.48	22.05	48.60	0.08	163.21
C15	三	201	0.42	0.96	0.125	68.34	18.90	57.60	0.06	144.90
混凝土材料综合单价＝163.21×0.65＋144.90×0.35＝156.80 元/m^3										

第六节 砂 石 料 单 价

砂石料是水利工程中混凝土、砌石和反滤层等结构物的主要建筑材料，是砂砾料、砂、碎石、砾石和骨料等的统称。砂石料一般可分为天然砂石料和人工砂石料两种。天然砂石料有河砂、山砂、海砂以及河卵石、山卵石和海卵石等，是岩石风化和水流冲刷而形成的；人工砂石料是对岩石采用爆破等方式，经机械设备的破碎、筛洗、碾磨加工而成的碎石和人工砂（又称机制砂）。由于砂石料使用量很大，大中型工程一般由施工单位自行采备，形成机械化砂石料加工工厂进行生产。水利工程中砂石料单价的高低对工程投资有较大的影响，所以在编制自采砂石料单价时，必须深入现场调查，认真收集地质勘探、试验、设计资料，掌握其生产条件、生产流程，编制详细的施工组织设计，正确选用定额进行计算，保证砂石料单价的可靠性。

小型工程砂石料一般就近在市场上采购，其价格计算同主要材料预算价格计算方法。

砂石料单价指从覆盖层清除、毛料开采、运输、堆存、筛分、冲洗、破碎、成品料运输、堆存、弃料处理等全部工艺流程累计发生的费用，工艺流程中每个单价包括直接工程费、间接费、企业利润及税金。

2002年《水利建筑工程概算定额》及2002年《水利建筑工程预算定额》砂石备料工程定额中已经考虑了砂石料在开采、加工、运输、堆存时发生的损耗，砂石料单价计算时，不另计其他任何系数和损耗。

一、砂石料生产的工艺流程

1. *覆盖层清除*

天然砂石料场表面层的杂草、树木、腐殖土或风化及半风化岩石等覆盖物，在毛料开采前必须清理干净。该工序单价应根据施工组织设计确定的施工方式，依照一般土石方工程定额计算费用，然后摊入砂石料成品单价中，在概预算中不允许单独列项计算。

2. *毛料开采运输*

指毛料从料场开采、运输到毛料暂存处的整个过程。该项费用工序计算应根据施工组织设计确定的施工方法，选用概预算定额计算。

3. *预筛分*

预筛分指将毛料隔离超径石的过程。

4. *超径石破碎*

超径石破碎指将预筛分隔离的超径石进行一次或两次破碎，加工成需要粒径的碎石半成品的过程。

5. *毛料的破碎、筛分、冲洗加工*

天然砂石料的破碎、筛分、冲洗加工包括预筛分、超径石破碎、筛洗、中间破碎、二次筛分、堆存及废料清除等工序。

人工砂石料的加工包括破碎（一般分粗碎、中碎、细碎）、筛分（一般分预筛、初筛、复筛）清洗等过程。

编制破碎筛洗加工单价时，应根据施工组织设计确定的施工机械、施工方法，套用概预算定额进行计算。

6. *中间破碎*

中间破碎指由于生产和级配平衡的需要，将一部分多余的大粒径骨料破碎加工的过程。

7. *成品骨料的运输*

经过筛洗加工后的成品料，运至混凝土生产系统的储料场堆存。运输方式根据施工组织设计确定，运输单价采用概预算相应的子目计算。

以上各工序应根据施工组织设计确定其取舍和组合。

二、砂石料单价计算方法

骨料单价计算方法有两种，一是系统单价法，二是工序单价法。

1. 系统单价法

系统单价法是指以原料开采运输到骨料运至搅拌楼（场）骨料仓（堆）上的整个砂石料生产系统为计算单元，用系统单位时间的生产总费用除以系统单位时间的骨料产量求得的骨料单价。系统生产总费用包括人工费、机械使用费和材料费。其中，人工费可按施工组织设计确定的劳动组合计算的人工工时数量，乘相应的人工预算单价求得。机械使用费按施工组织设计确定的机械组合所需机械型号、数量分别乘相应的机械台时费计算，材料费可参考定额数量计算。系统骨料产量应考虑施工不同时期（初期、中期、末期）的生产不均匀性因素，经分析计算后确定。

系统单价法避免了影响计算成果准确的损耗和体积变化这两个复杂问题，计算原理相对科学，但对施工组织设计深度要求较高，在选定系统设备、型号、数量及确定单位时间的骨料产量时有一定程度的任意性。

2. 工序单价法

按现行相应定额计算各个工序单价，再累计计算成品骨料单价。该方法概念明确，易于结合工程实际。目前被水利行业广泛采用。

工序单价法是按骨料的生产流程，分解成若干个工序；然后以工序为计算单元计算工序单价。

砂石骨料综合单价为开采加工单价、覆盖层清除摊销费与弃料处理摊销费之和。砂石料各工序单价均计入直接工程费、间接费、企业利润及税金。

三、砂石料单价计算需注意的问题

1. 砂石料的规格及标准

砂石料：是砂砾料、砂、碎石、砾石和骨料等的统称。

骨料：是指经过加工分级后可用于拌制混凝土的砂、碎石和砾石的统称。

砂砾料：是指未经过加工的天然砂砾石料。

砾石：指天然砂砾料经过加工分级后粒径大于 5mm 的卵石。

碎石原料：指未经破碎、加工的岩石开采料。

碎石：指经过破碎、加工分级后粒径大于 5mm 的骨料。

砂：指粒径小于或等于 5mm 的骨料。

块石：指厚度大于 20cm 且长、宽各为厚度 2～3 倍的石块。

片石：指厚度大于 15cm 且长、宽各为厚度 3 倍以上的石块。

毛条石：指一般长度大于 60cm 的长条形四棱方正的石料。

料石：指毛条石经过修边打荒加工，外露面方正，各相邻面正交，表面凹凸不超过 10mm 的石料。

2. 覆盖层清除摊销率

覆盖层清除摊销率指覆盖层的清除量占成品砂石料的百分比。根据覆盖层清除单价和覆盖层清除摊销率将覆盖层清除费用摊入到成品骨料单价中。

3. 弃料处理摊销率

砂石料加工过程中，有部分废弃的砂石料，包括级配弃料、超径弃料及施工损耗。其中施工损耗在定额中已考虑，不再单独计入弃料处理摊销费。弃料处理摊销率为超径弃料与级配弃料之和占成品骨料总量的百分比。

根据弃料处理单价和弃料处理摊销率将弃料处理单价摊入到成品骨料单价中。弃料如用于其他工程项目，应按可利用量的比例从砂石骨料单价中扣除。

4. 工序单价调整系数

在计算砂石骨料单价时，毛料开采运输工序单价应乘以调整系数。该系数可根据筛洗定额中砂砾料的采运量与筛洗成品料的比例大小来确定。调整系数为砂砾料的采运量（t）与设计成品骨料总量（t）的比值。

【例 3-10】 某水利枢纽工程，混凝土所需骨料拟从天然砂砾料场开采，料场覆盖层清除量为 $10\times10^4m^3$（自然方），设计需用成品骨料 $160\times10^4m^3$（成品方），超径石 $7\times10^4m^3$（堆方）作弃料，并运至弃渣场。试根据下列已知条件计算骨料单价。已知：①工序单价，覆盖层清除为 6.50 元/t，毛料开采运输为 4.32 元/t，预筛分为 1.01 元/t，筛洗为 4.85 元/t，（其中筛洗 100t 成品料所需的砂砾料采运量为 110t），成品骨料运输为砂 5.10 元/t，石子 4.69 元/t，超径石弃料运输为 4.02 元/t；②砂石骨料的密度，砂的密度按 $1.55t/m^3$，粗骨料的密度按 $1.65t/m^3$ 计。

解： 覆盖层清除摊销费＝6.50×10÷160×100%＝0.41(元/t)

砂的开采加工单价＝4.32×110÷100＋1.01＋4.85＋5.10＝15.71(元/t)

粗骨料的开采加工单价＝4.32×110÷100＋1.01＋4.85＋4.69＝15.30(元/t)

超径石弃料处理摊销费＝(4.32×110÷100＋1.01＋4.02)×7÷160＝0.43(元/t)

砂的综合单价＝0.41＋15.71＋0.43＝16.55(元/t)

粗骨料的综合单价＝0.41＋15.30＋0.43＝16.14(元/t)

折算后：砂的综合单价＝16.55×1.55＝25.65(元/m^3)

粗骨料的综合单价＝16.14×1.65＝26.63(元/m^3)

复习思考题

1. 简述人工预算单价的组成及计算过程。
2. 简述材料预算价格的组成及计算过程。
3. 简述施工机械台时费的组成及计算过程。
4. 简述施工用电、风、水的组成及计算过程。
5. 简述混凝土及砂浆材料单价计算过程。

第四章　水利水电建筑工程概算

第一节　概　　述

一、建筑及安装工程费用构成及计算标准

建筑及安装工程费由直接工程费、间接费、企业利润和税金组成。

（一）直接工程费

指建筑安装工程施工过程中直接消耗在工程项目上的活劳动和物化劳动。由直接费、其他直接费、现场经费组成。

直接费包括人工费、材料费、施工机械使用费。

其他直接费包括冬雨季施工增加费、夜间施工增加费、特殊地区施工增加费和其他。

现场经费包括临时设施费和现场管理费。

1. 直接费

（1）人工费。指直接从事建筑安装工程施工的生产工人开支的各项费用，内容包括：

1）基本工资。由岗位工资和年功工资以及年应工作天数内非作业天数的工资组成。

岗位工资指按照职工所在岗位各项劳动要素测评结果确定的工资。

年功工资指按照职工工作年限确定的工资，随工作年限增加而逐年累加。

生产工人年应工作天数以内非作业天数的工资，包括职工开会学习、培训期间的工资，调动工作、探亲、休假期间的工资，因气候影响的停工工资，女工哺乳期间的工资，病假在6个月以内的工资及产、婚、丧假期的工资。

2）辅助工资。指在基本工资之外，以其他形式支付给职工的工资性收入，包括：根据国家有关规定属于工资性质的各种津贴，主要包括地区津贴、施工津贴、夜餐津贴、节日加班津贴等。

3）工资附加费。指按照国家规定提取的职工福利基金、工会经费、养老保险费、医疗保险费、工伤保险费、职工失业保险基金和住房公积金。

（2）材料费。指用于建筑安装工程项目上的消耗性材料、装置性材料和周转性材料摊销费。包括定额工作内容规定应计入的未计价材料和计价材料。

材料预算价格一般包括材料原价、包装费、运杂费、运输保险费和采购及保管费5项。

1）材料原价。指材料指定交货地点的价格。

2）包装费。指材料在运输和保管过程中的包装费和包装材料的折旧摊销费。

3）运杂费。指材料从指定交货地点至工地分仓库或相当于工地分仓库（材料堆放场）所发生的全部费用。包括运输费、装卸费、调车费及其他杂费。

4）运输保险费。指材料在运输途中的保险费。

5）材料采购及保管费。指材料在采购、供应和保管过程中所发生的各项费用。主要包括材料的采购、供应和保管部门工作人员的基本工资、辅助工资、工资附加费、教育经费、办公费、差旅交通费及工具用具使用费；仓库、转运站等设施的检修费、固定资产折旧费、技术安全措施费和材料检验费；材料在运输、保管过程中发生的损耗等。

（3）施工机械使用费。指消耗在建筑安装工程项目上的机械磨损、维修和动力燃料费用等。包括折旧费、修理及替换设备费、安装拆卸费、机上人工费和动力燃料费等。

1）折旧费。指施工机械在规定使用年限内回收原值的台时折旧摊销费用。

2）修理及替换设备费。修理费指施工机械使用过程中，为了使机械保持正常功能而进行修理所需的摊销费用和机械正常运转及日常保养所需的润滑油料、擦拭用品的费用，以及保管机械所需的费用。

替换设备费指施工机械正常运转时所耗用的替换设备及随机使用的工具附具等摊销费用。

3）安装拆卸费。指施工机械进出工地的安装、拆卸、试运转和场内转移及辅助设施的摊销费用。部分大型施工机械的安装拆卸不在其施工机械使用费中计列，包含在其他施工临时工程中。

4）机上人工费。指施工机械使用时机上操作人员人工费用，其机上人工费单价采用中级工预算单价。

5）动力燃料费用。指施工机械正常运转时所耗用的风、水、电、油和煤等费用，机上使用材料单价采用相应材料预算价格。

2．其他直接费

（1）冬雨季施工增加费。指在冬雨季施工期间为保证工程质量和安全生产所需增加的费用。包括增加施工工序，增设防雨、保温、排水等设施增耗的动力、燃料、材料以及因人工、机械效率降低而增加的费用。

计算方法：根据不同地区，按直接费的百分率计算。

西南、中南、华东区	0.5%～1.0%
华北区	1.0%～2.5%
西北、东北区	2.5%～4.0%

西南、中南、华东区中，按规定不计冬季施工增加费的地区取小值，计算冬季施工增加费的地区可取大值；华北区中，内蒙古等较严寒地区可取大值，其他地区取中值或小值；西北、东北区中，陕西、甘肃等省取小值，其他地区可取中值或大值。

（2）夜间施工增加费。指施工场地和公用施工道路的照明费用。

按直接费的百分率计算，其中建筑工程为0.5%，安装工程为0.7%。

照明线路工程费用包括在“临时设施费”中；施工附属企业系统、加工厂、车间的照明，列入相应的产品中，均不包括在本项费用之内。

（3）特殊地区施工增加费。指在高海拔和原始森林等特殊地区施工而增加的费用，其中高海拔地区的高程增加费，按规定直接进入定额；其他特殊增加费（如酷热、风沙），应按工程所在地区规定的标准计算，地方没有规定的不得计算此项费用。

（4）其他。包括施工工具用具使用费、检验试验费、工程定位复测、工程点交、竣工场地清理、工程项目及设备仪表移交生产前的维护观察费等。其中，施工工具用具使用费，指施工生产所需，但不属于固定资产的生产工具，检验、试验用具等的购置、摊销和维护费。检验试验费，指对建筑材料、构件和建筑安装物进行一般鉴定、检查所发生的费用，包括自设实验室所耗用的材料和化学药品费用，以及技术革新和研究试验费，不包括新结构、新材料的试验费和建设单位要求对具有出厂合格证明的材料进行试验、对构件进行破坏性试验，以及其他特殊要求检验试验的费用。

按直接费的百分率计算。其中，建筑工程为1.0%，安装工程为1.5%。

3. 现场经费

（1）费用构成。现场经费包括临时设施费、现场管理费。

1）临时设施费。指施工企业为进行建筑安装工程施工所必需的但又未被划入施工临时工程的临时建筑物、构筑物和各种临时设施的建设、维修、拆除、摊销等。如：供风、供水（支线）、供电（场内）、供热系统及通信支线，土石料场，简易砂石料加工系统，小型混凝土拌和浇筑系统，木工、钢筋、机修等辅助加工厂，混凝土预制构件厂，场内施工排水，场地平整、道路养护及其他小型临时设施等。

2）现场管理费。现场管理人员的基本工资、辅助工资、工资附加费和劳动保护费。

办公费，指现场办公用的文具、纸张、账表、印刷、邮电、书报、会议、水、电、烧水和集体取暖（包括现场临时宿舍取暖）用煤等费用。

差旅交通费，指现场职工因公出差期间的差旅费、误餐补助费，职工探亲路费，劳动力招募费，职工离退休、退职一次性路费，工伤人员就医路费，工地转移费以及现场职工使用的交通工具、运行费、养路费及牌照费。

固定资产使用费，指现场管理使用的属于固定资产的设备、仪器等的折旧、大修理、维修费或租赁费等。

工具用具使用费，指现场管理使用的不属于固定资产的工具、器具、家具、交通工具和检验、试验、测绘、消防用具等的购置、维修和摊销费。

保险费，指施工管理用财产、车辆保险费，高空、井下、洞内、水下、水上作业等特殊工种安全保险费等。

其他费用。

（2）计算标准。根据工程性质不同现场经费标准分为枢纽工程、引水工程及河道工程两部分标准。对于有些施工条件复杂，大型建筑物较多的引水工程可执行枢纽工程的费率标准。

1）枢纽工程现场经费标准。枢纽工程现场经费费率如表4-1所示。

表4-1　　枢纽工程现场经费费率表

序号	工程类别	计算基础	现场经费费率（%）		
			合计	临时设施费	现场管理费
一	建筑工程				
1	土石方工程	直接费	9	4	5
2	砂石备料工程（自采）	直接费	2	0.5	1.5

续表

序号	工　程　类　别	计算基础	现场经费费率（%）		
			合计	临时设施费	现场管理费
3	模板工程	直接费	8	4	4
4	混凝土浇筑工程	直接费	8	4	4
5	钻孔灌浆及锚固工程	直接费	7	3	4
6	其他工程	直接费	7	3	4
二	机电、金属结构设备安装工程	人工费	45	20	25

工程类别划分：

a. 土石方工程：包括土石方开挖与填筑、砌石、抛石工程等；

b. 砂石备料工程：包括天然砂砾料和人工砂石料的开采加工；

c. 模板工程：包括现浇各种混凝土时制作及安装的各类模板工程；

d. 混凝土浇筑工程：包括现浇和预制各种混凝土、钢筋制作安装、伸缩缝、止水、防水层、温控措施等；

e. 钻孔灌浆及锚固工程：包括各种类型的钻孔灌浆、防渗墙及锚杆（索）、喷浆（混凝土）工程等；

f. 其他工程：指除上述工程以外的其他工程。

2）引水工程及河道工程现场经费标准。引水工程及河道工程现场经费费率如表 4－2 所示。

表 4－2　　引水工程及河道工程现场经费费率表

序号	工　程　类　别	计算基础	现场经费费率（%）		
			合计	临时设施费	现场管理费
一	建筑工程				
1	土方工程	直接费	4	2	2
2	石方工程	直接费	6	2	4
3	模板工程	直接费	6	3	3
4	混凝土浇筑工程	直接费	6	3	3
5	钻孔灌浆及锚固工程	直接费	7	3	4
6	疏浚工程	直接费	5	2	3
7	其他工程	直接费	5	2	3
二	机电、金属结构设备安装工程	人工费	45	20	25

注　若自采砂石料，则费率标准同枢纽工程。

工程类别划分：

a. 除疏浚工程外，其余均与枢纽工程相同；

b. 疏浚工程，指用挖泥船、水力冲挖机组等机械疏浚江河、湖泊的工程。

（二）间接费

1. 费用构成

指施工企业为建筑安装工程施工而进行组织与经营管理所发生的各项费用。它构成产品成本。由企业管理费、财务费用和其他费用组成。

（1）企业管理费。指施工企业为组织施工生产经营活动所发生的费用。内容包括：

1）管理人员的基本工资、辅助工资、工资附加费和劳动保护费。

2）差旅交通费。指施工企业管理人员因公出差、工作调动的差旅费，误餐补助费，职工探亲路费，劳动力招募费，离退休职工一次性路费及交通工具油料、燃料、牌照、养路费等。

3）办公费。指企业办公用文具、印刷、邮电、书报、会议、水电、燃煤（气）等费用。

4）固定资产折旧、修理费。指企业属于固定资产的房屋、设备、仪器等折旧及维修等费用。

5）工具用具使用费。指企业管理使用不属于固定资产的工具、用具、家具、交通工具、检验、试验、消防等的摊销及维修费用。

6）职工教育经费。指企业为职工学习先进技术和提高文化水平按职工工资总额计提的费用。

7）劳动保护费。指企业按照国家有关部门规定标准发放给职工的劳动保护用品的购置费、修理费、保健费、防暑降温费、高空作业及进洞津贴、技术安全措施以及洗澡用水、饮用水的燃料费等。

8）保险费。指企业财产保险、管理用车辆等保险费用。

9）税金。指企业按规定交纳的房产税、管理用车辆使用税、印花税等。

10）其他。包括技术转让费、设计收费标准中未包括的应由施工企业承担的部分施工辅助工程设计费、投标报价费、工程图纸资料费及工程摄影费、技术开发费、业务招待费、绿化费、公证费、法律顾问费、审计费、咨询费等。

（2）财务费用。指施工企业为筹集资金而发生的各项费用，包括企业经营期间发生的短期融资利息净支出、汇兑净损失、金融机构手续费，企业筹集资金发生的其他财务费用，以及投标和承包工程发生的保函手续费等。

（3）其他费用。指企业定额测定费及施工企业进退场补贴费。

2. 计算标准

根据工程性质不同间接费标准划分为枢纽工程、引水工程及河道工程两部分标准。对于有些施工条件复杂、大型建筑物较多的引水工程可执行枢纽工程的费率标准。

（1）枢纽工程间接费标准，如表 4-3 所示。

表 4-3　　枢纽工程间接费费率表

序　号	工　程　类　别	计算基础	间接费费率（%）
一	建筑工程		
1	土石方工程	直接工程费	9（8）
2	砂石备料工程（自采）	直接工程费	6
3	模板工程	直接工程费	6
4	混凝土浇筑工程	直接工程费	5

续表

序　号	工　程　类　别	计算基础	间接费费率（%）
5	钻孔灌浆及锚固工程	直接工程费	7
6	其他工程	直接工程费	7
二	机电、金属结构设备安装工程	人工费	50

注　1. 工程类别划分同现场经费。
2. 若土石方填筑等工程项目所利用原料为已计取现场经费、间接费、企业利润和税金的砂石料，则其间接费率选取括号中数值。

（2）引水工程及河道工程间接费标准。如表 4－4 所示。

表 4－4　　引水工程及河道工程间接费费率表

序　号	工　程　类　别	计算基础	间接费费率（%）
一	建筑工程		
1	土方工程	直接工程费	4
2	石方工程	直接工程费	6
3	模板工程	直接工程费	6
4	混凝土浇筑工程	直接工程费	4
5	钻孔灌浆及锚固工程	直接工程费	7
6	疏浚工程	直接工程费	5
7	其他工程	直接工程费	5
二	机电、金属结构设备安装工程	人工费	50

注　1. 工程类别划分同现场经费。
2. 若工程自采砂石料，则费率标准同枢纽工程。

（三）企业利润

按直接工程费和间接费之和的 7%计算。

（四）税金

指国家对施工企业承担建筑、安装工程作业收入所征收的营业税、城市维护建设税和教育费附加。

为了计算简便，在编制概算时，可按下列公式和税率计算：

$$税金=(直接工程费+间接费+企业利润)\times 税率 \tag{4-1}$$

（若安装工程中含未计价装置性材料费，则计算税金时应计入未计价装置性材料费）

税率标准：

建设项目在市区的：　　3.41%

建设项目在县城镇的：　　3.35%

建设项目在市区或县城镇以外的：　　3.22%

二、建筑工程概算编制步骤

1. 收集基本资料、熟悉设计图纸

首先，要熟悉设计图纸，将工程项目内容、工程部位搞清楚，了解设计意图；其次，要深入工程现场了解工程现场情况，收集与工程概算有关的基础或基本资料；第三，还要对施工组织设计（包括施工导流等主要施工技术措施）进行充分研究，了解施工方法、措施、运输距离、机械设备、劳动力配备等情况，以便正确合理编制工程单价及工程概算。

2. 划分工程项目

建筑工程概算项目划分参考本书第一章第三节有关《工程项目划分》的内容。《工程项目划分》第三级项目中，仅列有代表性的项目。编制概算时可根据工程的具体情况对三级项目进行必要的再划分，形成四级项目，甚至五级项目。

3. 编制工程概算单价

建筑工程单价应根据工程的具体情况和拟定的施工方案，采用国家和地方颁发的现行定额及费用标准进行编制。

4. 计算工程量

工程量是以物理计量单位来表示的各个分项工程的结构构件、材料等的数量。它是编制工程概算的基本条件之一。工程量计算的准确与否，直接影响工程概算投资大小。因此，工程量计算应严格执行《水利水电工程设计工程量计算规定》（见附录 3）。

5. 编制工程概算

建筑工程概算是按照水利部水总［2002］116 号文《水利工程设计概（估）算编制规定》中规定，采用工程量乘以单价的方法逐项计算工程费用，并按工程项目划分逐级向上合并汇总而得。

6. 工料分析

工料分析即工时、材料用量分析计算，它是编制施工组织设计的主要依据之一，也是施工单位编制投标报价和施工计划的依据。

工时、材料用量是按照完成单位工程量所需的人工、材料用量乘以相应工程总量而计算出来的。

第二节 建筑工程概算单价

一、概述

1. 建筑工程概算单价计算程序

建筑工程概算单价是编制建筑工程概算的基础。工程单价是指完成单位工程量（如 $1m^3$、$100m^3$、1t 等）所耗用的直接工程费、间接费、企业利润和税金四部分费用的总和。

建筑工程概算单价由直接工程费、间接费、企业利润、税金 4 部分组成。其中直接工程费由直接费（包括人工费、材料费和施工机械使用费）、其他直接费（包括冬雨季施工增加费、夜间施工增加费、特殊地区施工增加费、其他）、现场经费（包括临时设施费、现场管理费）组成；间接费由企业管理费、财务费用、其他费用组成。建筑工程概算单价计算程序如表 4－5 所示。

表 4-5　　建筑工程概算单价计算程序表

序　号	项　目	计　算　方　法
一	直接工程费	（一）＋（二）＋（三）
（一）	直接费	1＋2＋3
1	人工费	Σ定额劳动量（工时）×人工预算单价（元/工时）
2	材料费	Σ定额材料用量×材料预算单价
3	施工机械使用费	Σ定额机械使用量（台时）×施工机械台时费（元/台时）
（二）	其他直接费	（一）×其他直接费率之和
（三）	现场经费	（一）×现场经费费率之和
二	间接费	（一）×间接费率
三	企业利润	（一＋二）×企业利润率
四	税金	（一＋二＋三）×税率
	单价合计	一＋二＋三＋四

2．正确选用定额

相对于工民建而言，水利水电工程概算编制的最大特点是“定额死，因素活”，同一个工程项目既可以采用人工施工，亦可以采用先进的机械化施工，而不同的施工方法，其工程单价相差很大。因此，概算编制者要根据合理的施工组织设计确定施工因素，以便正确选用定额，同时要对定额的总说明、章说明、节说明及附录内容认真阅读掌握，熟悉各定额子目的适用范围、工作内容以及有关的定额系数的使用方法。当遇到定额项目缺项时，可参考相近行业的有关定额，进行补充，但费用标准仍执行水利部现行取费标准，对选定的定额子目内容，不能随意变更或删除。

二、建筑工程概算单价

（一）水利建筑工程概算定额

水利建筑工程概算定额是编制建筑工程概算单价的主要依据之一。包括土方开挖工程、石方开挖工程、土石填筑工程、混凝土工程、模板工程、砂石备料工程、钻孔灌浆及锚固工程、疏浚工程、其他工程。

在应用水利建筑工程概算定额编制工程概算单价时需注意一下问题：

（1）定额适用于海拔高程小于或等于2000m地区的工程项目。海拔高程大于2000m的地区，根据水利枢纽工程所在地的海拔高程及规定的调整系数计算。海拔高程应以拦河坝或水闸顶部的海拔高程为准。没有拦河坝或水闸的，以厂房顶部海拔高程为准。一个工程项目只采用一个调整系数。

表 4-6　　高原地区定额调整系数

项目	海　拔　高　程（m）					
	2000～2500	2500～3000	3000～3500	3500～4000	4000～4500	4500～5000
人工	1.10	1.15	1.20	1.25	1.30	1.35
机械	1.25	1.35	1.45	1.55	1.65	1.75

(2) 定额的“工作内容”仅扼要说明其主要施工过程及工序。次要的施工过程、施工工序和必要的辅助工作所需的人工、材料、机械也已包括在定额内。

(3) 定额中的材料是指完成该定额子目工作内容所需的全部材料耗用量，包括主要材料、其他材料和零星材料。

主要材料以实物量形式在定额中列项。

定额中未列示品种规格的材料，根据设计选定的品种规格计算，但定额数量不得调整。已列示品种规格的，使用时不得变动。

凡一种材料名称之后，同时并列几种不同型号规格的，如石方开挖工程定额导线中的火线和电线，表示这种材料只能选用其中一种型号规格的定额进行计价。

凡一种材料分几种型号规格与材料名称同时并列的，如石方开挖工程定额中同时并列的导火线和导电线，则表示这些名称相同而型号规格不同的材料都应同时计价。

其他材料费和零星材料费是指完成该定额工作内容所需，但未在定额中列量的全部其他或零星材料费用，如工作面内的脚手架、排架、操作平台等的摊销费，地下工程的照明费，石方开挖工程的钻杆、空心钢，混凝土工程的养护用材料以及其他用量少的材料等。

(4) 定额中的机械列项方法与材料列项方法相同。

其他机械费指完成该定额工作内容所需，但未在定额中列量的次要辅助机械的使用费，如疏浚工程中的油驳等辅助生产船舶等。

(5) 定额中其他材料费、零星材料费、其他机械费均以费率形式表示，其他材料费以主要材料费之和为计算基数，零星材料费以人工费、机械费之和为计算基数，其他机械费以主要机械费之和为计算基数。

(6) 定额表头用数字表示的适用范围

只用一个数字表示的，仅适用于该数字本身。当需要选用的定额介于两子目之间时，可用插入法计算。

数字用上下限表示的，如 2000～2500，适用于大于 2000、小于或等于 2500 的数字范围。

(7) 挖掘机定额均按液压挖掘机拟定。

(8) 汽车运输定额适用于水利工程施工路况 10km 以内的场内运输。运距超过 10km 时，超过部分按增运 1km 台时数乘 0.75 系数计算。

(二) 土方开挖工程单价

1. 土方开挖工程施工

土方工程按施工方法可分为人力施工、半机械化施工和机械化施工 3 种。其中，人力施工和半机械化施工适用于工程量较少的土方工程或地方水利水电工程。

土方挖装常用机械有：单斗挖掘机、推土机、铲运机、自卸汽车、铁路机车、带式输送机、拖拉机和卷扬机等。

土方开挖、运输单价是指从场地清理到将土运输到指定地点所需的各项费用。

影响土方开挖运输工效的主要因素有：土的类别、运土距离、施工方法、施工条件等，因此，正确确定这些参数是编制工程单价的关键。

土的类别分为 4 级。一般情况下，土的级别越高，开挖的难度越大，工效越低，相应单价越高。

开挖形状有沟槽、柱坑等，其断面越小，深度越深时，对施工工效的影响就越大。施工条件不同，开挖的工效也就不同，如水下开挖施工难度大于水上开挖施工难度。

运输距离越长，所需时间也就越长。合理的运输距离应为挖土区的平面中心位置至弃土区（堆土区）的中心位置之间的距离。

2. 使用定额应注意的问题

（1）土方工程项目类别。如表 4-7 所示。

表 4-7　　　　土方工程项目类别

分　类	适用条件
一般土方	适用于一般明挖土方工程和上口宽度超过 16m 的渠道及上口面积大于 $80m^2$ 柱坑土方工程
渠道土方	适用于上口宽度小于或等于 16m 的梯形断面、长方形、底边需要修整得渠道土方工程
沟槽土方	适用于上口宽度小于或等于 4m 的矩形断面或边坡陡于 1∶0.5 的梯形断面，长度大于宽度 3 倍的长方形，只修底不修边坡的土方工程，如截水墙、齿墙等各类墙基和电缆沟等
柱坑土方	适用于上口宽度小于或等于 $80m^2$、长度小于宽度 3 倍、深度小于上口短边长度或直径、四侧垂直或边坡陡于 1∶0.5、不修边坡只修底的坑挖工程，如集水坑、柱坑、机座等工程
平洞土方	适用于水平夹角小于或等于 6°、断面积大于 $2.5m^2$ 的洞挖工程
斜井土方	适用于水平夹角为 6°～75°、断面积大于 $2.5m^2$ 的洞挖工程
竖井土方	适用于水平夹角大于 75°、断面积大于 $2.5m^2$、深度大于上口短边长度或直径的洞挖工程，如抽水井、闸门井、交通井和通风井等

（2）定额计算单位有自然方、松方、实方 3 种类型，工序主要包括土方开挖和运输等。

自然方指未经扰动的自然状态的土方，松方指自然方经人工或机械开挖而松动过的土方。除注明外，均按自然方计算。

（3）挖掘机及装载机挖装土自卸汽车运输定额，根据不同运距，定额的选用及计算方法如下。

1）运距小于 5km，且又是整数运距时，直接按表中定额子目选用。遇到 0.6、1.5、3.4 和 4.3km 时，按下列公式计算其定额值。

$$定额值(运距\ 0.6km)=1km\ 值-(2km\ 值-1km\ 值)\times(1-0.6)$$

运距 1.5、3.4 和 4.3km，采用插入法计算即可。

2）运距 5～10km 时：

$$定额值=5km\ 值+(运距-5)\times 增运\ 1km\ 值$$

3）运距大于 10km 时：

$$定额值=5km\ 值+5\times 增运\ 1km\ 值+(运距-10)\times 增运\ 1km\ 值\times 0.75$$

（4）推土机的推土距离和铲运机的铲运距离是指取土中心到卸土中心的平均距离。推土机推松土时，定额乘以 0.8 的系数。

（5）挖掘机、装载机挖装土料自卸汽车运输定额，系按自然方拟订。如挖装松土时，其中人工及挖装机械乘以 0.85 的系数。

（6）挖掘机或装载机挖土（含渠道土方）汽车运输已包括卸料场配备的推土机定额在内。

（7）人工装土，机动翻斗车、手扶拖拉机、中型拖拉机、自卸汽车、载重汽车运输各节若要考虑挖土，挖土按人工挖一般土方计算。

（8）挖掘机、轮斗挖掘机或装载机挖装土（含渠道土方）自卸汽车运输各节，适用于Ⅲ类土。Ⅰ、Ⅱ、Ⅳ类土按系数进行调整。

（9）土方开挖工程，除定额规定的工作内容外，还包括挖小排水沟、修坡、清除场地草皮杂物、交通指挥、安全设施及取土场和卸土场的小路修筑与维护等工作。

（10）砂砾（卵）石开挖、运输按Ⅳ类土定额计算。

（11）人工挖平洞、斜井土方及运输定额中轴流通风机台时数量，是按一个工作面200m长拟定的，如超过200m，按定额乘以相应的调整系数，如表4－8所示。

表4－8　轴流通风机定额调整系数

工作面长度（m）	调整系数	工作面长度（m）	调整系数	工作面长度（m）	调整系数
200	1.00	500	1.80	800	2.50
300	1.33	600	2.00	900	2.78
400	1.50	700	2.28	1000	3.00

（12）管道沟土方开挖若采用液压反铲挖掘机挖渠道土方自卸汽车运输定额，每100m^3减少下列工时：Ⅰ～Ⅱ类土减少13.1工时，Ⅲ类土减少14.4工时，Ⅳ类土减少15.7工时。

3. 计算方法

工程单价计算按照不同施工工序，既可采用综合定额计算法，也可采用综合单价计算法。

所谓综合定额计算法就是先将选定的挖、运不同定额子目进行综合，得到一个挖、运综合定额，而后根据综合定额进行单价计算。综合单价计算法，就是按照不同的施工工序选取不同的定额子目，然后计算出不同工序的分项单价，最后将各工序单价进行综合。

可根据工程的具体情况灵活使用两种计算方法，对于某道工序重复较多时，可采用综合单价法，这样可以避免每次计算该道工序单价的重复性。如挖土定额相同，只是运输定额不同。这样就可以计算一个挖土单价，与不同的运输单价组合，而得到不同的挖、运单价。采用综合定额计算单价优点比较突出，由于其人工、材料、机械使用数量都是综合用量，这对以后进行工料分析计算带来很大方便。

【例4－1】 某引水工程开挖一条直径2.40m、长300m的圆形隧洞，洞轴线水平夹角为7°，Ⅲ类土，含水率20%。采用人工挖土单工作面掘进，洞内运输采用人工装土，5t卷扬机牵0.6m^3 V形斗车运至洞口卸车；洞外采用2m^3装载机装土，12t自卸汽车运2km弃土。

已知人工、材料、机械台时单价及有关费率表如表4－9所示，试计算土方开挖工程概算单价。

表 4-9　　人工、材料、机械台时单价、费率汇总表

序号	项目名称	单位	单价（元）	序号	项目名称	单位	单价（元）
1	高级工	工时	7.50	8	自卸汽车 12t	台时	108.44
2	初级工	工时	3.15	9	其他直接费	%	2
3	卷扬机 5t	台时	17.33	10	现场经费	%	4
4	V 形斗车 $0.6m^3$	台时	0.84	11	间接费	%	4
5	轴流通风机 7.5kW	台时	8.82	12	企业利润	%	7
6	装载机 $2m^3$	台时	120.54	13	税金	%	3.22
7	推土机 59kW	台时	67.86				

解：

判断工程项目类别：因洞轴线水平夹角为 $7°>6°$，断面积 $3.14\times1.2^2=4.5m^2>2.5m^2$，故应为斜井土方开挖。

根据上述已知条件选用定额：[10407] + [10408] + [10749] 调。

斜井土方开挖单价分析表如表 4-10 所示。

表 4-10　　斜井土方开挖单价分析表

定额编号：[10407] + [10408] + [10749]

施工方法：人工挖装Ⅲ类土，5t 卷扬机牵 $0.6m^3$ V 形斗车运 150m 至洞口卸车，转用 $2m^3$ 装载机装土，12t 自卸汽车运 2km 弃土。装载机汽车装运松土，人工及挖装机械×0.85 系数；一个工作面长 300m，轴流通风机定额×1.33 系数

编　号	名称及规格	单　位	数　量	单价（元）	合价（元）
一	直接工程费				4731.77
（一）	直接费				4463.93
1	人工费				2240.99
	工长	工时	13.4	7.50	100.50
	初级工	工时	679.52	3.15	2140.49
2	材料费				62.26
	零星材料费	%	1（3）		62.26
3	机械费				2160.68
	卷扬机 5t	台时	36.9	17.33	639.48
	V 形斗车 $0.6m^3$	台时	73.9	0.84	62.08
	轴流通风机 7.5kW	台时	63.60	8.82	560.96
	装载机 $2m^3$	台时	0.833	120.54	100.41
	推土机 59kW	台时	0.49	67.86	33.25
	自卸汽车 12t	台时	7.05	108.44	764.50
（二）	其他直接费	%	2	4463.93	89.28
（三）	现场经费	%	4	4463.93	178.56
二	间接费	%	4	4731.77	189.27
三	企业利润	%	7	4921.04	344.47
四	税金	%	3.22	5265.51	169.55
合计					5435.06

（三）石方工程单价

1. *石方工程施工*

（1）钻孔机械。石方开挖的钻孔机械通常分为凿岩机和穿孔机两大类。

1）凿岩机：按照工作动力分为风动凿岩机、液压凿岩机、电动凿岩机、内燃凿岩机和凿岩台车等，适用于钻凿小孔径炮孔。

风动凿岩机有：手持式风钻、气腿式风钻、向上式风钻、导轨式风钻等。

液压凿岩机有：液压导轨式凿岩机等。

电动凿岩机有：手持式电动凿岩机、气腿式电动凿岩机等。

内燃凿岩机有：手持式内燃凿岩机等。

凿岩台车有：轮胎式凿岩台车、履带式凿岩台车等。

2）穿孔机：按照破碎岩石的方式分为潜孔钻、冲击钻、牙轮钻和回转钻四种，适用于钻凿较大孔径炮孔。

潜孔钻有：80 型、100 型、150 型等。

回转钻机（履带式）有：KZ120、YCZ－76 等。

牙轮钻机（履带式）有：KHY－200、KY－250C 等。

（2）石方运输机械。

1）挖掘装载机械。

a. 挖掘机：水利工程开挖爆破石渣或软岩开挖常用单斗正铲挖掘机，有些施工项目也使用反铲、拉铲或抓斗挖掘机。

b. 装载机：装载机是应用较广泛的一种挖装机械，与挖掘机比较，它不仅能挖、装，而且能作集渣、推运、平整、起重和牵引等多种作业，具有生产效率高、适用性强、行动灵活等优点。

2）运输机械：石方开挖施工中，运输机械主要是使用自卸汽车，使用最多的是矿山型自卸汽车，应选择越野性能好，爬坡能力强，变速快，重心低，转弯半径小，性能稳定的车型。V 形斗车、电瓶车、手扶拖拉机、架子车等，多用于洞径较小的地下工程开挖。

3）辅助机械：石方运输中，多用推土机作为辅助机械，用于集结石渣，便于挖装运输。

（3）石方开挖施工方法。按施工条件分为明挖石方和暗挖石方两大类。按施工方法可分为人工打孔、钻孔爆破及掘进机开挖 3 种。

1）人工打孔：该法耗工费时，适用于有特殊要求的开挖部位。

2）钻孔爆破法：钻爆法是一种传统的石方开挖方法，在水利工程应用十分广泛。开挖方法有浅孔爆破法、深孔爆破法、洞室爆破法和控制爆破法（定向、光面、预裂、静态爆破等）。

3）掘进机开挖：掘进机是一种新型的开挖专用设备，与传统的钻孔爆破法的区别是掘进机改钻孔爆破为对岩石进行纯机械的切割或挤压破碎，并使掘进与出渣、支护等作业能平行连续地进行，施工安全、工效较高。目前该法已在隧洞开挖中使用。

水利工程石方量大、开挖集中，且要求岩基完整，一般采用分层开挖，预留保护层，浅孔爆破，尽可能在开挖边界进行预裂爆破。

（4）石方运输方案的选择。石渣运输分人力运输（即人力挑抬、双胶轮车和轻轨斗车等）和机械运输（汽车、电瓶机车运输等）。石渣运输又分露天运输和洞内运输。人力运输适用于工作面狭小、运距短、施工强度低的工程或工程部分；自卸汽车运输的适应性较大，故一般工程都可采用，电瓶机车适应洞井而内燃机车适于较长距离的运输。

石方运输应根据施工工期、运输数量、运距远近等因素，选择既能满足施工强度要求，又能做到费用最省的最优方案。一般情况，人力运输（挑抬、轻轨斗车、胶轮车等）适用于工作面狭小，运输距离短、施工强度低的工程或工程部位；自卸汽车运输的适应性较强。

2. 使用定额应注意的问题

（1）石方工程项目类别。如表 4-11 所示。

表 4-11　　石方工程项目类别

分类		适用条件
明挖	一般石方开挖	适用于一般明挖石方和底宽超过 7m 的沟槽石方、上口面积大于 160m² 的坑挖石方以及倾角（与水平面成的角度）小于或等于 20°并垂直于设计开挖面的平均厚度大于 5m 的坡面石方开挖。如岸边开敞式溢洪道、渠道进水口、护坦、海漫等石方开挖工程
	一般坡面石方开挖	是指设计倾角大于 20°、垂直于设计面的平均厚度小于或等于 5m 的石方开挖工程
	沟槽石方开挖	是指底宽小于或等于 7m、两侧呈垂直或有边坡的条形石方开挖工程。如渠道、截水槽、排水沟、地槽等
	坡面沟槽石方开挖	是指槽底轴线与水平夹角大于 20°的沟槽石方开挖
	坑石方开挖	是指上口面积小于或等于 160m²、深度小于或等于上口短边长度或直径的石方开挖工程，如机座、集水坑、墩柱基础开挖等
	基础石方开挖	适用于不同开挖深度的基础石方开挖工程，如混凝土坝、水闸、厂房、溢流堰、消力池等基础石方开挖工程
	基础坡面石方开挖	是指设计倾角大于 20°垂直于设计面的平均厚度小于或等于 5m 的坡面基础石方开挖工程，如建造在岩基上的水闸等两岸边坡石方开挖
暗挖	平洞	指水平夹角小于或等于 6°的洞挖工程
	斜井	适用于水平夹角为 6°～75°的洞挖工程
	竖井	竖井石方是指水平夹角大于 75°，上口面积大于 5m²，深度大于上口短边长度或直径的洞挖工程，如调压井、闸门井等
	地下厂房石方开挖	指地下厂房或窑洞式厂房石方开挖工程

（2）石方开挖定额工作内容。石方开挖定额均包括钻孔、爆破、撬移、解小、翻渣、清面、修整断面、安全处理、挖排水沟坑等。并按各部位的不同要求，根据规范规定，考虑了保护层开挖等措施。使用定额时均不作调整。

定额计量单位按自然方计算。

（3）斜井石方开挖定额。斜井石方开挖定额适用于水平夹角为 45°～75°的井挖工程，水平夹角为 6°～45°的斜井，按斜井石方开挖定额乘 0.9 系数计算。

（4）定额中材料“钻头”“合金钻头”。“合金钻头”系指风钻（手持式、气腿式）所用的钻头；“钻头”系指液压履带钻或液压凿岩台车所用的钻头。

（5）炸药的代表规格。石方开挖的炸药有：露天硝铵炸药、铵油炸药、岩石铵沥蜡炸药、胶质硝化甘油炸药、高威力硝铵炸药、浆状炸药、水胶炸药、乳胶炸药等。

定额中的炸药代表型号规格：一般石方开挖，按2＃岩石铵梯炸药选用；边坡、槽、坑、基础石方开挖按2＃岩石铵梯炸药和4＃抗水岩石铵梯炸药各半选用；平洞、斜井、竖井、地下厂房石方开挖按4＃抗水岩石铵梯炸药选用。

（6）轴流通风机台时量定额调整系数。洞井石方开挖定额中轴流通风机台时量系按一个工作面长度400m拟定。如工作面长度超过400m时，应按表4-12系数调整通风机台时定额量。

表4-12　　通风机调整系数表

工作面长度（m）	系数	工作面长度（m）	系数	工作面长度（m）	系数
400	1.00	1000	1.80	1600	2.50
500	1.20	1100	1.91	1700	2.65
600	1.33	1200	2.00	1800	2.78
700	1.43	1300	2.15	1900	2.90
800	1.50	1400	2.29	2000	3.00
900	1.67	1500	2.40		

（7）岩石级别定额调整系数。定额子目岩石级别为Ⅴ～ⅩⅣ，当岩石级别高于ⅩⅣ级时，按ⅩⅢ～ⅩⅣ级岩石开挖定额，乘以如表4-13所示系数进行调整。

表4-13　　岩石级别定额调整系数

项　目	系　数		
	人　工	材　料	机　械
风钻为主各节定额	1.30	1.10	1.40
潜孔钻为主各节定额	1.20	1.10	1.30
液压钻、多臂钻为主各节定额	1.15	1.10	1.15

（8）工程量计算。概算定额石方开挖各节定额中，均包括了允许的超挖量和合理的施工附加量耗用的人工、材料、机械，使用概算定额时，不得在工程量计算中另行计取超挖量和施工附加量。

（9）其他材料费。石方开挖定额中的其他材料费，包括脚手架、排架、操作平台、棚架、漏斗等的搭拆摊销费，冲击器、钻杆、空心钢的摊销费，炮泥、燃香、火柴等次要材料费，主要材料之和为计算基数。

（10）概算定额中机械配备的原则。

1）挖装运输定额中是按挖掘机等汽车考虑的。

2）定额中汽车吨位的利用率84％～88％。

3）定额中的推土机是作为辅助机械，基本按两台挖掘机或装载机配一台推土机考虑。

4）机下人员的配备是用于拉电缆、清理现场交通及其他辅助工作。

（11）石渣运输。在概算定额石方开挖各节定额子目中，均列有“石渣运输”项目。该项目的数量，已包括完成每一定额单位有效实体所需增加的超挖量，施工附加量的数量。编制概算单价时，按定额石渣运输量乘石方运输单价（仅计算直接费），计算石方工程综合单价。

挖掘机或装载机装石渣汽车运输定额，其露天与洞内定额的区分，按挖掘机或装载机装车地点确定。

水平运输距离是指从取料中心至卸料中心的全距离，例如坝基开挖的面积很大，应以坝基面积的中心点至弃渣场的中心点的距离作为水平运输距离。

石渣运输距离计算：一般机械运输石渣时坡度已考虑在内，洞内运距按工作面长度的一半计算，一个工程有几个弃渣场，而运输距离又不一样时，可按弃渣量比例算出加权平均运距，也可按各渣场运距及弃渣量分别计算。

（12）洞内运输与洞外运输。运输定额，一般都有“露天”和“洞内”两部分内容。当有洞内外连续运输时，应分别套用定额。洞内运输部分，套用“洞内”运输定额的“基本运距”（装运卸）及“增运”子目；洞外运输部分，套用“露天”定额的“增运”子目（仅有运输工序）。当洞内、洞外为非连续运输（如洞内为胶轮车，洞外为自卸汽车）时，则洞外运输部分应套用“露天”定额的“基本运距”及“增运”子目。

3. 计算方法

（1）石方开挖工程单价。《概算定额》石方开挖各节子目中，均已计入了允许的超挖量和合理的施工附加量所消耗的人工、材料和机械的数量及费用，编制概算单价时不得另计超挖和施工附加工程量所需的费用。

（2）石方运输工程单价。在概（估）算中，石方运输费用不单独表示，而是在开挖费用中体现。反映在概算定额中，则是石方开挖各节定额子目中均列有“石渣运输”项目。该项目的数量，已包括完成每一定额单位有效实体所需增加的超挖量、施工附加量及施工损耗的数量。为统一表现形式，编制概（估）算单价时，一般应根据施工组织设计选定的运输方式，按定额规定的每 m^3 石渣运输定额中的人工、机械数量直接计入石方开挖概（估）算单价；也可按石渣运输量乘以每 m^3 石渣运输费用（仅计算直接费）计算开挖综合单价。

挖掘机或装载机装石渣汽车运输各节定额，露天与洞内的区分，按挖掘机或装载机装车地点确定。洞内运距按工作面长度的一半计算，当一个工程有几个弃渣场时，可按弃渣量比例计算加权平均运距。

编制石方运输单价，当有洞内外连续运输时，应分别套用不同的定额子目。洞内运输部分，套用“洞内”运输定额的“基本运距”及“增运”子目；洞外运输部分，套用“露天”定额的“增运”子目，并且仅选用运输机械的台时使用量。洞内和洞外为非连续运输（如洞内为斗车，洞外为自卸汽车）时，洞外运输部分应套用“露天”定额的“基本运距”及“增运”子目。

（3）石方开挖工程综合单价。石方开挖综合单价是指包含石渣运输费用的开挖单价。在编制石方工程综合单价时，应根据施工组织设计确定的施工方法，运输距离、建筑物施工部位的岩石级别，设计开挖断面等正确套用定额。综合单价计算有两种形式：

1）补充综合定额法。根据施工组织设计确定的施工因素，选用相应的石方开挖定额子目和石渣运输定额子目。其中，运输定额内的人工、机械等消耗量乘以相应的调整系数计算石方工程综合单价。

2）分项工序单价法。根据施工组织设计确定的施工因素，选用相应的石方开挖定额子目和石渣运输定额子目。首先，计算石渣运输分项工序的单价（直接费），然后按选好的石方开挖定额项目中计算石方工程综合单价。

《概算定额》石方开挖定额各节子目中均列有“石渣运输”项目，该项目的数量，已包括完成定额单位所需增加的超挖量和施工附加量。编制概算单价时，将石方运输直接费代入开挖定额中，便可计算石方开挖工程综合单价。《预算定额》石方开挖定额中没有列出石渣运输量，应分别计算开挖与出渣单价，并考虑允许的超挖量及合理的施工附加量的费用分摊，再合并计算开挖综合预算单价。

【例 4－2】 某引水工程的圆形平洞石方开挖（XII 级岩石）分四个工作面进行，各工作面长度及石渣洞外运距如图 4－1 所示。假定平洞设计衬砌后内径为 6.0m，平均超挖 16cm，隧洞总长 L＝6000m。平洞石方采用三臂液压凿岩台车开挖，洞内外均采用 $2m^3$ 挖掘机装 12t 自卸汽车运石渣。已知人工、材料、机械台时费及有关费率如下表。试计算：平洞石方开挖概算工程单价。

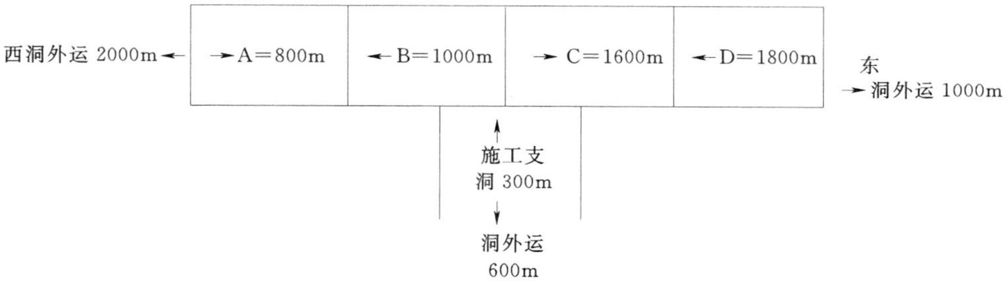

图 4－1　某引水工程的圆形平洞石方开挖工作面图

解：（1）计算通风机定额综合调整系数。

1）计算各工作面长度。

A 段：工作面长度 800m；B 段：工作面长度（400＋1000）＝1400m；

C 段：工作面长度（400＋1600）＝2000m；D 段：工作面长度 1800m。

2）计算各段工程量比例为：

A 段：800÷5200＝15.4％；B 段：1000÷5200＝19.2％

C 段：1600÷5200＝30.8％；D 段：1800÷5200＝34.6％

3）计算隧洞工作面综合长度。

800m×15.4％＋1400m×19.2％＋2000m×30.8％＋1800m×34.6％＝1631m

4）通风机定额综合调整系数。在计算平洞石方开挖单价时，应对定额中的通风机台时定额量乘以调整系数。查通风机调整系数表 4－12 可知，工作面长 1600m 及 1700m 时，通风机调整系数分别为 2.5 和 2.65，用内插法求得通风机械台时定额量调整系数为：

2.5＋(2.65－2.5)÷(1700－1600)×(1631－1600)＝2.55

（2）洞内、洞外综合运距。

求出各开挖段的洞内、洞外运距。

A段：由西向东开挖，洞内运距为800÷2＝400m，洞外运距为2000m；

B段：由东向西开挖，洞内运距为400＋1000÷2＝900m，洞外运距为600m；

C段：由西向东开挖，洞内运距为400＋1600÷2＝1200m，洞外运距为600m；

D段；由东向西开挖，洞内运距为2000÷2＝1000m，洞外运距为1000m。

洞内运距：400m×15.4%＋900m×19.2%＋1200m×30.8%＋1000m×34.6%＝915m，取900m。

洞外运距：2000m×15.4%＋600m×19.2%＋600m×30.8%＋1000m×34.6%＝954m，取1000m。

故该平洞石方开挖的石渣运输综合运距为洞内900m、洞外增运1000m。

（3）平洞石方开挖概算工程单价。

1）计算洞挖石渣运输单价。洞内运输900m，选用定额［20474］及［20475］内插计算；洞外运输1000m，选用定额［20473］计算，求得石渣运输单价（直接费）为17.60元/m^3。（计算过程如表4－14所示）

2）计算平洞石方开挖概算工程单价。设计开挖断面积为38.47 m^2，据此及已知条件选用定额［20243］及［20247］内插计算，结果为114.07元/m^3。（计算过程如表4－15所示）

表4－14　石渣运输单价分析表

定额编号：［20474］＋［20475］＋［20473］　　单位：100m^3

施工方法：2m^3挖掘机装石渣12t自卸汽车洞内运900m，洞外运1km

编　号	名称及规格	单　位	数　量	单价（元）	合价（元）
一	直接工程费				
（一）	直接费				1759.67
1	人工费				39.22
	初级工	工时	12.9	3.04	39.22
2	材料费				34.50
	零星材料费	%	2	1725.17	34.50
3	机械费				1685.95
	挖掘机 2m^3	台时	1.94	215.00	417.10
	推土机 88kW	台时	0.97	103.10	100.01
	自卸汽车 12t	台时	11.40	102.53	1168.84

表 4-15　　平洞石方开挖单价分析表

定额编号：[20243] + [20247]　　单位：100m³

施工方法：设计开挖断面积为 38.47m²，三臂液压凿岩台车开挖Ⅻ级岩石，2m³挖掘机装石渣 12t 自卸汽车洞内运 900m，洞外运 1km，工作面长 1631m，轴流通风机定额乘 2.55 调整系数

编号	名称及规格	单位	数量	单价（元）	合价（元）
一	直接工程费				9743.65
（一）	直接费				9021.90
1	人工费				1367.87
	工长	工时	10.17	7.10	72.21
	中级工	工时	109.74	5.62	616.74
	初级工	工时	223.33	3.04	678.92
2	材料费				2013.80
	钻头 D45mm	个	0.69	350.00	241.50
	钻头 D102mm	个	0.01	1500.00	15.00
	炸药	kg	164.53	5.80	954.27
	非电毫秒雷管	个	127.22	1.30	165.39
	导爆管	m	857.06	0.23	197.12
	零星材料费	%	28	1573.28	440.52
3	机械费				3600.92
	凿岩台车 三臂	台时	2.29	646.62	1480.76
	平台车	台时	1.53	100.57	153.87
	轴流通风机 37kW	台时	58.98	31.56	1861.41
	其他机械费	%	3	3496.04	104.88
4	石渣运输	m³	115.87	17.60	2039.31
（二）	其他直接费	%	2	9021.90	180.44
（三）	现场经费	%	6	9021.90	541.31
二	间接费	%	6	9743.65	584.62
三	企业利润	%	7	10328.27	722.98
四	税金	%	3.22	11051.25	355.85
合计					11407.10

（四）土石填筑工程单价

1. 土石填筑工程分类

土石填筑工程因其能就地取材，施工技术简单，造价低而被广泛应用。按其施工方法的不同，土石填筑工程可分为砌石工程、土方填筑工程、堆石坝填筑工程和堆抛石工程四大类。

（1）堆石、砌石工程。堆砌石工程包括坝体堆石、砌石和抛石等。其中砌石工程又分为干砌石、浆砌石、铺筑砂垫层等，其主要工作内容包括选石、修石、冲洗、拌制砂浆、砌筑、勾缝。砌石工程广泛应用于水利工程中的护坡、护底、挡土墙、桥墩等部位；尤其是地方水利工程，应用最为广泛。

（2）土方填筑工程。土方填筑由土料开采运输、压实两大工序组成。

土料开采运输费包括料场覆盖层清除摊销费、土料开采运输、土料处理费用。土料料场上的杂树、杂草、不合格的表土等都必须予以清除，清除所需的人工、机械、材料等费用，应按相应比例摊入土料单价中。当土料的含水量不符合规定标准时，应采取挖排水沟、扩大取土面积、分层取土等措施，如仍不能满足设计要求，则应采取降低含水量（翻晒、分区集中堆存等）或加水处理措施。

压实机械有羊足碾、气胎碾、平碾、振动碾等。

2. 使用定额应注意的问题

（1）石料的规格及标准。如表4-16所示。

表4-16　　石料的规格及标准表

分　类	规格及标准
片石	每块体积为0.01～0.05m^3，厚度大于15cm，无一定规则形状的石块
块石	厚度大于20cm，长宽各为厚度的2～3倍，上、下两面平行且大致平整，无尖角、薄边的石块
卵石	小边直径（或厚度）不小于20cm的椭圆形或扁平形的天然河卵石，薄边及圆球形不宜采用
毛条石	一般为人力开采锲裂而得的长方形毛坯料，长约为60～120cm，宽高约为30～40cm，相邻面基本垂直，不扭不翘，六面大致平整，表面凹凸不得大于3cm
粗料石	由毛条石修凿而成，四棱上线，八角见方，六面修整基本平直，表面凹凸不超过1cm
细料石	要求同粗料石，表面凹凸不超过0.5cm
堆石料	指山场岩石经过爆破后，无一定规格，无一定大小的任意石料
碎石	指经过破碎加工分级后，粒径大于5mm的石块
砂砾料	指天然砂卵（砾）石混合料
反滤料、过渡料	指土石坝或一般堆砌石工程的防渗体与坝壳（土料、砂砾料或堆石料）之间的过渡区石料。由粒径级配均有一定要求的砂、砾石（碎石）等组成

（2）材料定额中砂石料计量单位。砂、碎石、堆石料为堆方，块石、卵石为码方，条石、料石为清料方。

（3）土石坝物料压实定额调整系数。现行概算定额土石坝物料压实定额子目是按填筑土石坝拟定的，如为非土石堤、坝的一般土料、砂石料压实，其人工、机械定额乘以0.8调整系数；该节土料压实定额的土料运输量（自然方）126m^3是按填筑土坝拟定的，如为一般土料压实（如船闸边墙背水面回填土等），其土料运输量（自然方）为118m^3。

（4）反滤料材料组成比例。反滤料压实定额中的砂及碎（卵）石数量和组成比例，可按设计资料进行调整。过渡料如无级配要求时，可采用砂砾石定额子目。如有级配要求，需经筛分处理时，则应采用反滤料定额子目。

(5) 土石方开挖料的上坝途径。关于土石方开挖料的上坝途径，有自料场直接运输上坝、自成品供料场运输上坝两种，按施工组织设计方案采用相应定额子目。

自料场直接运输上坝：利用开挖料直接运至填筑工作面，在开挖处计算开挖和运输费，在填筑处只计算碾压费。但要注意，不得在开挖和填筑单价中重计或漏计。

自成品供料场运输上坝：即考虑开挖和填筑在施工进度安排上的时差，或因其他原因不能直接运至填筑工作面，即开挖料卸至某堆料场，填筑时再从堆料场取土，需经过二次倒运，在进行单价分析时，开挖处计算至堆料场的挖、运费，填筑处计算二次倒运的挖、运、压费。

(6) 坝面施工干扰系数。本章定额未编列土石坝物料的运输定额，编制概算时，可根据定额所列物料运输数量采用本定额相关章节子目计算物料运输上坝费用，并乘以坝面施工干扰系数1.02。

自料场直接运输上坝的物料运输，采用土方开挖工程、石方开挖工程定额相应子目，计量单位为自然方。其中砂砾料运输按Ⅳ类土定额计算。

自成品供料场运输上坝采用砂石备料工程定额，计量单位为成品堆方。其中反滤料运输采用骨料运输定额。

3. 计算方法

(1) 砌石单价的编制。砌石工程单价编制的步骤如下：

1) 计算砌石备料单价。石料备料单价，按现行概算定额的砂石备料子目及本章前述砂石料单价的计算方法计算。

计算石料备料单价时，应注意自然方、堆方、码方的体积换算。如为外购块石、条石或料石时，按主要材料预算价格计算方法计算。施工组织设计时，应尽量考虑从石方开挖的石渣中检集块石的可能性，以节约石料开采费用，其利用数量应根据开挖石渣的多少和岩石的质量情况合理确定。

2) 计算胶结材料单价。如为浆砌石或细石混凝土砌石，则需根据设计确定胶结材料(如水泥砂浆、细石混凝土等)的强度等级，计算胶结材料的单价。干砌石不需使用胶结材料，不需计算胶结材料单价。

3) 计算砌石单价。根据设计确定的砌体形式和施工方法，套用相应定额计算砌石单价。砌石定额中的石料数量，均已考虑了施工操作损耗和体积变化(码方、清料方与实方间的体积变化)因素。

(2) 编制砌石工程概(估)算单价应注意的问题。

1) 砌石定额的计量单位，均以砌体方计算。

2) 砌体工程量应按设计几何轮廓尺寸计算，施工规范允许的超填量、施工附加量、操作损耗已包含在定额中。

3) 石料自料场至施工现场堆放点的运输费用，应包括在石料单价内。施工现场堆放点至工作面的场内运输已包括在砌石工程定额内。编制砌石工程概(估)算单价时，不得重复计算石料运输费用。

4) 浆砌石定额中均已计入了一般要求的勾缝，对于防渗要求高的部位，如设计要求开槽勾缝，应增加开槽勾缝所需的费用。

5）料石砌筑定额包括了砌体外露一面的一般修凿，如设计要求作装饰性修凿，应另行增加装饰性修凿费用。

6）砌筑用胶结材料均按设计强度等级及配合比计算其单价，定额数量不作调整。

（3）编制土方填筑工程单价应注意的问题。土料场需要进行覆盖层清除时，覆盖层清除费用摊销到开挖土料方中。

（五）混凝土工程单价

1. 混凝土工程施工

混凝土工程可分为现浇混凝土和预制混凝土两大类。现浇混凝土又分常态混凝土、碾压混凝土、沥青混凝土。

常态混凝土及碾压混凝土施工程序一般有冲（凿）毛、冲洗、清仓，铺水泥砂浆、平仓浇筑、振捣、养护，工作面运输及辅助工作；沥青混凝土包括配料、混凝土加温、铺筑、养护，模板制作、安装、拆除、修整以及场内运输及辅助工作。预制混凝土除与现浇混凝土有同样的施工工序以外，还有预制混凝土构件运输、安装、模板制作、拆除等。

2. 使用定额应注意的问题

（1）混凝土材料定额中的“混凝土”，系指完成单位产品所需的混凝土成品量，其中包括干缩、运输、浇筑和超填等损耗的消耗量在内。混凝土半成品单价，为配制混凝土所需水泥、骨料、水、掺合料及其外加剂等的费用之和。

（2）混凝土拌制定额均以半成品方为计量单位，按拌制常态混凝土拟定，若拌制加冰、加掺合料等其他混凝土，按表 4－17 所列系数对拌制定额进行调整。

表 4－17　　混凝土拌制定额调整系数表

拌合楼规格	混凝土类别			
	常态混凝土	加冰混凝土	加掺合料混凝土	碾压混凝土
1×2.0m^3 强制式	1.00	1.20	1.00	1.00
2×2.5m^3 强制式	1.00	1.17	1.00	1.00
2×1.0m^3 自落式	1.00	1.00	1.10	1.30
2×1.5m^3 自落式	1.00	1.00	1.10	1.30
3×1.5m^3 自落式	1.00	1.00	1.10	1.30
2×3.0m^3 自落式	1.00	1.00	1.10	1.30
4×3.0m^3 自落式	1.00	1.00	1.10	1.30

（3）混凝土运输。现浇混凝土运输指混凝土自拌合楼或搅拌机出料口至浇筑现场工作面的全部水平和垂直运输。

预制混凝土构件运输指预制场至安装现场之间的运输。预制混凝土构件在预制场和安装现场的运输，包括在预制及安装定额内。

（4）混凝土浇筑。地下工程混凝土浇筑施工照明用电已计入浇筑定额的其他材料费中。

混凝土构件预制与安装定额中起重机的起重量低于混凝土构件单位重量时，可用相应起重量机械替换，台时量不变。

（5）预制混凝土定额中的模板材料为单位混凝土成品方的摊销量，已考虑了周转。

（6）平洞衬砌定额，适用于水平夹角不大于6°单独作业的平洞。如开挖、衬砌平行作业时，按平洞定额的人工和机械定额乘1.1系数；水平夹角大于6°的斜井衬砌，按平洞定额的人工和机械定额乘1.23系数。

（7）钢筋制作与安装定额中，其钢筋定额消耗量已包括钢筋制作与安装过程中的加工损耗、搭接损耗及施工架立筋附加量。

3. *计算方法*

混凝土工程单价计算应根据设计提供的资料，确定建筑物的施工部位，选定正确的施工方法、运输方案，确定混凝土级配，并根据施工组织设计确定的拌和系统的布置形式等，选用相应的定额来计算。

混凝土工程单价主要包括，现浇混凝土单价、预制混凝土单价、钢筋制作安装单价、止水单价等，对于大型混凝土工程还要计算混凝土温控措施费。

（1）现浇混凝土单价。现浇混凝土单价一般包括混凝土拌和、水平运输、垂直运输及浇筑4道工序单价。

混凝土熟料运输单价包括水平运输和垂直运输单价。其运输单价计算可采用以下两种方法：

1）“混凝土运输”作为浇筑定额中的一项内容，运输单价按照选定的运输定额只计算定额直接费作为运输单价，以该运输单价乘以浇筑定额中所列的“混凝土运输”数量构成浇筑单价的直接费用项目。

2）将选定的运输定额子目乘以运输综合系数单独计算运输单价，相应取消原浇筑定额中的混凝土运输一项。

$$\text{运输综合系数}=\text{浇筑定额中的混凝土运输数量}/100 \qquad (4-2)$$

（2）预制混凝土单价。预制混凝土单价一般包括混凝土拌和、运输、预制、预制件运输、预制构件安装等工序单价。现行概算定额中混凝土预制及安装定额包括混凝土拌和和预制场内混凝土运输工序，另外需考虑预制件场外运输及安装用混凝土运输。

（3）混凝土温控措施费计算。在水利工程中，为防止拦河大坝等大体积混凝土建筑物由于温度应力而产生裂缝，以及坝体接缝灌浆后再度拉裂，保证建筑物的安全。按现行设计规范和混凝土坝设计及施工的要求，对混凝土坝等大体积建筑物应采取温度控制措施。温度控制措施很多，例如采用水化热较低的水泥，减少水泥用量，采用风或水预冷骨料，加冷水或冰拌和混凝土，对坝体混凝土进行一、二期通低温水及混凝土表面保护措施。混凝土温控费用计算参考资料见附录4。

1）基本参数的选择。计算温度控制费用，应收集下列资料：工程所在地区的多年月平均气温、水温等气象资料；每立方米混凝土拌制所需加冰或冷水的数量、时间以及混凝土的数量；计算要求的混凝土出机口温度、浇筑温度和坝体的允许温度；混凝土骨料的预冷方式，预冷每立方米骨料所需消耗冷风、冷水的数量，预冷时间与温度，每立方米混凝土需预冷骨料的数量及需进行骨料预冷的混凝土数量；坝体的设计稳定温度、接缝灌浆时间，坝体混凝土一、二期通低温水的时间、流量、冷水温度及通水区域；冷冻系统的工艺流程、设备配置；如使用外购冰，要了解外购冰的售价、运输方式；混凝土温控方法、劳力、机械设备；冷冻设备的有关定额、费用等。

以上这些温控措施，应根据不同工程的特点，不同地区的气温条件，不同结构物不同部位的温控要求等综合因素确定。

2）根据不同标号混凝土的材料配合比，和相关材料的温度，计算出混凝土的出机口温度。出机口温度一般由施工组织设计确定。若混凝土的出机口温度已确定，则通过计算确定应预冷的材料温度，进而确定各项温控措施。

3）综合各项温控措施的分项单价，计算出每 $1m^3$ 混凝土的温控综合价（直接费）。

4）计算各分项温控措施的单价，计算坝体通水冷却单价。

（六）模板工程单价

模板工程是指混凝土浇筑工程中使用的平面模板、曲面模板、异形模板、滑模等模板的安装、拆除及制作等。

1. 模板定额的工作内容

模板制作主要包括木模板制作，木桁（排）架制作，木立柱、围令制作，钢架制作，预埋铁件制作。

模板安装、拆除的主要工作内容有模板（包括模板、排架、钢架、预埋件等）的安装、拆除、除灰、刷脱模剂、维修、倒仓、拉筋割断等。

2. 使用定额应注意的问题

（1）模板材料均按预算消耗量计算，包括了制作、安装、拆除、维修的损耗和消耗，并考虑了周转和维修。

（2）模板定额计量单位，除注明者外，模板定额的计量面积为混凝土与模板的接触面积，即建筑物体形及施工缝要求所需的立模面积。立模面面积的计量，一般应按满足建筑物体形及施工分缝要求所需的立模面计算。当缺乏实测资料时，可参考概算定额附录“水利工程混凝土建筑物立模面系数参考表”，根据混凝土结构部位的工程量计算立模面面积。

概算定额隧洞衬砌模板及涵洞模板定额中的堵头和键槽模板已按一定比例摊入定额中，不再计算立模面面积。

（3）模板定额中的模板预算价格，若施工企业自制模板，采用相应模板制作定额计算，只计算直接费；若为外购模板，定额中的模板预算价格应按以下公式计算为

$$\text{模板预算价格}=(\text{外购模板预算价格}-\text{残值})\div\text{周转次数}\times\text{综合系数} \quad (4-3)$$

公式中残值为10%，周转次数为50次，综合系数为1.15（含露明系数及维修损耗系数）。

（4）模板定额中的材料，除模板本身外，还包括支撑模板的立柱、围令、桁（排）架及铁件等。对于悬空建筑物（如渡槽槽身）的模板，计算到支撑模板结构的承重梁为止。承重梁以下的支撑结构应包括在“其他施工临时工程”中。

（5）滑模台车、针梁模板台车和钢模台车的行走机构、构架、模板及其支撑型钢，为拉滑模板或台车行走及支立模板所配备的电动机、卷扬机、千斤顶等动力设备，均作为整体设备以工作台时计入定额。

滑模台车定额中的材料包括滑模台车轨道及安装轨道所用的埋件、支架和铁件。

针梁模板台车和钢模台车轨道及安装轨道所用的埋件等应计入其他临时工程。

(6) 坝体廊道模板，均采用一次性（一般为建筑物结构的一部分）预制混凝土模板。混凝土模板预制及安装，可参考定额混凝土预制及安装定额编制补充定额。

(7) 概算定额中凡嵌套有模板的子目，计算“其他材料费”时，计算基数不包括模板本身的价值。

(8) 模板定额材料中的铁件包括铁钉、铁丝及预埋铁件，铁件和预制混凝土柱均按成品预算价格计算。

3. 计算方法

(1) 模板制作单价。模板属周转性材料，其费用应进行摊销。模板制作定额的人工、材料、机械用量是考虑多次周转和回收后使用一次的摊销量，也就是说，按模板制作定额计算的模板制作单价是模板使用一次的摊销价格。

(2) 模板安装、拆除单价。《概算定额》模板安装各节子目中将“模板”作为材料列出，定额中“模板”的预算价格可按制作定额计算（取直接费）。将模板材料的价格代入相应的模板安装、拆除定额，可计算模板工程单价。

（七）钻孔灌浆及锚固工程单价

1. 钻孔灌浆及锚固工程分类

钻孔灌浆工程包括帷幕灌浆、固结灌浆、回填（接触）灌浆、防渗墙和减压井等工程；锚固工程共有锚杆、锚索、喷浆（混凝土）和钢筋网等。

1) 灌浆的分类。按灌浆的作用分为帷幕灌浆、基础固结灌浆、接触灌浆、坝体接缝灌浆、隧洞固结、回填灌浆、其他灌浆等。

按灌浆的材料分有水泥灌浆、水泥黏土灌浆、黏土灌浆、化学灌浆四类。

2) 锚固工程分类。锚杆按锚固材料分砂浆锚杆和药卷锚杆。

锚索按锚固对象分岩体预应力锚索和混凝土预应力锚索，岩体预应力锚索按锚固类型分黏结型和无黏结型锚索。

2. 钻孔灌浆常用的施工机具

(1) 钻孔机械。分为冲击式钻机、冲击回转式钻机（通称凿岩机）、回转式钻机（通称岩心钻机）。

(2) 灌浆机械。分为水泥灌浆机、计量泵（又称比例泵）、浆液搅拌机。

(3) 钻孔灌浆器材。分为钻杆、岩心管、钻头。

3. 岩石基础灌浆施工

(1) 施工工艺流程为：施工准备→钻孔→冲洗→压水试验→灌浆→封孔→质量检查。

(2) 施工次序。帷幕灌浆应遵循先固结后帷幕、先边排后中排、先下游后上游的原则进行。固结灌浆宜在有混凝土覆盖的情况下进行，灌浆次序应先灌外围区，后灌中间，逐渐插孔加密。

(3) 施工方法。钻孔一次灌浆法、自上而下分段灌浆法、自下而上分段灌浆法、综合灌浆法。

4. 水工隧洞灌浆施工

隧洞灌浆包括回填灌浆、固结灌浆等。施工次序为先回填灌浆，后固结灌浆。

5. 混凝土防渗墙施工

（1）成槽。防渗墙造孔成槽方式一般采用槽孔法。成槽施工常使用冲击钻、反循环钻机、液压开槽机、射水成槽机进行。其施工程序包括成槽前的准备、泥浆制备、造孔、终孔验收、清孔换浆等。冲击钻成槽工效不仅受地层土石类别的影响，而且与成槽深度有很大的关系。随孔深的增加，成槽效率下降较大。

（2）浇筑混凝土。防渗墙采用导管法浇筑水下混凝土。其施工工艺为浇筑前的准备、配料拌和、浇筑混凝土、质量验收。

6. 使用定额应注意的问题

（1）灌浆工程定额中的水泥用量系概算基本量。如有实际资料，可按实际消耗量调整。

（2）钻机钻灌浆孔、坝基岩石帷幕灌浆等定额子目终孔孔径大于 91mm 或孔深超过 70m 时改用 300 型钻机。在廊道或隧洞内施工时，人工、机械定额乘以表 4－18 所列系数。

表 4－18　　人工机械定额调整系数

廊道或隧洞高度（m）	0～2.0	2.0～3.5	3.5～5.0	5.0 以上
系数	1.19	1.10	1.07	1.05

（3）地质钻机钻灌不同角度的灌浆孔或观测孔、试验孔时，人工、机械、合金片、钻头和岩心管定额乘以表 4－19 所列系数。

表 4－19　　人工机械定额调整系数

钻孔与水平夹角	0～60°	60°～75°	75°～85°	85°～90°
系数	1.19	1.05	1.02	1.00

（4）定额中灌浆压力划分标准。高压大于 3MPa；中压 1.5～3MPa；低压小于 1.5MPa。

（5）灌浆定额中水泥强度等级的选择应符合设计要求，设计未明确的，可按以下标准选择：回填灌浆 32.5；帷幕与固结灌浆 32.5；接缝灌浆 42.5；劈裂灌浆 32.5；高喷灌浆 32.5。

（6）锚筋桩可参照锚杆定额子目，定额中的锚杆附件包括垫板、三角铁和螺帽等。

（7）锚杆（索）定额中的锚杆（索）长度是指嵌入岩石的设计有效长度。按规定应留的外露部分及加工过程中的损耗，均已计入定额。

（8）喷浆（混凝土）定额的计量，以喷后的设计有效面积（体积）计算，定额已包括了回弹及施工损耗量。

（9）加强长砂浆锚杆束是按 4ϕ28 锚筋拟定，如设计采用锚筋根数、直径不同，应按设计调整锚筋数量。定额中的锚筋材料价按钢筋价格，锚筋的制作已含在定额中。

7. 单价计算

钻孔灌浆及锚固工程单价计算应根据设计确定的孔深、灌浆压力等参数以及岩石的级别、透水率等，按施工组织设计确定的钻机、灌浆方式、施工条件，选用定额相应的子目计算。单价计算方法与前述单价计算方法相同，只是取费费率不同。

第三节 工程量计算

工程量是以物理计量单位或自然计算单位表示的各项工程和结构件的数量，其计算单位一般以公制度量单位表示的长度（m）、面积（m^2）、体积（m^3）、重量（kg）等，以及以自然单位表示的如“个”、“台”、“套”等。工程量是编制工程概算的基本要素之一，工程量计算的准确性直接影响工程造价的编制质量。工程量计算的准确与否，是衡量设计概算质量好坏的重要标志之一，所以，概算人员除应具有本专业的知识外，还应当具有一定的水工、施工、机电、金属结构等专业知识，掌握工程量计算的规则和方法。在编制概算时，概算人员应熟悉主要设计图纸和设计说明，对各专业提供的设计工程量进行详细核算，凡不符合概算编制要求的应及时向设计人员提出修正。

一、工程量计算的基本原则

（一）工程项目的设置

工程项目的设置必须与定额子目划分相适应。如：土石方开挖工程应按不同土壤、岩石类别分别列项；土石方填筑应按土方、堆石料、反滤层、垫层料等分列。再如钻孔灌浆工程，一般概算定额将钻孔、灌浆单列，因此，在计算工程量时，钻孔、灌浆也应分开计算。

（二）计量单位

工程量的计量单位要与定额子目的单位相一致。有的工程项目的工程量可以用不同的计量单位表示，如喷混凝土，可以用“m^2”表示，也可以用“m^3”表示；混凝土防渗墙可以用阻水面积（m^2），也可以用进尺（m）和混凝土浇筑方量（m^3）来表示。因此，设计提供的工程量单位要与选用的定额单位相一致，否则应按有关规定进行换算，使其一致。

（三）工程量计算

1. 设计工程量

设计工程量就是编制概（估）算的工程量，由图纸工程量和设计阶段扩大工程量组成。

图纸工程量是指按设计图纸计算出的工程量。即按照水工建筑物设计的几何轮廓尺寸计算的工程量。

设计阶段扩大工程量系指由于设计工作的深度有限而存在一定的误差，为留有一定的余地而增加的工程量。设计工程量阶段系数见附表3。

项目建议书、可行性研究、初步设计阶段的设计工程量就是按照建筑物和工程的几何轮廓尺寸计算的数量乘以附表3不同设计阶段系数而得出的数量；而施工图设计阶的设计工程量就是图纸工程量。

2. 施工超挖、超填量及施工附加量

在水利水电工程施工中一般不允许欠挖，为保证建筑物的设计尺寸，施工中允许一定的超挖量；而施工附加量系指为完成本项工程而必须增加的工程量，如土方工程中的取土坑、试验坑、隧洞工程中的为满足交通、放炮要求而设置的内错车道、避炮洞以及下部扩挖所需增加的工程量；施工超填量是指由于施工超挖及施工附加相应增加的回填工程量。

概算定额已按有关施工规范计入合理的超挖量、超填量和施工附加量，故采用概算定额编制概（估）算时，工程量不应计算这 3 项工程量。

预算定额中均未计入这 3 项工程量，因此，采用预算定额编制概（估）算单价时，其开挖工程和填筑工程的工程量应按开挖设计断面和有关施工技术规范所规定的加宽及增放坡度计算。

3. 施工损耗量

施工损耗量包括运输及操作损耗，体积变化损耗及其他损耗。运输及操作损耗量指土石方、混凝土在运输及操作过程中的损耗。体积变化损耗量指土石方填筑工程中的施工期沉陷而增加的数量，混凝土体积收缩而增加的工程数量等。其他损耗量：包括土石方填筑工程施工中的削坡，雨后清理损失数量，钻孔灌浆工程中混凝土灌注桩桩头的浇筑凿除及混凝土防渗墙一、二期接头重复造孔和混凝土浇筑等增加的工程量。

概算定额对这几项损耗已按有关规定计入相应定额之中，而预算定额未包括混凝土防渗墙接头处理所增加的工程量，因此，采用不同的定额编制工程单价时应仔细阅读有关定额说明，以免漏算或重算。

4. 质量检查工程量

（1）基础处理检查工程量。基础处理工程大多数采用钻一定数量检查孔的方法进行质量检查。

（2）其他检查工程量。如土石方填筑工程通常采用的挖试坑的方法来检查其填筑成品方的干密度。

5. 试验工程量

试验工程量如土石坝工程为取得石料场爆破参数和坝上碾压参数而进行的爆破试验和碾压试验而增加的工程量。

碾压试验、爆破试验、级配试验和灌浆试验等大型试验均为设计工作提供重要参数，应列入独立费用中的勘测设计费或工程科研试验费中。

二、建筑工程量计算

（一）土石方工程量计算

土石方开挖工程量，应根据设计开挖图纸，按不同土壤和岩石类别分别进行计算，石方开挖工程应将明挖、槽挖、水下开挖、平洞、斜井和竖井开挖等分别计算。

土石方填筑工程量，应根据建筑物设计断面中的不同部位及其不同材料分别进行计算，其沉陷量应包括在内。

（二）砌石工程量计算

砌石工程量应按建筑物设计图纸的几何轮廓尺寸，以“建筑成品方”计算。

砌石工程量应将干砌石和浆砌石分开。干砌石应按干砌卵石、干砌块石，同时还应按建筑物或构筑物的不同部位及型式，如护坡（平面、曲面）、护底、基础、挡土墙、桥墩等分别计列；浆砌石按浆砌块石、卵石、条料石，同时尚应按不同的建筑物（浆砌石拱圈明渠、隧洞、重力坝）及不同的结构部位分项计列。

（三）混凝土及钢筋混凝土工程量计算

混凝土及钢筋混凝土工程量的计算应根据建筑物的不同部位及混凝土的设计标号分别计算。

钢筋及埋件、设备基础螺栓孔洞工程量应按设计图纸所示的尺寸并按定额计量单位计算，例如大坝的廊道、钢管道、通风井、船闸侧墙的输水道等，应扣除孔洞所占体积。

计算地下工程（如隧洞、竖井、地下厂房等）混凝土的衬砌工程量时，若采用水利建筑工程概算定额，应以设计断面的尺寸为准；若采用预算定额，计算衬砌工程量时应包括设计衬砌厚度加允许超挖部分的工程，但不包括允许超挖范围以外增加超挖所充填的混凝土量。

（四）钻孔灌浆工程量

钻孔工程量按实际钻孔深度计算，计量单位为米。计算钻孔工程量时，应按不同岩石类别分项计算，混凝土钻孔一般按粗骨料的岩石级别计算。

灌浆工程量从基岩面起计算，计算单位为米或平方米。计算工程量时，应按不同岩层的不同透水率或单位干料耗量分别计算。

隧洞回填灌浆，其工程量计算范围一般在顶拱中心角120°范围内的拱背面积计算，高压管道回填灌浆按钢管外径面积计算工程量。

混凝土防渗墙工程量。若采用概算定额，按设计的阻水面积计算其工程量，计量单位为平方米。若采用预算定额，成槽与浇筑应分项计算。

第四节　建筑工程概算编制

一、建筑工程概算编制方法

建筑工程概算构成水利水电基本建设工程项目划分的第一部分（即建筑工程），是工程总投资的主要组成部分。工程竣工之后构成水利枢纽、水电站、水库或其他水利工程管理单位的固定资产。编制建筑工程概算前，首先应按《工程项目划分》对工程项目进行划分，分清主体建筑工程和一般建筑工程（交通工程、房屋建筑工程、外部供电线路工程及其他建筑工程）。

建筑工程概算编制的方法一般有单价法、指标法及百分率法三种形式，其中以单价法为主。

所谓单价法就是以工程量乘以工程单价来计算工程投资的方法，它是建筑工程概算编制的主要方法。

指标法是指用综合工程量乘以综合指标的方法计算工程投资。在初步设计阶段，由于设计深度不足，工程中的细部结构难以提出具体的工程数量，常用指标法来计算该部分投资。再如交通工程、房屋建筑工程常用综合指标来计算（万元/km，元/m^2）。

百分率法是指按某部分工程投资占主体建筑工程的百分率来计算的方法。如在初步设计阶段编制工程概算时，厂坝区动力线路工程、厂坝区照明线路及设施工程、通信线路工程、供水、供热、排水及绿化、环境、水情测报系统、建筑内部观测工程等很难提出具体的工程数量，则按主体建筑工程投资的百分率来粗略计算。

二、主体建筑工程概算的编制

（1）主体建筑工程概算按设计工程量乘以工程单价进行编制。

（2）主体建筑工程量应遵照《水利水电工程设计工程量计算规则》，按项目划分要求，计算到三级项目。

（3）当设计对混凝土施工有温控要求时，应根据温控措施设计，计算温控措施费用，也可以经过分析确定指标后，按建筑物混凝土方量进行计算。

（4）主体建筑工程概算表格的填写与计算。

建筑工程概算表格采用概算编制办法规定的格式如表4-20所示。

表4-20　　建筑工程概算表

序　号	工程或费用名称	单　位	数　量	单价（元）	合计（元）
1	2	3	4	5	6

“工程或费用名称”，按照工程项目划分填至三级或四级项目，甚至五级，以能说清楚为止。计算时首先从最末一级即五级或四级项目开始。采用工程量乘单价的办法计算合计投资，合计以元为单位，然后向上逐级合并汇总，即得主体建筑工程概算投资。

（5）细部结构工程。

细部结构工程概算采用指标法的形式计算。参照水工建筑工程细部结构指标表确定，如表4-21所示。

表4-21　　水工建筑工程细部结构指标表

项目名称	混凝土重力坝、重力拱坝、宽缝重力坝、支墩坝	混凝土双曲拱坝	土坝、堆石坝	水闸	冲砂闸、泄洪闸
单位	元/m^3（坝体方）	元/m^3（坝体方）	元/m^3（坝体方）	元/m^3（混凝土）	元/m^3（混凝土）
综合指标	11.9	12.6	0.84	35	30.8
项目名称	进水口进水塔	溢洪道	隧洞	竖井、调压井	高压管道
单位	元/m^3（混凝土）	元/m^3（混凝土）	元/m^3（混凝土）	元/m^3（混凝土）	元/m^3（混凝土）
综合指标	14	13.3	11.2	14	3.0

续表

项目名称	地面厂房	地下厂房	地面 升压变电站	地下 升压变电站	船闸	明渠（衬砌）
单位	元/m^3 （混凝土）	元/m^3 （混凝土）	元/m^3 （混凝土）	元/m^3 （混凝土）	元/m^3 （混凝土）	元/m^3 （混凝土）
综合指标	27.3	42	24.5	15.4	21.7	6.2

注　表中综合指标包括多孔混凝土排水管、廊道木模制作与安装、止水工程、伸缩缝工程、接缝灌浆管路、冷却水管路、栏杆、路面工程、照明工程、爬梯、通气管道、坝基渗水处理、排水工程、排水渗井钻孔及反滤料、坝坡踏步、孔洞钢盖板、厂房内上下水工程、防潮层、建筑钢材及其他细部结构工程。

细部结构工程项目概算的编制按照单个建筑物的本体工程量乘以综合指标来计算。其本体工程量对坝体工程而言指坝体方量，对水闸、溢洪道、进水塔、隧洞厂房、变电站、船闸等工程指混凝土的总方量。

三、一般建筑工程（其他永久工程）概算的编制

1. 交通工程

交通工程投资按设计工程量乘以单价进行计算，也可根据工程所在地区造价指标或有关实际资料，采用扩大单位指标编制。

2. 房屋建筑工程

（1）水利工程的永久房屋建筑面积，用于生产和管理办公的部分，由设计单位按有关规定，结合工程规模确定；用于生活文化福利建筑工程的部分，在考虑国家现行房改政策的情况下，按主体建筑工程投资的百分率计算。

枢纽工程

50000万元≥投资，取1.5%～2.0%

100000万元≥投资>50000万元，取1.1%～1.5%

100000万元<投资，取0.8%～1.1%

引水及河道工程

取0.5%～0.8%

注：在每档中，投资小或工程位置偏远者取大值；反之，取小值。

（2）室外工程投资，一般按房屋建筑工程投资的10%～15%计算。

3. 供电线路工程

根据设计的电压等级、线路架设长度及所需配备的变配电设施要求，采用工程所在地区造价指标或有关实际资料计算。

4. 其他建筑工程

（1）内外部观测工程按建筑工程属性处理。内外部观测工程项目投资应按设计资料计算。如无设计资料时，可根据坝型或其他工程型式，按照主体建筑工程投资的百分率计算：

当地材料坝　0.9%～1.1%

混凝土坝　1.1%～1.3%

引水式电站（引水建筑物）　1.1%～1.3%

堤防工程　0.2%～0.3%

（2）动力线路、照明线路和通信线路等3项工程投资按设计工程量乘以单价或采用扩大单位指标编制。

（3）其余各项按设计要求分析计算。一般建筑工程项目概算的编制方法同主要建筑工程项目一样，二者共同构成第一部分建筑工程概算。

第五节 工 料 分 析

一、工料分析概述

工料分析就是对工程建设项目所需的人工及主要材料数量进行分析计算，进而统计出单位工程及分部分项工程所需的人工数量及主要材料用量。主要材料一般包括钢筋、钢材、水泥、木材、汽油、柴油、炸药、沥青、粉煤灰等种类。根据工程的具体特点，主要材料品种各有取舍。

工料分析的目的主要是为施工企业调配劳动力，作好备料及组织材料供应、合理安排施工及核算工程成本提供依据。它是工程概算的一项基本内容，也是施工组织设计中安排施工进度的不可缺少的重要工作。

二、工料分析计算

工料分析计算就是按照概算项目内容中所列的工程数量乘以相应单价中所需的定额人工数量及定额材料用量，计算出每一工程项目所需的工时、材料用量，然后按照概算编制的步骤逐级向上合并汇总。工时材料计算表格式见表4－22。计算步骤及填写说明如下：

表4－22　　工时、材料用量计算表

序号	单价编号	工程项目名称	单位	工程量	工时		汽油			柴油			钢筋		炸药		沥青	
					定额用工	合计	定额台时用量	台时用油	合计	定额台时用量	台时用油	合计	定额用量	合计	定额用量	合计	定额用量	合计

（1）填写工程项目及工程数量，按照概算项目分级顺序逐项填写表格中的工程项目名称及工程数量，对应填写所采用单价的编号。工程项目的填写范围为枢纽工程（主体建筑物）和施工导流工程。

（2）填写单位定额用工、材料用量，按照各工程项目所对应的单价编号，查找该单价所需的单位定额用工数量及单位定额材料用量、单位定额机械台时用量，逐项填写。对于汽油、柴油用量计算，除填写单位定额机械台时用量外，还要填写不同施工机械的台时用油数量（查施工机械台时定额）。

这里要注意：单位定额用工数量，要考虑施工机械的用工数量，不能漏算。

(3) 计算工时及材料数量。表 4-22 中的定额用量指单位定额用量，工时用量及钢筋、等材料用量，按照单位定额工时、材料用量分别乘以本项工程数量即得本工程项目工时及材料合计数量；汽油、柴油材料用量，按照单位定额台时用量乘以台时耗油量，再乘以本项工程数量，即得本项汽油、柴油合计用量。

(4) 按照上述第 3 项计算方法逐项计算，然后再逐级向上合并汇总，即得所需计算的工时、材料用量。

(5) 按照概算表格要求填写主体工程工时数量汇总表及主体工程主要材料量汇总表。

复习思考题

1. 建筑工程单价由哪几部分费用组成？如何计算？
2. 简述工程量计算原则。
3. 简述建筑工程概算编制过程。
4. 简述工料分析计算过程。

第五章　水利水电设备及安装工程概算

第一节　概　　述

设备及安装工程包括机电设备及安装工程和金属结构设备及安装工程两部分，它们分别构成工程总概（预）算的第二部分和第三部分。设备及安装工程的投资，在水利水电工程的总投资中占有相当大的比重。例如葛洲坝工程设备及安装工程投资占总投资的20%，刘家峡工程为24%，而盐锅峡工程则高达43%。

一、机电设备及安装工程项目划分及内容组成

机电设备及安装工程指构成水电站或泵站固定资产的全部机电设备及安装工程，包括枢纽工程和引水及河道工程两部分。

（一）枢纽工程

枢纽工程包括发电设备及安装工程、升压变电设备及安装工程、公用设备及安装工程。

1. 发电设备及安装工程

发电设备及安装工程由水轮机、发电机、主阀、起重设备、水力机械辅助设备、电气、通信、通风采暖和机修设备等9项内容组成。

（1）水轮机设备及安装。指水轮机本体、调速器、油压装置、自动化元件、飞速转速限制器等。由于设备价格中未包括透平油但又属于成套供应，故透平油应列入本项设备费。定额充填以外的备用透平油，应包括在第五部分独立费用中备品备件购置费内。

（2）发电设备及安装工程。指水轮发电机本体、励磁机、副励磁机、永磁电机、励磁装置等设备及安装。

（3）主阀设备及安装。指防止水轮机飞逸，设置在蜗壳前进水流道上的主阀（常用的有蝴蝶阀、球形阀、楔形阀和针形阀等）。除主阀本体外，还包括操纵主阀的操作机构、油压装置及其额定充填的透平油。

（4）起重设备及安装。指发电厂内起吊水轮发电机组的桥式起重机设备及安装。包括桥式起重机本体、转子吊具、平衡梁、轨道、滑触线等。负荷试验所需的测力器（或试块）、吊具和辅助车间内的起重设备等不应列入本项。

（5）水力机械辅助设备及安装。指厂区（包括变电站）的压气、油、水系统设备及安装和各该项系统的管路安装。

1）压气系统。包括高压压气系统和低压压气系统。高压压气系统主要供油压装置、高压空气开关和高压电气设备等用气；低压压气系统主要供机组制动、调相压气、碟阀空气围带设备吹扫、防冻、检测的风动工具等用气。其设备一般有空压机、储气罐和表

计等。

2）油系统。包括透平油系统、绝缘油系统和油化验室。它是为水电站用油设备服务的，用以完成油设备的给油、排油、添油及净化处理等工作。即用油箱接受新油、储备旧油；用油泵给设备充油、添油、扑出污油；用滤油机、烘箱来清净处理污油。其设备一般有滤油机、油泵、油化验设备、油再生设备及表计等。

3）水系统。包括供设备消防、冷却、润滑用水的供水系统，对厂房建筑物和设备的渗漏、设备冷却、机组检测等排水系统和监测电站水力参数所需的水力测量系统。其设备一般有水泵、滤水器、水力测量设备及表计等。厂房上下水工程属建筑工程，应列入第一部分内。

4）管路安装包括管子、管子附件和阀门等安装，应分别包括在相应压气系统、油系统、水系统项目内。

（6）电气设备及安装。电气设备及安装工程，可划分为发电电压设备、控制保护、直流系统，厂用电系统、电工试验、电缆和母线等设备。

1）发电电压设备。指发电机定子引出线至主变压器低压侧套管之间干支线上除厂用电以外的电气设备（含中性点设备）。一般有油断路器、消弧线圈、隔离开关、互感器等。

2）控制保护设备。指为厂区（包括变电站）进行控制、保护设备的电器及电子计算机监控设备。一般有保护、操作、信号等屏、盘、柜、台、计算机系统及接线端子箱等设备。

3）直统系统。指为操作、保护所需的直统电系统。一般有蓄电池、充电机和浮充电机、直流屏等。

4）厂用电系统。指厂区用电所需的变电、配电、保护等电气设备。一般分厂用动力系统和厂用照明系统两部分，其设备有厂用变压器、开关柜、配电盘、事故照明切换屏（照明分电箱）、动力箱、避雷器及其他低压电器等。不包括厂区以上各用电点（拦河坝、溢洪道、引水系统等）所需的变电、配电等电气设备，以及厂区至上述各用电点的馈电线路，前者应列入第二部分第三项中的坝区馈电设备及安装项内，后者属建筑工程，应列入第一部分第十项其他工程项内。

5）电工试验。指为电气试验而设置的各种设备、仪器、表计等。如变压器、直流漏泄及耐压试验设备、电桥电压互感器、电流互感器、感应移相器、滑线式变阻器等。

6）电缆。包括全厂的电力电缆、控制电缆以及相应的电缆架、电缆管等。不包括通信电缆和厂坝区通信线路工程。

7）母线。包括发电电压母线、厂用电母线。不包括直流系统母线、变电站母线和接地母线等。

8）其他。发电设备中除上述设备以外的其他设备。

2. 升压变电设备及安装工程

升压变电设备及安装工程由主变压器、高压电气设备、一次拉线及其他设备等项目组成。

（1）主变压器设备及安装，仅指主变压器及其轨道，不包括厂用变压器和其他变压器。定额充填的变压器油包括在变压器的出厂价格内。备用的变压器油应包括在第五部分中的第二项备品备件购置费内。

(2) 高压电气设备及安装，指从主变压器高压侧出线套管起，到变电站出线架之间(含中性点设备)所有的电气设备。一般有高压断路器、电流互感器、电压互感器等，此外还包括隔离开关、避雷器、高频阻波器、耦合电容器等。

(3) 一次拉线及其他设备安装，指从主变压器高压侧至变电站出线架之间的一次拉线、软(硬)母线、引下线、连接线、绝缘子串、避雷线及附属金具等安装。

3. 公用设备及安装工程

公用设备及安装工程包括以下内容：

(1) 通信设备及安装。根据《工程项目划分》一般分为卫星通信、光缆通信、微波通信、载波通信等项目，其所包括的设备如下：

1) 卫星通信。包括卫星接收天线及各种放大处理设备。

2) 光缆通信。包括信号处理设备等。

3) 微波通信。包括微波机、电源设备、保安配线架、铃流发生器分路滤波器、天线及表计等。

4) 载波通信。包括载波机、放大器、交流稳压器、电源自动切换屏及表计等。

上述卫星、光缆、载波、微波通信设备，概(预)算中只计算建筑项目终端处一侧的设备。220kV及以下电压等级的微波通信的送出工程，可单编概预算，但投资数不应列入概(预)算总投资之内。

5) 生产调度通信。包括调度电话总机、分机、录音机、蓄电池、分线盒及表计等。

6) 生产管理通信。包括交换机、电话分机、整流器、配电盘、蓄电池、配线架、配线箱、分线盒及表计等，生产管理室内通信电缆包括在本项内。厂坝区通信线路，对外通信线路和室外通信电缆、光缆工程，均属建筑工程，应列入第一部分内。高频阻波器和耦合电容器应列入变电站高压电气设备中。载波通信的电缆等属装置性材料。

(2) 通风采暖设备及安装。指厂房内的通风、采暖设备，包括通风机、空调机和管路等项目。不包括生活建筑物的通风、采暖设备。

(3) 机修设备及安装。指电站运行期间为机组、金属结构以及其他机械设备的检修所设置的车、刨、铣、锯、磨、插、钻等机床，以及电焊机、空气锤和小型起吊等设备。

(4) 计算机监控系统、管理自动化系统。

(5) 电梯设备及安装，指拦河坝和厂房等处的生产用电梯。

(6) 坝区馈电设备及安装，指全厂用电系统供电范围以外的各用电点(拦河坝、溢洪道、引水系统等)独立设置的变配电系统设备及安装，如降压变压器、配电盘、动力箱、避雷器以及其他低压电器等。

(7) 坝区供水、供热、排水设备及安装，指厂区以外各生产区的生产(或生产与生活相结合)用供水、排水、供热系统的设备，一般有水泵、锅炉等。供水、供热系统的建筑工程(包括管路)应列入第一部分建筑工程的第十项内。

(8) 水文、泥沙、环保监测设备及安装，包括：①水文站、气象站、地震台网所需购置的设备、仪器设施，如测流用绞车、缆道、流速仪等，本项仅包括水库库尾坝下段的水文、气象设施；②在环保方面所需购置的设备，如水质监测仪、水化学分析仪器等。

（9）水情自动测报系统设备及安装，指遥测水位站、雨量站、接收站和中继站所需要的设备。

（10）外部观测设备，指按设计要求，对拦河坝、溢洪道等重要水工建筑物进行监测所需要的外部观测设备，如经纬仪、水准仪等。不包括设置在建筑物内部及表面的观测设备和设施（如应力仪、应变仪、温度仪、变位测点等），它们已分别列入第一部分建筑工程项内。

（11）消防设备，指消防栓、消防水龙头、消防带、消防水枪和灭火器、消防车等。

（12）交通设备，指工程竣工后，为保证建设项目初期正常生产、管理必须配备的生产、生活车辆和船只的购置费。

（13）全厂保护网，指全厂为保证设备安全运行而专门设置的金属网、门、围栏等，随设备配套供应的保护网应包括在相应的设备内。

（14）全厂接地，指全厂公用的和分散设置的接地网。包括接地板、接地母线、避雷针等的制作安装，以及相应的土石方开挖、回填和接地电阻测量。设备至接地母线的接地线不包括在本项，应包括在相应设备的安装费内。避雷针如设置在专用的金属塔架上，则金属塔架的制作安装应列入第一部分建筑工程中的升压变电工程构架项目内。

（二）引水及河道工程

引水及河道工程包括泵站设备及安装工程、小水电站设备及安装工程、供变电工程、公用设备及安装工程。

（1）泵站设备及安装工程。包括水泵、电动机、主阀、起重机、水力机械辅助设备和电气设备。

（2）小水电站设备及安装工程。

（3）供变电工程：包括变电站设备及安装。

（4）公用设备及安装工程。其中：

1）通信设备及安装。根据《工程项目划分》一般分为卫星通信、光缆通信、微波通信、载波通信等项目，其所包括的设备如下：

a. 卫星通信。包括卫星接收天线及各种放大处理设备。

b. 光缆通信。包括信号处理设备等。

c. 微波通信。包括微波机、电源设备、保安配线架、铃流发生器、分路滤波器、天线及表计等。

d. 载波通信。包括载波机、放大器、交流稳压器、电源自动切换屏及表计等。

上述卫星、光缆、载波、微波通信设备，概（预）算中只计算建筑项目终端处一侧的设备。220kV及以下电压等级的微波通信的送出工程，可单编概预算，但投资数不应列入概（预）算总投资之内。

e. 生产调度通信。包括调度电话总机、分机，录音机、蓄电池、分线盒及表计等。

f. 行政管理通信。包括交换机、电话分机、整流器、配电盘、蓄电池、配线架、配线箱、分线盒及表计等，生产管理室内通信电缆包括在本项内。厂坝区通信线路，对外通信线路和室外通信电缆、光缆工程，均属建筑工程，应列入第一部分内。高频阻波器和耦合电容器应列入变电站高压电气设备中。载波通信的电缆等属装置性材料。

2）通风采暖设备及安装。指厂房内的通风、采暖设备，包括通风机、空调机和管路等项目。不包括生活建筑物的通风、采暖设备。

3）机修设备及安装。指电站运行期间为机组、金属结构以及其他机械设备的检修所设置的车、刨、铣、锯、磨、插、钻等机床，以及电焊机、空气锤和小型起吊等设备。包括电梯、闸坝区馈电设备，厂坝（闸）区供水、供热设备，水文、环保设备，外部观测设备，消防设备，交通设备，全厂保护网，全厂接地等设备及安装。

4）计算机监控系统、管理自动化系统。

5）全厂保护网。

6）全厂接地。

7）坝（闸、泵站）区馈电设备及安装。

8）坝区供水、供热、排水设备及安装。

9）水文、泥沙、环保监测设备及安装。

10）水情自动测报系统设备及安装。

11）外部观测设备。

12）消防设备。

13）交通设备。

二、金属结构设备及安装工程项目划分及内容组成

金属结构设备及安装工程构成工程总概（预）算的第三部分。该部分概（预）算的一级项目与第一部分建筑工程相应的一级项目一致，其一级项目的取舍可根据工程的具体情况而定。

金属结构设备及安装包括枢纽工程和引水及河道工程两部分。主要包括闸门启闭机、拦污栅等设备及安装，以及引水工程的钢管制作及安装和航运过坝工程的升船机设备及安装等。

1. 闸门设备及安装工程

指平板闸门、弧形闸门和埋件。平板闸门又可分为定轮门、滑动门、叠梁门和人字门等，闸门也可视情况分闸门门叶和加重块等。

2. 启闭设备及安装工程

指门式启闭机、油压启闭机、卷扬式启闭机、螺杆式启闭机和电动葫芦等。

3. 拦污栅设备及安装工程

在有拦（清）污要求的进水口设置拦污栅，用以拦住杂草、树根和流冰等物，其设备有拦污栅、清污机等。

第二节　设 备 费 计 算

设备费由设备原价、运杂费、运输保险费和采购保管费等项组成。

一、设备原价

（1）国产设备。以出厂价为原价，非定型和非标准产品（如闸门、拦污栅和压力钢管

等）采用与厂家签订的合同价或询价。

（2）进口设备。以到岸价和进口征收的税金、手续费、商检费及港口费等各项费用之和为原价。到岸价采用与厂家签订的合同价或询价计算，税金和手续费等按规定计算。

大型机组拆卸分装运至工地后的拼装费用，应包括在设备原价内。

在可行性研究和初步设计阶段，非定型和非标准产品，一般不可能与厂家签订价格合同，设计单位可按向厂家索取的报价资料和当年的价格水平，经认真分析论证后确定设备价格。

二、运杂费

指设备由厂家运至工地安装现场所发生的一切运杂费用。主要包括运输费、调车费、装卸费、包装绑扎费、变压器充氮费，以及其他可能发生的杂费。设备运杂费，分主要设备和其他设备，均按占设备原价的百分率计算。

（1）主要设备运杂费率，主要设备运杂费率标准见表 5－1。

表 5－1　　主要设备运杂费率表（%）

设备分类	铁路		公路		公路直达基本费率
	基本运距	每增加	基本运距	每增加	
	1000km	500km	50km	10km	
水轮发电机组	2.21	0.40	1.06	0.10	1.01
主阀、桥机	2.99	0.70	1.85	0.18	1.33
主变压器：					
≥120000kVA	3.50	0.56	2.80	0.25	1.20
＜120000kVA	2.97	0.56	0.92	0.10	1.20

设备由铁路直达或铁路、公路联运时，分别按里程求得费率后叠加计算；如果设备由公路直达，应按公路里程计算费率后，再加公路直达基本费率。

（2）其他设备运杂费率，其他设备运杂费率如表 5－2 所示。工程地点距铁路线近者费率取小值，远者取大者，新疆、西藏地区的费率在表 5－2 中未包括，可视具体情况另行确定。

表 5－2　　其他设备运杂费率表（%）

类别	适用地区	费率
ⅰ	北京、天津、上海、江苏、浙江、江西、安徽、湖北、湖南、河南、广东、山西、山东、河北、陕西、辽宁、吉林、黑龙江等省（直辖市）	4～6
ⅱ	甘肃、云南、贵州、广西、四川、重庆、福建、海南、宁夏、内蒙古、青海等省（直辖市、自治区）	6～8

表 5－1、表 5－2 运杂费率适用于国产设备运杂费，在编制预算时可根据设备来源地、运输方式、运输距离等逐项进行分析计算。几项主要大件设备，如水轮发电机组、变压器等，在运输过程中应考虑超重、超高、超宽所增加的费用，如铁路运输的特殊车辆费、公

路运输的桥涵加宽、路面拓宽所需费用。

(3) 进口设备的国内段运杂费率，进口设备的国内段运杂费率按上述国产设备运杂费率，乘相应国产设备原价占进口设备原价的比例系数，调整为进口设备国内段运杂费率。

三、运输保险费

国产设备的运输保险费可按工程所在省（自治区、直辖市）的规定计算．

进口设备的运输保险费按有关规定计算。

四、采购及保管费

指建设单位和施工企业在负责设备的采购、保管过程中发生的各项费用。主要包括：

(1) 采购保管部门工作人员的基本工资、辅助工资、工资附加费、劳动保险基金、劳动保护费、教育经费、办公费、差旅交通费、工具用具使用费等。

(2) 仓库转运站等设施的检修费、固定资产折旧费、技术安全措施费和设备的检修、试验费等。

采购及保管费按设备原价、运杂费之和的0.7%计算。

五、运杂综合费率

在编制设备安装工程概预算时，一般将设备运杂费、运输保险费和采购及保管费合并，统称为设备运杂综合费，按设备原价乘以运杂综合费率计算。其中：

运杂综合费率＝运杂费率＋(1＋运杂费率)×采购及保管费率＋运输保险费率

第三节 安装工程单价计算

安装工程单价由直接工程费（包括：直接费、其他直接费、现场经费）、间接费、企业利润和税金组成。其中直接费由人工费、材料费（含装置性材料费）、机械使用费组成。

水利部《水利水电设备安装工程概算定额》(2002)、《水利水电设备安装工程预算定额》(2002) 有安装实物量和安装费率两种形式。由于表现形式不同，其单价的计算方法也不尽相同。

一、以实物量形式表示的单价计算

设备安装定额以实物量表示的，其安装工程单价计算方法与建筑工程单价计算方法相同，在此不再赘述，如表5-3所示。

表5-3 实物量形式的安装工程概算单价计算程序表

序号	项目	计算方法
一	直接工程费	(一)＋(二)＋(三)
(一)	直接费	1＋2＋3
1	人工费	Σ定额劳动量（工时）×人工预算单价（元/工时）

续表

序号	项　　目	计　算　方　法
2	材料费	∑定额材料用量×材料预算单价
3	施工机械使用费	∑定额机械使用量（台时）×施工机械台时费（元/台时）
（二）	其他直接费	（一）×其他直接费率之和
（三）	现场经费	（一）×现场经费费率之和
二	间接费	（一）×间接费率
三	企业利润	（一＋二）×企业利润率
四	未计价装置性材料费	未计价装置性材料用量×材料预算单价
五	税金	（一＋二＋三＋四）×税率
	单价合计	一＋二＋三＋四＋五

注意：未计价装置性材料只计税金，不计其他直接费、现场经费、间接费和计划利润。

二、以安装费率形式表示的安装工程单价计算

以安装费率表示的定额子目在计算安装工程单价时即以设备原价为计算基础计算直接费，然后另计其他直接费、现场经费、间接费、企业利润和税金。定额中的人工费、材料费、机械使用费、装置性材料费都是以费率形式表示，根据设备安装概（预）算定额规定，由于现行规定与当时的人工单价组成内容不同，只调整其中的人工费率，材料费（含装置性材料费）和机械使用费均不作调整。

（1）人工费调整，人工费调整就是将定额人工费乘以人工费调整系数，调整系数应根据定额主管部门当年发布的北京地区人工预算单价，与该工程设计概（预）算采用的人工预算单价进行对比，测算其比例系数，据以调整人工费率指标。

$$\text{人工费调整系数}=\frac{\text{工程所在地区安装人工预算单价}}{\text{北京地区安装人工预算单价}} \qquad (5-1)$$

$$\text{调整的人工费}=\text{定额人工费}\times\text{人工费调整系数} \qquad (5-2)$$

（2）进口设备的安装，由于它的设备原价一般较同类国产设备原价要高，不能直接采用定额的安装费率，应按定额给定的安装费率乘以相应同类型国产设备原价水平对该进口设备原价水平的比例系数，来换算设备安装费率。

（3）安装工程单价计算，以安装工程单价费率乘以被安装的设备原价即得该设备的安装费用。

以安装费率形式表示的安装工程单价计算方法见表5－4。

表5－4　以安装费率形式表示的安装工程单价计算表

序　　号	费　用　名　称	计　算　方　法
一	直接工程费	（一）＋（二）＋（三）
（一）	直接费	1＋2＋3＋4
1	人工费	定额人工费率（%）×人工费调整系数×设备原价
2	材料费	定额材料费率（%）×设备原价

续表

序　　号	费　用　名　称	计　算　方　法
3	机械使用费	定额机械使用费率（%）×设备原价
4	装置性材料费	定额装置性材料费率（%）×设备原价
（二）	其他直接费	（一）×其他直接费率（%）
（三）	现场经费	（1）×现场经费费率（%）
二	间接费	（1）×间接费费率（%）
三	企业利润	（一＋二）×企业利润率（%）
四	税金	（一＋二＋三）×税率（%）
	安装工程单价合计	一＋二＋三＋四

三、安装工程单价编制实例

【例 5－1】 试编制某地区河道工程大型排涝泵站水泵安装工程单价。已知水泵自重 18t，叶片转轮为半调节方式。人工预算单价：工长 5.32 元/工时，高级工 4.84 元/工时，中级工 4.01 元/工时，初级工 2.52 元/工时。工地材料预算价格：钢板 3.70 元/kg，型钢 3.45 元/kg，电焊条 7.00 元/kg，氧气 3.00 元/m^3，乙炔气 12.80 元/m^3，汽油 3.20 元/kg，油漆 15.60 元/kg，橡胶板 7.80 元/kg，木材 1500 元/m^3，电 0.60 元/kW·h。

解：根据《水利工程设计概（估）算编制规定》(2002)，查水利部《水利水电设备安装工程概算定额》(2002)、《水利工程施工机械台时费定额》(2002) 列表计算，见表 5－5。

表 5－5　　**安装工程单价表**

定额编号：03002　　水泵安装工程　　定额单位：台

设备型号：轴流式水泵自重 18t，叶片转轮为半调节方式

编号	名　称　及　规　格	单位	数量	单价（元）	合计（元）
一	直接工程费				44793.23
1	直接费				33266.68
①	人工费				23618.56
	工长	工时	286	5.32	1521.52
	高级工	工时	1374	4.84	6650.16
	中级工	工时	3492	4.01	14002.92
	初级工	工时	573	2.52	1443.96
②	材料费				5257.98
	钢板	kg	108	3.7	399.60
	型 钢	kg	173	3.45	596.85
	电焊条	kg	54	7	378.00
	氧 气	m^3	119	3	357.00
	乙炔气	m^3	54	12.8	691.20

续表

编号	名 称 及 规 格	单位	数量	单价（元）	合计（元）
	汽 油	kg	51	3.2	163.20
	油 漆	kg	29	15.6	452.40
	橡胶板	kg	23	7.8	179.40
	木 材	m^3	0.4	1500	600.00
	电	kW·h	940	0.6	564.00
	其他材料费	%	20	4381.65	876.33
③	机械使用费				4390.14
	桥式起重机（20t）	台时	54	22.08	1192.32
	电焊机 20—30kVA	台时	60	9.42	565.20
	车床₡400—600	台时	54	20.67	1116.18
	刨床 B650	台时	38	10.91	414.58
	摇臂钻床₡50	台时	33	15.04	496.32
	其他机械费	%	16	3784.60	605.54
2	其他直接费	其他直接费综合费率 2.7%			898.20
3	现场经费	现场经费费率 45%			10628.35
二	间接费	间接费费率 50%			11809.28
三	企业利润	企业利润率 7%			3962.18
四	税 金	税率 3.22%			1950.18
五	单价合计				62514.87

【例 5-2】 试编制某地区水利枢纽工程主厂房发电电压设备（100kV）安装工程单价。已知设备原价为 128 万元，该地区人工费调整系数为 1.1。

解： 根据 2002《水利工程设计概（估）算编制规定》，查水利部《水利水电设备安装工程概算定额》（2002）子目为 06003，对定额人工费进行调整见表 5-6，再根据调整后的定额编制发电电压设备安装工程单价，计算见表 5-6。

表 5-6　　　　**安装工程单价表**

定额编号：06003　　　　发电电压设备安装工程　　　　定额单位：台

电压 100kV 设备原价 128 万元				
编　　号	名称及规格	定额费率（%）	调整后的费率（%）	费用（元）
一	直接工程费			161644.80
1	直接费	10.1	10.5	134400.00
①	人工费	3.7	4.1	52480.00
②	材料费	2.2	2.2	28160.00
③	装置性材料费	3	3	38400.00
④	机械使用费	1.2	1.2	15360.00
2	其他直接费	其他直接费综合费率 2.7%		3628.80

续表

编　号	名称及规格	定额费率（%）	调整后的费率（%）	费用（元）
3	现场经费	现场经费费率45%		23616.00
二	间接费	间接费费率50%		26240.00
三	企业利润	企业利润率7%		13151.94
四	税金	税率3.22%		6473.38
五	单价合计			207510.12

四、使用设备安装工程概（预）算定额需要说明的几个问题

1. 装置性材料

定额中的“装置性材料”是个专用名词，它本身属材料，但又是被安装的对象，安装后构成工程的实体。装置性材料可分为主要装置性材料和次要装置性材料。凡在概（预）算定额项目中作为安装对象单列的材料，即为主要装置性材料，如轨道、管路、电缆、母线和滑触线等；其余的即为次要装置性材料，如轨道的垫板、螺栓、电缆支架、母线金具等。主要装置性材料设备安装概（预）算定额一般作为未计价材料，应按设计提供的规格数量和材料实际预算价格计算，其材料用量应计入如表5-7所示装置性材料操作损耗部分。

次要装置性材料的品种多，规格杂，且价值也较低，故在概（预）算定额中均已计入其费用，所以次要装置性材料又叫已计价装置性材料（或叫定额装置性材料，又叫一般的装置材料）。

2. 设备与材料的划分

（1）制造厂成套供货范围的部件、备品备件、设备体腔内定量填充物（如透平油、变压器油、六氟化硫气体等）均作为设备。

（2）不论成套供货、现场加工或零星购置的贮气罐、贮油罐、闸门、通用仪表、机组本体上的梯子、平台和栏杆等均作为设备，不能因供货来源不同而改变设备性质。

（3）管道和阀门构成设备本体部件时，应作为设备，否则应作为材料。

（4）随设备供应的保护罩、网门等，凡已计入相应设备出厂价格时，应作为设备，否则应作为材料。

（5）电缆、电缆头、电缆和管道用的支吊架、母线、金具、滑触线和支架、屏、盘、柜的基础型钢、钢轨、石棉板、穿墙隔板、绝缘子、一般用保护网、罩、门、梯子、平台、栏杆和蓄电池木支架等均作为材料。

（6）设备喷锌费用应列入设备费。

表5-7　装置性材料操作损耗率表

材　料　名　称	操作损耗率（%）
钢板（齐边）压力钢管直管	5
压力钢管弯管、叉管、渐变管	15
钢板（毛边）压力钢管	17

续表

材　料　名　称	操作损耗率（%）
镀锌钢板 通风管	10
型钢	5
管材及管件	3
电力电缆	1
控制电缆	1.5
硬母线 铜、铝、钢质的带形、管形及槽形母线	2.3
裸软导线 铜、铝、钢及钢芯铝线	1.3
压接式线夹	2
金具	1
绝缘子	2
塑料制品	5

3. 按设备重量划分的定额子目

当所求设备的重量介于同型设备的子目之间时，可按插入法计算安装费。

第四节　设备及安装工程概算编制

在编制工程概（预）算时，应认真熟悉工程设计图纸，了解工程情况，收集有关资料，按照工程项目逐项计算设备及安装工程单价。

1. 收集基本资料

需收集的基本资料有：

（1）工程的设计文件，设备型号，材料种类、数量、来源地、价格和运输费用等。

（2）现行设备及安装工程概预算定额、手册等。

（3）现行有关费用的计算办法及取费标准，包括其他直接费、现场经费、企业利润和税金等。

（4）其他有关的文件、政策、规定等。

2. 设备费及安装工程单价计算

设备及安装工程概（预）算包括“机电设备及安装工程概（预）算”和“金属结构设备及安装工程概（预）算”两部分，分别构成工程总概（预）算的第二部分和第三部分。其概（预）算编制按表 5－8 格式进行。

表格填写计算中应注意的几个问题：

（1）“名称及规格”一栏应按项目划分的规定填写，金属结构设备及安装工程的一级项目与第一部分建筑工程对应一致，二级项目按一级项目下设计的设备与安装项目选定。

（2）设备数量及单位的填写与设备和安装工程单价相一致。如设备费单价与安装费单价为费率形式，则设备数量一栏应为相应费率的取费基数；若设备安装工程单价为“元/台”，则设备数量应为同型号设备的台数。

表 5－8　　设备及安装工程概（预）算表

编号	名称及规格	单位	数量	单价（元）		合计（元）	
				设备费	安装费	设备费	安装费
1	卷扬式起闭机	台	2	4940	7837.20	9880	15674.41
2	平板焊接闸门	t	1.76	5000	1011.36	8800	1779.99

复习思考题

1. 简述设备费的计算过程。
2. 简述以安装费率形式表示的安装工程单价计算过程。
3. 简述设备及安装工程概算编制过程。

第六章　水利水电施工临时工程概算

第一节　概　　述

在水利水电工程建设中，为保证主体工程施工的顺利进行，按施工进度要求，需建造一系列的临时性工程，无论这些工程结构如何，均视为临时工程。包括导流工程、施工交通工程、施工现场供水供电工程、施工房屋建筑工程以及其他施工临时工程等。施工临时工程的概算应单独编制，其他小型临时工程则以现场经费的形式直接进入工程单价。

施工临时工程项目主要包括以下5项内容。

1. 施工导流工程

导流工程包括导流明渠、导流洞、土石围堰工程、混凝土围堰工程、蓄水期下游供水工程、金属结构制作及安装等。有关土石方开挖、混凝土及钢筋混凝土工程、金属结构的制作及安装工程等内容，与建筑工程及设备安装工程内容基本一致。

2. 施工交通工程

施工交通工程包括为工程建设服务的临时铁路、公路、桥梁、码头、施工支洞、架空索道、施工通航建筑、施工过木、通航整治等工程项目。

3. 施工场外供电工程

包括从现有电网向施工现场供电的高压输电线路和施工变配电设施工程。

4. 施工房屋建筑工程

施工房屋建筑工程项目包括为工程建设服务的施工仓库和办公生活及文化福利建筑两部分。施工仓库，指为施工而兴建的设备、材料、工器具等全部仓库建筑工程；办公、生活及文化福利建筑指为施工单位、建设单位及设计单位建造的在工程建设期所需的办公室、宿舍、招待所和其他文化福利设施等。

不包括列入临时设施和其他大型临时工程项目内的风、水、电、通信系统、砂石料系统、混凝土拌合系统及浇筑系统、木工、钢筋机修等辅助加工厂、混凝土预制构件厂、混凝土制冷、供热系统、施工排水等生产用房。

5. 其他施工临时工程

指除施工导流、施工交通、施工场外供电、施工房屋建筑、缆机平台以外的施工临时工程。主要包括施工供水、砂石料加工系统、混凝土拌和浇筑系统、大型机械安拆、防汛、防冰、施工排水、施工通信、施工临时支护设施（含隧洞临时钢支撑）等工程。

第二节　施工临时工程概算编制

一、导流工程

按设计工程量乘以工程单价进行计算。

二、施工交通工程

按设计工程量乘以单价进行计算，也可根据工程所在地区造价指标或有关实际资料，采用扩大单位指标编制。

三、施工场外供电工程

根据设计的电压等级、线路架设长度及所需配备的变配电设施要求，采用工程所在地区造价指标或有关实际资料计算。

四、施工房屋建筑工程

1. 施工仓库

建筑面积由施工组织设计确定，单位造价指标根据当地生活福利建筑的相应造价水平确定。

2. 办公、生活及文化福利建筑

（1）枢纽工程和大型引水工程，按下列公式计算：

$$I=\frac{AUP}{NL}K_1K_2K_3 \qquad (6-1)$$

式中　I——房屋建筑工程投资；

A——建安工作量，按工程一至四部分建安工作量（不包括办公、生活及文化福利建筑和其他施工临时工程）之和乘以（1＋其他施工临时工程百分率）计算；

U——人均建筑面积综合指标，按 12～15m^2/人标准计算；

P——单位造价指标，参考工程所在地区的永久房屋造价指标（元/ m^2）计算；

N——施工年限，按施工组织设计确定的合理工期计算；

L——全员劳动生产率，一般不低于 60000～100000 元/（人·年）；施工机械化程度高取大值，反之取小值；

K_1——施工高峰人数调整系数，取 1.10；

K_2——室外工程系数，取 1.10～1.15，地形条件差的可取大值，反之取小值；

K_3——单位造价指标调整系数，按不同施工年限，采用如表 6－1 所示中的调整系数。

（2）河湖整治工程、灌溉工程、堤防工程、改扩建与加固工程按一至四部分建安工作量的百分率计算，如表 6－2 所示。

表 6-1　单位造价指标调整系数表

工　期	系　数
2 年以内	0.25
2～3 年	0.40
3～5 年	0.55
5～8 年	0.70
8～11 年	0.80

表 6-2　百分率表

工　期	百分率（%）
≤3 年	1.5～2.0
>3 年	1.0～1.5

五、其他施工临时工程

按工程一至四部分建安工作量（不包括其他施工临时工程）之和的百分率计算。

（1）枢纽工程和引水工程为 3.0%～4.0%；

（2）河道工程为 0.5%～1%。

复习思考题

1. 简述施工临时工程项目划分？
2. 简述施工临时工程概算编制过程？

第七章　水利水电工程设计总概算

第一节　编制依据及编制程序

一、编制依据

（1）水利部水总［2002］116号关于发布《水利建筑工程概算定额》、《水利建筑工程预算定额》、《水利工程施工机械台时费定额》及《水利工程设计概（估）算编制规定》的通知。

（2）水利部水建管［1999］523号关于发布《水利水电设备安装工程预算定额》和《水利水电设备安装工程概算定额》的通知。

（3）设计概算编制的有关文件和标准。

（4）建筑工程执行水利部水规［2002］116号文颁发的《水利建筑工程概算定额》。

（5）设备安装工程执行水利部水建管［1999］523号文颁发的《水利水电设备安装工程概算定额》。

（6）施工机械台时费执行水利部水规［2002］116号文颁发的《水利工程施工机械台时费定额》。

（7）工程施工组织设计。

（8）人工工资、运杂费、供电价格和设备价格等各项基础资料。

（9）关于税务、交通运输、基建和建筑材料等各项资料。

（10）各种有关的合同、协议、决定、指令和工具书等。

二、总概算编制的一般程序

水利工程概算由两部分构成，第一部分为工程部分概算，由建筑工程概算、机电设备及安装工程概算、金属结构设备及安装工程概算、施工临时工程概算和独立费用概算5项组成。第二部分为移民和环境部分概算，由水库移民征地补偿、水土保持工程概算和环境保护工程概算3项组成，其概算编制执行《水利工程建设征地移民补偿投资概（估）算编制规定》、《水利工程环境保护概（估）算编制规定》和《水土保持工程环境保护概（估）算编制规定》。以下主要介绍工程部分总概算的编制。

总概算编制的一般程序如下：

（1）编制的准备工作。编制概算前要熟悉上一阶段设计文件和本阶段设计成果。深入实地进行踏勘，了解工程和工地的现场情况、砂砾料与天然建筑材料料场开采运输条件、场内外交通运输条件等情况。搜集人工工资、运杂费、供电价格和设备价格等各项基础资料；整理工程设计图纸、初步设计报告、枢纽布置、工程地质、水文地质和水文气象等资料，并且注意新技术、新工艺和新定额资料的搜集与分析。

向上级主管部门、工程所在地有关部门收集税务、交通运输、基建和建筑材料等各项资料；现行水利水电概预算定额和有关水利水电工程设计概预算费用的构成及计算标准；各种有关的合同、协议、决定、指令和工具书等。

（2）进行工程项目划分，详细列出各级项目内容。

（3）根据有关规定和施工组织设计，编制基础单价和工程单价。基础单价是编制工程单价时计算人工费、材料费和机械使用费所必需的最基本的价格资料，水利水电工程概预算基础单价有：人工预算单价、材料预算价格和施工机械台时费，水、电、风、砂石单价等。

（4）按分项工程计算工程量。按照设计图纸和工程量计算的有关规定计算并列出工程量清单。要对工程量进行检查和复核，以确保工程量计算的准确性。

（5）利用（3）、（4）的结果，计算各分项概算表及总概算表。按照造价的计算种类，根据基础单价和相应的工程量，计算分部分项工程概算价格，汇总分部分项工程概算以及其他费用，计算出工程总概算。

（6）进行复核、编制说明并整理成果。

第二节 概 算 文 件 构 成

一、编制说明

1. 工程概况

流域、河系、兴建地点、对外交通条件、工程规模、工程效益、工程布置型式、主体建筑工程量、主要材料用量、施工总工期、施工总工时、施工平均人数和高峰人数、资金筹措情况及投资比例等。

2. 投资主要指标

工程总投资和静态总投资、年度价格指数、基本预备费率、建设期融资额度、利率及利息等。

3. 编制原则和依据

（1）概算编制原则和依据。

（2）人工预算单价，主要材料，施工用电、水、风、砂石料等基础单价的计算依据。

（3）主要设备价格的编制依据。

（4）建筑安装工程定额、施工机械台时费定额和有关指标的采用依据。

（5）费用计算标准及依据。

（6）工程资金筹措方案。

4. 概算编制中其他应说明的问题

5. 主要技术经济指标表

6. 工程概算总表

二、工程部分概算表

1. 概算表

（1）总概算表。

（2）建筑工程概算表。

（3）机电设备及安装工程概算表。

（4）金属结构设备及安装工程概算表。

（5）施工临时工程概算表。

（6）独立费用概算表。

（7）分年度投资表。

（8）资金流量表。

2. 概算附表

（1）建筑工程单价汇总表。

（2）安装工程单价汇总表。

（3）主要材料预算价格汇总表。

（4）次要材料预算价格汇总表。

（5）施工机械台时费汇总表。

（6）主要工程量汇总表。

（7）主要材料量汇总表。

（8）工时数量汇总表。

（9）建设及施工场地征用数量汇总表。

三、概算附件组成内容

（1）人工预算单价计算表。

（2）主要材料运输费用计算表。

（3）主要材料预算价格计算表。

（4）施工用电价格计算书。

（5）施工用水价格计算书。

（6）施工用风价格计算书。

（7）补充定额计算书。

（8）补充施工机械台时费计算书。

（9）砂石料单价计算书。

（10）混凝土材料单价计算表。

（11）建筑工程单价表。

（12）安装工程单价表。

（13）主要设备运杂费率计算书。

（14）临时房屋建筑工程投资计算书。

（15）独立费用计算书（按独立项目分项计算）。

（16）分年度投资表。

（17）资金流量计算表。

（18）价差预备费计算表。

（19）建设期融资利息计算书。

（20）计算人工、材料、设备预算价格和费用依据的有关文件、询价报价资料及其他。

注：概算正件及附件均应单独成册并随初步设计文件报审。

以上概算表格格式见附录7。

第三节 工程总概算的编制

一、分部工程概算编制

（一）第一部分 建筑工程

按建筑工程概算编制方法进行编制。

（二）第二部分 机电设备及安装工程

按机电设备及安装工程概算编制方法进行编制。

（三）第三部分 金属结构设备及安装工程

按金属结构设备及安装工程概算编制方法进行编制。

（四）第四部分 施工临时工程

按施工临时工程概算编制方法进行编制。

（五）第五部分 独立费用

1. 建设管理费

（1）项目建设管理费。

1）建设单位开办费。对于新建工程，其开办费应根据建设单位开办费标准和建设单位的定员人数来确定。对于改建、扩建和加固工程，原则上不计建设单位开办费，但是，要根据改扩建和加固工程的具体情况决定。按照水利部现行规定，水利工程建设单位开办费费用标准见表7-1，建设单位定员见表7-2。

表7-1　　建设单位开办费标准

建设单位人数	20人以下	21～40人	41～70人	71～140人	140人以上
开办费（万元）	120	120～220	220～350	350～700	700～850

注 1. 引水及河道工程按总工程计算，不得分段分别计算。

2. 定员人数在两个数之间的，开办费由内插法求得。

2）建设单位经常费。

a. 建设单位人员经常费。根据建设单位定员、费用指标和经常费用计算期进行计算。编制概算时，应根据该工程所在地区和编制年的基本工资、辅助工资、工资附加费、劳动保护费以及费用标准调整“6类（北京）地区建设单位人员经常费用指标表”（如表7-3、

表 7－4 所示）中的费用。

计算公式为：

建设单位人员经常费＝费用指标(元/人・年)×定员人数×经常费用计算期(年)　　(7－1)

枢纽、引水工程费用指标：

表 7－2　　建设单位定员表

工程类别及规模			定员人数
枢纽工程	特大型工程	如南水北调	140 以上
	综合利用的水利枢纽工程	大（1）型　总库容大于 10 亿 m^3	70～140
		大（2）型　总库容 1 亿～10 亿 m^3	40～70
	以发电为主的枢纽工程	200 万 kW 以上	90～120
		150 万～200 万 kW	70～90
		100 万～150 万 kW	55～70
		50 万～100 万 kW	40～55
		30 万～50 万 kW	30～40
		30 万 kW	20～30
	枢纽扩建及加固工程	大型　总库容大于 1 亿 m^3	21～35
		中型　总库容 0.1 亿～1 亿 m^3	14～21
引水及河道工程	大型引水工程	线路总长　＞300km	84～140
		线路总长　100～300km	56～84
		线路总长　≤100km	28～56
	大型灌溉或排涝工程	灌溉或排涝面积　＞150 万亩	56～84
		灌溉或排涝面积　50 万～150 万亩	28～56
	大江大河整治及堤防加固	河道长度　＞300km	42～56
		河道长度　100～300km	28～42
		河道长度　≤100km	14～28

注　1. 当大型引水、灌溉或排涝、大江大河整治及堤防加固工程包含有较多的泵站、水闸和船闸时，定员可适当增加。
2. 本定员只作为计算建设单位开办费和建设单位人员经常费的依据。
3. 工程施工条件复杂者，取大值；反之，取小值。

表 7－3　　6 类（北京）地区建设单位人员经常费用指标表

序号	项　　目	计　算　公　式	金额 [元/(人・年)]
1	基本工资		6420
	工人	400 元/月×12 月×10％	480
	干部	550 元/月×12 月×90％	5940
2	辅助工资		2446
	地区津贴	北京地区无	
	施工津贴	5.3 元/天×365×0.95	1838
	夜餐津贴	4.5 元/工日×251 工日×30％	339
	节日加班津贴	6420÷251×10×3×35％	269

续表

序号	项 目	计 算 公 式	金额［元/(人·年)］
3	工资附加费		4432
	职工福利基金	1～2 项之和 8866 元的 14%	1241
	工会经费	1～2 项之和 8866 元的 2%	177
	职工教育经费	1～2 项之和 8866 元的 1.5%	133
	养老保险费	1～2 项之和 8866 元的 20%	1773
	医疗保险费	1～2 项之和 8866 元的 4%	355
	工伤保险费	1～2 项之和 8866 元的 1.5%	133
	职工失业保险基金	1～2 项之和 8866 元的 2%	177
	住房公积金	1～2 项之和 8866 元的 5%	443
4	劳动保护费	基本工资 6420 元的 12%	770
5	小计		14068
6	其他费用	1～4 项之和 14068 元×180%	25322
7	合计		39390

注 工期短或施工条件简单的引水工程费用指标应按河道工程费用指标。

河道工程费用指标：

表 7-4　　　　　6 类（北京）地区建设单位人员经常费用指标表

序号	项 目	计 算 公 式	金额［元/(人·年)］
1	基本工资		4494
	工人	280 元/月×12 月×10%	336
	干部	385 元/月×12 月×90%	4158
2	辅助工资		1628
	地区津贴	北京地区无	
	施工津贴	3.5 元/天×365×0.95	1214
	夜餐津贴	4.5 元/工日×251 工日×30%	226
	节日加班津贴	4494÷251×10×3×35%	188
3	工资附加费		3060
	职工福利基金	1～2 项之和 6122 元的 14%	857
	工会经费	1～2 项之和 6122 元的 2%	122
	职工教育经费	1～2 项之和 6122 元的 1.5%	92
	养老保险费	1～2 项之和 6122 元的 20%	1224
	医疗保险费	1～2 项之和 6122 元的 4%	245
	工伤保险费	1～2 项之和 6122 元的 1.5%	92
	职工失业保险基金	1～2 项之和 6122 元的 2%	122
	住房公积金	1～2 项之和 6122 元的 5%	306
4	劳动保护费	基本工资 4494 元的 12%	539
5	小计		9721
6	其他费用	1～4 项之和 9721 元×180%	17498
7	合计		27219

经常费用计算期。根据施工组织设计确定的施工总进度和总工期，建设单位人员从工程筹建之日起，至工程竣工之日加 6 个月止，为经常费用计算期。其中：大型水利枢纽工程、大型引水工程、灌溉或排涝面积>150万亩工程等的筹建期1～2年，其他工程为0.5～1年。

b. 工程管理经常费。枢纽工程及引水工程一般按建设单位开办费和建设单位人员经常费之和的35%～40%计取。改扩建与加固工程、堤防及疏浚工程按20%计取。

（2）工程建设监理费。为规范建设工程监理及相关服务收费行为，维护委托双方合法权益，促进工程监理行业健康发展，国家发展和改革委员会、建设部组织国务院有关部门和有关组织，制定了《建设工程监理与相关服务收费管理规定》，自2007年5月1日起执行，详见附录5。

（3）联合试运转费。

费用指标见表7-5。

表7-5　联合试运转费用指标表

水电站工程	单机容量（万kW）	≤1	≤2	≤3	≤4	≤5	≤6	≤10	≤20	≤30	≤40	>40
	费用（万元/台）	3	4	5	6	7	8	9	11	12	16	22
泵站工程	电力泵站	25～30元/kW										

2. 生产准备费

（1）生产及管理单位提前进厂费。枢纽工程按一至四部分建安工程量的0.2%～0.4%计算，大（1）型工程取小值，大（2）型工程取大值。

引水和灌溉工程视工程规模参照枢纽工程计算。

改扩建与加固工程、堤防及疏浚工程原则上不计此项费用，若工程中含有新建大型泵站、船闸等建筑物，按建筑物的建安工作量参照枢纽工程费率适当计列。

（2）生产职工培训费。枢纽工程按一至四部分建安工作量的0.3%～0.5%计算，大（1）型工程取小值，大（2）型工程取大值。

引水工程和灌溉工程视工程规模参照枢纽工程计算。

改扩建与加固工程、堤防及疏浚工程原则上不计此项费用，若工程中含有新建大型泵站、船闸等建筑物，按建筑物的建安工作量参照枢纽工程费率适当计列。

（3）管理用具购置费。枢纽工程按一至四部分建安工作量的0.02%～0.08%计算，大（1）型工程取小值，大（2）型工程取大值。

引水工程及河道工程按建安工作量的0.02%～0.03%计算。

（4）备品备件购置费。按占设备费的0.4%～0.6%计算。大（1）型工程取下限，其他工程取中、上限。

注：a. 设备费应包括机电设备、金属结构设备以及运杂费等全部设备费。

b. 电站、泵站同容量、同型号机组超过1台时，只计算1台的设备费。

（5）工器具及生产家具购置费。按占设备费的0.08%～0.2%计算。枢纽工程取下限，其他工程取中、上限。

3. 科研勘测设计费

（1）工程科学研究试验费。按工程建安工作量的百分率计算。其中：枢纽和引水工程取 0.5%；河道工程取 0.2%。

（2）工程勘测设计费。按照国家计委、建设部计价格［2002］10 号文件规定执行，见附录 6。

4. 建设及施工场地征用费

具体编制方法和计算标准参照移民和环境部分概算编制规定执行。

5. 其他

（1）定额编制管理费。按照国家及省（自治区、直辖市）计划（物价）部门有关规定计收。

（2）工程质量监督费。按照国家及省（自治区、直辖市）计划（物价）部门有关规定计收。

（3）工程保险费。按工程一至四部分投资合计的 4.5‰～5.0‰计算。

（4）其他税费。按国家有关规定计取。

二、分年度投资及资金流量

（一）分年度投资

分年度投资是根据施工组织设计确定的施工进度和合理工期而计算出的工程各年度预计完成的投资额。

1. 建筑工程

（1）建筑工程分年度投资表应根据施工进度的安排，对主要工程按各单项工程分年度完成的工程量和相应的工程单价计算。对于次要的和其他工程，可根据施工进度，按各年所占完成投资的比例，摊入分年度投资表。

（2）建筑工程分年度投资的编制至少应按二级项目中的主要工程项目分别反映各自的建筑工程量。

2. 设备及安装工程

设备及安装工程分年度投资应根据施工组织设计确定的设备安装进度计算各年预计完成的设备费和安装费。

3. 费用

根据费用的性质和费用发生的时段，按相应年度分别进行计算。

（二）资金流量

资金流量是为满足工程项目在建设过程中各时段的资金需求，按工程建设所需资金投入时间计算的各年度使用的资金量。资金流量表的编制以分年度投资表为依据，按建筑安装工程、永久设备工程和独立费用 3 种类型分别计算。本资金流量计算办法主要用于初步设计概算。

1. 建筑及安装工程资金流量

（1）建筑工程可根据分年度投资表的项目划分，考虑一级项目中的主要工程项目，以归项划分后各年度建筑工作量作为计算资金流量的依据。

（2）资金流量是在原分年度投资的基础上，考虑预付款、预付款的扣回、保留金和保留金的偿还等编制出的分年度资金安排。

（3）预付款一般可划分为工程预付款和工程材料预付款两部分。

1）工程预付款按划分的单个工程项目的建安工作量的10%～20%计算，工期在3年以内的工程全部安排在第一年，工期在3年以上的可安排在前两年。工程预付款的扣回从完成建安工作量的30%起开始，按完成建安工作量的20%～30%扣回至预付款全部回收完毕为止。

对于需要购置特殊施工机械设备或施工难度较大的项目，工程预付款可取大值，其他项目取中值或小值。

2）工程材料预付款。水利工程一般规模较大，所需材料的种类及数量较多，提前备料所需资金较大，因此考虑向承包商支付一定数量的材料预付款。可按分年度投资中次年完成建安工作量的20%在本年提前支付，并于次年扣回，以此类推，直至本项目竣工。（河道工程和灌溉工程等不计此项预付款）。

（4）保留金。水利工程的保留金，按建安工作量的2.5%计算。在概算资金流量计算时，按分项工程分年度完成建安工作量的5%扣留至该项工程全部建安工作量的2.5%时终止（即完成建安工作量的50%时），并将所扣的保留金100%计入该项工程终止后一年（如该年已超出总工期，则此项保留金计入工程的最后一年）的资金流量表内。

2. 永久设备工程资金流量

永久设备工程资金流量计算，划分为主要设备和一般设备两种类型分别计算。

（1）主要设备的资金流量计算，按设备到货周期确定各年资金流量比例，具体比例如表7-6所示。

（2）其他设备，其资金流量按到货前一年预付15%定金，到货年支付85%的剩余价款。

3. 独立费用资金流量

独立费用资金流量主要是勘测设计费的支付方式应考虑质量保证金的要求，其他项目则均按分年投资表中的资金安排计算。

（1）可行性研究和初步设计阶段勘测设计费按合理工期分年平均计算。

（2）技施阶段勘测设计费的95%按合理工期分年平均计算，其余5%的勘测设计费用作为设计保证金，计入最后一年的资金流量表内。

表7-6　　　　资金流量比例

到货周期＼年序	第1年	第2年	第3年	第4年	第5年	第6年
1年	15%	75%*	10%			
2年	15%	25%	50%*	10%		
3年	15%	25%	10%	40%*	10%	
4年	15%	25%	10%	10%	30%*	10%

注　1. 表中带*号的年份为设备到货年份。

2. 主要设备为水轮发电机组、大型水泵、大型电机、主阀、主变压器、桥机、门机、高压断路器或高压组合电器以及金属结构闸门启闭设备等。

三、预备费、建设期融资利息、静态总投资和总投资

（一）预备费

1. 基本预备费

计算方法：根据工程规模、施工年限和地质条件等不同情况，按工程一至五部分投资合计（依据分年度投资表）的百分率计算。

初步设计阶段为5.0%～8.0%。

2. 价差预备费

计算方法：根据施工年限，以资金流量表的静态投资为计算基数。

按照国家计委根据物价变动形势，适时调整和发布的年物价指数计算。

计算公式：

$$E=\sum_{n=1}^{N}F_n[(1+p)^n-1] \tag{7-2}$$

式中　E——价差预备费；

N——合理建设工期；

n——施工年度；

F_n——建设期间资金流量表内第 n 年的投资；

P——年物价指数。

（二）建设期融资利息

建设期融资利息的计算公式：

$$S=\sum_{n=1}^{N}\left[\left(\sum_{m=1}^{n}F_mb_m-\frac{1}{2}F_nb_n\right)+\sum_{m=0}^{n-1}S_m\right]i \tag{7-3}$$

式中　S——建设期融资利息；

N——合理建设工期；

n——施工年度；

m——还息年度；

F_n、F——在建设期资金流量表内第 n、m 年的投资；

b_n、b_m——各施工年份融资额占当年投资比例；

i——建设期融资利率；

S_m——第 m 年的付息额度。

（三）静态总投资

工程建设项目费用的建筑工程、机电设备及安装工程、金属结构设备及安装工程、施工临时工程、独立费用和基本预备费之和构成静态总投资，即工程一至五部分投资与基本预备费之和构成静态总投资。

（四）总投资

工程一至五部分投资、基本预备费、价差预备费和建设期融资利息之和构成总投资，即静态总投资、价差预备费和建设期融资利息之和构成总投资。

编制总概算表时，在第五部分独立费用之后，应顺序计列以下项目：一至五部分投资合计 、基本预备费、静态总投资、价差预备费、建设期融资利息和总投资。

第四节　某水利枢纽工程概算编制案例

一、编制说明

（一）工程概况

×××水电站位于 H 省 Z 县境内，下距 Z 县城公路里程 15km，Z 县至 S 市 170km（经 F 县），对外交通方便。

电站装机容量 500MW，安装 2 台单机容量为 250MW 的混流式水轮发电机组，工程主要枢纽建筑物由钢筋混凝土面板堆石坝、溢洪道、泄洪洞、引水系统和地面厂房等组成，为一等大（1）型工程。

工程总工期为 3 年 7 个月（不含筹建期），其主体建筑主要工程量为：土石方明挖 348.60 万 m^3，石方洞挖 29.58 万 m^3，土石方填筑 322.94 万 m^3，混凝土 44.87 万 m^3，固结灌浆 6.00 万 m，钢筋 2.20 万 t。

工程建设由×××公司投资。资本金为工程总投资的 20％。

（二）投资主要指标

本工程静态总投资为 142575.48 万元，其中：建筑工程 58821.82 万元，机电设备、金属结构设备及安装工程 45820.08 万元，施工临时工程 11968.64 万元，独立费用 17894.63 万元，基本预备费 8070.31 万元，工程总投资 172516.50 万元，其中：价差预备费 12076.86 万元，建设期贷款利息 17864.16 万元。

（三）编制原则及依据

（1）初步设计概算按 2012 年上半年的价格水平编制。

（2）根据水利部（水总［2002］116 号文）颁发的《水利工程设计概（估）算编制规定》制定的“某水利枢纽工程初步设计概算编制大纲”，作为概算编制的指导原则。

（3）概算编制依据。

1）水利部水总［2002］116 号关于发布《水利建筑工程概算定额》、《水利建筑工程预算定额》、《水利工程施工机械台时费定额》及《水利工程设计概（估）算编制规定》的通知。

2）水利部水建管［1999］523 号关于发布《水利水电设备安装工程预算定额》和《水利水电设备安装工程概算定额》的通知。

3）设计概算编制的有关文件和标准。

（4）采用定额。

1）建筑工程执行水利部水规［2002］116 号文颁发的《水利建筑工程概算定额》。

2）设备安装工程执行水利部水建管［1999］523 号文颁发的《水利水电设备安装工程概算定额》。

3）施工机械台时费执行水利部水规［2002］116 号文颁发的《水利工程施工机械台

时费定额》。

定额不足部分，参考有关资料并结合本工程特点编制补充定额。

（5）费用标准。

1）人工工时预算单价：工长 7.11 元/工时；高级工 6.61 元/工时；中级工 5.62 元/工时；初级工 3.04 元/工时。

2）主要材料预算价格。主要材料原价，根据设计选定的供应地或供应厂家按调查价格或询价进行确定。

水泥：由 J 水泥厂在 S 市的转运站供应，公路运输。

钢材：由 S 市钢材市场供应，公路运输。钢板由 W 市由火车运至 S 市，再转公路运至工地。铁路运输价格执行国家发改委、铁道部发改价格［2005］477 号《关于适当调整铁路货物运输价格的通知》。

木材：Z 县供应，公路运输。板枋材在工地自行加工，出材率 65%，加工费 50 元/m^3。

油料：由 H 省中石化公司 Z 县支公司供应，公路运输。

火工材料：由 S 市民爆经销企业供应，公路运输。其原价执行国家发展改革委发改价格［2005］841 号文《关于调整民用爆破器材产品出厂价格的通知》，并根据 H 省物价局“关于印发《H 省民用爆破器材销售作价（试行）办法》的通知”计取仓储费、管理费、财务费、劳务费、税金及利润等。

本工程主要材料价格资料如表 7－7 所示。

表 7－7　　主要材料原价、预算价格表

编号	材料名称及规格	单位	原价（元）	预算价格（元）	编号	材料名称及规格	单位	原价（元）	预算价格（元）
1	普通硅酸盐水泥 425＃（袋装）	t	288.00	433.62	7	2＃岩石铵梯炸药	t	6286.01	6678.51
2	普通硅酸盐水泥 525＃（袋装）	t	360.00	507.92	8	4＃抗水岩石铵梯炸药	t	6922.18	7339.00
3	普通钢板	t	4510.00	4849.56	9	柴油 0＃	t	4779.00	4949.81
4	钢板　δ＝34～36mm	t	5010.00	5365.59	10	汽油 90＃	t	5463.00	5656.96
5	普通钢筋 ϕ16～18	t	3550.00	3803.20	11	杉原木	m	850.00	895.84
6	低合金钢筋 20MnSiϕ20～25mm	t	3450.00	3700.04	12	松原木	m	750.00	792.84

3）施工机械使用费：按台时计算，执行水利部水规［2002］116 号文颁发的《水利工程施工机械台时费定额》。

4）施工用电、风、水预算单价，计算详见概算附件。

5）取费标准，见表 7－8。

6）设备费。主要机电设备、金属结构设备价格根据设计提供的型号、规格，参考国内类似规模电站招标价格和其他类似工程概算价格，分析目前市场价格水平后确定。

表 7-8　　取费标准表

序号	工程类别	计算基础	费率（%）
一	其他直接费率		
1	建筑工程	直接费	2.0
2	机电、金属结构设备安装工程	直接费	2.7
二	现场经费		
1	土石方工程	直接费	9.0
2	砂石备料工程（自采）	直接费	2.0
3	模板工程	直接费	8.0
4	混凝土浇筑工程	直接费	8.0
5	钻孔灌浆及锚固工程	直接费	7.0
6	其他建筑工程	直接费	7.0
7	机电、金属结构设备安装工程	人工费	45.0
三	间接费费率	直接工程费	
1	土石方工程	直接工程费	9.0
2	砂石备料工程（自采）	直接工程费	6.0
3	模板工程	直接工程费	6.0
4	混凝土浇筑工程	直接工程费	5.0
5	钻孔灌浆及锚固工程	直接工程费	7.0
6	其他建筑工程	直接工程费	7.0
7	机电、金属结构设备安装工程	人工费	50.0
四	利润	直接工程费＋间接费	7.0
五	计算税率	直接工程费＋间接费＋利润	3.35

注　对于以实物量形式的安装工程单价，上表计算税率的计算基础还应加未计价装置性材料费。

（四）概算编制中存在的其他应说明的问题

移民和环境部分概算编制，该部分政策性较强，可按照相关编制办法及计算标准、相关政策规定计算，本设计概算暂不计入。

基本预备费，按建筑工程、机电设备及安装工程、金属结构设备及安装工程、施工临时工程和独立费用之和的6%计算。

价差预备费，根据《关于加强对基本建设大中型项目概算中“价差预备费”管理有关问题的通知》（计投资［1999］1340号）的精神，物价指数按0计。此处为了说明问题，按物价指数3%计算。

工程建设由×××公司投资。资本金为工程总投资的20%。建设期贷款利息以静态总投资扣除资本金后的分年投资为基数，逐年计算。从工程筹建期开始计息，按贷款年名义利率5%计算。

（五）主要技术经济指标表

主要技术经济指标表（略）

二、概算表（工程部分）

（一）总概算表及分部概算表

总概算表及分部概算表如表7-9～表7-15所示。

表7-9　　工程总概算表

编号	工程或费用名称	建安工程费（万元）	设备购置费（万元）	独立费用（万元）	合计（万元）	占一至五部分投资合计的比例（%）
	Ⅰ　工程部分					
	第一部分　建筑工程	58821.82			58821.82	43.73
一	挡水工程	12828.84			12828.84	
二	泄洪工程	18747.81			18747.81	
三	引水工程	11466.24			11466.24	
四	发电厂工程	13334.62			13334.62	
五	升压变电站工程	564.71			564.71	
六	交通工程	950.00			950.00	
七	房屋建筑工程	349.60			349.60	
八	其他建筑工程	580.00			580.00	
	第二部分　机电设备及安装工程	2343.56	34126.82		36470.38	27.11
一	发电设备及安装工程	1501.60	26984.05		28518.26	
二	升压变电设备及安装工程	192.81	5002.80		5195.61	
三	公用设备及安装工程	649.16	2139.97		2756.51	
	第三部分 金属结构设备及安装工程	2847.57	6502.14		9349.70	6.95
一	泄洪工程	386.47	3739.84		4126.32	
二	引水工程	2396.18	2320.75		4716.93	
三	发电厂工程	64.91	441.54		506.45	
	第四部分 施工临时工程	11968.64			11968.64	8.90
一	导流工程	7277.22			7277.22	
二	施工交通工程	2650.00			2650.00	
三	施工供电工程	608.00			608.00	
四	施工房屋建筑工程	1433.42			1433.42	
	第五部分 独立费用			17894.63	17894.63	13.30
一	建设管理费			4617.28	4617.28	
二	生产准备费			535.53	535.53	
三	科研勘测设计费			8746.06	8746.06	
四	建设及施工场地征用费			3489.87	3489.87	
五	其他			505.89	505.89	
	一至五部分投资合计				134505.17	100.00
	基本预备费				8070.31	
	静态总投资				142575.48	

续表

编号	工程或费用名称	建安工程费（万元）	设备购置费（万元）	独立费用（万元）	合计（万元）	占一至五部分投资合计的比例（%）
	价差预备费				12076.86	
	建设期利息				17864.16	
	总投资				172516.50	
	Ⅱ　移民和环境部分	（按有关规定计算）				

表 7-10　　建筑工程概算表

编号	工程或费用名称	单位	数量	单价（元）	合价（万元）
	第一部分 建筑工程				58821.82
一	挡水工程				12828.84
1	拦河堆石坝工程				12828.84
	土方开挖	m^3	97100	14.60	141.77
	石方明挖	m^3	358400	32.35	1159.42
	灌浆洞石方洞挖	m^3	1800	194.71	35.05
	上游抛填粉土	m^3	54100	13.30	71.95
	垫层料填筑（来自料场）	m^3	89400	18.80	168.07
	过渡料填筑（来自料场）	m^3	143500	38.17	547.74
	上游抛填石渣	m^3	85990	8.70	74.81
	主堆石填筑（来自料场）	m^3	1229120	44.06	5415.50
	次堆石填筑（利用料上坝）	m^3	878140	6.61	580.45
	下游干砌石护坡（来自料场）	m^3	25250	80.71	203.79
	趾板混凝土 C25 二级配	m^3	2480	385.41	95.58
	面板混凝土 C25 二级配	m^3	20100	412.35	828.82
	防浪墙混凝土 C20 二级配	m^3	3200	381.69	122.14
	灌浆平洞底板混凝土 C20 二级配	m^3	148	363.66	5.38
	喷混凝土 C20	m^3	1760	624.03	109.83
	钢筋制安	t	2075	7607.47	1578.55
	锚杆Φ28，$L=5m$	根	4200	216.42	90.90
	帷幕灌浆	m	21000	532.87	1119.03
	固结灌浆	m	8100	245.78	199.08
	细部结构工程	m^3	2531280	1.11	280.97
二	泄洪工程				18747.81
1	溢洪道工程				13207.38
	土方开挖	m^3	255200	13.55	345.80
	石方明挖	m^3	1681000	30.92	5197.65
	溢洪道混凝土 C25（二级配）	m^3	65180	435.08	2835.85
	溢洪道混凝土 C30（二级配）	m^3	17707	456.91	809.05
	喷混凝土	m^3	6850	624.03	427.46

续表

编号	工程或费用名称	单位	数 量	单价（元）	合价（万元）
	预应力锚索 3500kN $L=25$m	束	90	19214.13	172.93
	预应力锚索 1200kN $L=8$m	束	14	4717.84	6.60
	预应力锚索 1200kN $L=10.5$m	束	14	5456.45	7.64
	钢筋制安	t	3263	7607.47	2482.32
	锚杆Φ28，$L=5$m	根	12099	216.42	261.85
	镀锌铅丝网	m^3	50035	25.00	125.09
	固结灌浆	m	15278	245.78	375.50
	细部结构工程	m^3	89737	17.79	159.64
2	泄洪洞工程				5540.43
	土方开挖	m^3	35000	13.55	47.43
	石方明挖	m^3	151100	35.54	537.01
	石方洞挖	m^3	74300	75.89	563.86
	进水塔混凝土 C25 二级配	m^3	24118	398.13	960.21
	隧洞衬砌混凝土 C30 二级配	m^3	13868	467.19	647.90
	喷混凝土	m^3	2748	648.71	178.27
	钢筋制安	t	2868	7607.47	2181.82
	锚杆Φ28，$L=8$m	根	1876	341.49	64.06
	锚杆Φ25，$L=5$m	根	2282	190.85	43.55
	固结灌浆	m	14813	172.32	255.26
	细部结构工程	m^3	40734	14.99	61.06
三	引水工程				11466.24
1	进水口				7061.03
	土方开挖	m^3	60840	11.23	68.32
	石方明挖	m^3	243360	31.09	756.61
	进水口混凝土 C20 二级配	m^3	68100	370.89	2525.76
	喷混凝土	m^3	3921	624.03	244.68
	钢筋制安	t	3995	7607.47	3039.18
	锚杆Φ32，$L=8$m	根	2856	409.03	116.82
	锚杆Φ28，$L=6$m	根	4120	260.00	107.12
	锚桩 3Φ28，$L=25$m	根	100	6764.29	67.64
	细部结构工程	m^3	72021	18.73	134.90
2	引水隧洞工程				4405.20
	石方斜洞开挖	m^3	10500	136.78	143.62
	石方平洞开挖	m^3	48500	103.51	502.02
	斜洞混凝土衬砌 C25 二级配	m^3	3763	487.59	183.48
	平洞混凝土衬砌 C25 二级配	m^3	22500	464.31	1044.70
	钢筋制安	t	2710	7607.47	2061.62
	回填灌浆	m^2	10770	73.19	78.83
	固结灌浆	m	19725	172.32	339.90
	接缝灌浆	m^2	1506	77.45	11.66

续表

编号	工程或费用名称	单位	数 量	单价（元）	合价（万元）
	细部结构工程	m^3	26263	14.99	39.37
四	发电厂工程				13334.62
1	地面厂房工程				12706.90
	土方开挖	m^3	75107	14.21	106.73
	石方明挖	m^3	300428	38.72	1163.26
	石渣回填	m^3	106860	7.72	82.50
	地面厂房混凝土	m^3	110700	592.71	6561.30
	喷混凝土	m^3	3220	624.03	200.94
	钢筋制安	t	4650	7607.47	3537.47
	钢桁架	t	60	15000.00	90.00
	固结灌浆	m	2100	245.78	51.61
	锚杆Φ32，$L=8m$	根	4789	402.02	192.53
	锚桩 3Φ28，$L=25m$	根	145	6764.29	98.08
	砖砌体	m^3	980	270.00	26.46
	混凝土预制屋面结构	m	2998	600.00	179.88
	细部结构工程	m^3	113920	36.53	416.15
2	尾水渠工程				627.72
	土方开挖	m^3	4553	14.21	6.47
	石方明挖	m^3	18212	38.72	70.52
	混凝土 C15 二级配	m^3	16500	273.27	450.90
	钢筋制安	t	52	7607.47	39.56
	细部结构工程	m^3	16500	36.53	60.27
五	升压变电站工程				564.71
1	升压变电站工程				564.71
	石渣填筑	m^3	127240	7.72	98.23
	混凝土 C25 二级配	m^3	5500	526.29	289.46
	钢筋制安	t	209	7607.47	159.00
	细部结构工程	m^3	5500	32.78	18.03
六	交通工程				950.00
1	公路工程				950.00
	1＃进厂混凝土道路（宽 9m）	km	0.4	3500000	140.00
	2＃左岸上坝泥结石道路（宽 7m）	km	1.5	2800000	420.00
	10＃右岸上坝泥结石道路（宽 9m）	km	1.3	3000000	390.00
七	房屋建筑工程				349.60
	辅助生产车间	m^2	1200	400	48.00
	办公室	m^2	1140	900	102.60
	生活及文化福利建筑	m^2	1500	900	135.00
	室外工程	m^2	1600	400	64.00
八	其他建筑工程				580.00
	动力线路工程	项	1	900000	90.00

续表

编号	工程或费用名称	单位	数 量	单价（元）	合价（万元）
	照明线路工程	项	1	100000	10.00
	厂坝区供水、排水工程	项	1	500000	50.00
	水文、水情监测工程	项	1	1300000	130.00
	地震监测站工程	项	1	1000000	100.00
	其他工程	项	1	2000000	200.00

表 7-11　　机电设备及安装工程概算表

序号	名 称 及 规 格	单位	数量	单价（元）		合计（万元）	
				设备费	安装费	设备费	安装费
	第二部分　机电设备及安装工程					34126.82	2343.56
一	发电设备及安装工程					26984.05	1501.60
1	水轮机设备及安装工程					10328.05	282.43
	水轮机 700t/台	台	2	48750000	1309994.04	9750.00	262.00
	调速器 PID 4.0MPa	台	2	1450000	60373.59	290.00	12.07
	油压装置 YS-12.5-4.0	台	2	600000	41785.77	120.00	8.36
	自动化元件	套	2	700000		140.00	0.00
	透平油	t	51.00	5500		28.05	0.00
2	发电机设备及安装					15420.00	468.08
	发电机 1425t/台	台	2	74100000	2340390.56	14820.00	468.08
	励磁装置（含励磁变压器）	套	2	2500000		500.00	0.00
	自动化元件	套	2	500000		100.00	0.00
3	起重设备及安装					700.20	71.27
	桥式起重机 2×350t/50t 250t/台	台	1	6750000	446689.67	675.00	44.67
	起吊平衡梁 2×350t 12t	套	1	252000		25.20	0.00
	轨道 QU120	双 10m	9.40		24416.98	0.00	22.95
	滑触线	三相 10m	9.40		3882.86	0.00	3.65
4	水力机械辅助设备及安装工程					535.80	679.82
	…	…	…		…	…	…
二	升压变电设备及安装工程					5002.80	192.81
1	主变压器及设备安装					4033.00	121.07
	单相双卷变压器 DFP-100000/220	台	6	2800000	97555.66	1680.00	58.53
	单相双卷变压器 DFP-300000/500	台	3	7800000	136280.03	2340.00	40.88
	中性点避雷器 Y1.5W-144/320W	台	2	20000		4.00	0.00
	中性点隔离开关 400A 单相	台	2	5000		1.00	0.00
	中性点电流互感器 110kV，400/5A	台	4	20000		8.00	0.00
	主变压器轨道 43kg/m	双 10m	20.00		10827.04	0.00	21.65

续表

序号	名称及规格	单位	数量	单价（元）		合计（万元）	
				设备费	安装费	设备费	安装费
2	高压电气及设备安装工程					969.80	4.80
	…	…	…		…	…	…
3	一次拉线					0.00	66.93
	…	…	…		…	…	…
三	公用设备及安装工程					2139.97	649.16
1	通信设备及安装工程					265.00	242.48
(1)	光缆通信					80.00	234.31
	光纤通信设备	套	2	400000	3647.03	80.00	0.73
	OPGW 光缆 6 芯 单模	km	20.00		33827.72	0.00	67.66
	OPGW 光缆 8 芯 单模	km	45.00		36872.72	0.00	165.93
(2)	载波通信					90.00	1.50
	500kV 电力载波系统	套	2	450000	7514.29	90.00	1.50
(3)	生产调度通信					95.00	6.67
	数字式程控交换机 400 门	套	1	850000	66681.76	85.00	6.67
	通信设备测试仪器仪表	套	1	100000		10.00	0.00
2	通风采暖设备及安装工程					19.82	17.25
	…	…	…		…	…	…
3	机修设备及安装工程					56.27	0.00
	…	…	…		…	…	…
4	计算机监控系统					900.00	74.36
	计算机监控系统设备	套	1	9000000	743608.88	900.00	74.36
5	工业电视系统					200.00	0.00
	工业电视设备	套	1	2000000		200.00	0.00
6	全厂接地、保护网					0.00	42.49
	接地扁钢	t	3.00		13142.87	0.00	3.94
	接地处理	项	1		300000	0.00	30.00
	避雷针	t	6.50		13142.87	0.00	8.54
7	坝区馈电设备及安装工程					22.00	0.00
	坝顶变压器 SC10－400/10	台	2	110000		22.00	0.00
8	供水、排水设备及安装工程	项	1	300000		30.00	0.00
9	水文、水情、泥沙监测设备					150.00	30.00
	水情自动测报系统	套	1	1500000	300000	150.00	30.00
10	外部观测设备及安装工程					496.88	242.57
	监测设备及安装	项	1	4968805.28	2425749	496.88	242.57

表 7-12 **金属结构设备及安装工程概算表**

序号	名称及规格	单位	数量	单价（元）		合计（万元）	
				设备费	安装费	设备费	安装费
	第三部分 金属结构设备及安装工程					6502.14	2847.57
一	泄洪工程					3739.84	386.47
1	闸门设备及安装					2189.14	265.43
(1)	溢洪道					1795.09	221.66
	弧形工作门 300t/扇	t	900.00	14000.00	1676.73	1260.00	150.91
	埋件 15t/副	t	45.00	13500.00	2725.90	60.75	12.27
	平面叠梁检修门 240t/扇	t	240.00	12000.00	1626.56	288.00	39.04
	埋件 25t/副	t	75.00	11000.00	2593.82	82.50	19.45
	运杂费			6.14%		103.84	
(2)	泄洪洞					394.04	43.77
	弧形工作门 125/扇	t	125.00	14000.00	1102.87	175.00	13.79
	埋件 35t/副	t	15.00	13500.00	2593.82	20.25	3.89
	平板检修门 110t/扇	t	110.00	12000.00	1428.49	132.00	15.71
	埋件 40t/副	t	40.00	11000.00	2593.82	44.00	10.38
	运杂费			6.14%		22.79	
2	启闭设备及安装					1550.71	121.04
(1)	溢洪道					1159.05	92.80
	液压启闭机 70t/台	台	3.00	2940000.00	187923.32	882.00	56.38
	单向门机 140t/台	台	1.00	2100000.00	154197.69	210.00	15.42
	轨道 QU120	双 10m	8.60		24416.98		21.00
	运杂费			6.14%		67.05	
(2)	泄洪洞					391.66	28.25
	卷扬式启闭机 100t/台	台	1.00	1800000.00	133840.23	180.00	13.38
	液压启闭机 45t/台	台	1.00	1890000.00	148643.30	189.00	14.86
	运杂费			6.14%		22.66	
二	引水工程					2320.75	2396.18
1	闸门设备及安装					558.30	80.87
(1)	检修平板闸门 110t/扇	t	110.00	12000.00	1437.34	132.00	15.81
(2)	埋件 30t/副	t	60.00	11000.00	2593.82	66.00	15.56
(3)	工作平板闸门 100t/扇	t	200.00	12000.00	1437.34	240.00	28.75
(4)	埋件 40t/副	t	80.00	11000.00	2593.82	88.00	20.75
(5)	运杂费			6.14%		32.30	
2	启闭设备及安装					1384.07	120.03
(1)	双向门机 500t/台	台	1.00	8000000.00	505333.97	800.00	50.53

续表

序号	名称及规格	单位	数量	单价（元）		合计（万元）	
				设备费	安装费	设备费	安装费
(2)	液压启闭机　60t/台	台	2.00	2520000.00	164364.48	504.00	32.87
(3)	轨道　QU120	双10m	15.00		24416.98		36.63
(4)	运杂费			6.14%		80.07	
3	拦污设备及安装					378.39	44.95
(1)	拦污栅	t	280.00	10000.00	882.06	280.00	24.70
(2)	埋件	t	85.00	9000.00	2383.17	76.50	20.26
(3)	运杂费			6.14%		21.89	
4	钢管制作及安装						2150.32
(1)	钢管制作及安装	t	1847.00		11642.25		2150.32
三	发电厂工程					441.54	64.91
1	闸门设备及安装					250.49	36.80
(1)	检修门　40t/扇	t	160.00	11000.00	1277.59	176.00	20.44
(2)	埋件　15t/副	t	60.00	10000.00	2725.90	60.00	16.36
(3)	运杂费			6.14%		14.49	
2	启闭设备及安装					191.05	28.12
(1)	单向门机　120t/台	台	1.00	1800000.00	124882.47	180.00	12.49
(2)	轨道　QU120	双10m	6.40		24416.98		15.63
(3)	运杂费			6.14%		11.05	

表 7-13　　施工临时工程概算表

编号	工程或费用名称	单位	数量	单价（元）	合价（万元）
	第四部分 施工临时工程				11968.64
一	导流工程				7277.22
1	导流洞工程				6215.49
	石方明挖	m^3	149274	30.58	456.48
	石方洞挖	m^3	160742	69.26	1113.30
	混凝土衬砌	m^3	20856	423.42	883.08
	导流洞洞口混凝土	m^3	12500	388.96	486.20
	混凝土喷护	m^3	2100	624.03	131.05
	钢筋制安	t	2200	7607.47	1673.64
	锚杆Φ28，$L=4.5$m	根	6500	216.42	140.67
	回填灌浆	m	12120	80.16	97.15
	封堵混凝土	m^3	8845	350	309.58
	浆砌石	m^3	3200	163.63	52.36
	导流洞封堵闸门及埋件	t	360	11000	396.00
	导流洞封堵用固定卷扬式启闭机	t	100	18000	180.00

续表

编号	工 程 或 费 用 名 称	单位	数 量	单价（元）	合价（万元）
	其他	%	5.00	59195169.56	295.98
2	土石围堰工程				1061.73
（1）	上游围堰				668.63
	黏土填筑	m^3	66190	18.68	123.64
	反滤料填筑	m^3	5500	79.85	43.92
	石渣填筑	m^3	248100	10.56	261.99
	干砌块石	m^3	6588	80.71	53.17
	旋喷防渗墙，厚 0.8m	m^2	2100	885.25	185.90
（2）	下游围堰				393.10
	黏土填筑	m^3	11063	18.68	20.67
	反滤料填筑	m^3	1800	79.85	14.37
	石渣填筑	m^3	41000	10.56	43.30
	干砌块石	m^3	3005	80.71	24.25
	旋喷防渗墙，厚 0.8m	m^2	2050	885.25	181.48
	钢筋石笼	m^2	2200	154.68	34.03
	围堰拆除	m^3	56868	13.19	75.01
二	施工交通工程				2650.00
	7＃～9＃右岸填筑道路 泥结碎石 宽 9.0m	km	2	2500000	500.00
	13＃料场采运道路 泥结碎石 宽 9.0m	km	2	2500000	500.00
	3＃左岸出渣道路 泥结碎石 宽 7.0m	km	0.5	2000000	100.00
	4＃～6＃、11＃右岸出渣道路 泥结碎石 宽 7.0m	km	3	1700000	510.00
	12＃砂石系统进料道路 泥结碎石 宽 7.0m	km	1	1700000	170.00
	导流洞施工道路 宽 7m	km	3	1200000	360.00
	其他施工道路 泥结碎石 宽 7.0m	km	3	1700000	510.00
三	施工供电工程				608.00
	35kV 供电线路	km	15	200000	300.00
	10kV 供电线路	km	7	120000	84.00
	6.3kV 供电线路	km	3	80000	24.00
	35kV 施工变电站	座	1	2000000	200.00
四	施工房屋建筑工程				1433.42
1	场地平整				478.92
	土方开挖	m^3	6780	8.62	5.84
	石方开挖	m^3	15820	19.57	30.96
	土石方回填	m^3	52200	3.08	16.08
	M7.5 浆砌块石	m^3	16130	163.63	263.94
	C15 混凝土（地坪）	m^3	5800	279.49	162.10
2	施工仓库及辅助加工厂				954.50
	施工仓库	m^2	2800	300	84.00
	辅助加工厂	m^2	3200	350	112.00
	办公、生活及文化福利建筑	万元			758.50

表 7-14　　独立费用概算表

编号	工程或费用名称	单位	数量	单价（元）	合价（万元）
	第五部分 独立费用				17894.63
一	建设管理费				4617.28
1	项目管理费				3433.56
	建设单位开办费				550.00
	建设单位经常费				1902.54
	工程管理经常费				981.02
2	工程建设监理费		75981.59	1.50%	1139.72
3	联合试验费				44.00
二	生产准备费				535.53
1	生产及管理单位提前进厂费		75981.59	0.20%	151.96
2	生产职工培训费		75981.59	0.30%	227.94
3	管理用具购置费		75981.59	0.04%	30.39
4	备品备件购置费		23184.29	0.40%	92.74
5	工器具及生产家具购置费		40628.95	0.08%	32.50
三	科研勘测设计费				8746.06
1	工程科研试验费		75981.59	0.50%	379.91
2	工程勘测设计费				8366.15
四	建设及施工场地征用费				3489.87
五	其他				505.89
1	定额编制管理费		75981.59	0.05%	37.99
2	工程质量监督费		75981.59	0.10%	75.98
3	工程保险费		75981.59	0.45%	341.92
4	其他税费				50.00

表 7-15　　分年度投资表　　单位：万元

序号	项目名称	合计	建设工期（年）				
			1	2	3	4	5
1	第一部分：建筑工程	58821.82	2284.47	22003.55	24424.67	8658.75	1450.39
2	第二部分：机电设备及安装工程	36470.38	0.00	4990.29	23288.03	6017.23	2174.82
3	第三部分：金属结构设备及安装工程	9349.70	0.00	2592.44	4010.23	2747.02	0.00
4	第四部分：临时工程	11968.64	10056.90	1911.74	0.00	0.00	0.00
5	第五部分：独立费用	17894.63	2216.28	4749.74	6428.92	3473.96	1025.72
6	一～五部分合计	134505.17	14557.65	36247.77	58151.86	20896.96	4650.92
7	基本预备费	8070.31	998.73	2113.55	3461.43	1218.65	277.94
8	静态总投资	142575.48	15556.38	38361.32	61613.29	22115.62	4928.87
9	价差预备费	12076.86	466.69	2336.20	5713.22	2775.70	785.04
10	建设期融资利息	17864.16	320.46	1470.90	3704.92	5734.52	6633.36
11	总投资	172516.50	16343.53	42168.42	71031.43	30625.85	12347.26

（二）概算附表

概算附表如表7－16～表7－23所示。

表7－16　　**建筑工程单价汇总表**　　单位：元

编号	工程名称	单位	单价	其中							
				人工费	材料费	机械费	其他直接费	现场经费	间接费	企业利润	税金
1	坝基土方开挖	m^3	14.60	0.14	0.42	10.35	0.22	0.98	1.09	0.92	0.47
2	石渣运输	m^3	39.59	0.53	0.58	28.48	0.59	2.66	2.96	2.51	1.28
	…										
26	浆砌石	m^3	163.63	36.16	83.09	3.04	2.45	11.01	12.22	10.36	5.30
	…										
33	反滤料填筑	m^3	79.85	0.63	39.82	19.23	1.19	5.37	5.96	5.05	2.59
	…										
59	钢筋制安	t	7607.47	567.13	4065.19	1323.59	119.12	476.47	327.84	481.55	246.59
	…										

表7－17　　**安装工程单价汇总表**　　单位：元

编号	工程名称	单位	单价	其中								
				人工费	材料费	机械费	装置性材料费	其他直接费	现场经费	间接费	企业利润	税金
1	混流式水轮机	台	1309994.04	418590.18	225661.53	122007.70	—	20689.00	188365.58	209295.09	82922.64	42462.31
	…											
n	计算机监控系统	套	743608.88	270000.00	45000.00	54000.00	36000.00	10935.00	121500	135000	47070.45	24103.43

表7－18　　**主要材料预算价格汇总表**　　单位：元

编号	材料名称及规格	单位	预算价格	其中			
				原价	运杂费	运输保险费	采购及保管费
1	普通硅酸盐水泥 425＃（袋装）	t	433.62	288.00	132.41	0.58	12.63
2	普通硅酸盐水泥 525＃（袋装）	t	507.92	360.00	132.41	0.72	14.79
3	普通钢板	t	4849.56	4510.00	189.29	9.02	141.25
4	钢板 δ＝34～36mm	t	5365.59	5010.00	189.29	10.02	156.28
5	普通钢筋Φ16～18	t	3803.20	3550.00	137.10	5.33	110.77
6	低合金钢筋 20MnSi Φ20～25mm	t	3700.04	3450.00	137.10	5.18	107.77
7	2＃岩石铵梯炸药	t	6678.51	6286.01	147.69	50.29	194.52
8	4＃抗水岩石铵梯炸药	t	7339.00	6922.18	147.69	55.38	213.76
9	柴油 0＃	t	4949.81	4779.00	19.47	7.17	144.17
10	汽油 90＃	t	5656.96	5463.00	21.00	8.19	164.77
11	杉原木	m	895.84	850.00	19.75		26.09
12	松原木	m	792.84	750.00	19.75		23.09

表 7-19　　次要材料预算价格计算表

编　号	材料名称及规格	单　位	原价（元）	杂费（元）	预算价格（元）
1	钢管	m	13.62	0.93	14.55
2	工作锚具 QM15-7	套	288.00	18.00	306.00
3	锚具 OVM15-7	套	230.00	15.00	245.00
4	铜电焊条	kg	35.50		35.50
	…				

表 7-20　　施工机械台时费汇总表　　单位：元

编号	名　称　及　规　格	台时费	其　中				
			折旧费	修理及替换设备费	安装拆卸费	人工费	动力燃料费
1	轮式装载机　2m	139.59	15.96	14.46	1.28	9.41	98.48
2	振动碾　拖式重量 14t	62.88	10.76	7.80			44.32
3	风水枪　耗风量　2～6m³/min	24.21	0.23	0.69			23.29
4	汽车起重机 柴油型　起重量 15t	159.54	32.43	39.45		18.72	68.94
5	轴流通风机　功率 55kW	54.57	4.65	8.11	1.39	6.47	33.95
	…						

表 7-21　　主要工程量汇总表

编号	工　程　项　目	土石方明挖（m³）	石方洞挖（m³）	土石填筑（m³）	混凝土（m³）	钢筋（t）	固结灌浆（m）
	第一部分　建筑工程	3280300.00	135100.00	2739600.00	392363.00	19822.00	60016.00
一	挡水工程	455500.00	1800.00	2505500.00	27688.00	2075.00	8100.00
二	泄洪工程	2122300.00	74300.00		130471.00	6131.00	30091.00
三	引水工程	304200.00	59000.00		98284.00	6705.00	19725.00
四	发电厂工程	398300.00		106860.00	130420.00	4702.00	2100.00
五	升压变电站工程			127240.00	5500.00	209.00	
…	…	…	…	…	…	…	…
	第四部分 施工临时工程	205674.00	160742.00	489846.00	56341.00	2200.00	
一	导流工程	160474.00	160742.00	385446.00	44741.00	2200.00	
二	施工交通工程	22600.00		52200.00	5800.00		
四	施工房屋建筑工程	22600.00		52200.00	5800.00		
	合计	3485974.00	295842.00	3229446.00	448704.00	22022.00	60016.00

表 7-22　　主要材料用量汇总表

序号	材料名称	单位	合计	施工临时工程	建筑工程	机电设备安装工程	金结设备安装工程
1	水泥	t	162726.70	22725.11	140001.59		
2	钢筋	t	25905.02	2696.82	23208.20		
3	钢材	t	349.36			132.70	216.65
4	木材	m³	8885.82	173.80	8556.16	46.88	108.98
5	柴油	t	9695.06	949.48	8662.79	8.85	73.94
6	炸药	t	1957.00	282.16	1674.84		

表 7－23　　工时数量汇总表

序号	项目	单位	合计	施工临时工程	建筑工程	机电设备安装工程	金结设备安装工程
1	工长	工时	798028.09	44907.53	649519.17	58917.97	44683.42
2	高级工	工时	5449522.55	398160.36	4145786.37	444896.36	460679.46
3	中级工	工时	5892701.15	512966.06	4802401.07	288520.64	288813.38
4	初级工	工时	6928259.60	1067156.96	5583748.39	147268.35	130085.90
	合计		19068511.39	2023190.91	15181455.00	939603.32	924262.16

（三）概算附件

附件一　人工预算单价计算

本工程地处 6 类地区，无地区津贴。依据水利部水总［2002］116 号文件的人工预算单价计算方法及计算标准各工种计算见表 7－24

表 7－24　　人工预算单价计算表　　单位：元

序号	项　　目	工长	高级工	中级工	初级工
1	基本工资	28.08	25.53	20.42	13.79
2	辅助工资	10.19	10.09	9.87	5.69
(1)	地区津贴	无	无	无	无
(2)	施工津贴（5.3 元/d）	7.82	7.82	7.82	3.91
(3)	夜餐津贴（（4.5＋3.5）÷2×30％）	1.20	1.20	1.20	1.20
(4)	节日加班（（1）×3×10÷251×35％）	1.17	1.07	0.85	0.58
3	工资附加费	18.56	17.27	14.69	4.87
(1)	职工福利基金（（1）＋（2））×费率标准）	5.36	4.99	4.24	1.36
(2)	工会经费（（1）＋（2））×费率标准）	0.77	0.71	0.61	0.19
(3)	养老保险费（（1）＋（2））×费率标准）	7.66	7.12	6.06	1.95
(4)	医疗保险费（（1）＋（2））×费率标准）	1.53	1.42	1.21	0.39
(5)	工伤保险费（（1）＋（2））×费率标准））	0.57	0.53	0.45	0.29
(6)	职工失业保险费（（1）＋（2））×费率标准）	0.77	0.71	0.61	0.19
(7)	住房公积金（（1）＋（2））×费率标准）	1.91	1.78	1.51	0.49
4	人工工日预算单价（元/工日）	56.84	52.89	44.99	24.34
5	人工工时预算单价（元/工时）	7.11	6.61	5.62	3.04

附件二　主要材料运输费计算

本工程的主要材料有钢材、水泥、民用爆破材料和油料等。此处不能一一计算，仅以水泥的运输费加以说明。

水泥由 J 水泥厂在 S 市的转运站供应。从 S 市的转运站经 F 县至 Z 县，再运到工地的公路运输距离 185km。经调查，水泥 0.65 元/(t·km)，装卸费为 5 元/(t·次)，S 市经 F 县至 Z 县的收费站的收费可按 0.85 元/（t·次）计取（返空暂不计取）。

水泥运杂费＝185×0.65＋5×2＋0.85＝131.10（元/t）

附件三　主要材料预算价格计算

主要材料预算价格计算见表 7-25。

表 7-25　　**主要材料预算价格计算表**

编号	名称及规格	单位	单位毛重（t）	每吨运费（元）	价格（元）								
					原价	包装费	运杂费	采购及保管费	运到工地仓库价格	保险费	预算价格	比例（%）	综合预算价格
1	某水泥厂水泥	t	1.01	131.10	288.00		132.41	12.61	433.02	0.58	433.60	80	448.46
2	市场水泥	t	1.01	131.10	360.00		132.41	14.77	507.18	0.72	507.90	20	
3	普通钢板	t	1	189.29	4510.00		189.29	140.98	4840.27	9.02	4849.29	100	4849.29
4	钢板 δ＝34～36mm	t	1	189.29	5010.00		189.29	155.98	5355.27	10.02	5365.29	100	5365.29
5	钢筋	t	1	137.10	3980.00		137.10	123.51	4240.61	0.00	4240.61	100	4240.61
6	普通钢筋 ϕ16～18	t	1	137.10	3550.00		137.10	110.61	3797.71	5.33	3803.04	100	3803.04
7	低合金钢筋 20MnSi 20～25mm	t	1	137.10	3450.00		137.10	107.61	3694.71	5.18	3699.89	100	3699.89
8	2＃岩石铵梯炸药	t	1.08	136.75	6286.01		147.69	193.01	6626.71	50.29	6677.00	100	6677.00
9	4＃抗水岩石铵梯炸药	t	1.08	136.75	6922.18		147.69	212.10	7281.97	55.38	7337.35	100	7337.35
10	柴油 0＃	t	1	19.47	4779.00		19.47	143.95	4942.42	7.17	4949.59	100	4949.59
11	汽油 90＃	t	1	21.00	5463.00		21.00	164.52	5648.52	8.19	5656.71	100	5656.71
12	杉原木	m^3	1	19.75	850.00		19.75	26.09	895.84	0.00	895.84	100	895.84
13	松原木	m^3	1	19.75	750.00		19.75	23.09	792.84	0.00	792.84	100	792.84

附件四　施工用电、风、水单价计算

1. 施工用电价格

施工用电由某电网供电 98%，自备柴油发电机供电 2%。电网电价 0.69 元/（kW·h），高压输电线路损耗率 5%，电网、自发电的变配电设备及输电线路损耗率分别取 8%、6%，供电设施维修摊销费 0.02 元/（kW·h），厂用电率取 5%。柴油发电机总容量为 245kW，其中 1 台 85kW 移动式柴油发电机，1 台 160kW 固定式柴油发电机；以上两种发电机的机械台时费分别为 116.14 元/台时、184.50 元/台时。柴油发电机组出力系数取 0.8，采用循环冷却水，不用水泵，单位循环冷却水费取 0.03 元/m^3。施工用电价格计算如下：

（1）电网供电价格：

电网供电价格＝0.69÷(1－5%)÷(1－8%)＋0.02＝0.809 元/(kW·h)

（2）自发电电价：

柴油发电机供电价格＝(116.14＋184.50)÷(245×0.8)÷(1－5%)÷(1－6%)＋0.03＋0.02＝1.768 元/(kW·h)

（3）电价：

$$电价=电网供电价格\times98\%+自发电电价\times2\%$$
$$=0.809\times98\%+1.768\times2\%=0.828元/(kW\cdot h)$$

2. 施工用风价格

根据施工组织设计，共设置左右岸两个供风系统 180m³/min：左岸供风系统配置 40m³/min 固定式空压机 2 台（经计算，台时费为 120.18 元/台时），9m³/min 电动移动式空压机 4 台（经计算，台时费为 38.79 元/台时）；右岸供风系统配置 20m³/min 固定式空压机 2 台（经计算，台时费为 74.03 元/台时），6m³/min 电动移动式空压机 4 台（经计算，台时费为 29.78 元/台时）。空压机系统各采用功率为 7kW 的单级水泵供水冷却，经计算，该水泵台时费为 8.45 元/台时。空压机能量利用系数取 0.75，供风损耗率取 12%，供风设施维修摊销费取 0.003 元/m³，左、右岸供风比例分别为 65%、35%。施工用风价格计算如下：

（1）计算台时总产风量。

左岸台时总产风量：$(40\times2+9\times4)\times60\times0.75=5220$（m³）

右岸台时总产风量：$(20\times2+6\times4)\times60\times0.75=2880$（m³）

（2）计算台时总费用。

左岸台时总费用$=120.18\times2+38.79\times4+8.45=403.97$（元）

右岸台时总费用$=74.03\times2+29.78\times4+8.45=275.63$（元）

（3）施工用风综合价格。

左岸用风价格：$287.6\div[5220\times(1-12\%)]+0.003=0.0909$（元/m³）

右岸用风价格：$275.63\div[2880\times(1-12\%)]+0.003=0.1118$（元/m³）

施工用风综合价格$=0.0909\times65\%+0.1118\times35\%=0.098$（元/m³）

3. 施工用水价格

按施工组织设计设 100D24×4 水泵 4 台（功率 30kW，其中一台备用），包括管路损失在内的扬程为 96m；另设 100D24×6 水泵 4 台（功率 40kW，其中一台备用），包括管路损失在内的扬程为 120m。经计算，100D24×4 水泵台时费为 21.83 元，100D24×6 水泵台时费为 27.69 元；能量利用系数取 0.75，供水损耗率 12%，供水设施维修摊销费取 0.03 元/m³。施工用水价格计算如下：

（1）台时总出水量。

按水泵性能表查得：在 96m 扬程时，100D24×4 水泵出流量为 54m³/h。

在 120m 扬程时，100D24×6 水泵出流量为 72m³/h。

则台时总出水量$=(54\times2+72\times2)\times0.75=189$（m³）

（2）总台时费用。

$$总台时费用=21.83\times3+27.69\times3=148.56（元）$$

（3）水价。

$$施工用水价格=\frac{水泵组台时总费用}{水泵额定容量之和\times K}\div(1-供水损耗率)+供水设施维修摊销费$$
$$=148.56\div[189\times(1-12\%)]+0.03$$
$$=0.923(元/m^3)$$

附件五 施工机械台时费计算

表 7-26 施工机械台时费计算表

定额编号	机械名称	项目	一类费用	人工	汽油	柴油	电	风	水	二类费用合计（元）	合计（元）
		单位	元	工时	kg	kg	kW·h	m^3	m^3		
		单价		5.62	5.6	4.8	0.828	0.098	0.923		
1011	单斗挖掘机液压 $2m^3$	数量	147.3	2.7		20.2				112.13	259.43
		合价	147.3	15.17		96.96					
1042	推土机 59kW	数量	24.31	2.4		8.4				53.808	78.12
		合价	24.31	13.488		40.32					
…	…	…	…	…	…	…	…	…	…	…	…

附件六 砂石料单价计算

根据施工组织设计，本工程采用天然砂石。天然砂经筛分后即可作为混凝土细骨料。但粗骨料须作超径石等的相应处理才能用于混凝土骨料。因开挖量较大，所需干、浆砌块石量相对不大，可以通过捡集即可应用。

1. 综合费率计算

综合费率＝(1＋2％＋2％)×(1＋6％)×(1＋7％)×(1＋3.35％)－1＝21.91％

2. 混凝土骨料单价计算

根据施工组织设计，$2m^3$ 液压反铲挖掘机挖砂砾料，20t 自卸汽车从砂砾料场运 4km 至加工系统。砂砾石料筛分过程中有超径石处理和砾石的中间破碎，该部分占成品的 25％。混凝土骨料采用 $2m^3$ 轮式装载机运 2km 至混凝土搅拌楼。

“砂砾石料筛分”、“超径石破碎”按施工组织设计处理能力分别为 110t/h、80t/h，天然砂砾料容重 1.6t/m^3。在套用定额时，有两点需注意：①定额单位应前后统一。定额［60073］、［60086］中，定额单位为“100t 成品”，应化成与定额［60215］相一致的“成品堆方”；②机械种类及其相应消耗，未按定额取用，而是根据施工组织设计的实际情况采用。

根据天然砂砾料筛洗定额的规定，有超径石处理同时有砾石中间破碎时，其采运量应乘以 1.16 的系数，则混凝土浇筑所用骨料的单价为：

砂预算单价＝(［60215］×1.16＋［60073］＋［60316］)×1.2191
＝(12.75×1.16＋7.41＋10.75)×1.2191
＝40.17(元/m^3)

砾石预算单价＝(［60215］×1.16＋［60073］＋［60086］×25％＋［60316］)×1.2191
＝(12.75×1.16＋7.41＋5.09×25％＋10.75)×1.2191
＝41.72(元/m^3)

3. 块石单价计算

根据施工组织设计，浆砌石中的块石通过捡集，由胶轮车运 100m 至施工地点。块石预算单价为 15.44×1.2191＝18.82 元/m^3。

砂石料直接费单价分析，见表 7-27～表 7-31。

表 7－27　　**砂砾石料开采运输单价分析表**

定额编号：[60215]　　定额单位：100m³　成品堆方

施工方法：2m³　液压反铲挖掘机挖砂砾料，20t 自卸汽车从砂砾料场运 4km 至加工系统

编号	名　称　及　规　格	单位	数量	单价（元）	合价（元）
1	直接费				1274.78
(1)	人 工 费	元			11.55
	工长	工时			
	高级工	工时			
	中级工	工时			
	初级工	工时	3.8	3.04	11.55
(2)	材 料 费	元			12.62
	零星材料费	%	1	1262.16	12.62
(3)	机械使用费	元			1250.61
	单斗挖掘机　液压反铲　2m³	台时	0.58	259.43	150.47
	推土机　74kW	台时	0.29	109.15	31.65
	自卸汽车 20t	台时	5.34	200.09	1068.48
	合计	元			1274.78

表 7－28　　**砂砾石料筛分单价分析表**

定额编号：[60073]　　定额单位：100m³　成品堆方

施工方法：砂砾石料筛分

编　号	名　称　及　规　格	单　位	数　量	单价（元）	合价（元）
1	直接费				740.98
(1)	人工费	元			138.59
	中级工	工时	14.880	5.62	83.63
	初级工	工时	18.080	3.04	54.96
(2)	材料费	元			178.99
	水	m³	192.000	0.923	177.22
	其他材料费	%	1.000	177.22	1.77
(3)	机械使用费	元			423.40
	ZG－300 型电机振动给料机（2 台）	组时	0.762	34.24	26.09
	GZG80－4 型电机振动給料机（2 台）	组时	0.762	31.54	24.03
	JZWB6.5 型电磁除铁器	台时	0.762	2.85	2.17
	YAH1536 自重型圆振动筛	台时	0.762	40.90	31.17
	2400×8300 型槽式洗石机	台时	0.762	153.26	116.78
	预筛胶带机 固定式 800mm×75m（5 条）	组时	0.762	266.40	203.00
	其他机械使用费	%	5.000	403.24	20.16
	合计	元			740.98

表 7-29　　**超径石破碎单价分析表**

定额编号：[60086]　　定额单位：100m^3 成品堆方

施工方法：成品粒度小于 80mm；一台 PF1214 型反击式破碎机，处理能力 80t/h

编号	名称及规格	单位	数量	单价（元）	合价（元）
1	直接费				508.92
(1)	人工费	元			42.95
	中级工	工时	4.96	5.62	27.88
	初级工	工时	4.96	3.04	15.08
(2)	材料费	元			0.00
(3)	机械使用费	元			465.97
	GZG80-4 型自同步振动给料机	台时	1.74	15.77	27.44
	PF1214 型反击式破碎机	台时	1.74	175.49	305.35
	中间破碎胶带机	组时	0.7	183.66	128.56
	其他机械使用费	%	1	461.35	4.61
	合计				508.92

表 7-30　　**混凝土骨料运输单价分析表**

定额编号：[60316]　　定额单位：100m^3 成品堆方

施工方法：2m^3 轮式装载机装 20t 自卸汽车运混凝土骨料 3km 至混凝土搅拌楼

编号	名称及规格	单位	数量	单价（元）	合价（元）
1	直接费				1074.96
(1)	人工费	元			11.55
	初级工	工时	3.8	3.04	11.55
(2)	材料费	元			10.64
	零星材料费	%	1	1064.32	10.64
(3)	机械使用费	元			1052.77
	轮式装载机　2m^3	台时	0.72	139.59	100.50
	推土机　74kW	台时	0.36	109.18	39.30
	自卸汽车　柴油型　载重量 20t	台时	4.51	202.43	912.96
	合计	元			1074.96

表 7-31　　**块石捡集运输**

定额编号：[60427]＋[60428]　　定额单位：100m^3 成品码方

施工方法：捡集块石，胶轮车运输

编号	名称及规格	单位	数量	单价（元）	合价（元）
1	直接费				1544.10
(1)	人工费	元			1492.34
	初级工	工时	490.9	3.04	1492.34
(2)	材料费	元			10.74
	零星材料费	%			10.74
(3)	机械使用费	元			41.02
	胶轮车	台时	69.53	0.59	41.02
	合计	元			1544.10

附件七 混凝土材料单价计算

混凝土材料单价计算如表7-32所示。表中的混凝土预算量为实验数据。在编制混凝土材料单价时，如无相应的混凝土配合比，可参考水利部水总［2002］116号文颁发的《水利建筑工程概算定额》中的“附录七 混凝土、砂浆配合比及材料用量表”。

表7-32　混凝土材料单价计算表

混凝土名称	预算量							
	混凝土标号	水泥标号	水泥(kg)	砂(m^3)	石子(m^3)	水(m^3)	外加剂(kg)	单价(元/m^3)
掺外加剂C20　二级配	C20	42.5	247.17	0.510	0.794	0.161	0.46	175.29
掺外加剂C20　三级配	C20	42.5	205.44	0.412	0.941	0.134	0.38	156.06
掺外加剂C25　二级配	C25	42.5	269.64	0.490	0.804	0.161	0.50	186.46
掺外加剂C30　二级配	C30	42.5	296.39	0.470	0.804	0.161	0.55	199.45
接缝砂浆　200#	200#	32.5	554.00	1.000		0.270		276.15
泵用掺外加剂C25二级配	C25	32.5	386.27	0.529	0.794	0.183	0.72	218.48
砌筑砂浆　75#	75#	32.5	305.00	1.040		0.184		169.53
掺外加剂C15　三级配	C15	32.5	189.39	0.412	0.941	0.134	0.35	133.78
泵用掺外加剂混凝土C20二级配	C20	32.5	327.42	0.549	0.794	0.172	0.61	193.43
掺外加剂混凝土C5二级配	C15	32.5	227.91	0.519	0.794	0.161	0.43	148.86
掺外加剂混凝土C25三级配	C25	42.5	224.70	0.392	0.951	0.134	0.42	165.60
掺外加剂混凝土C40二级配	C40	42.5	370.22	0.461	0.784	0.161	0.69	208.62

附件八 建筑工程单价

建筑工程项目较多，其单价不能一一计算，仅列坝基土方开挖、引水平洞石方洞挖、工程浆砌石和反滤料填筑等工程项目单价作为代表进行介绍，见表7-33～表7-37。

为计算方便，将用费率体现的各项费用的费率转化为以直接费为基础的综合费率或综合系数。

建筑工程单价＝直接工程费＋间接费＋企业利润＋税金＝直接费×(1＋综合费率)

土石方综合费率＝(1＋2%＋9%)×(1＋9%)×(1＋7%)×(1＋3.35%)－1＝33.80%。同样，模板工程、混凝土浇筑工程、钻孔灌浆及锚固工程、其他建筑工程的综合费率分别为28.94%、27.73%、28.97%和28.97%。

表 7-33　坝基土方开挖单价分析表

定额编号：[10640] ＋ [10641] 内插　　定额单位：$100m^3$ 自然方

施工方法：$2m^3$ 挖掘机装Ⅲ类土，自卸汽车运 1.8km

编号	名 称 及 规 格	单位	数量	单价（元）	合价（元）
1	直接费				1091.15
(1)	人 工 费	元			13.68
	初级工	工时	4.5	3.04	13.68
(2)	材 料 费	元			41.97
	零星材料费	%	4.00	1049.18	41.97
(3)	机械使用费	元			1035.50
	单斗挖掘机　液压反铲　$2m^3$	台时	0.67	259.43	173.82
	推土机　59kW	台时	0.33	78.12	25.78
	自卸汽车　柴油型　载重量 20t	台时	4.39	190.41	835.90
2	综合费率	%	33.8	1091.15	368.81
	合计	元			1459.95
	坝基土方开挖单价	元/m^3			14.60

表 7-34　$3m^3$ 装载机装自卸汽车运石渣单价分析表

定额编号：[20541] ＋ [20536]　　定额单位：$100m^3$

施工方法：$3m^3$ 装载机装自卸汽车洞内运 0.5km，洞外增运 2km

编号	名 称 及 规 格	单位	数量	单价（元）	合价（元）
1	直接费				2958.75
(1)	人 工 费	元			52.59
	初级工	工时	17.3	3.04	52.59
(2)	材 料 费	元			58.01
	零星材料费		2	2900.74	58.01
(3)	机械使用费	元			2848.15
	轮式装载机　$3m^3$	台时	3.25	169.64	551.33
	推土机　103kW	台时	1.63	145.89	237.80
	自卸汽车　柴油型　载重量 15t	台时	14.43	142.69	2059.02
2	综合费率	%	33.8	2958.75	1000.06
	合计	元			3958.81
	单价	元/m^3			39.59

表 7-35　　**浆砌石单价分析表**

定额编号：[30029]　　定额单位：100m³ 砌体方

施工方法：浆砌块石平面护坡

编号	名称及规格	单位	数量	单价（元）	合价（元）
1	直接费				12229.75
(1)	人工费	元			3616.44
	工长	工时	17.30	7.11	123.00
	中级工	工时	356.50	5.62	2003.53
	初级工	工时	490.10	3.04	1489.90
(2)	材料费	元			8308.87
	块石	m^3	108.000	21.14	2283.12
	砌筑砂浆 75#	m^3	35.300	169.53	5984.41
	其他材料费	%	0.500	8267.53	41.34
(3)	机械使用费	元			304.45
	砂浆搅拌机 0.4m^3	台时	6.54	24.06	157.35
	胶轮车	台时	163.44	0.90	147.10
2	综合费率	%	33.80	12229.75	4133.66
	合计	元			16363.41
	浆砌石单价	元/m^3			163.63

表 7-36　　**3m³ 装载机装自卸汽车运输反滤料单价分析表**

定额编号：[60335]　　定额单位：100m³ 成品堆方

施工方法：3m　装载机装反滤料，自卸汽车运 4.0km

编号	名称及规格	单位	数量	单价（元）	合价（元）
1	直接费				1121.04
(1)	人工费	元			8.208
	工长	工时		7.11	0
	高级工	工时		6.61	0
	中级工	工时		5.62	0
	初级工	工时	2.7	3.04	8.208
(2)	材料费	元			11.10
	零星材料费	%	1	1109.94	11.10
(3)	机械使用费	元			1101.74
	轮式装载机　3m	台时	0.5	169.64	84.82
	推土机　88kW	台时	0.25	137.9	34.48
	自卸汽车　柴油型　载重量 20t	台时	4.91	200.09	982.44
2	综合费率	%	33.8	1121.04	378.91
	合计	元			1499.96
	浆砌石单价	元/m^3			15.00

表 7-37　　反滤料填筑单价分析表

定额编号：[30090]　　定额单位：$100m^3$ 实方

施工方法：振动碾压实

编号	名 称 及 规 格	单位	数量	单价（元）	合价（元）
1	直接费				5968.04
(1)	人 工 费	元			63.23
	工长	工时		7.11	0.00
	高级工	工时		6.61	0.00
	中级工	工时		5.62	0.00
	初级工	工时	20.8	3.04	63.23
(2)	材 料 费	元			3982.27
	混凝土骨料石	m^3	77	34.52	2658.04
	混凝土骨料砂	m^3	40	32.12	1284.80
	其他材料费	%	1	3942.84	39.43
(3)	机械使用费	元			152.59
	振动碾　拖式　重量 14t	台时	0.48	63.11	30.29
	拖拉机　履带式　74kW	台时	0.48	96.62	46.38
	推土机　74kW	台时	0.55	109.15	60.03
	蛙式夯实机　2.8kW	台时	1.09	13.17	14.36
	其他机械使用费	%	1	151.06	1.51
(4)	砂石料运输（堆方）		118	15.00	1769.95
3	综合费率	%	33.8	5968.04	2017.20
	合计	元			7985.24
	反滤料填筑单价	元/m^3			79.85

附件九　安装工程单价计算表

安装工程单价以实物量和费率形式表示。以实物量形式表示的安装工程单价的计算与建筑工程的单价计算相同，但安装工程的单价的现场经费和间接费计算基础是人工费。这里每种单价形式只介绍一种计算程序。竖轴混流式水轮机采用厂房的桥式起重机 700t 安装；计算机监控系统安装的费率基础为设备原价。如表 7-38～表 7-39 所示。

表 7-38　　竖轴混流式水轮机安装单价分析表

定额编号：[01023]　　定额单位：台

施工方法：设备自重 700t

编号	名 称 及 规 格	单位	数 量	单价（元）	合价（元）
一	直接工程费				975314.00
1	直接费				766259.41
(1)	人 工 费	元			418590.18
	工长	工时	3757	7.11	26712.27
	高级工	工时	18033	6.61	119198.13
	中级工	工时	42829	5.62	240698.98

续表

编号	名　称　及　规　格	单位	数 量	单价（元）	合价（元）
	初级工	工时	10520	3.04	31980.80
(2)	材 料 费	元			225661.53
	普通钢板	kg	3554	4.85	17236.90
	型钢	kg	13338	3.96	52818.48
	钢管	kg	1123	4.68	5255.64
	铜材	kg	209	21.4	4472.60
	电焊条	kg	2378	6.83	16241.74
	氧气	m^3	3064	3.6	11030.40
	乙炔气	m^3	1322	16.33	21588.26
	汽油 90#	kg	1187	5.66	6718.42
	透平油	kg	135	5	675.00
	油漆	kg	890	16.72	14880.80
	木材	m^3	7.7	1014.6	7812.42
	电	kW·h	29800	0.83	24734.00
	其他材料费	%	23	183464.66	42196.87
(3)	机械使用费	元			122007.70
	桥式起重机 2×350/50t	台时	758	56.08	42508.64
	电焊机　交流　20～25kV·A	台时	2097	12.35	25897.95
	普通车床　ϕ400～600	台时	387	29.24	11315.88
	牛头刨床	台时	313	22.88	7161.44
	摇臂钻床　ϕ35～50	台时	425	19.25	8181.25
	压力滤油机 150 型	台时	231	11	2541.00
	其他机械使用费	%	25	97606.16	24401.54
2	其他直接费	%	2.7	766259.4118	20689.00
3	现场经费	%	45	418590.18	188365.58
二	间接费	%	50	418590.18	209295.09
三	企业利润	%	7	1184609.087	82922.64
四	税 金	%	3.35	1267531.723	42462.31
	合 计	元			1309994.04

表 7-39　　计算机监控系统安装工程单价分析表

定额编号：[06005]　　定额单位：套

规格型号：计算机监控系统

编号	名称及规格	单位	数量	单价（元）	合 计（元）
一	直接工程费				537435.00
1	直接费				405000.00
(1)	人 工 费	%	3	9000000	270000.00
(2)	材 料 费	%	0.5	9000000	45000.00
(3)	机械使用费	%	0.6	9000000	54000.00
(4)	装置性材料费	%	0.4	9000000	36000.00

续表

编号	名称及规格	单位	数量	单价（元）	合计（元）
2	其他直接费	%	2.7	405000.00	10935.00
3	现场经费	%	45	270000.00	121500.00
二	间 接 费	%	50	270000.00	135000.00
三	企业利润	%	7	672435.00	47070.45
四	税 金	%	3.35	719505.45	24103.43
	合 计				743608.88

附件十　主要设备运杂费率计算

本电站水轮发电机组由东方电机厂供货，由火车运 1400km 至 S 市，再由公路运 185km 至工地。主阀、桥机由太原起重机设备厂供货，主变压器由西安变压器厂供货。这里仅以水轮发电机组为例介绍运杂费率的计算。

（1）运杂费率。

铁路：2.21%+0.4%×(1400−1000)÷500=2.53%

公路：1.06%+0.1%×(185−50)÷10=2.41%

运杂费率=2.53%+2.41%=4.94%

（2）运输保险费：0.4%。

（3）采购及保管费：0.7%。

设备运杂综合费率=运杂费率+(1+运杂费率)×采购及保管费率+运输保险费率

=4.94%+(1+4.94%)×0.7%+0.4%

=6.07%

附件十一　施工临时工程的办公及生活、文化福利建筑投资

办公及生活、文化福利建筑投资按下列公式计算：

$$I=\frac{A\times U\times P}{N\times L}\times K_1\times K_2\times K_3$$

$=(75223.09\times 14\times 500)\div(4.83\times 100000)\times 1.1\times 1.15\times 0.55$

$=758.50$(万元)

式中　U——人均建筑面积综合指标，取 14m^2/人；

P——单位造价指标，参考工程所在地区的永久房屋造价指标（500 元/m^2）计算；

N——施工年限；

L——全员劳动生产率。

附件十二　独立费用计算

一、建设管理费

1. 项目建设管理费

（1）建设单位开办费。本工程为利用的水利枢纽工程，兼具防洪、发电和灌溉等功用，为一等大（1）型工程。综合考虑各方面的因素，在计算建设单位开办费时，建设单位定员取 100 人，则建设单位开办费标准可取 550 万元。

（2）建设单位经常费。本工程所在地区和编制年的基本工资、辅助工资、工资附加费、劳动保护费以及费用标准与北京6类地区的相关费用指标相同，则费用指标为39390元/（人·年）。

本工程总工期为3年7个月，筹建期9个月，则经常费用计算期58个月，即4.83年。

建设单位人员经常费＝费用指标［元/（人·年）］×定员人数×经常费用计算期（年）

＝39390×100×4.83

＝1902.54（万元）

本工程为大（1）型水利枢纽工程，工程管理经常费取建设单位开办费与建设单位人员经常费之和的40％。

工程管理经常费＝(550＋1902.54)×40％＝981.02(万元)

2. 工程建设监理费

按《建设工程监理与相关服务收费管理规定》计算，工程建设监理费1139.72万元。

3. 联合试运转费

电站安装2台单机容量为500MW的混流式水轮发电机组。联合试运转费为：

22万元/台×2台＝44（万元）

二、生产准备费

1. 生产及管理单位提前进厂费

按建筑安装工程投资合计的0.2％计算。

75981.59×0.2％＝151.96（万元）

2. 生产职工培训费

按建筑安装工程投资合计的0.3％计算。

75981.59×0.3％＝227.94（万元）

3. 管理用具购置费

按建筑安装工程投资合计的0.04％计算。

75981.59×0.04％＝30.39（万元）

4. 备品备件购置费

按设备费的0.4％计算。

23184.29×0.4％＝92.74（万元）

5. 工器具及生产家具购置费

按设备费的0.08％计算。

40628.95×0.08％＝32.50（万元）

三、科研勘测设计费

1. 工程科学研究试验费

按建筑安装工程投资合计的0.5％计算。

75981.59×0.5％＝379.91（万元）

2. 工程勘测设计费

本工程已签定工程勘测设计合同，暂按合同额计列8366.15万元。

四、建设及施工场地征用费

按照移民和环境部分概算编制规定执行，为3489.87万元。

五、其他

1. 定额编制管理费

按建筑安装工程投资合计的0.05%计算。

75981.59×0.05%=37.99（万元）

2. 工程质量监督费

按建筑安装工程投资合计的0.1%计算。

75981.59×0.1%=75.98（万元）

3. 工程保险费

按建筑安装工程投资合计的0.45%计算。

75981.59×0.45%=341.92（万元）

4. 其他税费

暂列50万元。

附件十三　分年投资计算

分年度投资是根据施工组织设计确定的施工进度和合理工期而计算出的工程各年度预计完成的投资额。分年投资的计算是一个比较复杂的过程，这里仅给出了分年投资的计算结果，如表7-40所示。

表7-40　　分年度投资表　　单位：万元

序号	项目名称	合计	建设工期				
			1年	2年	3年	4年	5年
1	第一部分：建筑工程	58821.82	2284.47	22003.55	24424.67	8658.75	1450.39
2	第二部分：机电设备及安装工程	36470.38	0.00	4990.29	23288.03	6017.23	2174.82
3	第三部分：金属结构设备及安装工程	9349.70	0.00	2592.44	4010.23	2747.02	0.00
4	第四部分：临时工程	11968.64	10056.90	1911.74	0.00	0.00	0.00
5	第五部分：独立费用	17894.63	2216.28	4749.74	6428.92	3473.96	1025.72
6	一～五部分合计	134505.17	14557.65	36247.77	58151.86	20896.96	4650.92
7	基本预备费	8070.31	998.73	2113.55	3461.43	1218.65	277.94
8	静态总投资	142575.48	15556.38	38361.32	61613.29	22115.62	4928.87
9	价差预备费	12076.86	466.69	2336.20	5713.22	2775.70	785.04
10	建设期融资利息	17864.16	320.46	1470.90	3704.92	5734.52	6633.36
11	总投资	172516.50	16343.53	42168.42	71031.43	30625.85	12347.26

附件十四　预备费

(1) 基本预备费。根据本工程的具体情况，按建筑工程、机电设备及安装工程、金属结构设备及安装工程、施工临时工程工程和独立费用之和的 6%计算。

$$134505.17\times6\%=8070.31\text{（万元）}$$

(2) 价差预备费。根据《关于加强对基本建设大中型项目概算中“价差预备费”管理有关问题的通知》（计投资［1999］1340 号）的精神，物价指数按 0 计。但为了说明问题，这里按年物价指数 3%加以说明。

计算前的说明：

1）价差预备费的计算以资金流量的静态投资为计算基础，而资金流量涉及工程预付款的给付及扣回、保留金的扣留和偿还等。这里，仅在分年投资的基础上来计算价差预备费，即在没有预付款的给付及扣回、保留金的扣留和偿还的资金流量，是一种特殊的资金流量形式。

2）公式中的施工年度 n，概算编制完后即开工的第 n 年。工程实践中，工程概算编制完后工程不一定立即开工建设，因而理论上讲，“n”应该是自概算编制完后至该项工程施工的年限。

第一年：$F_1=15556.38$，$P=3\%$，$n=1$

$$E_1=F_1\times[(1+P)-1]=15556.38\times[(1+3\%)-1]=466.69\text{(万元)}$$

第二年：$F_2=38361.32$，$P=3\%$，$n=2$

$$E_2=F_2\times[(1+P)^2-1]=38361.32\times[(1+3\%)^2-1]=2336.20\text{(万元)}$$

第三年：$F_3=61613.29$，$P=3\%$，$n=3$

$$E_3=F_3\times[(1+P)^3-1]=61613.29\times[(1+3\%)^3-1]=5713.22\text{(万元)}$$

第四年：$F_4=22115.62$，$P=3\%$，$n=4$

$$E_4=F_4\times[(1+P)^4-1]=22115.62\times[(1+3\%)^4-1]=2775.70\text{(万元)}$$

第五年：$F_5=4928.87$，$P=3\%$，$n=5$

$$E_5=F_5\times[(1+P)^5-1]=4928.87\times[(1+3\%)^5-1]=785.04\text{(万元)}$$

总的价差预备费 $E=E_1+E_2+E_3+E_4+E_5=12076.86$（万元）

附件十五　建设期融资利息

该工程资本金为工程总投资的 20%，即 80%的投资需要贷款或通过其他渠道融资。对于固定资产投资，国家实行资本金制度，资本金由投资人或业主实缴，工程建设期间资本金不产生利息。资本金的使用有等额投入、等比例投入和优先投入等多种方式，这里按在整个建设工期内等比例投入考虑。

建设期融资利息应是以建设期资金流量为基础进行计算。为方便计算，现以分年投资为基础计算。

工程建设期的贷款利率可能随时变化而各年不同，现以 5%的规定利率计算。

工程总投资包括工程静态总投资、价差预备费和建设期利息。在实行资本金制度的情况下，本工程的资本金是工程总投资的 20%，存在计算利息时循环计算的问题。为避免循环计算，在计算利息时，以当年的静态总投资、当年的价差预备费之和作为计算当年资本金的基础。

$$S=\sum_{n=1}^{N}\left[\left(\sum_{m=1}^{n}F_m b_m-\frac{1}{2}F_n b_n\right)+\sum_{m=0}^{n-1}S_m\right]i$$

各年融资利息计算如下：

第一年：

S_1＝(16023.07×80％－16023.07×80％÷2) ×5％＝320.46(万元)

第二年：

S_2 ＝(40697.53×80％－40697.53×80％÷2＋16023.07×80％＋320.46)×5％
＝1470.90(万元)

第三年：

S_3＝(67326.51×80％－67326.51×80％÷2＋16023.07×80％＋40697.53×80％＋320.46＋1470.90)×5％＝3704.92(万元)

第四年：

S_4＝(24891.32×80％－24891.32×80％÷2＋16023.07×80％＋40697.53×80％＋67326.51×80％＋320.46＋1470.90＋3704.92) ×5％＝5734.52(万元)

第五年：

S_5＝(5713.91×80％－5713.91×80％÷2＋16023.07×80％＋40697.53×80％＋67326.51×80％＋24891.32×80％＋320.46＋1470.90＋3704.92＋5734.52)×5％＝6633.36(万元)

$S=S_1+S_2+S_3+S_4+S_5$＝320.46＋1470.90＋3704.92＋5734.52＋6633.36
＝17864.16(万元)

本工程建设期利息为 17864.16 万元

复习思考题

1. 简述工程总概算费用构成。
2. 简述工程总概算编制过程。

第八章　水利水电工程投资估算、施工图预算、施工预算

第一节　投　资　估　算

一、投资估算概述

可行性研究是基本建设程序的一个重要组成部分，也是进行基本建设的一项重要工作。在可行性研究阶段需要提出可行性研究报告，对工程规模、坝址、基本坝型及枢纽布置方式等提出初步方案并进行论证；估算工程总投资及总工期；对工程兴建的必要性及经济合理性提出评价。在可行性研究报告中，投资估算是一项重要内容，它是国家选定水利水电建设近期开发项目和批准进行工程初步设计的重要依据，其准确性直接影响到对项目的决策。根据国家计委《关于控制建设工程造价的若干规定》，投资估算应对建设项目总造价起控制作用。可行性研究报告一经批准，其投资估算就成为该建设项目初步设计概算静态总投资的最高限额，不得任意突破。

投资估算就是在对项目的建设规模、技术方案、设备方案、工程方案及项目实施进度等进行研究并基本确定的基础上，估算项目投入的总资金（包括建设投资和流动资金），并测算建设期内分年资金需要量的过程。水利水电工程项目投资估算，是指在可行性研究阶段，按照规定的编制办法、指标、现行的设备材料价格和工程具体条件编制的以货币形式表现的技术经济文件。

投资估算是工程项目建设前期的重要环节，投资估算的准确性，直接影响国家（业主）对项目选定的决策。投资估算也是确定融资方案、进行经济评价以及编制初步设计概算的主要依据之一。因此，完整、准确、全面的投资估算是建设项目评估阶段的重要工作。但由于受勘测、设计和科研工作的深度限制，可行性研究阶段往往只能提出主要建筑物的主体工程量和发电机、水轮机、主变压器等主要设备。在这种情况下，要合理地编制出投资估算，除了要遵守规定的编制办法和定额外，更需要工程造价专业人员深入调查研究，充分掌握第一手材料，合理地选定单价指标，以保证投资估算的准确度。

投资估算在项目开发建设过程中主要有以下几个方面的作用：①项目建议书阶段的投资估算，是项目主管部门审批项目建议书的依据之一，并对项目的规划、规模起参考作用；②项目可行性研究阶段的投资估算，是项目投资决策的重要依据，也是研究、分析和计算项目投资经济效果的重要条件；③项目投资估算对工程设计概算起控制作用，设计概算不得突破批准的投资估算额，并应控制在投资估算额以内；④项目投资估算可作为项目资金筹措及制定建设贷款计划的依据，建设单位可根据批准的项目投资估算额，进行资金筹措和向银行申请贷款；⑤项目投资估算是核算建设项目固定资产投资需要额和编制固定

资产投资计划的重要依据。

二、投资估算的阶段划分与精度要求

项目投资估算是指在做初步设计之前各工作阶段中的一项工作。在做工程初步设计之前，根据需要可邀请设计单位参加编制项目规划和项目建议书，并可委托设计单位承担项目的预可行性研究、可行性研究及设计任务书的编制工作，同时应根据项目已明确的技术经济条件，编制和估算出精度不同的投资估算额。我国建设项目的投资估算分为以下几个阶段：

1．项目规划阶段的投资估算

建设项目规划阶段是指有关部门根据国民经济发展规划、地区发展规划和行业发展规划的要求，编制一个建设项目的建设规划。此阶段是按照项目规划的要求和内容，粗略估算建设项目所需要的投资额。其对投资估算精度的要求为允许误差大于±30%。

2．项目建议书阶段的投资估算

在项目建议书阶段，是按项目建议书中的项目建设规模、主要生产工艺和初选建设地点等，估算建设项目所需要的投资额。其对投资估算精度的要求为误差应控制在±30%以内。此阶段项目投资估算的意义是可据此判断一个项目是否需要进行下一阶段的工作。

3．预可行性研究阶段的投资估算

预可行性研究阶段，是在掌握了更详细、更深入的资料条件下，估算建设项目所需的投资额。其对投资估算精度的要求为误差应控制在±20%以内。此阶段项目投资估算的意义是据以确定是否进行详细的可行性研究。

4．可行性研究阶段的投资估算

可行性研究阶段的投资估算至关重要，因为这个阶段的投资估算经审查批准之后，便是工程设计任务书中规定的项目投资限额，并可据此列入项目年度基本建设计划。其对投资估算精度的要求为误差应控制在±10%以内。

三、投资估算的编制依据、要求和内容

（一）投资估算的编制依据

（1）国家和上级领导机关的有关法令、制度和规程。

（2）专门机构发布的建设工程造价费用构成、估算指标、计算方法以及其他有关计算工程造价的文件，例如：水利水电工程设计概（估）算费用构成及计算标准、水利水电工程投资估算指标、设计概算定额和水利水电工程投资估算编制办法等。

（3）专门机构发布的工程建设其他费用计算办法和费用标准，以及政府部门发布的物价指数。

（4）水利水电工程设计工程量计算规定及拟建项目各单项工程的建设内容及工程量。

（5）按国家规定必须执行的地方颁发的有关规定和标准。

（6）可行性研究的有关资料和图纸。

（7）国家或各省（自治区、直辖市）颁发的设备、材料价格。

（8）其他相关资料。

（二）投资估算的编制要求

（1）根据主体专业设计的阶段和深度，结合水利水电工程行业的特点，所采用生产工艺流程的成熟性，以及编制单位所掌握的国家及地区、行业或部门相关投资估算基础资料和数据的合理、可靠、完整程度，采用合适的方法进行工程项目的投资估算。

（2）应做到工程内容和费用构成齐全，计算合理，不重复计算，不提高或者降低估算标准，不漏项、不少算。

（3）应充分考虑拟建项目设计的技术参数和投资估算所采用的估算系数、估算指标在质和量方面所综合的内容，应遵循口径一致的原则。

（4）应将所采用的估算系数和估算指标价格、费用水平调整到项目建设所在地及投资估算编制年的实际水平；对于由建设项目的边界条件，如建设用地和外部交通、水、电、通信条件，或市政基础设施配套条件等差异所产生的与主要生产内容投资无必然关联的费用，应结合建设项目的实际情况进行修正。

（5）对影响造价变动的因素进行敏感性分析，注意分析市场的变动因素，充分估计物价上涨因素和市场供求情况对造价的影响。

（6）投资估算精度应能满足各阶段的精度要求，并尽量减少投资估算的误差。

（三）投资估算的编制内容

水利水电工程可行性研究投资估算与初步设计概算在组成内容、项目划分和费用构成上基本相同，但二者的设计深度不同。投资估算可根据《水利水电工程可行性研究报告编制规程》的有关规定，对初步设计概算编制规定中部分内容进行适当简化、合并和调整。投资估算按照2002年水利部《水利水电工程设计概（估）算编制规定》的办法编制。

1. 编制说明

（1）工程概况。工程概况包括：河系、兴建地点、对外交通条件、水库淹没耕地及移民人数、工程规模、工程效益、工程布置形式、主体建筑工程量、主要材料用量、施工总工期和工程从开工至开始发挥效益工期、施工总工日和高峰人数等。

（2）投资主要指标。投资主要指标为：工程静态总投资和总投资，工程从开工至开始发挥效益静态投资，单位千瓦静态投资和投资，单位电度静态投资和投资，年物价上涨指数，价差预备费额度和占总投资百分率，工程施工期贷款利息和利率等。

（3）编制依据和主要问题。主要包括：①投资估算编制原则和依据；②人工、主要材料、施工供电和砂石料等基础单价的计算依据；③主要设备价格的编制依据；④建安工程定额和指标采用依据；⑤建安工程单价综合系数、安装工程材料费和机械使用费调差系数计算的说明；⑥费用计算标准及依据；⑦水库淹没处理补偿费以及环保费用的简要说明；⑧工程资金来源。

（4）估算编制中存在的和其他应说明的问题。

（5）主要技术经济指标表。

2. 投资估算表

投资估算表包括：①总投资表；②建筑工程估算表；③设备及安装工程估算表；④临时工程估算表；⑤水库淹没处理补偿费估算表；⑥独立费用估算表；⑦分年度投资表。

3. 投资估算附表

投资估算附表包括：①建筑工程单价汇总表；②安装工程单价汇总表；③主要材料预算价格汇总表；④次要材料预算价格汇总表；⑤施工机械台时费汇总表；⑥主要工程量汇总表；⑦主要材料用量汇总表；⑧工时数量汇总表；⑨建设及施工征地数量汇总表。

4. 附件

附件材料包括：①人工预算单价计算表；②主要材料运输费用计算表；③主要材料预算价格计算表；④混凝土材料单价计算表；⑤建筑工程单价表；⑥安装工程单价表；⑦临时房屋建筑工程投资计算书；⑧主要设备运杂费率计算书；⑨建设期融资利息计算书；⑩主要技术经济指标表。

四、投资估算的编制方法

（一）项目投资的费用构成

水利水电工程项目投资是指工程项目建设阶段所需要的全部费用的总和。生产性项目总投资包括建设投资、建设期融资利息和流动资金 3 部分；非生产性项目总投资包括建设投资和建设期融资利息两部分，其中建设投资和建设期融资利息之和对应于固定资产投资。水利水电工程项目总投资构成如图 8－1 所示。

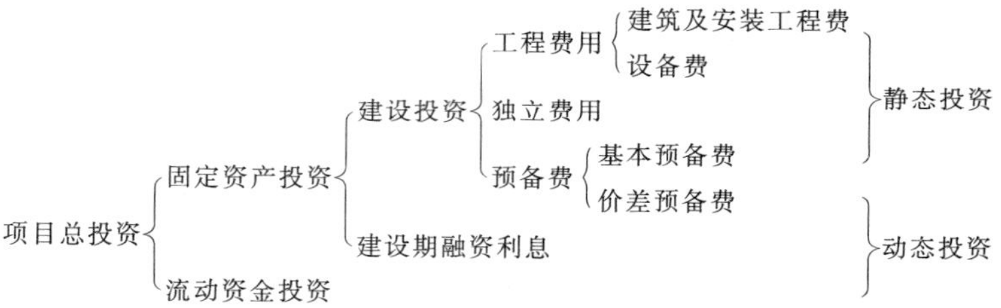

图 8－1　水利水电工程项目总投资构成

（二）投资估算的编制方法

根据前面的投资费用构成可知，要准确估算水利水电工程项目的总投资，必须对固定资产投资和流动资产投资两部分进行估算，固定资产投资的估算则落脚到工程费用的估算，工程费用估算出来之后，独立费用、预备费及建设期融资利息的估算则以工程费用为基础，根据相关的计算规定进行估算。因此，可以依据下面的步骤对水利水电工程进行投资估算：①分别估算各单项工程所需的建筑工程费、安装工程费和设备费；②在汇总各单项工程费用的基础上，估算独立费用和基本预备费；③估算价差预备费；④估算建设期融资利息；⑤估算流动资金。

1. 固定资产投资估算

常用的固定资产投资估算方法主要有两种：扩大指标估算法和详细估算法。

（1）扩大指标估算法。扩大指标估算法是套用原有同类项目的固定资产投资额来进行拟建项目固定资产投资估算的一种方法。该方法最大的优点就是计算简单，不足之处主要有：①估算值准确性较差，一般适用于项目规划性估算、项目建议书估算和其他临时性的估算；②需要积累大量的有关基础数据，并需要经过科学系统的分析与整理。扩大指标估算法主要包括以下几种方法：

1）单位生产能力估算法。单位生产能力估算法是指根据同类项目单位生产能力所耗费的固定资产投资额，估算拟建项目固定资产投资额的一种估算方法。其计算公式为：

$$C_2 = Q_2 \frac{C_1}{Q_1} f \tag{8-1}$$

式中　C_1——已建类似项目的实际固定资产投资额；

C_2——拟建项目需要的固定资产投资额；

Q_1——已建类似项目的生产能力（规模）；

Q_2——拟建项目的生产能力（规模）；

f——不同时期、不同地点的定额、单价和费用变更等综合调整系数。

运用该方法时，应当注意拟建项目与同类项目的可比性，其他条件也应大体相似，否则误差会比较大。该方法将同类项目的固定资产投资额与其生产能力的关系简单地视为线性关系，与实际情况差距较大。就一般项目而言，在一定的范围内，投资的增加幅度要小于生产能力的增加幅度，因此在运用该方法估算固定资产投资的结果误差较大。

2）生产能力（规模）指数估算法。这种方法是根据已建成同类项目的实际固定资产投资额和生产能力（规模）指数，估算不同生产规模的拟建项目的固定资产投资额的一种估算方法。其计算公式为：

$$C_2 = C_1 \left(\frac{Q_2}{Q_1}\right)^n f \tag{8-2}$$

式中　C_1——已建类似项目的实际固定资产投资额；

C_2——拟建项目需要的固定资产投资额；

Q_1——已建类似项目的生产能力（规模）；

Q_2——拟建项目的生产能力（规模）；

f——不同时期、不同地点的定额、单价和费用变更等综合调整系数；

n——生产规模指数（$0 < n \leqslant 1$）。

若已建类似项目的规模和拟建项目的规模相差不大，生产规模比值在0.5～2之间，则指数n的取值近似为1；若已建类似项目与拟建项目的规模相差不大于50倍，且拟建项目规模的扩大仅靠增大设备规模来达到时，则取$n=0.6\sim0.7$；若拟建项目规模的扩大是靠增加相同规格设备的数量达到时，则取$n=0.8\sim0.9$。

运用该方法进行投资估算时，同样应该注意拟建项目和同类项目的可比性，其他条件也应该大体相似，否则误差较大。该方法将同类项目的固定资产投资额与其生产能力的关系视为非线性关系，比较符合实际情况，因而投资估算值较第一种方法更为准确。可以观察到，当$n=1$时，第一种方法就是该方法的一个特例，所以该方法其实包含了第一种方法。

3）比例估算法。比例估算法又分为以下两种。

第一种是根据大量的实际统计资料，对过去同类工程项目进行调查分析，找出主要生产设备或者主要生产车间投资额占固定资产投资总额的比例，然后只需估算出拟建项目的主要设备或者主要生产车间的投资额，就可按比例求出拟建项目的固定资产总投资额。其计算公式为：

$$C = \frac{\sum_{i=1}^{n} Q_i P_i}{K} \qquad (8-3)$$

式中 C——拟建项目需要的固定资产投资额；

n——拟建工程主要生产设备或主要生产车间的种类数；

Q_i——第 i 种生产设备或生产车间的数量；

P_i——第 i 种生产设备或生产车间的投资额；

K——同类工程项目主要设备或生产车间投资占项目固定资产总投资的比例。

第二种是以拟建项目的设备费为基数，根据已建成的同类项目的建筑工程费、安装工程费和独立费用等占设备价值的百分比，求出相应的建筑工程费、安装工程费和独立费用等费用，再加上拟建项目的其他有关费用，其总和即为项目固定资产投资额。其计算公式为：

$$C = I(1 + f_1\lambda_1 + f_2\lambda_2 + f_3\lambda_3 + \cdots) + I' \qquad (8-4)$$

式中 C——拟建项目需要的固定资产投资额；

I——根据拟建项目的设备清单按当时当地价格计算的设备费（包括运杂费）的总和；

λ_1，λ_2，λ_3——已建项目中建筑、安装及独立费用等占设备费百分比；

f_1，f_2，f_3——由于时间因素引起的定额、价格及费用标准等变化的综合调整系数；

I'——拟建项目的其他费用。

4）朗格系数法。这种方法是以设备费为基数，乘以适当系数来估算项目的固定资产投资，其计算公式为：

$$C = (1 + \sum_{i=1}^{n} k_i) k_c I \qquad (8-5)$$

式中 C——固定资产投资额；

I——主要设备费用；

k_i——管线、仪表和建筑物等直接费用的估算系数；

k_c——包括工程费、合同费和应急费等间接费在内的总估算系数。

固定资产投资额与设备费用的比值即为郎格系数 k_L，有：

$$K_L = \frac{C}{I} = (1 + \sum_{i=1}^{n} k_i) k_c \qquad (8-6)$$

式中各参数根据表 8－1 所示来确定。

表 8－1　　朗格系数表

项目		固体流程	固流流程	流体流程
朗格系数		3.1	3.63	4.74
内容	(a) 包括设备基础、绝热、油漆及设备安装费	1.43		
	(b) 包括上述在内和配管工程费	1.1	1.25	1.6
	(c) 包括上述在内和装置直接费	1.5		
	(d) 包括上述在内和间接费用，即固定资产投资额	1.31	1.35	1.38

运用朗格系数法估算固定资产投资额的步骤如下：

a. 计算设备到达现场的费用，包括设备出厂价、陆路运费、海上运输费、装卸费、保险费、关税和消费税等。

b. 根据计算出的设备费乘以 1.43，即得到包括设备基础、绝热工程、油漆工程和设备安装工程的总费用（f_1）。

c. 以上述计算的结果（f_1）再分别乘以 1.1、1.25、1.6（视不同流程），即可得到包括配管工程在内的费用（f_2）。

d. 以上述计算的结果（f_2）再乘以 1.5，即得到此装置（或项目）的直接费（f_3），此时，装置的建筑工程、电气及仪表工程等均含在直接费用中。

e. 最后以上述计算结果（f_3）再分别乘以 1.31、1.35、1.38（视不同流程），即得到工厂的固定资产投资额 C。

这种方法比较简单，但没有考虑到设备规格（规模大小）、设备材质的差异，以及不同地区自然、地理条件差异的影响，因此估算的精确度不高。

（2）详细估算法。扩大指标估算法计算比较简单，便于操作，但是得出的估算值误差较大，一般只在项目规划阶段采用，在项目可行性研究阶段一般不使用扩大指标估算法，而应该采用详细估算法对固定资产投资进行估算。

详细估算法是把水利水电工程项目划分为建筑工程、设备及安装工程及独立费用等费用项目或单位工程，再根据各种具体的投资估算指标，进行各项费用项目或单位工程投资的估算，在此基础上，再汇总得出固定资产投资总额的一种估算方法。该方法把整个水利水电工程项目依次分解为单项工程、单位工程、分部工程和分项工程，按照建筑工程、设备及安装工程分别套用有关的概算指标和定额来编制投资估算，在此基础上，再估算独立费用及预备费，计算建设期融资利息，从而计算出项目总投资。

详细估算法的编制方法及计算标准如下：

1）基础单价。基础单价编制与概算相同。

2）建筑、安装工程单价。投资估算的主要建筑、安装工程单价编制与初设概算单价编制相同，一般均采用概算定额，但考虑投资估算工作深度和精度，应乘以 10%的扩大系数。

3）分部工程估算编制。

a. 建筑工程。主体建筑工程、交通工程及房屋建筑工程基本与概算相同。其他建筑工程可视工程具体情况和规模按主体建筑工程投资的 3%～5%计算。

b. 机电设备及安装工程。主要机电设备及安装工程基本与概算相同。其他机电设备及安装工程可根据装机规模按占主要机电设备费的百分率或单位千瓦指标计算。

c. 金属结构设备及安装工程，编制方法基本与概算相同。

d. 施工临时工程，编制方法及计算标准与概算相同。

e. 独立费用，编制方法及计算标准与概算相同。

（3）预备费的估算。按我国现行规定，预备费包括基本预备费和价差预备费。

基本预备费是指针对在项目实施工程中可能发生难以预料的支出，需要事先预留的费用，又称为工程建设不可预见费。主要指设计变更及施工过程中可能增加工程量的费用。

基本预备费一般由以下3个部分组成：①在批准的初步设计范围内、技术设计、施工图设计及施工过程中所增加的工程费用；设计变更、工程变更、材料代用和局部基础处理等增加的费用；②一般自然灾害造成的损失和预防自然灾害所采取的措施费用；实行工程保险的工程项目，该费用应适当降低；③竣工验收时为鉴定工程质量对隐蔽工程进行必要的挖掘和修复的费用。

基本预备费是按工程费用和独立费用两者之和为计取基础，乘以基本预备费费率进行计算。其计算公式为：

$$基本预备费=(工程费用+独立费用)\times基本预备费费率 \quad (8-7)$$

式中：基本预备费费率的计取应该执行国家及相关部门的有关规定。

价差预备费是指针对建设项目在建设期内由于材料、人工和设备等价格可能发生变化而引起的工程造价变化，而事先预留的费用也称为价格变动不可预见费。价差预备费的内容包括：人工、设备、材料、施工机械的价差费，建筑安装工程费和独立费用调整，利率、汇率调整等增加的费用。

价差预备费一般根据国家规定的投资综合价格指数，以估算年份价格水平的投资额为基数，采用复利方法计算。其计算公式为：

$$PF = \sum_{t=1}^{n} I_t[(1+f)^m(1+f)^{0.5}(1+f)^{t-1}-1] \quad (8-8)$$

式中　PF——价差预备费估算额；

n——建设期年份数；

I_t——建设期中第 t 年的投资计划额（包括工程费用、独立费用和基本预备费）；

f——年平均价格预计上涨率；

m——建设前期年限（从编制估算到开工建设的年限，单位：年）。

【例8-1】 某水利水电工程项目的建筑及安装工程费为10000万元，设备购置费6000万元，独立费用4000万元，已知基本预备费率为5%，项目建设前期年限为1年，项目建设期为3年，各年投资计划额为：第1年完成投资的20%，第2年完成60%，第3年完成20%。年平均价格上涨率预测为6%，试估算该项目建设期间的价差预备费。

解： 基本预备费＝（10000＋6000＋4000）×5%＝1000（万元）

静态投资额＝10000＋6000＋4000＋1000＝21000（万元）

第1年完成投资额 $I_1=21000\times20\%=4200$（万元）

第1年价差预备费 $PF_1=I_1[(1+f)^1(1+f)^{0.5}(1+f)^{1-1}-1]=383.61$(万元)

第2年完成投资额 $I_2=21000\times60\%=12600$(万元)

第2年价差预备费 $PF_2=I_2[(1+f)^1(1+f)^{0.5}(1+f)^{2-1}-1]=1975.89$（万元）

第3年完成投资额 $I_3=21000\times20\%=4200$(万元)

第3年价差预备费 $PF_3=I_3[(1+f)^1(1+f)^{0.5}(1+f)^{3-1}-1]=950.15$(万元)

所以，建设期的价差预备费为：

$$PF=383.61+1975.89+950.15=3309.65(万元)$$

（4）建设期融资利息的估算。建设期融资利息包括向国内银行和其他非银行金融机构贷款、出口信贷、外国政府贷款、国际商业银行贷款及在境内外发行的债券等在建设期间内应计的贷款利息。建设期贷款利息按复利计算。

对于贷款总额一次性贷出且利率固定的贷款，计算公式为：

$$q=P[(1+i)^n-1] \tag{8-9}$$

式中　q——贷款利息；

P——一次性贷款金额；

i——年利率；

n——贷款期限。

当总贷款是分年均衡发放时，建设期融资利息的计算可按当年借款在年中支用考虑，即当年贷款按半年计息，上年贷款按全年计息。计算公式为：

$$q_j=\left(P_{j-1}+\frac{A_j}{2}\right)i \tag{8-10}$$

式中　q_j——建设期第 j 年应计利息；

P_{j-1}——建设期第 $j-1$ 年末累计贷款本金与利息之和；

A_j——建设期第 j 年贷款金额；

i——年利率。

国外贷款利息的计算中，还应包括国外贷款银行根据贷款协议方以年利率的方式收取的手续费、管理费和承诺费；以及国内代理机构经国家主管部门批准的以年利率的方式向贷款单位收取的转贷费、担保费和管理费等费用。

【例 8-2】 某新建项目，建设期为 3 年，分年均衡进行贷款，第 1 年贷款 300 万元，第 2 年贷款 600 万元，第 3 年贷款 400 万元，年利率为 12%，建设期内利息只计息不支付，试估算该新建项目的建设期融资利息。

解： 在建设期，各年的利息计算如下：

$$q_1=\left(\frac{A_1}{2}\right)i=\frac{300}{2}\times 12\%=18\ (\text{万元})$$

$$q_2=\left(P_1+\frac{A_2}{2}\right)i=\left(300+18+\frac{600}{2}\right)\times 12\%=74.16\ (\text{万元})$$

$$q_3=\left(P_2+\frac{A_3}{2}\right)i=\left(300+18+600+74.16+\frac{400}{2}\right)\times 12\%=143.06\ (\text{万元})$$

所以，建设期融资利息＝18＋74.16＋143.06＝235.22（万元）

2. 流动资金的估算

流动资金是指生产经营性建设项目投产后，为保证能正常生产运营所需要的最基本的用于购买原材料、燃料，支付工资及其他经营费用等的周转资金。流动资金的估算一般采用分项详细估算法进行估算，个别情况或小型项目可采用扩大指标估算法。

（1）分项详细估算法。流动资金的显著特点是在生产过程中不断周转，其周转额的大小与生产规模及周转速度直接相关。分项详细估算法是根据周转额与周转速度之间的关系，对构成流动资金的各项流动资产和流动负债分别进行估算。流动资产的构成要素一般包括现金、存货和应收账款；流动负债的构成要素一般包括应付账款和预收账款。计算公式为：

$$\text{流动资金}=\text{流动资产}-\text{流动负债} \tag{8-11}$$

式中：流动资产＝现金＋存货＋应收账款；

流动负债＝应付账款＋预收账款；

流动资金本年增加额＝本年流动资金－上年流动资金。

估算的具体步骤，首先计算各类流动资产和流动负债的年周转次数，然后再分项估算占用资金额。

1）周转次数的计算。周转次数是指流动资金的各个构成项目在一年内完成多少个生产过程。周转次数可用1年的天数（通常按360d计）除以流动资金的最低周转天数计算。

各类流动资产和流动负债的最低周转天数，可参照同类企业的平均周转天数并结合项目特点的确定，或按部门（行业）规定来确定。在确定最低周转天数时应考虑储存天数、在途天数，并考虑适当的保险系数。

2）现金需要量估算。项目流动资金中的现金是指货币资金，即企业生产运营活动中停留于货币形态的那部分资金，包括企业库存现金和银行存款。计算公式为：

$$现金需要量=(年工资福利费+年其他费)/年现金周转次数 \tag{8-12}$$

式中：年其他费＝制造费用＋管理费用＋销售费用－（前3项中所含的工资及福利费、折旧费、维简费、摊销费、修理费）。

3）存货估算。存货是企业为销售或者生产耗用而储备的各种物资，主要有原材料、辅助材料、燃料、低值易耗品、维修备件、包装物、在产品、自制半成品和产成品等。为简化计算，仅考虑外购原材料、外购燃料、其他材料、在产品和产成品，并分项进行计算。计算公式为：

$$存货=外购原材料+外购燃料+其他材料+在产品+产成品 \tag{8-13}$$

式中：外购原材料＝年外购原材料费用/原材料周转次数；

外购燃料＝年外购燃料费用/燃料周转次数；

在产品＝（年外购材料费用＋年外购燃料费用＋年工资及福利费＋年修理费＋年其他制造费）/在成品周转次数；

产成品＝年经营成本/产成品周转次数。

4）应收账款估算。应收账款是指企业对外赊销商品、劳务尚未收回的资金。应收账款的周转额应为全年赊销销售收入。在可行性研究时，用销售收入代替赊销收入。计算公式为：

$$应收账款=年销售收入/应收账款周转次数 \tag{8-14}$$

5）流动负债估算。流动负债是指在1年或者超过1年的一个营业周期内，需要偿还的各种债务，包括应付账款、预收账款、短期借款、应付票据、应付工资、应付福利费、应付股利、应交税金、其他暂收应付款、预提费用和1年内到期的长期借款等。在可行性研究中，流动负债的估算一般只考虑应付账款和预收账款两项。计算公式为：

$$应付账款=(年外购原材料费用+年外购燃料费用+其他材料费用)/应付账款周转次数 \tag{8-15}$$

$$预收账款=预收的营业收入年金额/预收账款周转次数 \tag{8-16}$$

（2）扩大指标估算法。扩大指标估算法是根据现有同类工程项目流动资金占某种基数的比率来估算的。例如占产值、营业收入、经营成本、总成本和固定资产总投资等数据的比率。扩大指标估算法简便易行，但准确度不高，一般适用于项目建议书阶段的估算。扩大指标估算法计算流动资金的公式为：

流动资金＝年费用基数×流动资金占某种基数的比率　　(8－17)

例如，当根据实际资料可以测算出同类工程项目的流动资金占固定资产总投资的比率时，就可以用下公式计算拟建工程所需流动资金的数额：

流动资金＝拟建工程固定资产总投资额×同类工程流动资金占固定资产投资额的比率

(3) 估算流动资金应注意的问题。

1) 在采用分项详细估算法时，应根据项目实际情况分别确定现金、存货、应收账款、应付账款和预收账款的最低周转天数，并考虑一定的保险系数。

2) 在不同生产负荷下的流动资金，应按不同生产负荷所需的各项费用金额，分别按照上述的计算公式进行估算，而不能直接按照100%生产负荷下的流动资金乘以生产负荷百分比求得。

3) 流动资金属于长期性（永久性）流动资产，流动资金的筹措可通过长期负债和资本金（一般要求占30%）的方式解决。流动资金一般要求在投产前1年开始筹措，为简化计算，可规定在投产的第1年开始按生产负荷安排流动资金需用量。其借款部分按全年计算利息，流动资金的利息应计入生产期间财务费用，项目计算期末收回全部流动资金。

4) 用详细估算法计算流动资金，需以经营成本及其中的某些费用项目为基数进行计算，因此实际上流动资金的估算应该在经营成本估算之后进行。

第二节　施工图预算

一、施工图预算定义及其作用

施工图预算是由设计单位依据施工图设计文件、施工组织设计、现行的工程预算定额及费用标准等文件编制的。施工图预算是施工图设计预算的简称，又称设计预算，以与施工单位编制的施工预算相区别。它是指在施工图设计完成后，根据施工图，按照各专业工程的工程量计算规则计算出工程量，并考虑实施施工图的施工组织设计所确定的施工方案或方法，按照现行预算定额、工程建设费用定额、材料预算价格和建设主管部门规定的费用计算程序及其他取费规定等，确定单位工程、单项工程及建设项目建筑安装工程造价的技术经济文件。

施工图预算作为水利水电工程项目建设程序中一个重要的技术经济文件，在工程建设实施过程中具有十分重要的作用，可以归纳为以下几个方面。

1. 施工图预算对投资方的作用

(1) 施工图预算是控制造价及资金合理使用的依据。施工图预算确定的预算造价是工程的计划成本，投资方按施工图预算造价筹集建设资金，并控制资金的合理使用。

(2) 施工图预算是确定工程招标控制价的依据。在设置招标控制价的情况下，建筑安装工程的招标控制价可按照施工图预算来确定。招标控制价通常是在施工图预算的基础上考虑工程的特殊施工措施、工程质量要求、目标工期、招标工程范围以及自然条件等因素进行编制的。

2. 施工图预算对施工企业的作用

(1) 施工图预算是建筑施工企业投标时“报价”的参考依据。在激烈的建筑市场竞争中，建筑施工企业需要根据施工图预算造价，结合企业的投标策略，确定投标报价。

(2) 施工图预算是建筑工程预算包干的依据和签订施工合同的主要内容。在采用总价合同的情况下，施工单位通过与建设单位的协商，可在施工图预算的基础上，考虑设计或施工变更后可能发生的费用与其他风险因素，增加一定系数作为工程造价一次性包干。同样，施工单位与建设单位签订施工合同时，其中的工程价款的相关条款也必须以施工图预算为依据。

(3) 施工图预算是施工企业安排调配施工力量，组织材料供应的依据。施工单位各职能部门可根据施工图预算编制劳动力供应计划和材料供应计划，并由此做好施工前的准备工作。

(4) 施工图预算是施工企业控制工程成本的依据。根据施工图预算确定的中标价格是施工企业收取工程款的依据，企业只有合理的利用各项资源，采取先进的技术和管理方法，将成本控制在施工图预算价格以内，企业才会获得良好的经济效益。

(5) 施工图预算是进行“两算”对比的依据。施工企业可以通过施工图预算和施工预算的对比分析，找出差距，采取必要的措施。

3. 施工图预算对其他方面的作用

(1) 对于工程咨询单位来说，可以客观、准确地为委托方做出施工图预算，以强化投资方对工程造价的控制，有利于节省投资，提高建设项目的投资效益。

(2) 对于工程造价管理部门来说，施工图预算是其监督检查执行定额标准、合理确定工程造价、测算造价指数及审定工程招标控制价的重要依据。

二、施工图预算的内容和编制依据

1. 施工图预算的内容

施工图预算有单位工程预算、单项工程预算和建设项目总预算。单位工程预算是根据是施工图设计文件、现行预算定额、费用标准以及人工、材料、设备、机械台班（时）等预算价格资料，以一定方法，编制单位工程的施工图预算。然后汇总所有各单位工程施工图预算，成为单项工程施工图预算。再汇总所有各单项工程施工图预算，便是一个建设项目建筑安装工程的总预算。

单位工程预算包括：建筑工程预算，机电设备及安装工程预算，金属结构设备及安装工程预算，施工临时工程预算，独立费用预算等。建筑工程预算项目包括枢纽工程中挡水工程、泄洪工程、引水工程、发电厂工程、升压变电站工程、航运工程、渔道工程、交通工程、房屋建筑工程和其他建筑工程，引水工程及河道工程中的供水、灌溉渠（管）道、河湖整治与堤防工程、建筑物工程、交通工程、房屋建筑工程、供电设施工程和其他建筑工程等组成。机电设备及安装工程预算由枢纽工程中的发电设备及安装工程、升压变电设备及安装工程、公用设备及安装工程，引水工程及河道工程中的泵站设备及安装工程、小水电设备及安装工程、供变电工程和公用设备及安装工程等组成。金属结构设备及安装工程预算主要包括闸门、启闭机、拦污栅和升船机等设备及安装工程，压力钢管制作及安装工程及其他金属结构设备及安装工程等组成。施工临时工程预算由导流工程、施工交通工程、施工房屋建筑工程、施工场外供电线路工程和其他施工临时工程组成。独立费用预算由建设管理费、生产准备费、科研勘测设计费、建设及施工场地征用费和其他组成。

2. 施工图预算的编制依据

（1）国家、行业和地方政府有关工程建设和造价管理的法律、法规和规定。施工图预算的编制必须依照国家、行业和地方造价管理方面的法律、法规和规定进行，相关法律、法规和规定是指导施工图预算编制的重要依据。

（2）工程地质勘察资料及建设场地中的施工条件。工程地质勘察资料和建设场地中的施工条件直接影响工程造价，编制施工图预算是必须加以考虑。

（3）施工图纸及说明书和标准图集。经审定的施工图纸、说明书和标准图集，完整地反映了工程的具体内容、各部分的具体做法、结构尺寸、技术特征以及施工方法，是编制施工图预算的重要依据。

（4）现行预算定额及编制办法。国家相关部门颁发的建筑及安装工程预算定额及有关的编制办法、工程量计算规则等，是编制施工图预算确定分项工程子目、计算工程量和计算直接工程费的主要依据。

（5）施工组织设计或施工方案。因为施工组织设计或施工方案中包括了与编制施工图预算必不可少的有关资料，如建设地点的土质、地质情况、土石方开挖的施工方法及余土外运方式与运距、施工机械使用情况、重要或特殊机械设备的安装方案等。

（6）材料、人工、机械台班（时）预算价格及调价规定。材料、人工、机械台班（时）预算价格是预算定额的三要素，是构成直接工程费的主要因素。尤其是材料费在工程成本中占的比重大，而且在市场经济条件下，材料、人工、机械台班（时）的价格是随市场而变化的。为使预算造价尽可能地接近实际，国家和地方主管部门对此都有明确的调价规定。因此，合理确定材料、人工、机械台班预算价格及其调价规定是编制施工图预算的重要依据。

（7）现行的有关设备原价及运杂费率。水利水电工程中使用的机电设备和金属结构设备比较多，而且所占费用比率也比较大，施工图预算中一个很重要的部分就是设备费的预算，要合理的预算设备费，必须充分掌握现行的有关设备原价和运杂费率。

（8）水利水电建筑安装工程费用定额。水利水电建筑安装工程费用定额包括了和各专业部门规定的费用定额及计算程序。

（9）经批准的拟建项目的概算文件。设计概算是根据初步设计或扩大初步设计的图纸及说明编制的，它是控制施工图设计和施工图预算的重要依据。

（10）有关预算的手册及工具书。预算工作手册和工具书包括了计算各种结构件面积和体积的公式，钢材、木材等各种材料规格、型号及用量数据，各种单位的换算比例等，这些资料在编制施工图预算时经常用到，而且非常重要。

三、施工图预算编制方法

施工图预算与设计概算的项目划分、编制程序、费用构成、计算方法都基本相同。施工图是工程实施的蓝图，在这个阶段，建筑物的细部结构构造、尺寸，设备及装置性材料的型号、规格等都已明确，所以据此编制的施工图预算，较概算编制要精细。编制施工预算的方法与设计概算的不同之处具体表现在以下几个方面。

1. 主体工程

施工图预算与概算都采用工程量乘单价的方法计算投资，但深度不同。概算根据概算定额和初步设计工程量编制，其三级项目经综合扩大，概括性强，而预算则依据预算定额和施工图设计工程量编制，其三级项目较为详细。如概算的闸、坝工程，一般只需套用定额中的综合项目计算其综合单价；而施工图预算须根据预算定额中按各部位划分为更详细的三级项目，分别计算单价。

2. 非主体工程

概算中的非主体工程以及主体工程中的细部结构采用综合指标（如铁路单价以元/km计、遥测水位站单价以元/座计等）或百分率乘以二级项目工程量的方法估算投资；而预算则均要求按三级项目乘以工程单价的方法计算投资。

3. 造价文件的结构

概算是初步设计报告的组成部分，于初设阶段一次完成，概算完整地反映整个建设项目所需的投资。由于施工图的设计工作量大，历时长，故施工图设计大多以满足施工为前提，陆续出图。因此，施工图预算通常以单项工程为单位，陆续编制，各单项工程单独成册，最后汇总成总预算。

施工图预算编制的具体方法有定额单价法、定额实物法和综合单价法。

1. 定额单价法

定额单价法编制施工图预算，就是根据事先编制好的地区统一单位估价表中的各分项工程预算定额单价，乘以相应的各分项工程的工程量，并汇总相加，得到单位工程的人工费、材料费和机械使用费用之和；再加上其他直接费、现场经费、间接费、利润和税金，即可得到单位工程的施工图预算。其中，地区单位估价表是由地区造价管理部门根据地区统一预算定额或各专业部门专业定额以及统一单价组织编制的，它是计算建筑安装工程造价的基础。定额单价也叫预算定额基价，是单位估价表的主要构成部分。另外，其他直接费、现场经费、间接费和利润是根据统一规定的费率乘以相应的计取基础求得的。

定额单价法编制施工图预算的计算公式为：

$$单位工程施工图预算直接费=\sum(预算定额单价\times工程量) \quad (8-18)$$

$$单位工程施工图预算=直接费+其他直接费+现场经费+间接费+利润+税金 \quad (8-19)$$

2. 定额实物法

定额实物法是首先根据施工图纸分别计算出分项工程量，然后从预算定额中查出各相应分项工程所需的人工、材料和机械台班定额用量，再分别将各分项工程的工程量与其相应的定额人工、材料和机械台班需用量相乘，累计其乘积并加以汇总，就得出该单位工程全部的人工、材料和机械台班的总耗用量；再将所得的人工、材料和机械台班总耗用量，各自分别乘以当时当地的工资单价、材料预算价格和机械台班单价，其积的总和就是该单位工程的直接费；根据地区费用定额和取费标准，计算出其他直接费、现场经费、间接费、利润和税金；最后汇总各项费用即得出单位工程施工图预算造价。

定额实物法编制施工图预算，其中直接费的计算公式为：

单位工程预算直接费＝人工费＋材料费＋机械使用费　　(8－20)

人工费＝∑(工程量×人工预算定额用量×当时当地人工工资单价)　　(8－21)

材料费＝∑(工程量×材料预算定额用量×当时当地材料预算价格)　　(8－22)

机械使用费＝∑(工程量×施工机械台班预算定额用量×当时当地机械台班单价)　　(8－23)

实物法编制施工图预算的基本步骤如下：

(1) 编制前的准备工作。此时要全面收集各种人工、材料、机械台班的当时当地的市场价格，应包括不同品种、规格的材料预算单价；不同工种、等级的人工工日单价；不同种类、型号的施工机械台班单价等。要求获得的各种价格应全面、真实、可靠。

(2) 熟悉图纸和预算定额。

(3) 了解施工组织设计和施工现场情况。

(4) 划分工程项目和计算工程量。

(5) 套用定额消耗量，计算人工、材料、机械台班消耗量。根据地区定额中人工、材料、施工机械台班的定额消耗量，乘以各分项工程的工程量，分别计算出各分项工程所需的各类人工工日数量、各类材料消耗数量和各类施工机械台班数量。

(6) 计算并汇总单位工程的人工费、材料费和施工机械台班费。

(7) 根据地区费用定额和取费标准，计算出其他直接费、现场经费、间接费、利润和税金。

3. 综合单价法

综合单价法是将建筑工程预算费用的一部分费用进行综合，形成分项综合单价。由于地区的差别，有的地区综合价格中综合了直接费和间接费，有的地区综合价格中综合了直接费、间接费和利润。按照单价综合的内容不同，综合单价法可分为全费用综合单价和清单综合单价。

(1) 全费用综合单价。全费用综合单价，即单价中综合了分项工程人工费、材料费、机械费、管理费、利润、规费以及有关文件规定的调价、税金以及一定范围的风险等全部费用。以各分项工程量乘以全费用单价的合价汇总后，再加上措施项目的完全价格，就生成了单位工程施工图预算造价。计算公式如下：

建筑安装工程施工图预算＝(∑分项工程量×分项工程全费用单价)＋措施项目完全价格　　(8－24)

(2) 清单综合单价。分部分项工程清单综合单价中综合了人工费、材料费、施工机械使用费、企业管理费和利润，并考虑了一定范围的风险费用，但并未包括措施项目费、规费和税金，因此它是一种不完全单价。各分部分项工程量乘以该综合单价的合价汇总后，再加上措施项目费、规费和税金后，就是单位工程的施工图预算造价。计算公式如下：

建筑安装工程施工图预算＝(∑分项工程量×分项工程不完全单价)＋措施项目不完全价格＋规费＋税金　　(8－25)

以上3种编制方法，要求编制人因时因地因不同工程项目择优选用。

四、施工图预算编制程序和编制要点

1. 施工图预算编制程序

（1）收集资料。收集资料是指收集与编制施工图预算有关的资料，如会审通过的施工图设计资料，初步设计概算，修正概算，施工组织设计，现行的与本工程相一致的预算定额，各类费用取费标准，人工、材料、机械价格资料，施工地区的水文、地质情况资料等。

（2）熟悉施工图设计资料。全面熟悉施工图设计资料、了解设计意图、掌握工程全貌是准确、迅速地编制施工预算的关键。

（3）熟悉施工组织设计。施工组织设计是指导拟建工程施工准备、施工各现场空间布置的技术文件，同时施工组织设计亦是设计文件的组成部分之一。根据施工组织设计提供的施工现场平面布置、料场、堆场、仓库位置、资源供应及运输方式、施工进度计划、施工方案等资料才能准确地计算人工、材料、机械台班（时）单价及工程数量，正确地选用相应的定额项目，从而确定反映客观实际的工程造价。

（4）了解施工现场情况。主要包括：了解施工现场的工程地质和水文地质情况；现场内需拆迁处理和清理的构造物情况；水、电、路情况；施工现场的平面位置；各种材料、生活资源的供应等情况。这些资料对于准确、完整地编制施工图预算有着重要的作用。

（5）计算工程量。这是施工图预算的关键。

（6）明确预算项目划分。水利水电工程施工图预算应按预算项目表的序列及内容进行划分编制。

（7）编制预算文件。

2. 施工图预算编制要点

水利水电工程施工图预算编制准确，能为工程竣工结算提供直接的参考依据，减轻预算后期的工作量和结算工作量。

施工图预算编制的要点有：

（1）准确计算工程量。工程量的计算是编好施工图预算的主要环节，是整个施工图预算编制过程中最繁杂的一个工序，用时最多，出错可能性也最大，而工程量又是整个施工图预算的主要数据，是计算的基础，因此，一定要抓好工程量计算的准确性。准确计算工程量必须熟悉和详细理解全部施工图纸及所有的设计技术资料，并根据工程量计算规则进行计算，有利于合理准确地按定额有关规定划分项目。针对图纸上发现的问题进行技术交流，对图纸交代不全的问题，可按施工规范及现场提供的施工方法考虑。

（2）准确套价。套价时应熟练掌握定额中的说明、工作内容及单价组成，并利用类似工程预算书、相应定额进行对照套价，减少漏项几率。

（3）对定额缺项的项目，可以依据自身的经验结合实际的施工情况，测定人工、材料、机械消耗量，公正合理地确定符合施工实际的单价。

（4）注意施工图预算编制说明的编写，应将施工图预算编制依据和编制过程中所遇到的某些问题及处理办法，以及整个工程的主要工作量加以系统地说明，以便于完善、补充预算的编制，保证工程施工图预算的准确性。

第三节　施　工　预　算

一、施工预算及其作用

施工预算是施工企业为了加强项目成本管理，根据施工图纸、施工措施及施工定额（或劳动定额）编制的反映企业成本计划的技术经济文件。施工预算反映单位工程或分部分项工程的人工、材料、施工机械台班（时）消耗数和直接费消耗标准。

施工预算的作用主要有以下几个方面：

(1) 施工预算是编制施工作业计划的依据。施工作业计划是施工企业计划管理的中心环节，也是计划管理的基础和具体化。编制施工作业计划，必须依据施工预算计算的单位工程或分部分项工程的工程量、劳动力数量和各种资源的数量。

(2) 施工预算是施工单位向施工班组签发施工任务单和限额领料的依据。施工任务单是把施工作业计划落实到班组的计划文件，也是记录班组完成任务情况和结算班组工人工资的凭证。施工任务单的内容包括两部分：一部分是下达给班组的工程任务，包括工程名称、工作任务、工程量、计量单位和要求的开工竣工日期等；另一部分是实际任务完成的情况记录和工资结算，包括实际开工和竣工日期、完成工程量、实际工日等。

(3) 施工预算是计算超额奖和计算计件工资、实行按劳分配的依据。施工预算所确定的人工、材料、机械使用量与工程量的关系是衡量工人劳动成果、计算应得报酬的依据，它把工人的劳动成果与劳动报酬联系起来，很好地体现了多劳多得的按劳分配原则。

(4) 把施工预算与施工图预算的人工和主要材料进行对比，分析超支、节约原因，以加强企业管理。施工企业可以通过施工图预算和施工预算的对比分析，找出差距，采取必要的措施。

(5) 施工预算是施工企业签订分包合同，结算工程费用的依据。当施工企业按照相关规定需要对工程进行分包时，施工企业可以依据该分包工程的施工预算对分包费用进行控制并据此对工程费用进行结算。

二、施工预算编制依据

编制施工预算的主要依据有：施工图纸、施工定额及补充定额、施工组织设计或施工方案、有关的手册资料和企业管理水平及经验。

(1) 施工图纸。施工图纸和说明书必须是经过建设单位、设计单位和施工单位会审通过的，不能采用未经会审通过的图纸，以免返工。

(2) 施工定额及补充定额。包括全国建筑安装工程统一劳动定额和各部、各地区颁发的专业施工定额。凡是已有施工定额可以参照使用的，应参照施工定额编制施工预算中的人工、材料及机械使用费。在缺乏施工定额作为依据的情况下，可按有关规定自行编排补充定额。施工定额是编制施工预算的基础，也是施工预算与施工图预算的主要差别之一。

(3) 施工组织设计或施工方案。由施工单位编制详细的施工组织设计，据以确定应采取的施工方法、进度以及所需的人工、材料和施工机械，作为编制施工预算的基础。例如土方开挖，应根据施工图设计，结合具体的工程条件，确定其边坡系数、开挖采用人工还是机械、运土的工具和运输距离等。

(4) 有关的手册、资料。例如，建筑材料手册，人工、材料、机械台班费用标准等。

(5) 企业的管理水平及经验。

三、施工预算的编制步骤和方法

1. 编制步骤

编制施工预算和编制施工图预算的步骤相似。首先应熟悉设计图纸及施工定额，对施工单位的人员、劳力和施工技术等有大致了解；对工程的现场情况，施工方式方法要比较清楚；对施工定额的内容，所包括的范围应比较了解。为了便于与施工图预算相比较，编制施工预算时，应尽可能与施工图预算的分部、分项项目相对应。在计算工程量时所采用的计算单位要与定额的计量单位相适应。具备施工预算所需的资料，并已熟悉了基础资料和施工定额的内容后，就可以按以下步骤编制施工预算。

(1) 计算工程实物量。工程实物量的计算是编制施工预算的基本工作，要认真、细致、准确，不得错算、漏算和重算。凡是能够利用施工图预算的工程量，就不必再算，但工程项目、名称和单位一定要符合施工定额。工程量的计算必须遵循工程量计算规则，工程量计算完毕经仔细核对无误后，根据施工定额的内容和要求，按工程项目的划分逐项汇总。

(2) 按施工图纸进行分项工程计算。套用的施工定额必须与施工图纸的内容相一致。分项工程的名称、规格、计量单位必须与施工定额所列的内容相一致，逐项计算分部分项工程所需人工、材料、机械台班使用量。

(3) 工料分析和汇总。计算了工程量之后，按照工程的分项名称顺序，套用施工定额的单位人工、材料和机械台班（时）消耗量，逐一计算出各个工程项目的人工、材料和机械台班（时）的用量，最后同类项目工料相加汇总，便成为一个完整的分部分项工料汇总表。

(4) 进行"两算"对比。"两算"是指施工图预算和施工预算，将施工图预算和施工预算进行对比分析，主要为了分析它们之间的差异，分析超支或者节约的原因，找出差距，从而采取必要的措施，以加强企业的造价管理。

(5) 编写施工预算说明。以简练的文字说明施工预算的编制依据、对施工图纸的审查意见、现场勘察的主要资料，存在的问题及处理办法等。施工预算说明主要包括以下几个方面的内容：①编制依据，包括采用的图纸名称和编号，采用的施工定额，采用的施工组织设计或施工方案等；②是否考虑了设计修改或会审记录；③遗留项目或暂估项目有哪些，并说明原因和存在的问题，以及处理的方法等；④其他。

施工预算所采用的主要表格可以参考表 8-2～表 8-5。

表 8-2　　**施工预算工程量汇总表**

工程名称：

序　号	定　额	分项工程名称	单　位	数　量	备　注

审核：　　　　　　　　　　制表：

表 8-3　　**施工预算工料分析表**

工程名称：

定额编号	分部分项工程名称	单位	工程量	工料名称					
				水泥		钢材		木材	
				单位用量	合计用量	单位用量	合计用量	单位用量	合计用量

审核：　　　　　　　　　　制表：

表 8-4　　**单位工程材料或机械汇总表**

工程名称：

序号	分部工程名称	材料或机械名称	规格	单位	数量	单价（元）	复价（元）

审核：　　　　　　　　　　制表：

表 8-5　　**施 工 预 算 表**

工程名称：

序号	定额号	分部分项工程名称	单位	数量	预算价值（元）				
					单价	合计	其　中		
							人工	材料	机械

审核：　　　　　　　　　　制表：

2. 编制方法

编制施工预算有两种方法，一是实物法，二是实物金额法。

实物法的应用比较普遍。它是根据施工图和说明书按照劳动定额或施工定额规定计算工程量，汇总、分析人工和材料数量，向施工班组签发施工任务单和限额领料单。实行班组核算，与施工图预算的人工和主要材料进行对比，分析超支、节约原因，以加强企业管理。

实物金额法即根据实物法编制施工预算的人工和材料数量分别乘以人工和材料单价，求得直接费，或根据施工定额规定计算工程量、套用施工定额单价，计算直接费。其实物量用于向施工班组签发施工任务单和限额领料单，实行班组核算。直接费与施工图预算的直接费进行对比，以改进企业管理。

四、编制施工预算应注意的问题和编制要点

在编制施工预算过程中应注意以下几个方面的问题：

（1）材料换算。当施工定额中给出砌筑砂浆和混凝土等级，而没有原材料配合比时，应按定额附录《砂浆配合比》与《混凝土配合比》的使用说明进行换算，求得原材料用量。

（2）项目划分。编制施工预算的主要目的，是有利于施工企业在现场施工中能够有效地进行施工活动经济分析、项目成本控制与项目经济核算。因此，划分项目应与施工作业安排尽可能的一致，采用定额应符合本企业并接近平均先进水平，使其能够有效地降低实际成本。

（3）外加工成品、半成品。凡属外单位加工的成品、半成品的工程项目，如金属结构制作厂加工的钢结构构件，混凝土构件厂制作的预制钢筋混凝土构件等，在进行工料分析时，一般另行单独编制施工预算，以便与现场施工的项目区别开来，这样更有利于进行施工管理和经济核算。

另外，施工预算编制过程中应该注意的编制要点主要有：

（1）施工预算的人工、材料、机械使用量及其相应的费用水平，一般应低于施工图预算的水平。如果高于施工图预算的水平，则要调查、分析其原因，并及时提出应对方案包括改变施工方案。

（2）利用施工预算与施工图预算对比，无论是“实物法”还是“实物金额法”，其目的都是节约投资，防止人工、材料和机械使用费的超支，避免发生计划成本亏损。

（3）要及时、认真、实事求是地填写施工预算主要表格（见表8－2～表8－5）。

（4）施工预算既要密切结合施工图预算，又要为竣工结算打好基础。对变更工程要做好原始记录、适时调控施工预算但不能突破施工图预算水平。

五、施工预算与施工图预算的对比

施工预算和施工图预算的对比叫“两算”对比，“两算”对比的目的是分析节约或超支的原因，以提出解决问题的措施，为降低成本，提高管理效益提供依据。

1. 施工预算与施工图预算的区别

（1）编制目的不同：施工图预算是业主控制造价、合理使用资金和确定招标控制价的依据；施工预算是施工企业为了加强项目成本管理而编制的。

（2）使用的定额不同：施工图预算用的是预算定额；施工预算用的是施工定额。

（3）工程项目粗细程度不同：施工图预算是以分部分项工程为编制对象；而施工预算

是以某一工序、施工过程为编制对象，较施工图预算更细化。

（4）计算范围不同：施工图预算是对工程全部费用进行计算分析，全部费用包括直接费、其他直接费、现场经费、间接费、利润和税金等内容；而施工预算主要是对人、材、机消耗量及费用进行分析。

（5）编制用途不同：施工图预算是确定工程造价、甲乙双方结算的依据；施工预算是施工企业内部组织人力、物力和向工程投入人工、材料和机械设备的依据。

2. “两算”对比的内容

“两算”对比一般只限于直接费，间接费不作对比。

（1）人工。一般施工预算应低于施工图预算 10%～5%。

（2）材料：施工预算消耗量总体上低于施工图预算，因为施工操作损耗一般低于预算定额中的材料损耗，且施工预算中扣除了节约材料措施所节约的材料用量。

（3）机械台时：预算定额的机械台时耗用时是综合考虑的；施工定额要求根据实际情况计算，即根据施工组织设计或施工方案规定的进场施工的机械种类、型号、数量、工期计算。

由于施工定额与预算定额的定额水平不一样，施工预算的人工、材料、机械使用量及其相应的费用，一般应低于施工图预算。但有时由于施工方案改变的原因，有可能会出现某一项偏高，不过，总的水平应该是施工预算低于施工图预算。当出现相反情况时，要调查分析原因，必要时要改变施工方案。

复习思考题

1. 投资估算编制的依据有哪些？如何进行编制？
2. 施工图预算编制的依据有哪些？如何进行编制？
3. 施工预算编制的依据有哪些？如何进行编制？

第九章　水利水电工程清单计价

第一节　工程招标与投标报价

一、工程招标的概述

招标投标是市场经济条件下的一种商品交易竞争方式。它是在交易双方自愿同意的基础上，由惟一的买主（或卖主）设定标的（标的就是交易对象，如货物、劳务、建筑工程项目等），招请若干卖主（或买主）通过秘密报价进行竞争，从中选择优胜者与之达成交易协议，然后按协议实现标的。

工程招标投标是国际上广泛采用的分派建设任务的主要交易方式，在世界各国尤其是发达国家和地区得到广泛应用，已经有200多年的历史。在进行工程项目施工以及设备、材料采购和服务时，国外的业主大都通过招标方式从投标人中选定其需要的承包商、供应商或设备制造商。虽然招标投标源于商品生产，是市场自由竞争的产物，尤其在价值规律占统治地位的资本主义国家得到发展并不断完善，但从其特征看，它并不是资本主义国家特有的东西，同样也适用于社会主义国家。

水利水电工程是具有一般商品属性和特点的特殊商品，对水利水电工程建设项目施工实行招标投标，可以达到控制建设工期、确保工程质量、降低工程造价和提高投资效益的目的。因此，早在1995年水利部就发布了《水利工程建设项目施工招标投标管理规定（试行）》，用以规范我国水利水电工程建设项目招标投标工作。1999年8月30日全国人大常委会第十一次会议通过了《中华人民共和国招标投标法》（以下简称《招投标法》），并于2000年10月1日开始执行。水利部根据《招投标法》，于2001年10月29日发布了《水利工程建设项目施工招标投标管理规定》（以下简称《招标投标管理规定》），2002年1月1日起开始执行。

《招标投标管理规定》中规定，符合下列具体范围并达到规模标准之一的水利工程建设项目必须进行招标。

具体范围：①关系社会公共利益、公共安全的防洪、排涝、灌溉、水力发电、引（供）水、水土保持、水资源保护等水利工程建设项目；②使用国有资金投资或者国家融资的水利工程建设项目；③使用国际组织或者外国政府贷款、援助资金的水利工程建设项目。

规模标准：①施工单项合同估算价在200万元人民币以上的；②重要设备、材料等货物的采购，单项合同估算价在100万元人民币以上的；③勘察设计、监理等服务的采购，单项合同估算价在50万元人民币以上的；④项目总投资额在3000万元人民币以上，但分标单项合同估算价低于规模标准第①、②、③项规定的标准的项目原则上都必须招标。

二、招标的内容和招标的方式

1. 招标内容

建设工程招标，根据具体招标工程项目的条件，可以采用不同的招标方法。招标方法不同，招标的工作内容也各不相同。工程招标按照其内容来分一般有：

(1) 全过程招标。即从项目建议书开始，包括可行性研究、勘察、设计、工程材料和设备的采购与供应、工程施工、生产准备，直到竣工投产、交付使用，实行全面招标。

(2) 勘察、设计招标。是指只进行勘察、设计阶段的招标，可以将工程项目的勘察、设计任务一起招标发包，也可以单独进行勘察招标或设计招标。

(3) 重要材料、设备招标。就是针对工程项目建设所需的重要材料、设备的采购进行招标。

(4) 施工招标。施工招标可根据建设项目的规模大小、技术复杂程度、工期长短、施工现场管理条件等情况，采用全部工程、单项工程（如拦河坝工程）、单位工程（如灌区工程中的分水闸工程）、或者分部工程（如土石方、混凝土工程）等形式进行招标。同一工程中不同的分标项目，可采取不同的招标方式，全部工程不宜分标过多，工程分标应该有利于项目管理、有利于吸引施工企业竞争为原则。

(5) 监理招标。就是指对建设项目的建设监理实行招标，择优选择建设监理单位。

2. 招标方式

常用的招标方式有公开招标、邀请招标和议标。

(1) 公开招标。公开招标是指招标人以招标公告的方式邀请不特定的法人或者其他组织投标的招标方式。通常，国家重点水利项目、地方重点水利项目及全部使用国有资金投资或者国有资金投资占控股或者主导地位的项目应当公开招标。招标人应当依照法定程序和方式，公开发布招标公告，提供载有招标工程的主要技术要求、工程量清单、主要合同条款、评标标准和方法，以及开标、评标、决标的程序等内容的招标文件。公开招标时，不得限制合格投标人的数目。经资格审查后认可的投标人不得少于三家。公开招标可使招标人有较大的选择余地，能够在众多的投标企业中选择报价合理、工期较短、信誉良好的企业。

(2) 邀请招标。邀请招标是指招标人以投标邀请书的方式要求特定的法人或者其他组织投标的招标方式。采用邀请招标的应当符合以下规定并经主管部门批准，即项目技术复杂的，有特殊要求或涉及专利权保护的项目，受自然资源或环境限制，新技术或技术规格事先难以确定的项目，应急度汛项目，其他特殊项目。邀请招标由招标人向有承担该工程能力的三个以上的企业发出邀请书，至少要有三个企业参加投标。这种招标方式的优点是招标人对受邀请单位一般都比较了解，双方互相信任，投标人大都具有较为丰富的经验和良好的信誉，招标工作量小。不足之处是有时可能使招标流于形式。

(3) 议标。议标是一种商谈式的招标方式。是指不通过公开招标，而由业主或其代理人直接邀请某一个或几个承包商进行协商，选定承包单位。对于不宜公开招标的特殊工程或者项目比较零星的工程，经上级招投标管理机构批准，可以采用议标的方式。

三、水利水电工程施工招标

（一）招标条件

对建设项目施工实行招标的招标人应当具有项目法人资格，具有与招标项目规模和复杂程度相适应的有关方面专业技术力量，具有编制招标文件和组织评标的能力，具有从事同类工程建设项目招标的经验，设有专门的招标机构或者拥有3名以上专职招标业务人员，熟悉和掌握招标投标法律、法规、规章。

当招标人不具备上述条件时，应当委托符合相应条件的招标代理机构办理招标事宜。招标代理机构可按国家的有关收费标准收取相关费用。

为了保证建设项目施工招标的顺利进行，招标人在申请施工招标时，实施招标的工程项目应具备下列条件：①初步设计及概算已经批准；②项目建设资金来源已落实，年度投资计划已经安排；③监理单位已确定；④具有能满足招标要求的设计文件，已与设计单位签订适应施工进度要求的图纸交付合同或协议；⑤有关建设项目永久征地、临时征地和移民搬迁的实施、安置工作已经落实或已有明确安排。

（二）施工招标程序

建设项目施工招标工作由招标人按下列程序进行：

（1）招标前，按项目管理权限向水行政主管部门提交招标报告备案。报告具体内容应当包括：招标已具备的条件、招标方式、分标方案、招标计划安排、投标人资质（资格）条件、评标方法、评标委员会组建方案以及开标、评标的工作具体安排等。

（2）编制招标文件。

（3）发布招标信息（招标公告或投标邀请书）。

（4）发售资格预审文件。

（5）按规定日期接受潜在投标人编制的资格预审文件。

（6）组织对潜在投标人资格预审文件进行审核。

（7）向资格预审合格的潜在投标人发售招标文件。

（8）组织购买招标文件的潜在投标人现场踏勘。

（9）接受投标人对招标文件有关问题要求澄清的函件，对问题进行澄清，并书面通知所有潜在投标人。

（10）组织成立评标委员会，并在中标结果确定前保密。

（11）在规定时间和地点，接受符合招标文件要求的投标文件。

（12）组织开标评标会。

（13）在评标委员会推荐的中标候选人中，确定中标人。

（14）向水行政主管部门提交招标投标情况的书面总结报告。

（15）发中标通知书，并将中标结果通知所有投标人。

（16）进行合同谈判，并与中标人订立书面合同。

采用公开招标方式的项目，招标人应当在国家发展计划委员会指定的媒介发布招标公告，其中大型水利工程建设项目以及国家重点项目、中央项目、地方重点项目同时还应当在《中国水利报》发布招标公告，公告正式媒介发布至发售资格预审文件（或招标文件）

的时间间隔一般不少于 10 日。招标人应当对招标公告的真实性负责。招标公告不得限制潜在投标人的数量。采用邀请招标方式的，招标人应当向 3 个以上有投标资格的法人或其他组织发出投标邀请书。投标人少于 3 个的，招标人应当依照规定重新招标。

（三）招标文件的编制

招标文件是工程招标工作的纲领性文件，同时又是投标人编制投标书的依据，也是承包人、发包人签订合同的主要内容。招标文件的编制要符合投资控制、进度控制、质量控制的总体目标，符合发包人的要求及工程项目特点。

在招标文件编写过程中进行造价控制的主要工作在于选定合理的工程计量方法和计价方法。按照我国目前的规定，对于全部使用国有资金投资或国有资金投资为主的大中型建设工程应使用工程量清单计价模式，其他项目可使用定额计价的模式。

1. 工程量清单编制

招标文件内容包括工程量清单。工程量清单是按照国家或地方颁布的计算规则、统一的工程项目划分方法、统一的计量单位、统一的工程量计算规则，根据设计图纸、设计说明、图纸会审记录，考虑招标人的要求、工程项目的特点计算工程量并予以统计、排列，从而得到的清单。它作为投标报价参考文件的重要组成部分提供给投标人，目的在于将投标价格的工程量部分固定不变。

编制工程量清单要注意以下几点：

（1）编制依据。必须全面了解工程有关资料，了解业主意图、技术规范、实地勘察现场情况，了解实际施工条件（工程现场的场地、用房、交通等环境条件，水文、地质、气象的具体条件），为计算工程量打好基础，尽量减少日后工程变更。

（2）项目划分。要求项目之间界限清楚，项目作业内容、工艺和质量标准清楚，既便于计量，也便于报价；项目划分尽量要细，避免不平衡报价。

（3）工程量清单项目应尽可能周全。不重不漏是招标工程量清单最基本的要求，清单中漏掉的新增项目会引起工程造价失控。因此，在编制招标工程量清单时应该带有一定的预见性，增列一些可能发生的项目，列入少量的工程量。

（4）清单说明言简意赅。包括工作内容的补充说明、施工工艺特殊要求说明、主要材料规格型号及质量要求说明、现场施工条件、自然条件说明等。尤其是现场施工条件、自然条件说明，应准确表述，便于投标单位与自己所了解的情况对照。

（5）配套表格设计合理，实用直观、具有操作性。既要使投标操作起来不烦琐，又要利于评标操作方便快捷。

2. 报价方法

报价方法一般分为综合单价法和工料单价法。综合单价法针对分部分项内容，综合考虑其工料机成本和各类间接费及利税后报出单价，再根据各分项量价积之和组成工程总价，它一般不反映工料机分析。工料单价法则针对单位工程，汇兑所有分部分项工程各种工料机数量，乘以相应的工料机市场单价，所得总和后再考虑总的间接费和利税后报出总价，它不但包括各种费用计算顺序，而且反映各种工料机市场单价。

建筑工程项目不同于其他政府采购项目，有时由于设计不到位、施工中变更等不可预见因素较多，使工程竣工后产生了由于工程量的变化而引起的造价调整。如果双方在签订合同时对工程量调整后的估价未明确说明，则在工程实施时往往会产生对费用的异议。因此，用工料单价法报价，能较好地解决这种事后争议。即采用工料单价法报价，为工程项目的事后审计工作更为顺利地进行提供了较多依据。但目前国际惯用的报价形式大多是综合单价法，其使用前提较为严格，如图纸设计要翔实、变更较少、使用 FIDIC 合同格式等。

3. 标底的编制

标底是指招标人根据招标项目的具体情况，自行编制或委托具有相应资质的工程造价咨询机构代为编制完成招标项目所需的全部费用，是依据国家规定的计价依据和计价办法计算出来的工程造价，并按规定程序审定的招标工程的预期价格。标底是建筑安装工程造价的表现形式之一，一般应控制在批准的总概算及投资包干限额内。标底是评价投标人所投单价和总价合理性的重要参考依据，是对生产建筑产品所消耗的社会必要劳动的估值，是核算成本价的依据，是合同管理中确定合同变更、价格调整、索赔和额外工程的费率和价格的依据。因此，正确计算标底对控制工程造价有重要的意义。

在确定标底时，要进行大量市场行情调查，掌握较多的工程所在地区或条件相近地区同类工程项目的造价资料，经过认真的研究、分析和比较计算，尽量将工程标底控制在低于或等于同类工程社会平均水平上。

(1) 标底编制的原则。在标底的编制过程中，应遵循以下原则：①根据国家统一工程项目划分、计量单位、工程量计算规则及设计图纸、招标文件，并参照国家、行业或地方批准发布的定额和国家、行业、地方规定的技术标准规范及市场价格确定工程量和编制标底；②标底作为招标人的期望价格，应力求与市场的实际变化相吻合，要有利于竞争和保证工程质量；③标底应由直接费、间接费、利润、税金等组成，一般应控制在批准的建设工程投资估算或总概算（修正概算）价格以内；④标底应考虑人工、材料、设备、机械台班等价格变化因素，还应包括措施费及不可预见费、预算包干费、考虑现场因素、保险等，采用固定价格的还应考虑工程的风险金等；⑤ 一个工程只能编制一个标底；⑥工程项目标底完成后应及时封存，在开标前应严格保密，所有接触过工程标底的人员都负有保密责任，不得泄露。

(2) 标底编制的步骤。

1) 准备工作。首先，要熟悉施工图设计及说明，如发现图纸中的问题或不明确之处，可要求设计单位进行交底、补充，并做好记录，在招标文件中加以说明；其次，要勘察现场，实地了解现场情况及周围环境，以作为确定施工方案、包干系数和技术措施费等有关费用计算的依据；再次，要了解招标文件中规定的招标范围，材料、半成品和设备的加工订货情况，工程质量和工期要求，物资供应方式，要进行市场调查，掌握材料、设备的市场价格。

2) 收集编制资料。编制标底需收集的资料和依据，包括：建设行政主管部门制定的有关工程造价的文件、规定；设计文件、图纸、技术说明及招标时的设计交底，按设计图纸确定的或招标人提供的工程量清单等相关基础资料；拟采用的施工组织设计、施工方案、施工技术措施等；工程定额、现场环境和条件、市场价格信息等。总之，凡在工程建设实施过程中可能影响工程费用的各种因素，在编制标底价格前都必须予以考虑，收集所有必需的资料和依据，达到标底编制具备的条件。

3）计算标底价格。计算标底价格的程序：①以工程量清单确定划分的计价项目及其工程量，计算整个工程的人工、材料、机械台班需用量；②确定人工、材料、设备、机械台班的市场价格，结合前面的需用量确定整个工程的人工、材料、设备、机械台班等直接费用；③确定工程施工中的措施费用和特殊费用，编制工程现场因素、施工技术措施、赶工措施费用表及其他特殊费用表；④采用固定合同价格的，预测和测算工程施工周期内的人工、材料、设备、机械台班价格波动的风险系数；⑤根据招标文件的要求，按工料单价计算直接工程费，然后计算措施费、间接费、利润和税金，编制工程标底价格计算书和标底价格汇总表；或者根据招标文件的要求，通过综合计算完成分部分项工程所发生的直接工程费、措施费、间接费、利润、税金，形成综合单价，按综合单价法编制工程标底价格计算书和标底价格汇总表。

4）审核标底价格。计算得到标底价格以后，应再依据工程设计图纸、特殊施工方法、工程定额等对填有单价与合价的工程量清单、标底价格计算书、标底价格汇总表、采用固定价格的风险系数测算明细，以及现场因素、各种施工措施测算明细、材料设备清单等标底价格编制表格进行复查与审核。

四、水利水电工程投标报价

投标报价是承包商采取投标方式承揽工程项目时，计算和确定承包该项工程的投标总价格。业主把承包商的报价作为主要标准来选择中标者，同时也是业主和承包商就工程标价进行承包合同谈判的基础，直接关系到承包商投标的成败。报价是进行工程投标的核心。报价过高会失去承包机会，而报价过低虽然得了标，但会给工程带来亏本的风险。因此，标价过高或过低都不可取，如何做出合适的投标报价，是投标者能否中标的最关键的问题。

（一）报价的主要依据

工程报价的依据主要有：①设计图纸；②工程量表；③合同条件，尤其是有关工期、支付条件、外汇比例的规定；④有关法规；⑤拟采用的施工方案、进度计划；⑥施工规范和施工说明书；⑦工程材料、设备的价格及运费；⑧劳务工资标准；⑨当地生活物资价格水平。

此外，还应考虑各种有关间接费用。

（二）投标报价步骤

承包商通过资格预审，购买到全套招标文件之后，即可根据工程性质、大小，组织一个经验丰富、决策强有力的班子进行投标报价。承包工程有固定总价合同、单价合同、成本加酬金合同等几种主要形式，不同的合同形式的计算报价是有差别的。具有代表性的单价合同报价计算主要分以下 9 个步骤：①研究招标文件；②现场考察；③复核工程量；④编制施工规划；⑤计算工、料、机单价；⑥计算分项工程基本单价；⑦计算间接费；⑧考虑上级企业管理费、风险费，预计利润；⑨确定投标价格。

1. 研究招标文件

招标文件是投标的主要依据，承包商在动手计算标价之前和整个投标报价期间，均应组织参加投标报价的人员认真细致的阅读招标文件，仔细地分析研究。首先要弄清楚招标文件的要求和报价内容。其目的是：一要弄清楚承包者的责任和报价范围，以避免在报价中发生任何遗漏；二要弄清楚各项技术要求，以便确定经济适用而又可能加速工期的施工方案；三要弄清楚工程中需使用的特殊材料和设备，以便在计算报价之前调查市场价格，避免因盲目估价而失误；四要整理出招标文件中含糊不清的问题，有一些问题应及时请业主或咨询工程师予以澄清。

招标文件内容广泛，承包商应对于可能对投标价计算产生重大影响的以下几个主要方面，加以特别注意。

（1）投标书附件与合同条件在报价时应特别注意考虑下列因素：①工期，包括开工日期和施工期限的规定，以及是否有分段、分部竣工的要求；②误期损害赔偿费的有关规定；③维修期和维修期间的担保金额，这对何时可收回工程“尾款”，承包商的资金利息和保函费用计算有影响；④保函的要求，包括投标保函、履约保函、预付款保函、维修期保函等。保函值的要求、保函有效期的规定、允许开保函的银行限制等；⑤保险，是否指定了保险公司，保险种类和最低保险金额；⑥付款条件，是否有预付款及如何扣回，材料设备到达现场并检验合格后是否可以获得部分材料设备预付款，是否按订货、货到工地等分阶段付款。中期付款方法，包括付款比例、保留金比例、保留金最高限额、退回保留金的时间和方法，拖延付款的利息支付；付款的时间规定等。这些是影响承包商计算流动资金及其利息费用的重要因素；⑦税收，是否免税或部分免税，可免何种税收，可否临时进口机具设备而不收海关关税等；⑧货币，支付和结算的货币规定，外汇兑换和汇款的规定，向国外订购的材料设备需用外汇的申请和支付办法；⑨劳务国籍的限制，这对计算劳务成本有用；⑩战争和自然灾害等人为不可抗拒因素造成损害的补偿办法和规定，中途停工的处理办法和补救措施等；有无提前竣工的奖励；争议、仲裁或诉讼法律等的规定。

（2）施工技术、材料和设备要求研究招标文件中要求采用哪国的施工验收规范或是其他国际规范，有无特殊的施工技术要求、有无特殊材料设备技术要求、有无选择代用材料、设备的规定等。以便考虑相应的定额，计算有特殊要求项目的价格。

（3）工程范围和报价要求：①应注意对不同种类的合同采取不同的方法和策略；②应当仔细研究招标文件中的工程量表的编制体系和方法；③讲究永久性工程之外的项目有何报价要求；④对某些部位的工程或设备提供，是否必须由业主指定的分包商进行分包。应为“指定的分包商”提供何种条件，承担何种责任，以及计价方法等；⑤对于材料、设备、工资在施工期限内涨价及当地货币贬值有无补偿，即合同有无任何调价条款，以及调价计算公式；⑥承包商的风险。认真研究招标文件中对承包商不利，需承担很大风险的条款和各种规定。

2. 现场考察

在 FIDIC 土木工程施工合同条件中明确规定：“应当认为承包商在提交投标书之前，已对现场和其周围环境及与之有关的可用资料进行了视察和检查，已取得上述可能对其投标产生影响或发生作用的风险、意外事件及所有其他情况的全部必要资料”；“应当认为承包商的投标书以业主提供的可利用的资料和承包商自己进行的上述视察和检查为依据”。这说明现场考察是投标者必须经过的投标程序。按国际惯例，一般认为投标者的报价单是在现场考察的基础上提出的，一旦随投标书提交了报价单，承包商就无权因为现场考察不周、对因素考虑不全而提出改投标报价或提出补偿等要求。现场考察应包括以下内容。

（1）自然地理条件。

1）工程所在地的地理位置、地形、地貌、用地范围。

2）气象、水文情况，包括气温、湿度、风力，年平均和最大降雨量；对于水利和港湾工程，还应搜集河水流量、水位、潮汐、风浪等水文资料。

3）地质情况，表层土和下层土的地质构造及特征，承载能力，地下水情况。

4）地震及其设防烈度，洪水、台风及其他自然灾害情况。

（2）市场情况。

1）建筑和装修材料、施工机械设备、燃料、动力和生活用品的供应情况，价格水平，过去几年的批发价和零售价指数以及今后的变化趋势预测。

2）劳务市场情况，包括工人的技术水平，工资水平，有关劳动保险和福利待遇的规定，在当地雇佣工人的可能性，以及外籍工人是否被允许入境等。

3）银行利率和外汇汇率。

（3）施工条件。

1）施工场地四周情况，布置临时设施、生活营地的可能性。

2）供排水、供电、道路条件、通信设施现状；引接或新修供排水路、电源、通信线路和道路的可能性及最近的路线与距离。

3）附近供应或开采砂、石、填方土壤和其他当地材料的可能性，并了解其规格、品质和适用性。

4）附近的现有建筑工程情况，包括其工程性质、施工方法、劳务来源和当地材料来源等。

5）环境对施工的限制，施工操作中的振动、噪音是否构成违背邻近公众利益而触犯环境保护法令；是否需要申请进行爆破的许可；在繁华地区施工时，材料运输、堆放的限制，对公众安全保护的常用措施；现场周围建筑物是否需要加固、支护等。

（4）其他条件。

1）交通运输。包括陆地、海运、河运和空运的运输交通情况，主要运输工具的购置和租赁价格。

2）编制报价的有关规定，工程所在地国家或地区工程部门颁发的有关费率和取费标准，临时建筑工程的标准和收费。

3）工地现场附近的治安情况。

（5）业主情况。

1）业主的资信情况，主要是了解其资金来源和支付的可靠性。

2）履约态度，履行合同是否严肃认真，处理意外情况时是否通情达理，是否谅解承包商的具体困难。

3）能否秉公办事，是否惯于挑剔、刁难。

（6）竞争对手情况。了解可能参加投标竞争的公司名称、国别及其与当地合作的公司的名称；了解这些公司的能力和过去几年内的工程承包情况；了解这些公司的突出的优势和明显的弱点；做到知己知彼，制定出合适的投标策略，发挥自己的优势而取胜。

以上是调查考察的一般内容，应针对工程具体情况而增删。考察后要写出简洁明了的考察报告，附有参考资料、结论和建议。

3. 复核工程量

招标文件中通常都附有工程量表，投标者应根据图纸仔细核算工程量，如发现漏项或相差较大时，应通知招标单位要求更正，一般规定，未经招标业主允许，不得修改或变动工程量。如果业主在投标前未予更正，而且是对投标者不利的情况，投标者可在投标时附上声明函件，指出工程量表中的漏项或某项工程量有错误，施工结算应按实际完成量计算。也可按不平衡报价的思路进行报价。有时招标文件中没有工程量表，仅有招标图纸，需要投标者根据设计图纸自行计算，按照自己的习惯或按给定的有关工程量计算方法分项目列出工程量表。在计算中应注意以下几点：

（1）正确划分各部分工程项目，与当地现行定额项目一致。

（2）按照一定的计算顺序进行，避免漏算或错算。

（3）严格按设计图纸标明的尺寸、数据计算。

（4）在计算中要结合已定的施工方案或施工方法。

（5）最后进行认真复核检查。

复核工程量要求尽可能准确无误，因为工程量的大小直接影响投标价的高低。对于总价合同，按图纸核算工程量就更为重要，特别是在总价合同条件下，由于工程量错误而导致产生的风险，是由承包商承担的，工程量的漏算或错算有可能带来无法弥补的经济损失。

如果招标的工程是一个大型项目，而投标时间又比较短，则在较短的时间内核算全部工程量，将是十分困难的。即使时间紧迫，承包商至少应当在报价前核算那些工程量较大和造价较高的项目。

在核算完全部工程量表中细目后，投标者应按大项分类汇总主要工程量，以便对这个工程项目施工规模的全面了解，并用以研究采用合适的施工方法，选择适用和经济的施工机具设备，确定合理的施工方案。

4. 编制施工规划

招标文件中要求投标者在报价的同时要附上其施工规划，施工规划内容一般包括工程进度计划和施工方案，业主将根据这些资料评价投标者是否采取了充分和合理的措施，保证按期完成工程施工任务。另外，施工规划对投标者自己也是十分重要的，因为进度安排是否合理，施工方案选择是否恰当，对工程成本与报价有密切关系。制定施工规划的依据是设计图纸、规范、复核的工程量表、现场施工条件、开工、竣工的日期要求、机械设备来源、劳动力来源等。

编制一个好的施工规划可以大大降低标价，提高竞争力。编制的原则是在保证工期和工程质量的前提下，尽可能使工程成本最低，投标价格合理。

（1）工程进度计划。在投标阶段编制的工程进度计划不是工程施工计划，可以粗略一些，一般用直线条计划即可。除招标文件专门规定必须用网络图外，不必采用网络技术，但应考虑和满足以下要求。

1）总工期符合招标文件的要求，如果合同要求分期分批竣工交付使用，应标明分期交付的时间和分批交付的数量。

2）表示各项主要工程的开始和结束时间。例如土方工程、基础工程、混凝土结构工程、屋面工程、装修工程、水电安装工程等的开始和结束时间。

3）体现主要工序相互衔接的合理安排。

4）有利于基本上均衡安排劳动力，尽可能避免现场劳动力数量急剧起落，这样可以提高工效和节省临时设施。

5）有利于充分有效地利用机械设备，减少机械设备占用周期。

6）便于编制资金流动计划，有利于降低流动资金占用量，节省资金利息。

（2）施工方案。制定施工方案要在工期要求、技术可能性、保证质量、降低成本等方面综合考虑，其内容应包括下列几个方面。

1）根据分类汇总的工程数量和工程进度计划中该类工程的施工周期，以及招标文件的技术要求，选择和确定各项工程的主要施工方法和适用、经济的施工方案。

2）根据上述各类工程的施工方法，选择相应的机具设备，并计算所需数量和使用周期。研究确定是采购新设备，或调整现有设备，或在当地租赁设备。

3）研究决定哪些工程由自己组织施工，哪些分包，提出分包的条件设想，以便询价。

4）用概略指标估算直接生产劳务数量，考虑其来源及进场时间安排。如果当地有限制外籍劳务的规定，则应提出当地劳务和外籍劳务的工种分配。另外，从所需直接生产劳务的数量，可结合以往经验估算所需间接劳务和管理人员的数量，并可估算生活性临时设施的数量和标准等。

5）用概略指标估算主要的和大宗的建筑材料的需用量，考虑其来源和分批进场的时间安排，从而可估算现场用于存储、加工的临时设施。如果有些建筑材料，如砂、石等预定就地自行开采，则应估计采砂、石场的设备、人员，并计算自采砂、石的单位成本价格。如有些构件预定在现场自制，应确定相应的设备、人员和场地面积，并计算自制构件的成本价格。

6）根据现场设备、高峰人数和一切生产和生活方面的需要，估算现场用水、用电量，确定临时供电和供排水设施。

7）考虑外部和内部材料供应的运输方式，估计运输和交通车辆的需要和来源。

8）考虑其他临时工程的需要和建设方案，例如进场道路、停车场地等。

9）提出某些特殊条件下保证正常施工的措施。例如降低地下水位以保证基础或地下工程施工的措施和冬季、雨季施工措施等。

10）其他必须的临时设施的安排。例如临时围墙或围篱，警卫设施、夜间照明、现场临时通信设施等。

如果招标文件规定承包商应当提供业主现场代表和驻现场监理工程师的办公室、车辆和测试仪器、办公家具及设备和服务设施时，可以根据招标文件的具体要求，将其作为一个相对独立的子项工程，提出自己的建议和报价。对于小型招标项目，如果招标文件对此并无特殊规定，则可将之包括在承包商的临时工程费用中，一并在工程量表的项目中摊销。

应注意上述施工方案中的各种数字，都是按汇总工程量和概略定额指标估算的，在计算标价过程中，需要按后续计算得出的详细计算数字予以修改、补充和订正。

5. 计算工程报价费用

工程报价的费用组成与现行概（预）算文件中的费用构成基本一致，主要有直接费、间接费、利润、税金以及不可预见的费用等。但投标报价和工程概（预）算是有区别的，工程概（预）算文件必须按国家有关规定编制，尤其是各种费用的计算。必须按规定的费率进行，不得任意修改；而投标报价则可根据本企业实际情况进行计算，更能体现企业的实际水平。工程概（预）算文件经设计单位编完后，必须经建设单位或其主管部门、建设银行等审查批准后才能作为建设单位与施工单位结算工程价款的依据，而投标报价可以根据施工单位对工程的理解程度，在预算造价上下浮动，无需预先送建设单位审核。国内工程投标报价费用的组成如下：

（1）直接费：指在工程施工中直接用于工程实体上的人工、材料、设备和施工机械使用费等费用的总和。由人工费、材料费、设备费、施工机械费、其他直接费和分包项目费用组成。

（2）间接费：间接费用是指组织和管理工程施工所需的各项费用，主要由施工管理费和其他间接费组成。其他间接费包括临时设施费，施工机械迁移费、劳动保险基金等。

（3）利润和税金：指按照国家有关部门的规定，建筑施工企业在承担施工任务时应计取的利润，以及按规定应计入建筑安装工程造价内的营业税、城市建设维护税等。

（4）不可预见费：可由风险因素分析予以确定，一般在投标时可按工程总成本的3%～5%计算。

6. 确定投标价格

前面计算出的工程单价，是包含人工费、材料费、机械费和除合同工程量表中单列项目以外的间接费、利润、风险费等工程的工程分项单价，将之乘上工程量，再加上工程量表中单列项目费用，即可得出工程总价。但是，这样汇总得出的工程总价还不能作为投标价格，因为按照上述方法算出的工程总价，与根据经验预测的可能中标价格，或通过某些渠道掌握的“标底”相比，往往有出入，甚至可能相差很大。组成总价的各部分费用间的比例也可能不尽合理。造成这种“价差”的原因很多，必须具体分析之后，再对工程总价作出必要的调整。

调整投标总价应当建立在对工程的盈亏预测的基础上。可以用类比方法，把工程的全部人工费、材料费、机械费、间接费分加汇总，计算出各种费用占总价的比例，或者算出单位造价，和以往类似工程相比，从中发现问题。可以用分析的方法，把工、料、机单价，分项工程基本单价和间接费互相对照，看是否有漏算、重复的项目，然后分析费用的各个组成部分，看哪些地方还可通过采取某些措施降低成本、增加盈利。

考虑标价时，应坚持“既能够中标，又有利可图”的原则，同时，既考虑第一次投标成败的得失，又应着眼于长远发展目标，确定最后的投标报价。

在作出投标报价决策和确定报价策略之后，应组织人员重新修正报价计算书，按招标文件的要求正确编报投标文件，并在规定的投标日期和时间内报送投标文件。

第二节　工程量清单概述

一、基本概念

1. 工程量清单的概念

工程量清单是由建设工程招标人发出的，对招标工程的全部项目，按统一的项目编码、工程量计算规则、项目划分和计量单位计算出的工程数量列出的表格。

工程量清单可以由招标人自行编制，也可以由其委托有资质的招标代理机构或咨询单位编制。工程量清单是招标文件的组成部分。

2. 工程量清单的作用

工程量清单除了为潜在的投标人提供必要的信息外，还具有以下作用：

（1）为投标人提供一个公开、公平、公正的竞争环境。工程量清单由招标人统一提供，统一的工程量避免了由于计算不准确、项目不一致等人为因素造成的不公正影响，创造了一个公平的竞争环境。

（2）工程量清单是计价和询标、评标的基础。无论是标底的编制还是企业投标报价，都必须以工程量清单为基础进行。同样也为今后的招标、评标奠定了基础。

（3）为施工过程中支付工程进度款提供依据。根据相关合同条款，工程量清单为施工过程中的进度款支付提供了依据。

（4）为办理工程结算及工程索赔提供了重要依据。

（5）设有标底价格的招标工程，招标人利用工程量清单编制标底价格，供评标时参考。

二、工程量清单编制的准备工作

1. 资料的准备

开始工程量计算的工作之前，必须将相关资料准备齐全。资料包括常用的符号、数据、计算公式、一般通用及常用材料技术参数和基础参考资料等。

（1）基本计算手册。包括平面图形面积、多面体的体积和表面积公式、物料堆体的计算公式、壳体表面积、侧面积的公式，长度、面积、体积单位的换算。

（2）常用建筑材料的性质及数值。包括常用材料和构件的自重、液体平均密度和容量的换算。

（3）熟悉工程量计算的计算规则。

2. 图纸的准备

（1）全套的招标设计图纸，包括设计总说明、施工技术要求、合同条款、施工方案等。

（2）国家现行的标准图集。

（3）设计规范、施工验收规范、质量评定标准、安全操作规程。

3. 定额的准备

（1）基础定额。基础定额是以分项工程表示的人工、材料、机械用量的消耗量标准，是按照正常的施工条件，大多数企业的技术条件、装备水平，按照合理的工期、施工工艺水平、一定的劳动组织条件编制的，反映了社会平均消耗水平。基础定额是统一全国建设工程的项目划分、计量单位、工程量计算规则的国家基础定额，是依据现行的国家标准、设计规范和施工验收规范、质量评定标准、安全操作规程编制的。建筑工程基础定额可以作为地区定额的基础，也可以作为企业编制本企业预算定额和投标报价的基础。

由于市场价格的地区性及经济条件、施工方法的不同，使定额无法确定一个统一的、全国通行的市场价格。所以，基础定额给定的是人工、材料、机械的消耗量标准。各地区按照当地的人工、材料、机械的实际价格进行具体实施。基础定额的特点就是全国统一消耗量标准，统一定额的项目划分、计量单位、工程量计算规则。基础定额是国家定额，是各省市编制地方建设工程定额的依据。

（2）预算定额。预算定额是在正常合理的施工条件下，完成一定计量单位的分项工程所必需的人工、材料、机械台班的消耗量标准。

预算定额是在全国基础定额的基础上，并根据正常的施工条件，国家颁发的施工及验收规范，质量评定标准和安全技术操作规程，施工现场文明安全施工及环境保护的要求，以及现行的标准图、通用图等为依据编制的。预算定额是依据本地区施工企业的装备水平、成熟的施工工艺、合理的劳动组织条件制定的，反映的是社会平均消耗水平。

预算定额的作用：编制施工图预算、进行工程招投标、签订建设工程承包合同、拨付工程款和办理工程竣工结算的依据；统一本地区建设工程预（结）算的依据；统一本地区建设工程预（结）算工程量计算规则、项目划分及计量单位的依据；完成规定计量单位分项工程计价所需的人工、材料、施工机械台班消耗量的标准；编制概算定额和估算指标的基础。

预算定额也是编制工程量清单报价的基础。在施工企业没有编制企业消耗定额的情况下，企业在执行工程量清单报价时，可执行预算定额的人工、材料、机械台班消耗量标准。以人工、材料、机械台班的市场价格或造价管理部门定期公布的材料价格，作为清单单价的重要组成部分。

（3）企业定额。按照《计价规范》的术语解释，企业定额的概念是施工企业根据本企业的施工技术和管理水平，以及有关工程造价资料制定的，并供本企业使用的人工、材料和机械台班消耗量。反映的是平均先进消耗水平，即每完成一个规定计量单位工程项目所消耗的人工、材料、机械台班消耗量少于预算定额的消耗水平。也就是说：企业定额要先进于预算定额，企业定额水平要先进于基础定额，即社会平均消耗量。

三、工程量清单编制的原则、依据和步骤

1. 工程量清单编制的原则

（1）必须遵循市场经济活动的基本原则。即客观、公正、公平的原则。所谓客观、公正、公平的原则，就是要求工程量清单的编制要实事求是，不弄虚作假，招标要机会均等，一律公平地对待所有投标人。

（2）符合国家《计价规范》的原则。项目分项类别、分项名称、清单分项编码、计量单位、分类项目特征、工作内容等，都必须符合《计价规范》的规定和要求。

（3）符合工程量实物分项与描述准确的原则。工程量清单是对招标人和投标人都有很强约束力的重要文件，专业性强，内容复杂，对编制人的业务技术水平和能力要求高，能否编制出完整、严谨、准确的工程量清单，是招标成败的关键。工程量清单是传达招标人要求，便于投标人响应和完成招标工程实体、工程任务目标及相应分项工程数量，全面反映投标报价要求的直接依据。因此，招标人向投标人所提供的清单，必须与设计的施工图纸相符合，能充分体现设计意图，充分反映施工现场的现实施工条件，为投标人能够合理报价创造有利条件，贯彻互利互惠的原则。

（4）工作认真审慎的原则。应当认真学习《计价规范》、相关政策法规、工程量计算规则、施工图纸、工程地质与水文资料和相关的技术资料等。熟悉施工现场情况，注重现场施工条件分析。对初定的工程量清单的各个分项，按有关的规定进行认真核对、审核，避免错漏项、少算或多算工程数量等现象发生，对措施项目与其他措施工程量项目清单也应当认真反复核实，最大限度地减少人为因素的错误发生。重要的问题在于不留缺口，防止日后追加工程投资，增加工程造价。

2. 工程量清单的编制依据

《水利工程工程量清单计价规范》规定："分类分项工程量清单应根据本规范附录A和附录B规定的项目编码、项目名称、项目主要特征、计量单位、工程量计算规则、主要工作内容和一般适用范围进行编制"。即应严格按照《计价规范》编制。综合起来，工程量清单的编制依据有以下几点：

（1）招标设计文件及技术条款。

（2）有关的工程施工规范与工程验收规范。

（3）拟采用的施工组织设计和施工技术方案。

（4）相关的法律、法规及本地区相关的计价条例等。

3. 工程量清单的编制步骤

工程量清单编制的内容，应包括分类分项工程量清单、措施项目清单、其他项目清单，且必须严格按照《计价规范》规定的计价规则和标准格式进行。在编制工程量清单时，应根据规范和招标图纸及其他有关要求对清单项目进行准确详细的描述，以保证投标企业正确理解各清单项目的内容，合理报价。

工程量清单编制程序与步骤：

（1）收集熟悉有关资料文件。

（2）分析图纸确定清单分项。

（3）按分项及计算规则计算清单工程量。

（4）编制分部分项工程量清单。

（5）编制措施项目清单和其他项目清单。

（6）按规范格式整理工程量清单。

四、工程量清单的内容

《水利工程工程量清单计价规范》（GB 50501—2007）中对工程量清的格式进行了统

一规定，其内容有：工程量清单封面、填表须知、总说明、分类分项工程量清单、措施项目清单、其他项目清单、零星工作项清单和其他辅助表格。工程量清单的编写应由招标人完成，除以上规定的内容以外，招标人可根据具体情况进行补充。工程量清单主要有分类分项工程量清单、措施项目清单、其他项目清单、零星工作项目清单四部分，其中分类分项工程量清单是核心。

1. 工程量清单封面

招标人需在工程量清单封面上填写：拟建的工程项目名称、招标人（招标单位）、法定代表人、中介机构法定代表人、造价工程师及注册证号、编制时间。

2. 工程量清单填表须知

招标人在编写工程量清单表格时，必须按照规定的要求完成。具体规定有四条：

（1）工程量清单及其计价格式中所有要求签字、盖章的地方，必须由规定的单位和人员盖章、签字（其中法定代表人也可由其授权委托的代理人签字、盖章）。

（2）工程量清单及其计价格式中的任何内容不得随意删除或涂改。

（3）工程量清单计价格式中列明的所有需要填报的单价和合价，投标人均应填报，未填报的单价和合价，视为此项费用已包含在工程量清单的其他单价及合价中。

（4）金额（价格）均应以________币表示。

3. 工程量清单总说明

工程量清单的总说明主要是招标人用于说明招标工程的工程概况、招标范围、工程量清单的编制依据、工程质量的要求、主要材料的价格来源等。

（1）工程概况是指建设规模、工程特征、计划工期、施工现场实际情况、交通运输情况、自然地理条件、环境保护要求等。

（2）工程招标和分包范围。

（3）工程量清单编制依据。

（4）工程质量、材料、施工等的特殊要求，即工程质量要求达到的标准、主要材料的材质等级标准、规格型号、价格要求及其他。

（5）招标人自行采购材料的名称、规格型号、数量等。

（6）预留金、自行采购材料的金额数量。

（7）其他需说明的问题。

4. 分类分项工程量清单

分类分项工程量清单包括项目编码、项目名称、计量单位、工程数量和主要技术条款编码五项内容。编制分类分项工程量清单，主要就是将设计图纸规定要实施完成的工程的全部对象、内容和任务等列成清单，列出分类分项工程的项目名称，计算出相应项目的有效自然（或实体）工程数量，制作完成工程量清单表。

分类分项工程量清单应根据《水利工程工程量清单计价规范》附录 A 和附录 B 规定的统一项目编码、统一项目名称、统一计量单位、统一工程量计算规则进行编制。

（1）项目编码。项目编码用 12 位阿拉伯数字表示。前 9 位为全国统一编码，不得变动，后 3 位是清单项目名称编码，由清单编制人根据设计图纸的要求、拟建工程的实际情况和项目特征设置。各位编码的含义如下：

第 1、2 位编码“50”为水利工程分类的顺序码；

第 3、4 位编码为水利建筑工程和水利安装工程分类的顺序码，“01”为水利建筑工程、“02”水利安装工程；

第 5、6 位编码为分类工程的顺序码，如“01”为土方开挖工程、“02”为石方开挖工程、“03”为土方填筑工程；

第 7、8、9 位编码为分类工程项目名称的顺序码，如“500101001”中的后 3 位“001”为场地平整；

第 10、11、12 位编码为具体清单项目名称的顺序码，由工程量清单编制人确定。

(2) 项目名称。分部分项工程量清单的项目名称是以工程实体设置的，在编制工程量清单时，以《计价规范》附录中的项目名称为主，考虑到拟建工程项目的规格、型号、材质等特征要求的实际情况，可使其工程量清单的项目名称具体化，以便能够反映出影响实际工程造价的主要因素。

随着科学技术的发展，新材料、新技术、新的施工工艺将不断出现和应用。因此，凡附录中的缺项，在工程量清单编制时，编制人可作补充。补充项目应填写在工程量清单相应分类工程项目之后，并在“项目编码”栏中以“补”字表示。

(3) 计量单位，工程数量的计量单位应按规定采用基本单位。

(4) 工程数量，工程数量是工程量清单的核心内容。工程量计算是工程量清单编制中工作量最大的工作，需要细致、熟练，计算结果应当准确，能实事求是地反映工程实物的状态、内容和数量，以作为编制标底价格、投标报价等的基础依据。分类分项工程量计算的依据是设计图纸和统一的工程量计算规则。工程量计算规则是指对清单项目工程量的计算规定。除另有说明外，所有清单项目的工程量应以有效实体工程量为准，并以完成后的净值计算，投标人在投标报价时，应在单价中考虑施工中的各种损耗和需要增加的工程量。

5. 措施项目清单

措施项目是指为了完成工程项目施工，发生于工程施工前和施工过程中的技术、生活、安全等方面的非工程实体的项目。在措施项目清单中将这些非工程实体的项目逐一列出。

在编制措施项目清单时，应考虑在工程施工前和施工过程中所将要发生的多种因素，除工程本身的因素外，还要涉及水文、气象、环境、安全等因素和施工企业的实际情况。

“措施项目一览表”所列内容是各专业工程均可列出的措施项目，主要有：环境保护，文明施工，安全防护，小型临时工程，施工企业进退场费，大型施工设备安拆费。

措施项目清单根据拟建工程的具体情况和设计要求列项编制，对《计价规范》中所列项目，可以根据工程的规模、涵盖的内容等具体实际情况，编制人可作增减。

6. 其他项目清单

其他项目清单只列预留金一项，招标人可根据招标工程具体情况进行补充。预留金是招标人为可能发生的工程变更而预留的金额。此处的工程变更主要是指工程量清单漏项、有误引起的工程量增加和施工中的设计变更引起标准提高或工程量增加等。

7. 零星工作项目清单

零星工作项目费是指完成招标人提出的、工程量暂估的零星工作所需的费用。零星工作项目一般不能以实物量计量。为了准确地计价，零星工作项目表应详细列出人工、材料、机械名称和相应数量。人工应按工种列项，材料和机械应按规格、型号列项。

五、工程量清单的格式

工程量清单格式如表 9－1～表 9－10 所示。

表 9－1　　　　封　面

____________工程
工 程 量 清 单
合同编号：（招标项目合同编号）
招　标　人：____________（单位盖章）
招标单位 法定代表人 （或委托代理人）：____________（签字盖章）
中介机构 法定代表人 （或委托代理人）：____________（签字盖章）
造价工程师 及注册证号：____________（签字盖职执业专用章）
编制时间：____________

表 9－2　　　　填　表　须　知

1. 工程量清单及其计价格式中所有要求盖章、签字的地方，必须由规定的单位和人员盖章、签字（其中法定代表人也可由其授权的代理人签字、盖章）。 2. 工程量清单及其计价格式中的任何内容不得随意删除或涂改。 3. 工程量清单计价格式中列明的所有需要填报的单价和合价，投标人均应填报，未填报的单价和合价，视为此项费用已包含在工程量清单的其他单价和合价中。 4. 投标金额（价格）均应以________币表示。

表 9－3　　　　总　说　明

合同编号：（招标项目合同编号）

工程名称：（招标项目名称）　　　　第　　页 共　　页

表 9-4　　**分类分项工程量清单**

合同编号：(招标项目合同编号)

工程名称：(招标项目名称)　　　　第　页共　页

序号	项目编码	项目名称	计量单位	工程数量	主要技术条款编码	备注
1		一级××项目				
1.1		二级××项目				
1.1.1		三级××项目				
	50××××××××××	最末一级项目				
1.1.2						
2		一级××项目				
2.1		二级××项目				
2.1.1		三级××项目				
	50××××××××××	最末一级项目				
2.1.2						

表 9-5　　**措施项目清单**

合同编号：(招标项目合同编号)

工程名称：(招标项目名称)　　　　第　页共　页

序号	项目名称	备注
1	环境保护措施	
2	文明施工措施	
3	安全防护措施	
4	小型临时工程	
5	施工企业进退场费	
6	大型施工设备安拆费	
	……	

表 9-6　　**其他项目量清单**

合同编号：(招标项目合同编号)

工程名称：(招标项目名称)　　　　第　页共　页

序号	项目名称	金额(元)	备注

表 9－7　　零星工作项目量清单

合同编号：（招标项目合同编号）

工程名称：（招标项目名称）　　第　页　共　页

序号	名称	型号规格	计量单位	备注
1	人工			
2	材料			
3	机械			

表 9－8　　招标人供应材料价格表

合同编号：（招标项目合同号）

工程名称：（招标项目名称）　　第　页　共　页

序号	材料名称	型号规格	计量单位	供应价（元）	供应条件	备注

表 9－9　　招标人提供施工设备表（参考格式）

合同编号：（招标项目合同编号）

工程名称：（招标项目名称）　　第　页　共　页

序号	设备名称	型号规格	设备状况	设备所在地点	计量单位	数量	折旧费	备注
							元/台时（台班）	

表 9－10　　招标人提供施工设施表（参考格式）

合同编号：（招标项目合同号）

工程名称：（招标项目名称）　　第　页　共　页

序　号	项目名称	计量单位	数　量	备　注

第三节　分类分项工程清单计价的编制

一、工程量清单计价概述

（一）工程量清单计价的概念

工程量清单计价是指在建设工程招标时由招标人计算出工程量，并作为招标文件内容提供给投标人，再由投标人根据招标人提供的工程量自主报价的一种计价行为。就投标单位而言，工程量清单计价可称为工程量清单报价。

（二）工程量清单计价的特点

1. 满足竞争的需要

招标过程本身就是一个竞争的过程，招标人给出工程量清单，由投标人报价，报高了中不了标，报低了要赔本，这就体现出企业技术、管理水平的重要，形成企业整体实力的竞争。

2. 提供了一个平等的竞争条件

工程量清单计价模式由招标人提供工程量，为投标人提供了一个平等竞争的条件，投标人根据自身的实力来报不同的单价，符合商品交换的一般性原则。

3. 有利于工程款的拨付和工程造价的最终确定

投标人中标后，投标清单上的单价成了拨付工程款的依据。业主根据投标人完成的工程量，可以很容易地确定进度款的拨付额。工程竣工后，根据实际工程量乘以相应单价，业主很容易确定工程的最终造价。

4. 有利于实现风险的合理分担

采用工程量清单报价方式后，投标人只对自己所报的成本、单价等负责，而由业主承担工程量计算不准确的风险，这种格局符合风险合理分担与责权利关系对等的一般原则。

5. 有利于业主对投资的控制

工程量清单计价模式下，设计变更、工程量的增减对工程造价的影响容易确定，业主能根据投资情况来决定是否变更或进行方案比较，以决定最恰当的处理方法。

（三）工程量清单计价的应用范围

1. 工程项目类型

《水利工程工程量清单计价规范》（GB 50501—2007）是根据《中华人民共和国招标投标法》和现行国家标准《建设工程工程量清单计价规范》（GB 50500—2003）制定的，适用水利枢纽工程、水力发电、引（调）水、供水、灌溉、河湖整治、堤防等新建、扩建、改建、加固工程的招标投标工程。我国水利工程是全部使用国有资金投资或国有资金投资为主的大中型建设工程，在工程发承包和计价过程中往往存在着政府部门行政干预的可能。通过推行工程量清单计价，有利于公平竞争、合理使用资金。

工程量清单计价方式适用于实行招投标的项目。无论水利工程项目的招标主体和资金来源如何，都可以采用清单计价。随着我国水利工程建筑市场的成熟与完善，工程量清单计价将成为主要的计价模式。

2. 适应的工程项目阶段

使用工程量清单计价的阶段主要是：招标文件编制、投标报价的编制、合同价款的确定、工程竣工结算等。当前主要用于工程的招投标活动中。

（1）工程招标阶段。招标人在工程方案、初步设计或部分施工图设计完成后，可以自行编制，也可以委托招标代理人编制工程量清单，作为招标文件的组成部分发放给投标人。在设置标底的情况下，可以根据工程量清单和有关要求、施工现场的实际情况、合理的施工方法以及按照建设行政主管部门制定的有关工程造价计价方法编制标底。

（2）工程投标报价阶段。投标单位接到招标文件后，根据工程量清单和有关要求、施工现场实际情况以及拟定的施工方案或施工组织设计，根据企业定额和市场价格信息，并参照建设行政主管部门发布的社会平均消耗量定额编制报价。

3. 实施工程量清单报价应遵循的原则

（1）实行工程量清单计价招标投标的水利工程，其招标标底、投标报价的编制，合同价款的确定与调整，以及工程价款的结算，均应按《水利工程工程量清单计价规范》执行。

（2）工程量清单计价应包括按招标文件规定完成工程量清单所列项目的全部费用，包括分类分项工程费、措施项目费和其他项目费。

（3）分类分项工程量清单计价应采用工程单价计价。

（4）分类分项工程量清单的工程单价，应根据《计价规范》规定的工程单价组成内容，按招标设计文件、图纸、附录A和附录B中的“主要工作内容”确定。除另有规定外，对有效工程量以外的超挖、超填工程量，施工附加量，加工、运输损耗量等，所消耗的人工、材料和机械费用，均应摊入相应有效工程量的工程单价之内。

（5）招标工程如设标底，标底应根据招标文件中的工程量清单和有关要求，施工现场情况，合理的施工方案，工程单价组成内容，社会平均生产力水平，按市场价格进行编制。

（6）投标报价应根据招标文件中的工程量清单和有关要求，施工现场情况，以及拟定的施工方案，依据企业定额，按市场价格进行编制。

（7）工程量清单的合同结算工程量，除另有约定外，应按《计价规范》及合同文件约定的有效工程量进行计算。合同履行过程中需要变更工程单价时，按《计价规范》和合同约定的变更处理程序办理。

（8）措施项目清单的金额，应根据招标文件的要求以及工程的施工方案，以每一项措施项目为单位，按项计价。

（9）其他项目清单由招标人按估算金额确定。

（10）零星工作项目清单的单价由投标人确定。

二、工程量清单计价格式

工程量清单计价应采用统一格式，填写工程量清单报价表。工程量清单报价表应由下列内容组成：

（1）封面。

(2) 投标总价。

(3) 工程项目总价表。

(4) 分类分项工程量清单计价表。

(5) 措施项目清单计价表。

(6) 其他项目清单计价表。

(7) 零星工作项目计价表。

(8) 工程单价汇总表。

(9) 工程单价费（税）率汇总表。

(10) 投标人生产电、风、水、砂石基础单价汇总表。

(11) 投标人生产混凝土配合比材料费表。

(12) 招标人供应材料价格汇总表。

(13) 投标人自行采购主要材料预算价格汇总表。

(14) 招标人提供施工机械台时（班）费汇总表。

(15) 投标人自备施工机械台时（班）费汇总表。

(16) 总价项目分类分项工程分解表。

(17) 工程单价计算表。

三、工程量清单计价表的填写要求

工程量清单报价表的填写应符合下列规定：

(1) 工程量清单报价表的内容应由投标人填写。

(2) 投标人不得随意增加、删除或涂改招标人提供的工程量清单中的任何内容。

(3) 工程量清单报价表中所有要求盖章、签字的地方，必须由规定的单位和人员盖章、签字（其中法定代表人也可由其授权委托的代理人签字、盖章）。

(4) 投标总价应按工程项目总价表合计金额填写。

(5) 工程项目总价表填写。表中一级项目名称按招标人提供的招标项目工程量清单中的相应名称填写，并按分类分项工程量清单计价表中相应项目合计金额填写。

(6) 分类分项工程量清单计价表填写。

1) 表中的序号、项目编码、项目名称、计量单位、工程数量、主要技术条款编码，按招标人提供的分类分项工程量清单中的相应内容填写。

2) 表中列明的所有需要填写的单价和合价，投标人均应填写；未填写的单价和合价，视为此项费用已包含在工程量清单的其他单价和合价中。

(7) 措施项目清单计价表填写。表中的序号、项目名称，按招标人提供的措施项目清单中的相应容填写，并填写相应措施项目的金额和合计金额。

(8) 其他项目清单计价表填写。表中的序号、项目名称、金额，按招标人提供的其他项目清单中的应内容填写。

(9) 零星工作项目计价表填写。表中的序号、人工、材料、机械的名称、型号规格以及计量单位，按标人提供的零星工作项目清单中的相应内容填写，并填写相应项目单价。

(10) 辅助表格填写。

1）工程单价汇总表，按工程单价计算表中的相应内容、价格（费率）填写。

2）工程单价费（税）率汇总表，按工程单价计算表中的相应费（税）率填写。

3）投标人生产电、风、水、砂石基础单价汇总表，按基础单价分析计算成果的相应内容、价格填写，并附相应基础单价的分析计算书。

4）投标人生产混凝土配合比材料费表，按表中工程部位、混凝土和水泥强度等级、级配、水灰比、相应材料用量和单价填写，填写的单价必须与工程单价计算表中采用的相应混凝土材料单价一致。

5）招标人供应材料价格汇总表，按招标人供应的材料名称、型号规格、计量单位和供应价填写，并填写经分析计算后的相应材料预算价格，填写的预算价格必须与工程单价计算表中采用的相应材料预算价格一致。

6）投标人自行采购主要材料预算价格汇总表，按表中的序号、材料名称、型号规格、计量单位和预算价填写，填写的预算价必须与工程单价计算表中采用的相应材料预算价格一致。

7）招标人提供施工机械台时（班）费汇总表，按招标人提供的机械名称、型号规格和招标人收取的台时（班）折旧费填写；投标人填写的台时（班）费用合计金额必须与工程单价计算表中相应的施工机械台时（班）费单价一致。

8）投标人自备施工机械台时（班）费汇总表，按表中的序号、机械名称、型号规格、一类费用和二类费用填写，填写的台时（班）费合计金额必须与工程单价计算表中相应的施工机械台时（班）费单价一致。

9）工程单价计算表，按表中的施工方法、序号、名称、型号规格、计量单位、数量、单价、合价填写，填写的人工、材料和机械等基础价格，必须与基础材料单价汇总表、主要材料预算价格汇总表及施工机械台时（班）费汇总表中单价相一致；填写的施工管理费、企业利润和税金等费（税）率必须与工程单价费（税）率汇总表中费（税）率相一致。凡投标金额小于投标总报价万分之五及以下的工程项目，投标人可不编报工程单价计算表。

（11）总价项目一般不再分设分类分项工程项目，若招标人要求投标人填写总价项目分类分项工程分解表，其表式同分类分项工程量清单计价表。

四、工程量清单计价的编制

1．工程量清单计价的费用构成

水利工程工程量清单计价的费用构成如下：

（1）分类分项工程费。分类分项工程费是指完成“分类分项工程量清单”项目所需的费用，包括人工费、材料费（消耗的材料费总和）、机械使用费、企业管理费、利润、税金以及风险费。

（2）措施项目费。措施项目费是指分类分项工程费以外，为完成该工程项目施工必须采取的措施所需的费用，是“措施项目一览表”确定的工程措施项目金额的总和。具体措施项目包括环境保护费、文明施工费、安全施工费、临时设施费、大型机械设备进出场及安拆费等。以上措施项目费包括：人工费、材料费、机械使用费、企业管理费、利润、税金以及风险费。

（3）其他项目费。其他项目费是指除分类分项工程费和措施项目费用以外，该工程项目施工中可能发生的其他费用。其他项目费包括招标人部分的预留金、材料购置费（仅指由招标人购置的材料费），投标人部分的总承包服务费、零星工作项目费的估算金额等。

2. 工程量清单计价的程序

工程量清单计价的基本过程如图 9－1 所示。从计价过程的示意图中可以看出，工程量清单计价过程可以分为两个阶段：工程量清单编制和利用工程量清单投标报价。

（1）工程量清单编制。在统一的工程量计算规则的基础上，制定工程量清单项目的设置规则，根据具体工程的施工图纸及合同条款计算出各个清单项目的工程量，并按统一格式完成工程量清单编制。

（2）工程量清单报价。依据工程量清单、国家地区或行业的定额资料、市场信息，招标人或者招标委托人可以制定项目的标底价格，而投标单位则依据招标人提供的工程量清单、合同技术条款，根据企业定额和从各种渠道获得的工程造价信息和经验数据计算得到投标报价。

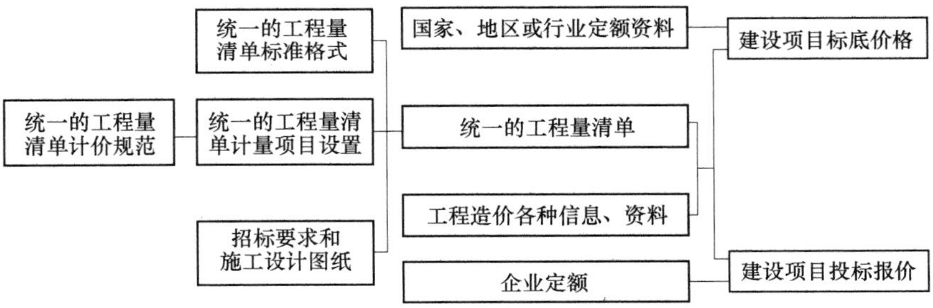

图 9－1　工程量清单计价的过程图

五、分类分项工程单价编制

1. 分类分项工程单价组成

《水利工程工程量清单计价规范》（GB 505001—2007）规定，分类分项工程单价是完成工程量清单中一个质量合格的规定计量单位项目所需的直接费（包括人工费、材料费、机械使用费和季节、夜间、高原、风沙等原因增加的直接费）、施工管理费、企业利润和税金，并考虑风险因素。

分类分项工程单价是编制水电工程总投资的基础。它的准确程度直接影响到工程投资及工程项目的决策。

分类分项工程单价是指以价格形式表示的完成单位工程量（如 1.0m^3、1.0m^2、1.0 台、1.0 套、1.0t 等）所耗用的全部费用。包括直接费、施工管理费、企业利润和税金，并考虑风险因素。

分类分项工程单价由“量、价、费”三要素组成。量指完成单价工程量所需的人工、材料和施工机械台时（台班）数量；价指人工预算单价、材料预算价格和机械台时（台班）费等基础单价；费指按规定计入工程单价的施工管理费、企业利润和税金等。

人工、材料和机械台时数量，需根据设计图纸及施工组织设计等资料，正确选用《水利建筑预算定额》或企业自行编制定额的相应子目的规定数量。

人工、材料预算单价和机械台时费，根据人工工资标准及工程材料供应情况和机械台时定额进行计算。

季节、夜间、高原、风沙等原因增加的直接费、施工管理费、企业利润和税金等，按有关规定及地方主管部门规定或企业自身的管理规定的取费标准进行计算。

2. 分类分项工程单价编制步骤

（1）了解工程概况，熟悉招标设计图纸，搜集基础资料，确定取费标准。

（2）根据工程特征和施工组织设计确定的施工条件、施工方法及施工机械配备情况，正确选用预算定额子目或企业定额子目。

（3）根据工程的相关基础单价（或市场询价）和有关费用标准计算直接费、企业管理费、企业利润和税金，并加以汇总得出分类分项工程单价。

分类分项工程单价计算程序参见表 9－11。

表 9－11　　分类分项工程单价计算程序表

序　号	项　目	计　算　方　法
一	直接费	1＋2＋3
1	人工费	Σ各项人工工时消耗量×相应人工预算单价
2	材料费	Σ各种材料用量定额×相应材料预算单价
3	机械使用费	Σ机械台时用量定额×机械台时费
二	企业管理费	一×企业管理费费率
三	企业利润	（一＋二）×企业利润率
四	税金	（一＋二＋三）×计算税率
五	工程单价	一＋二＋三＋四

3. 分类分项工程单价计算

（1）计算施工方案工程量。工程量清单计价模式下，招标人提供的分类分项工程量是按招标设计图示尺寸范围内的有效自然方体积计量。在计算直接工程费时，必须考虑施工方案等各种影响因素，重新计算施工作业量，以施工过程中增加的超挖量与施工附加作业量之和为基数完成计价。施工方案不同，施工作业量的计算方法与计算结果也不相同。例如，某构筑物条形基础土方工程，业主根据基础施工图，按清单工程量计算规则，有效的自然方体积是以基础垫层底面积乘以挖土深度计算工程量，计算得到土方挖方总量为 $300m^3$，投标人根据分类分项工程量清单及地质资料，可采用两种施工方案进行，方案 1 的工作面宽度各边 0.20m、放坡系数为 0.35；方案 2 则是考虑到土质松散，采用挡土板支护开挖，工作面 0.3m。按预算定额计算工程量分别为：方案 1 的土方挖方总量为 $735m^3$；方案 2 的土方挖方总量为 $480m^3$。因此，同一工程，由于施工方案的不同，工程造价各异。投标单位可根据工程条件选择能发挥自身技术优势的施工方案，力求降低工程造价，确立在投标中的竞争优势。同时，必须注意工程量清单计算规则是针对清单项目的主项的计算方法及计量单位进行确定，对主项以外的工程内容的计算方法及计量单位不作规定，由投标人根据招标图及投标人的经验自行确定。最后综合处理形成分类分项工程量清单的工程单价。

（2）人、材、机数量测算。企业可以按反映企业水平的企业定额或参照政府消耗量定额确定人工、材料、机械台班的耗用量。

（3）市场调查和询价。根据工程项目的具体情况，考虑市场资源的供求状况，采用市场价格作为参考，考虑一定的调价系数，确定人工工资单价、材料预算价格和施工机械台班单价。

（4）计算清单项目分项工程的直接工程费单价。按确定的分项工程人工、材料和机械的消耗量及询价获得的人工工资单价、材料预算单价、施工机械台班单价，计算出对应分类工程单位数量的人工费、材料费和机械费。计算公式：

$$人工费=\sum 人工工日数\times 对应的人工工资单价 \tag{9-1}$$

$$材料费=\sum 材料消耗量\times 对应的材料预算单价 \tag{9-2}$$

$$机械费=\sum 机械台时消耗量\times 对应的机械台时单价 \tag{9-3}$$

$$分类工程的直接工程费单价=\sum(人工费+材料费+机械费) \tag{9-4}$$

（5）计算工程单价。计算工程单价中的企业管理费、利润和税金时，可以根据每个分项工程的具体情况逐项估算。一般情况下，采用分摊法计算分项工程中的管理费、利润和税金，即先计算出工程的全部管理费、利润和税金，然后再分摊到工程量清单中的每个分项工程上。分摊计算时，投标人可以根据以往的经验确定一个适当的分摊系数来计算每个分项工程应分摊的企业管理费、利润和税金。

【例 9-1】 某构筑物基础土方工程，土的类别为三类土；条形基础；垫层宽度为920mm，挖土深度为1.8m，弃土运距4km。根据水利工程工程量清单计算规则计算土方工程的工程量及单价。

解：

（1）招标人根据招标图计算的清单量：

基础挖土截面积为 $0.92\text{m}\times 1.8\text{m}=1.656\text{m}^2$；

基础总长度为1590.6m；

土方挖方总量为 2634.034m^3。

（2）经投标人根据地质资料和施工方案计算工程量：

基础挖土截面积为 $1.53\text{m}\times 1.8\text{m}=2.754\text{m}^2$（工作面宽度各边0.25m，放坡系数为0.2）；

基础总长度为1590.6m；

土方挖方总量为 4380.512m^3。

采用人工挖土方量为 4380.512m^3，根据施工方案除沟边堆土 1000m^3 外，现场堆土 2170.5m^3，运距60m，采用人工运输。余下 1210.012m^3 土方量运到场外，采用装载机装，自卸汽车运，运距4km。

（3）基础单价和费率，如表9-12所示。

表 9-12 **基础单价和费率表**

编号	名称及规格	单位	预算价格（元）	编号	名称及规格	单位	预算价格（元）
一	人工工资			三	施工机械台时费		
1	工长	工时	6.54	1	装载机 $3m^3$	台时	470.63
2	高级工	工时	6.04	2	推土机 88kW	台时	107.53
3	中级工	工时	5.05	3	自卸汽车 20t	台时	167.51
4	初级工	工时	3.05	4	胶轮车	台时	0.90
二	电风水价格			四	取费费率		
1	电	kW·h	0.65	1	企业管理费	%	18.00
2	风	m^3	0.10	2	企业利润	%	7.00
3	水	m^3	1.00	3	税金	%	3.24

（4）人工挖土 4380.512m^3，人工挖土方单价表如表 9-13 所示。

表 9-13 **人工挖土方单价表**

定额编号：《预算定额》10029　　定额单位：100m^3

施工方法：挖土、修底，将土倒运到槽边两侧 0.5m 以外

编号	名称及规格	单位	数量	单价（元）	合价（元）	备注
一	直接费				669.90	
（1）	人工费				644.13	
	工长	工时	4.1	6.54	26.81	
	初级工	工时	202.4	3.05	617.32	
（2）	材料费				25.77	
	零星材料费	元	644.13	4%	25.77	
（3）	机械使用费				0.00	

（5）人工挖土人工运输，运距 60m，2170.5m^3，人工挖土人工运输单价表如表 9-14 所示。

表 9-14 **人工挖土人工运输单价表**

定额编号：《预算定额》10015　　定额单位：100m^3

施工方法：挖土、装车，将土倒运到槽边 60m 以外

编号	名称及规格	单位	数量	单价（元）	合价（元）	备注
一	直接费				738.72	
（1）	人工费				651.63	
	工长	工时	3.8	6.54	24.85	
	初级工	工时	205.5	3.05	626.78	
（2）	材料费				28.41	
	零星材料费	元	710.31	4%	28.41	
（3）	机械使用费				58.68	
	胶轮车	台时	65.2	0.9	58.68	

(6) 装载机装自卸汽车运土 (4km) 1210.012m^3，装载机装自卸汽车运土单价表如表 9-15 所示。

表 9-15 **装载机装自卸汽车运土单价表**

定额编号：《预算定额》10416 定额单位：100m^3

施工方法：3m^3 装载机装，20t 自卸汽车运输

编号	名称及规格	单位	数量	单价（元）	合价（元）	备注
一	直接费				1402.70	
(1)	人工费				10.68	
	初级工	工时	3.5	3.05	10.68	
(2)	材料费				53.95	
	零星材料费	元	1348.75	4%	53.95	
(3)	机械使用费				1338.08	
	装载机 3m^3	台时	0.65	470.63	305.91	
	推土机 88kW	台时	0.33	107.53	35.48	
	自卸汽车 20t	台时	5.95	167.51	996.68	

(7) 分类分项工程量清单工程单价计算表。完成单位清单工程量所消耗的人工、机械、材料数量计算方法为：

工长工时＝(4.1×4380.512＋3.8×2170.5＋0×1210.012)÷2634.034＝9.95

初级工工时＝(202.4×4380.512＋205.5×2170.5＋3.5×1210.012)
÷2634.034＝507.54

3m^3 装载机台时＝0.65×1210.012÷2634.034＝0.3

88kW 推土机台时＝0.33×1210.012÷2634.034＝0.15

20t 自卸汽车台时＝5.95×1210.012÷2634.034＝2.73

胶轮车台时＝65.2×2170.5÷2634.034＝53.73

汇总后得出清单模式下的土方工程的工程量单价计算表见表 9-16。

表 9-16 **工程单价计算表**

土方开挖工程

单价编号：500101004001 单位：100m^3

施工方法：采用人工挖土，沟边、现场堆土，弃土装载机装，自卸汽车运，运距 4km

序号	名称	型号规格	计量单位	数量	单价（元）	合价（元）
1	直接费					2367.09
1.1	人工费					1613.07
	工长		工时	9.95	6.54	65.07
	初级工		工时	507.54	3.05	1548.00
1.2	材料费					91.04
	零星材料费			2276.05	4%	91.04

续表

序号	名称	型号规格	计量单位	数量	单价（元）	合价（元）
1.3	机械使用费					662.98
	装载机	$3m^3$	台时	0.30	470.63	141.19
	推土机	88kW	台时	0.15	107.53	16.13
	胶轮车		台时	53.73	0.90	48.36
	自卸汽车	20t	台时	2.73	167.51	457.30
2	施工管理费			2367.09	18%	426.08
3	企业利润			2793.17	7%	195.52
4	税金			2988.69	3.24%	96.83
合计						3085.52
单价			元/m^3			30.86

法定代表人（或委托代理人）：________（签字）

第四节　措施项目清单计价的编制

一、措施项目概述

措施项目是指为了完成工程项目施工，发生于工程施工前和施工过程中招标人不要求列示工程量的施工措施项目。是发生于工程施工前和施工过程中的技术、生活、安全等方面的非工程实体的项目。在措施项目清单中将这些非工程实体的项目逐一列出。

在措施项目中，凡能列出工程数量并按单价结算的项目，均应列入分类分项工程量清单，在清单中计价。如混凝土、钢筋混凝土模板及支架，脚手架，施工排水、降水等项目。

措施项目清单按招标文件确定的措施项目名称填写。

其他项目清单是指分类分项工程清单和措施项目清单以外，该工程项目施工可能发生的其他费用。其他项目清单填写，按照招标文件确定的其他项目名称、金额填写。

二、措施项目费计算

措施项目清单的金额，应根据拟建工程的施工方案或施工组织设计，参照规范规定的综合单价组成来确定。措施项目清单中所列的措施项目均以“一项”提出，在计价时，首先应详细分析其所包括的全部工程内容，然后确定其综合单价。

计算措施项目综合单价的方法有费率法、参数法、实物量法和分包法。

（1）费率法计价。费率法计价是指按国家或工程项目所在地的地方管理规定进行计算，国家及各省市在进行建设项目管理时，制定了建筑安装工程环境保护措施、文明施工措施、安全防护措施的取费标准和计算基数。如江苏省2006年规定，现场管理费中含文明工地及安全生产管理费0.2%～0.5%，工程规模大取小值，工程规模小取大值。

（2）参数法计价。参数法计价是指按一定的基数乘系数的方法或自定义公式进行计算。这种方法简单明了，但最大的难点是公式的科学性、准确性难以把握。系数高低直接反映投标人的施工水平。这种方法主要适用于施工过程中必须发生，但在投标时很难具体分项预测，又无法单独列出项目内容的措施项目，如小型临时工程费、施工企业进退场费等，按此方法计价。

（3）实物量法计价。实物量法计价就是根据需要消耗的实物工程量与实物单价计算措施费。比如，脚手架搭拆费可根据脚手架摊销量和脚手架价格及搭、拆、运输费计算，租赁费可按脚手架每日租金和搭设周期及搭、拆、运输费计算。

（4）分包法计价。在分包价格的基础上增加投标人的管理费及风险费进行计价的方法，这种方法适合可以分包的独立项目。如大型机械设备进出场及安拆费的计算。

在对措施项目计价时，每一项费用都要求是综合单价，但是并非每个措施项目内人工费、材料费、机械费、管理费和利润都必须有。

三、其他项目费计算

由于工程建设标准的高低、工程复杂程度、工期的长短、工程的组成内容各不相同，且这些因素直接影响到其他项目清单中的具体内容，在施工前很难预料在施工过程中会发生什么变更。所以招标人将这部分费用以其他项目费的形式列出，由投标人按规定组价，包括在总价内。

水利工程工程量清单计价规范中其他项目清单只列预留金一项，由招标人按估算金额确定。预留金部分是非竞争性项目，要求投标人按招标人提供的数量和金额列入报价，不允许投标人对价格进行调整。

预留金主要是考虑到可能发生的工程量变化和费用增加而预留的金额。预留金的计算应根据招标设计文件的深度、设计质量的高低、拟建工程的成熟程度及工程风险的性质来确定其额度。设计深度深、设计质量高、已经成熟的工程设计，一般预留工程总造价的3％～5％。在初步设计阶段，工程设计不成熟的，最少要预留工程总造价的10％～15％作为预留金。预留金的支付与否、支付额度以及用途，都必须通过监理工程师的批准。

四、零星项目单价计算

零星工作项目清单，是招标人根据招标工程具体情况，对工程实施过程中可能发生的变更或新增加的零星项目，列出人工（按工种）、材料（按名称和型号规格）、机械（按名称和型号规格）的计量单位，由投标人计算人工、材料、机械单价，作为工程变更或新增加的零星项目工程费的计算依据，并随工程投标文件报送招标人。

人工单价按工程所在地的劳动力市场价格按工种分别报价，如木工、混凝土工、钢筋工等；材料单价应按零星工作项目所需的材料名称和型号规格按材料预算价格，并考虑一定的价格上涨因素；机械单价按所需机械设备名称和型号规格以企业定额计算台班单价，同时应考虑一定燃料价格的上涨因素。

第五节　某水利工程清单报价编制案例

一、工程量清单报价的依据

1. 招标文件（包括工程量清单、招标图纸、标准与规范等）

反映建设工程项目的规模、内容、标准、功能等的工程技术文件是进行工程计价的重要依据，包括施工图纸、设计资料等相关资料。投标人在编制投以前应该认真研究招标文件的有关要求，并对此作出实质性的响应，否则定为废标。

2. 施工组织设计或施工方案

3. 招标会议记录

4. 询价结果及已掌握的市场价格信息

按照工程所在地的市场价格信息编制投标报价，可以真实、准确地反映拟建工程的成本价，也体现了通过市场竞争来确定价格的原则。投标人应该注意进行人工、材料、施工机械台班询价及分包询价，搜集、熟悉要素市场的供求状况和价格动态，整理与应用市场价格信息。投标人也可利用各地区、各部门提供的市场价格信息。

5. 国家、地方政府管理部门有关价格计算的规定

按照国家、地方政府统一发布的计价办法编制投标价格，可以使各投标人提交的投标价格口径一致，各投标价格具有可比性。

6. 企业定额

企业定额是施工企业自主制定的用于本企业的分项工程实物消耗量标准，反映企业实际水平。按企业定额确定各分部分项工程的实物消耗量，体现施工企业以自身的实力参与竞争。投标人应该根据本企业的实际情况制定本企业的实物消耗量定额。如果施工企业尚未制定企业定额，也可参照建设行政主管部门制定的统一实物消耗量定额。

7. 风险管理规则、竞争态势的预测和盈利期望

二、工程量清单报价的程序

1. 复核或计算工程量

一般情况下，投标人必须按招标人提供的工程量清单进行组价，并按照综合单价的形式进行报价。但投标人在以招标人提供的工程量清单为依据来组价时，必须把施工方案及施工工艺造成的工程增量以价格的形式包括在综合单价内。工程量清单中的各分类分项工程量并不十分准确，若设计深度不够则可能有较大的误差，而工程量的多少是选择施工方法、安排人力和机械、准备材料必须考虑的因素，自然也影响分类工程的单价，因此一定要对工程量进行复核。有经验的投标人在计算施工工程量时就对工程量清单中的工程量进行审核，以便确定招标人提供的工程量的准确度和采用不平衡报价方法。

另一方面，在实行工程量清单计价时，建设工程项目分为三部分进行计价：分类分项工程项目计价、措施项目计价及其他项目计价。招标人提供的工程量清单是分类分项工程项目清单中的工程量，但措施项目中的工程量及施工方案工程量招标人不提供，必须由投

标人在投标时按设计文件、合同技术条款、施工组织设计、施工方案进行二次计算。投标人由于考虑不全面而造成低价中标亏损，招标人不予承担。因此这部分用价格的形式分摊到报价内的量必须要认真计算和全面考虑。

2. 确定单价，计算合价

在投标报价中，复核或计算各个分类分项工程的工程量后，就需要确定每一个分类分项工程的单价，并按照工程量清单报价的格式填写，并计算出合价。

按照工程量清单报价的要求，单价应是包含人工费、材料费、机械费、企业管理费、利润、税金及风险费的综合单价。人工、材料、机械费用应该是根据分类分项工程的人工、材料、机械消耗量及其相应的市场价格计算而得。企业管理费是投标人进行组织工程施工的全部管理费用，与以往的计价方式相比，企业管理费可以有参照现场经费和间接费确定能够反映自身企业管理水平费率。利润是投标人的预期利润，确定利润取值的目标是考虑既可以获得最大的可能利润，又要保证投标价格具有一定的竞争性。投标人应根据市场竞争情况确定在该工程上的利润率。风险费对投标人来说是个未知数。如果预计的风险没有全部发生，则可能预计的风险费有剩余，这部分剩余和利润加在一起就是盈余；如果风险费估计不足，则由利润来补贴。在投标时，应该根据工程规模及工程所在地的实际情况，由有经验的专业人员对可能的风险因素进行逐项分析后确定一个比较合理的费用比率。

一般来说，企业应建立自己的标准价格数据库，并据此计算工程的投标价格。在应用单价数据库针对某一具体工程进行投标报价时，需要对选用的单价进行审核评价与调整，使之符合拟投标工程的实际情况，反映市场价格的变化。

3. 确定分包工程费

来自分包人的工程分包费是投标价格的一个重要组成部分，有时总承包人投标价格中的相当部分来自于分包工程费。因此，在编制投标价格时需要有一个合适的价格来衡量分包人的价格，需要熟悉分包工程的范围，对分包人的能力进行评估。

4. 确定投标价格

将分类分项工程的合价、措施项目费等汇总后就可以得到工程的总价，但计算出来的工程总价还不能作为投标价格。因为计算出来的价格可能存在重复计算或漏算，也有可能某些费用的预估有偏差，因此需要对计算出来的工程总价作某些必要的调整。在对工程进行盈亏分析的基础上，找出计算中的问题并分析降低成本的措施，结合企业的投标策略，最后确定投标报价。

由于工程量清单报价是国际通行的报价方法，因此，我国工程量清单报价的程序与国际工程报价的程序基本相同，报价程序图详见图 9－2。

三、水利工程工程量清单报价案例

某水利枢纽是某水流域骨干防洪工程之一，工程开发的主要任务是防洪，兼顾发电、灌溉、航运等其他综合利用要求。水库总库容 14.39 亿 m^3，防洪库容 7.83 亿 m^3，正常蓄水位 140m。枢纽由碾压混凝土重力坝、泄洪消能建筑物、坝后式电站厂房、灌溉渠首、斜面升船机（预留）等建筑物组成。其中河床段为碾压混凝土重力坝，大坝由表、底孔泄洪，消能方式为坝后宽尾墩加消力池消能。右岸挡水坝段布置坝后式电站厂房，左、右岸

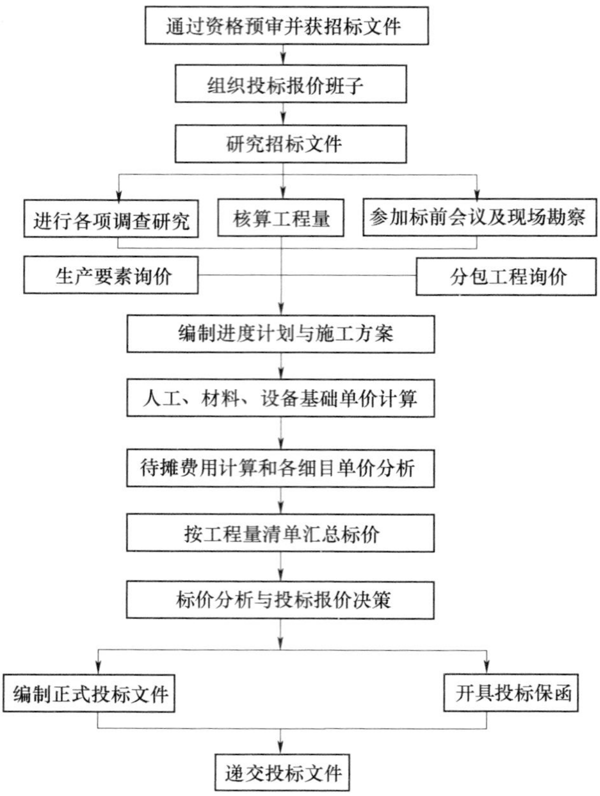

图 9-2　水利工程投标报价程序框图

挡水坝段非溢流坝内各布置一个灌溉渠首。拦河大坝为碾压混凝土重力坝，坝轴线长351m，共分为18个坝段，坝顶高程148m，河床建基面高程60m，最大坝高88m。电站采用右岸坝后式厂房，输水线路采用一机一管的布置形式，由进水口、引水钢管、主厂房、尾水渠等组成，电站装机2×60MW。

现根据招标文件、招标代理机构的答疑文件、工程量清单计价规范、招标设计图、施工组织设计等有关规定进行报价。有关清单报价如表9-17～表9-34所示。

表9-17　　　　**封　　面**

某水利枢纽大坝工程

工程量清单报价表

合　同　编　号：ZS-建筑-×××

投　　标　　人：______（略）______（单位盖章）

法 定 代 表 人

（或委托代理人）：____________（签字盖章）

造 价 工 程 师

及 注 册 证 号：______（略）______（签字盖职执业专用章）

编　制　时　间：______（略）______

表 9-18　　投标总价表

投　标　总　价
工　程　名　称：某水利枢纽大坝工程
合　同　编　号：ZS-建筑-×××
投标总价（大写）：叁亿叁仟捌佰壹拾捌万贰仟捌佰零玖元
（小写）：338182809 元
投　标　人：（略）（单位盖章）
法定代表人 （或委托代理人）：（略）（签字盖章）
编　制　时　间：（略）

表 9-19　　工程项目总价表

合同编号：ZS-建筑-×××

工程名称：某水利枢纽工程　　　　第 1 页、共 1 页

序　号	工 程 项 目 名 称	金额（元）
1	水利建筑工程	277797146
1.1	施工导流和水流控制	21120072
1.2	土石方明挖	8768879
1.3	边坡支护	946670
1.4	基础缺陷处理	2670411
1.5	钻孔、灌浆、排水工程	14337615
1.6	土石方填筑工程	216076
1.7	混凝土工程	229463648
1.8	砌体工程	273775
2	水利安装工程	15415134
2.1	机电设备安装工程	7609663
2.2	金属结构设备安装工程	7805471
3	措施项目	29532407
3.1	环保、安全、文明施工措施	182410
3.2	临时工程	6371533
3.3	施工企业进退场费	1744608
3.4	暂定金	19800000
3.5	工程保险	1433856
4	其他项目	15438122
4.1	备用金	15000000
4.2	招标代理服务费	438122
	合计	338182809

法定代表人（或委托代理人）：（略）签字

表 9-20 **分类分项工程量清单计价表**

合同编号：ZS-建筑-×××

工程名称：某水利枢纽工程 第 1 页、共 6 页

序号	项目编码	项目名称	计量单位	工程数量	单价（元）	合价（元）	主要技术条款编码
1		建筑工程				277797146	
1.1		施工导流和水流控制				21120072	
1.1.1		开挖				196118	
1.1.1.1		上游围堰过水断面开挖				140634	
1.1.1.1.1	500101004001	抽槽开挖	m^3	6000	12.48	74880	第 2.2.2 款
1.1.1.1.2	500101002001	覆盖层开挖	m^3	7800	8.46	65988	第 2.2.2 款
1.1.1.1.3	500102007001	导流洞封堵岩石开挖	m^3	650	85.36	55484	第 2.4.2 款
1.1.2		填筑				7014211	
1.1.2.1		上游围堰过水断面填筑				7014211	
1.1.2.1.1	500103008001	大块石 D=0.7～1.0m	m^3	29000	24.18	701220	第 7.7.3 款
1.1.2.1.2	500103009001	石渣料	m^3	14000	19.08	267120	第 7.7.5 款
		（以下略）					
1.1.3		混凝土工程				9007107	
1.1.3.1		上游围堰混凝土工程				7908600	第 8.4.5 款
1.1.3.1.1	500109001001	混凝土防冲板 C20	m^3	32000	243.39	7788480	第 8.3.2 款
1.1.3.1.2	500106001001	防冲板锚固筋单根长 4m	根	2600	46.20	120120	
1.1.3.2		导流洞封堵				1098507	
1.1.3.2.1	500109001002	C25 混凝土二级配	m^3	4000	264.18	1056720	第 8.4.3 款
1.1.3.2.3	500106001002	ϕ25mm 锚杆单根长 4m	根	250	89.80	22450	第 8.3.3 款
1.1.4		防渗				1083622	
1.1.4.1		上游围堰过水部分防渗				972583	
1.1.4.1.2	500108003001	堰基高喷灌浆钻孔进尺旋喷孔距 60cm	m	4000	68.38	273520	第 5.7.5 款
1.1.4.1.4	500108003002	左岸堰肩防渗钻孔进尺	m	2500	111.55	278875	第 5.7.6 款
1.1.4.2		导流洞封堵灌浆				69938	
1.1.4.2.1	500107006001	固结灌浆	m	800	57.80	46240	第 5.6.1 款
1.1.4.2.3	500107011001	接缝灌浆	m^2	250	36.68	9170	第 5.5.7 款
1.1.4.3		左岸堰肩溶洞处理				41101	
1.1.4.3.1	500102011001	岩石开挖	m^3	200	85.36	17072	第 4.4.2 款
1.1.4.3.2	500109001003	混凝土回填	m^3	100	218.52	21852	第 8.4.5 款
	（以下略）						

法定代表人（或委托代理人）：（略）签字

表 9-21　　分类分项工程量清单计价表

合同编号：ZS-建筑-×××

工程名称：某水利枢纽工程　　　　第 × 页、共 6 页

序号	项目编码	项目名称	计量单位	数量	单价（元）	合价（元）	主要技术条款编码
1.2		土石方明挖					
1.2.1		大坝土石方明挖				5476825	
1.2.1.1	500101002002	覆盖层明挖	m^3	14900	10.35	154215	第 3.6.1 款
1.2.1.2	500102011002	石方明挖	m^3	134890	39.46	5322759	第 4.3.3 款
		（以下略）					
1.4		基础缺陷处理				2670411	
1.4.1		断层处理				2525460	
1.4.1.1	500101004003	石方槽挖	m^3	8000	46.43	371440	第 8.4.3 款
1.4.1.2	500109001004	回填混凝土（C20）	m^3	8000	234.40	1875200	第 8.4.6 款
1.4.1.3	500111001002	钢筋（Ⅱ级）	t	60	4647.00	278820	第 8.3.2 款
		（以下略）					
1.7		混凝土坝工程				229463648	
1.7.1		大坝混凝土				203354908	
1.7.1.1	500109001005	基础垫层混凝土（C20W8F100）	m^3	25900	252.08	6528872	第 8.4.3 款
1.7.1.2	500109001006	富胶防渗混凝土（C20W8F100）	m^3	80590	204.23	16458896	第 8.4.6 款
		（以下略）					
2		安装工程					
2.1		机电设备安装工程				2266796	
2.1.1	500201017001	大坝供电和照明安装	项	1	540518	540518	
2.1.2	500201020001	接地系统	t	7	11505	80535	
2.1.3		控制系统安装					
2.1.3.1	500201024001	表孔控制系统安装	套	5	5486	27430	
2.1.3.2	500201024002	底孔控制系统安装	套	4	5486	21944	
		（以下略）					
2.2		金属结构设备安装工程				7805471	
2.2.1		闸门及启闭机安装					
2.2.1.1		一期埋件（包括插筋）制作、安装、采购					
2.2.1.1.1	500202007001	溢流底孔事故检修门一期插筋 ϕ20 制作	t	12	4040.00	48480	
2.2.1.1.2	500202007002	溢流底孔弧形工作门一期埋件 ϕ60 圆钢及型钢	t	16	4893.00	78288	
		（以下略）					

法定代表人（或委托代理人）：＿（略）＿签字

表 9-22　　措施项目清单计价表

合同编号：ZS-建筑-×××

工程名称：某水利枢纽工程　　　　第 1 页、共 1 页

序　　号	项　目　名　称	金额（元）
1	环保、文明、安全措施	182410
1.1	环境保护措施	19720
1.2	文明施工措施	14790
1.3	安全防护措施	147900
2	临时工程	6371533
2.1	施工交通	2001125
2.1.1	场内施工临时道路和停车场修建	484003
2.1.2	场内发包人指定道路的管理、维护	253789
2.1.3	场内交通临时加固和加扩措施	1263333
2.2	施工供电	512323
2.3	施工供水	208638
2.4	混凝土系统	3088210
2.5	施工修配加工设施	273149
2.6	仓库和堆料场	105670
2.7	临时房屋建筑和公用设施	34632
2.8	左岸施工区域管理	147786
3	施工企业进退场费	1744608
3.1	进场费	486303
3.2	退场费	1258305
4	暂定金	19800000
4.1	大坝安全监测工程	9500000
4.2	施工期安全监测工程	800000
4.3	机电及金结设备安装工程	9500000
5	工程保险	1433856
5.1	工程一切险	1413856
5.2	第三者责任险	20000
合计		29532407

法定代表人（或委托代理人）：＿（略）＿签字

表 9-23　　其他项目清单计价表

合同编号：ZS-建筑-×××

工程名称：某水利枢纽工程　　　　第 1 页、共 1 页

序　　号	项　目　名　称	金额（元）	备　　注
1	备用金	15000000	
2	招标代理服务费	438122	
合计		15438122	

法定代表人（或委托代理人）：＿（略）＿签字

表 9-24　　零星工作项目计价表

合同编号：ZS-建筑-×××

工程名称：某水利枢纽工程　　第 1 页、共 1 页

序号	名　　称	型号规格	计量单位	单价（元）	备注
1	人工				
1)	工长		工时	8.63	
2)	高级工		工时	7.97	
3)	中级工		工时	6.67	
4)	普工		工时	4.03	
2	材料				
1)	混凝土 150# （二）	C15	m^3	156.57	
2)	混凝土 150# （三）	C15	m^3	125.38	
3)	混凝土 200# （二）	C20	m^3	179.24	
4)	混凝土 200# （三）	C20	m^3	173.73	
5)	混凝土 250# （二）	C25	m^3	187.46	
6)	混凝土 250# （三）	C25	m^3	168.00	
7)	混凝土 300# （二）	C30	m^3	192.87	
3	机械				
1)	单斗挖掘机	液 4.0m^3	台时	621.23	
2)	单斗挖掘机	液 2.0m^3	台时	294.03	
3)	推土机	59kw	台时	82.01	
4)	自卸汽车	15t	台时	184.42	
5)	载重汽车	5t	台时	72.76	
6)	汽车起重机	8t	台时	109.14	
7)	锚杆钻机	MZ65Q	台时	92.2	
8)	地质钻机	300 型	台时	53.57	
9)	搅拌楼	2 * 4.5	台时	1457.43	
10)	混凝土泵	30m^3/h	台时	108.08	
11)	风（砂）水枪		台时	32.99	
12)	推土机	132kw	台时	210.47	
13)	推土机	74kw	台时	115.14	
14)	自卸汽车	20t	台时	221.11	
15)	液压履带钻机	孔径(64—102)mm	台时	253.89	
16)	潜孔钻	100 型	台时	146.52	
17)	混凝土喷射机	(4—5) m^3/h	台时	101.68	
18)	灰浆搅拌机		台时	18.19	

法定代表人（或委托代理人）：　（略）　签字

表 9-25　　工 程 单 价 汇 总 表

合同编号：ZS-建筑-×××

工程名称：某水利枢纽工程　　第 1 页、共　页

序号	项目编码	项目名称	计量单位	人工费	材料费	机械使用费	施工管理费	企业利润	税金	合计
1		建筑工程								
1.1		土方开挖工程								
1.1.1	500101002001	覆盖层开挖	m^3	0.08	0.25	6.15	1.17	0.54	0.27	8.45
1.1.2	500101002002	覆盖层明挖	m^3	0.09	0.31	7.54	1.43	0.66	0.32	10.35
1.1.3	500101004001	抽槽开挖	m^3	0.08	0.37	9.13	1.72	0.79	0.39	12.48
1.2		石方开挖工程								
1.2.1	500102007001	导流洞封堵岩石开挖	m^3	24.91	15.06	25.51	11.79	5.41	2.68	85.35

续表

序号	项目编码	项目名称	计量单位	人工费	材料费	机械使用费	施工管理费	企业利润	税金	合计
1.2.2	500102011002	石方明挖	m^3	2.46	11.82	15.99	5.45	2.50	1.24	39.46
		（略）								
2		安装工程								
2.1		金属结构设备安装工程								
2.1.1	500202007001	溢流底孔事故检修门一期插筋	t	254	2728	226	449.12	256.00	126.79	4040
2.1.2	500202005003	溢流表孔事故检修门体	t	575	134	216	287.5	84.88	42.03	1339
		（略）								

法定代表人（或委托代理人）：（略）签字

表 9-26　　工程单价费（税）率汇总表

合同编号：ZS-建筑-×××

工程名称：某水利枢纽工程　　第　页、共　页

序号	工程类别	工程单价费（税）率（%）			备注
		施工管理费	企业利润	税金	
一	建筑工程				
	取费基数	直接费	直接费＋施工管理费	直接费＋施工管理费＋企业利润	
1	土方	18.00%	7.00%	3.24%	
2	石方	18.00%	7.00%	3.24%	
3	混凝土	13.00%	7.00%	3.24%	
4	钻孔灌浆及锚固	14.00%	7.00%	3.24%	
6	砂石备料	8.00%	7.00%	3.24%	
5	其他	14.00%	7.00%	3.24%	
二	安装工程				
	取费基数	人工费	直接费＋施工管理费	直接费＋施工管理费＋企业利润	
1	机电设备安装工程	50.00%	7.00%	3.24%	
2	金属结构设备安装工程	50.00%	7.00%	3.24%	

法定代表人（或委托代理人）：（略）签字

表 9-27　　投标人生产电、风、水、砂石基础单价汇总表

合同编号：ZS-建筑-×××

工程名称：某水利枢纽工程　　第　页、共　页

单位：元

序号	名称	型号规格	计量单位	人工费	材料费	机械使用费	合计	备注
1	电		kW·h				0.62	外购电电价
2	风		m^3				0.11	
3	水		m^3				0.5	
4	人工砂							
	常态混凝土用砂		t				42.53	外购加运费
	RCC 混凝土用砂		t				42.88	外购加运费
5	碎石	5～20mm	t				28.99	外购加运费
6	碎石	20～40mm	t				28.99	外购加运费
7	碎石	40～80mm	t				27.03	外购加运费

法定代表人（或委托代理人）：（略）签字

表 9-28

投标人生产混凝土配合比材料费表

合同编号：ZS-建筑-×××

工程名称：某水利枢纽工程

第　页、共　页

序号	工程部位	混凝土强度等级	水泥强度等级	级配	水灰比	预算材料量(kg/m³)						引气减水剂(kg)	水(m³)	单价(元/m³)	备注
						水泥	粉煤灰	砂	石(kg)						
									5～20mm	20～40mm	40～80mm				
1	层间水泥浆		42.5		0.52	1170							0.608	304.5	
2	C20W8F100 垫层	C20	42.5	3	0.52	184	67	664	466	466	480	0.75	0.13	131.04	
3	C20W8F100 富胶	C20	42.5	2	0.53	87	107	780	624	763		0.71	0.103	108.84	
4	C20W8F100 变态	C20	42.5	2	0.53	90.5	111	780	624	763		0.71	0.107	110.43	
5	C15W6F50 碾压	C15	42.5	3	0.59	74	74	670	446	595	446		0.088	97.95	
6	C20W8F100 迎水常态	C20	42.5	3	0.50	214	54	610	448	448	461	0.94	0.134	135.73	
7	C25W6F100 常态	C25	42.5	3	0.48	211	70	629	461	466	476	0.98	0.135	138.07	
8	C35W6F100 抗冲	C35	42.5	2	0.42	287	32	580	610	745			0.134	197.5	
9	C25W6F100 常态	C25	42.5	3	0.48	194	65	547	496	496	511	0.78	0.124	131.25	
10	C30W6F100 外包	C30	42.5	2	0.46	205	65	547	496	496	511	0.78	0.124	134.57	
11	C35F100 预制	C35	42.5	1、2	0.44	343		678	1387				0.15	158.31	
12	C25F100 预制	C25	42.5	1、2	0.52	289		733	1382				0.15	146.45	
13	C30W6F100 二期	C30	42.5	2	0.48	310		699	1389				0.15	150.68	
14	C20W6F100 路面	C20	42.5		0.57	261		757	1376				0.15	140.03	
15	C35F100 支座	C35	42.5	1	0.44	389		723	1242				0.17	167.99	
16	C35 二期	C35	42.5		0.44	343		678	1387				0.15	158.31	
17	C15F100 廊道封堵	C10	42.5		0.62	201		623	1635				0.125	126.22	

法定代表人(或委托代理人)：（略）签字

表 9－29　　　　**招标人供应材料价格汇总表**

合同编号：ZS－建筑－×××

工程名称：某水利枢纽工程　　　　第　页、共　页

序号	材　料　名　称	型号规格	计量单位	供应价（元）	预算价（元）
1	溢流底孔事故检修门体		t		
2	溢流底孔事故检修门二期埋件		t		
3	溢流底孔弧形工作门体		t		
4	溢流底孔弧形工作门二期埋件		t		
5	溢流表孔事故检修门体		t		
6	溢流表孔事故检修门二期埋件		t		
7	溢流表孔弧形工作门体		t		
8	溢流表孔弧形工作门二期埋件		t		
	（略）				

表 9－30　　　　**投标人自行采购主要材料预算价格汇总表**

合同编号：ZS－建筑－×××

工程名称：某水利枢纽工程　　　　第　页、共　页

序号	材料名称	型号规格	计量单位	预算价（元）	备注
1	圆钢		t	2631.00	
2	螺纹钢	（20Mn）	t	2631.00	
3	钢板	16MnR　$\sigma=10$mm	t	4045.00	
4	钢板	16MnR　$\sigma=12$mm	t	4045.00	
5	钢板	16MnR　$\sigma=13$mm	t	4045.00	
6	水泥	32.5＃普通硅酸盐水泥	t	209.00	
7	水泥	42.5＃普通硅酸盐水泥	t	260.00	
8	水泥	42.5＃中热水泥	t	302.07	
9	粉煤灰	粉煤灰（Ⅱ级）	t	62.07	
10	天然砂	中粗	m^3	42.94	
11	钢绞线		kg	6.44	
12	板枋材		m^3	1188.00	
13	圆木		m^3	627.00	
14	0＃柴油	0＃柴油	kg	3.06	
15	柴油（－10＃）	柴油（－10＃）	kg	3.26	
16	汽油		kg	3.16	
		（略）			

法定代表人（或委托代理人）：（略）签字

表 9－31　　**招标人提供施工机械台时（班）费汇总表**

合同编号：ZS－建筑－×××

工程名称：某水利枢纽工程　　　　第　页、共　页

单位：元/台时（班）

序号	机械名称	型号规格	招标人收取的折旧费	投标人应计算的费用						合计
				维修费	安拆费	人工	柴油	电	小计	
	无									

表 9－32　　**投标人自备施工机械台时费汇总表**

合同编号：ZS－建筑－×××

工程名称：某水利枢纽工程　　　　第　页、共　页

单位：元/台时

序号	机械名称	型号规格	一类费用				二类费用							三类费用	合计
			折旧费	维修费	安拆费	小计	人工	汽油	柴油	电	风	水	小计		
1	挖掘机	单斗 液 4.0m^3	216.72	103.49		320.21	13.64	0.00	136.78	0.00	0.00	0.00	150.42		470.63
2	挖掘机	单斗 油 1.0m^3	28.77	29.63	2.42	60.82	13.64	0.00	43.45	0.00	0.00	0.00	57.09		117.91
3	钢筋调直机	4～14kW	1.60	2.69	0.44	4.73	6.57	0.00	0.00	4.46	0.00	0.00	11.03		15.76
4	载重汽车	载重量 5.0t	7.77	10.86		18.63	6.57	22.76	0.00	0.00	0.00	0.00	29.32	7.17	55.12
5	自卸汽车	载重量 5.0t	10.73	5.37		16.10	6.57	0.00	27.85	0.00	0.00	0.00	34.41	7.17	57.68
6	自卸汽车	载重量 20t	50.53	32.84		83.37	6.57	49.57	0.00	0.00	0.00	0.00	56.14	28.00	167.51
		（略）													

法定代表人（或委托代理人）：（略）签字

表 9－33　　**工程单价计算表**

土方开挖工程

单价编号：　500101002001　　　　定额单位：100m^3

施工方法：挖掘机挖装，自卸汽车运输

编号	名称	型号规格	计量单位	数量	单价（元）	合价（元）
一	直接费					648
1	基本直接费					648
(1)	人工费					8
	工长		工时		6.54	0
	高级工		工时		6.04	0
	中级工		工时		5.05	0
	初级工		工时	2.5	3.05	8
(2)	材料费					25
	零星材料费		元	623	4%	25

续表

编号	名称	型号规格	计量单位	数量	单价（元）	合价（元）
（3）	机械使用费					615
	挖掘机	液压 单斗 $4m^3$	台时	0.24	470.63	113
	推土机	功率 88kW	台时	0.15	107.53	16
	自卸汽车	载重量 20t	台时	2.9	167.51	486
二	企业管理费		元	648	18.00%	117
三	利润		元	765	7.00%	54
四	税金		元	819	3.24%	27
合计			元			846
单价			元			8.46

法定代表人（或委托代理人）：（略）签字

表 9-34　　**工 程 单 价 计 算 表**

土 方 开 挖 工 程

单价编号：　500101002002　　定额单位：$100m^3$

施工方法：挖掘机挖装，自卸汽车运输

编号	名称	型号规格	计量单位	数量	单价（元）	合价（元）
一	直接费					794
1	基本直接费					794
（1）	人工费					9
	工长		工时		6.54	0
	高级工		工时		6.04	0
	中级工		工时		5.05	0
	初级工		工时	2.8	3.05	9
（2）	材料费					31
	零星材料费		元	763	4%	31
（3）	机械使用费					754
	挖掘机 $4m^3$	液压 单斗 $4m^3$	台时	0.36	470.63	169
	推土机 88kW	功率 88kW	台时	0.18	107.53	19
	自卸汽车 20t	载重量 20t	台时	3.38	167.51	566
二	企业管理费		元	794	18.00%	143
三	利润		元	937	7.00%	66
四	税金		元	1003	3.24%	32
合计			元			1035
单价			元			10.35

法定代表人（或委托代理人）：（略）签字

复习思考题

1. 工程量清单的概念？
2. 工程量清单编制的原则、依据和步骤？
3. 简述分类分项工程量清单计价编制过程？
4. 简述措施项目清单计价编制过程？

第十章　水利水电工程造价电算

第一节　工程造价计算机辅助系统

一、工程造价计算机辅助系统的概念

工程造价计算机辅助系统是将计算机技术运用到工程概预算编制与管理工作中的软件系统，是通过对造价所需要的各种数据进行存贮、加工、分析、处理和维护，从而实现快速准确地编制工程概预算的计算机管理信息系统。

随着工程造价管理改革的不断深入，需要分析和计算的数据越来越多，应用现代信息技术辅助工程概预算与投标报价编制，已成为水利水电工程造价管理中重要和不可缺少的组成部分。

二、应用计算机进行工程造价管理的优势

1. 计算速度快，易于编制与修改

计算机运算可节省工程造价编制时间，提高工程造价的编审效率，并可及时动态调整，适应市场的变化，改变概预算跟不上施工需要的局面。实践表明，电算化比手算可提高工效几倍甚至几十倍。

另外，投标报价的计算是一个非常复杂的工作，而且一个工程的报价并不是只作一次简单的计算就能够完成的。利用计算机对工程估价并对报价数据进行分析、计算和核查，以很快的速度更改参数和重新计算总造价，对投标人来说极为重要。

2. 计算结果准确

计算机运算的准确性，可大大提高编审工程概预算的质量。

工程造价涉及各种经济数据，量大且面广，既用到材料预算价格、定额中的工料机消耗，又牵涉到各种取费文件、工程量计算规则等。人工方式进行编制和审核，发生差错的几率大，准确性难以保证，而造价软件的准确性一般是通过验证的，而用计算机程序进行处理，只要输入的原始数据准确无误，其他工作由计算机自动完成，从而保证了计算过程和计算结果的准确性。

3. 生成数据齐全，打印结果标准规范

计算机应用程序输出结果完整、齐全，为技术经济分析提供了重要数据。

计算机可以根据用户不同层次、不同程度的需要给出相应的帮助，提醒用户不要错项、漏项和缺项，保证项目的完整性。

计算机应用程序形成的工程造价文件是按照一定格式制作的，不仅统一而且规范。

商用软件或专门定制的软件包是按一定规范或专门要求制作的，其输出结果清晰、美

观、标准。

4．能记录和保存数据，便于修改和对历史数据进行统计分析

计算机可以快速方便地存取历史数据，通过对历史数据的处理分析可形成各种有价值的技术经济数据，为投标前和合同实施过程提供重要的依据。

工程概预算的工作性质决定了需要存储和使用大量的预算用数据，这些数据包括各种定额消耗量数据、材料价格数据、施工机械设备数据、分包商的数据、企业管理数据等，所有这些数据都必须按照一定的格式保存起来，并能在需要时及时地提取与刷新。

5．便于概预算数据的呈报与远程传送

作为工程概预算的结果按照一定的格式输出报表也是不可缺少的。另外由于工程造价要涉及业主、招标代理、监理工程师、承包人等各个责任主体，运用现代信息技术，在各单位间高效能地传递概预算信息也非常重要。采用市面上销售的某些打印传真一体机，通过电话线就可实现计算机之间报表的远程传送，利用互联网更能方便地进行数据通信。并且网上招标与投标，网上报表传递等系统已在各地出现，是行业发展的方向。

因此，现代计算机信息技术不仅可大幅度地提高工程造价的工作效率，而且可使工程造价的结果更加准确、迅速和可靠。

三、工程概预算对计算机辅助系统的要求

计算机辅助系统若要满足工程造价的要求，就必须具备下面全部或其中大部分功能：

(1) 用各种不同的方法计算工程量表中的分类工程单价。

(2) 用计算出来的分类工程单价对工程量表中全部有关项目进行造价计算。

(3) 增加和累加工程量表和分项工程的造价。

(4) 提供各种综合报表和工程项目清单。

(5) 存贮各种资源及其需要使用的施工方法等信息的能力。

(6) 存贮正在研究中的合同所需要的劳动力和施工设备的综合预算价格表。

(7) 存贮各种材料预算价格和分包商价格，以及其他与合同有关的数据。

(8) 存贮工程造价中每个分类工程单价的详尽组成部分，并在必要时对这些数据进行修正、校核和重新处理的能力。

(9) 帮助概预算人员与公司内外各单位交换信息。

(10) 提高概预算人员的技能，增加他们对施工过程的了解。

(11) 减少价格估算中可能出现的错误。

(12) 快速分解工程量表的各个分类分项工程，并提出其详细组成部分。

(13) 提出工程所需资源范围详细情况的综合报表。

(14) 通过对全部概预算组成部分进行金额加减来实现总标价的快速调整。

(15) 编制出可以报送业主的全部划定价格的工程量表。

(16) 存贮与管理各种企业定额数据。

第二节 不同类型的工程估价与报价软件系统

目前，辅助造价人员进行工程概预算与报价的计算机软件系统有三种：商用估价与报价软件；为企业定制开发的工程概预算与报价系统和 Excel 等功能强大的办公软件；由造价人员自己设计的软件辅助系统。

一、商用造价软件

商用造价软件在我国已非常普及，仅预算编制软件就有很多种，专用于工程量清单计价的应用软件发展也非常迅速。

采用商业软件的好处是价格一般比较便宜，容易买到，买后马上就可使用，并且其功能及稳定性大多已经过验证。但也不可避免地存在一些缺点，如：

（1）可买的商业软件不一定完全满足用户的要求；

（2）用户不能根据需要对软件作出改动，开发商一般也不会为满足用户的特殊需求而修改软件，用户只能期望系统再次升级时，把自己需要的功能写进去；

（3）商用软件很难与企业其他的管理软件实现数据的交换与共享；

（4）一旦供应商停止营业或服务，系统的使用便很难有保障。

尽管如此，多数企业还是会选择合理的价格购买一套功能良好的商用造价软件。软件的选择应考虑是否满足公司近期及长远的需要，使用是否方便，服务是否可靠等。对于支持工程概预算与报价的软件仅具有“套定额”、“取费”等简单的功能是不够的，更主要的是看软件能否根据实际灵活准确地进行工程造价估算，协助用户做好报价的分析与调整。

二、定制开发的工程概预算与报价软件

由于可购买的商用软件不一定能较好地满足自身的要求，有一定实力的企业也可选择自己组织人员或委托有开发经验的软件开发公司专门设计开发一个新的、适合本企业使用的估价与报价系统。这种做法的优点是：

（1）由于专门为本公司概预算与报价人员开发，系统能包括他们所需要的各种功能。

（2）概预算与报价人员有机会参与系统的开发，软件的质量能够保证，并符合本公司的习惯。

（3）可在一个总体设计下与企业其他的管理信息系统一起开发，实现数据共享。但是，专门定制开发也有一些缺点：①系统研发与维护的费用比现成商用软件要高得多。②系统的研发需要一定的周期，可能需要很长的时间才能投入使用。③如果需求不明确，得不到公司相关部门的大力支持，开发的软件可能很不实用，或者根本就不能使用。

专门进行的概预算与报价系统的开发应在对用户需求充分了解的情况下进行，开发的过程一般分为系统分析、系统设计、系统实施与系统评价四个阶段。由于应用软件是一种知识密集的“逻辑产品”，规模大、复杂程度高，在投入使用之前，各个开发过程又处于一种非可视状态，既看不见也摸不着，因此，较之其他物理产品而言，软件的开发和管理更难以控制和把握。因此工程概预算与报价系统的开发一定要按照一种科学的开发过程，

采用一系列正确的方法和技术，分阶段、按步骤、由抽象到具体逐步完成。这样才有利于达到系统的目标和要求。否则，急于求成，盲目建设，必将付出惨痛的代价，甚至以失败而告终，浪费大量的人力、物力与财力。

应当指出的是，再好的工程概预算与报价软件，不管是商用软件还是定制开发的软件，也只能辅助而不能代替造价人员进行工程的概预算与报价。在这一过程中起决定作用的还是人的知识、经验与判断。软件能够提供的只是一个分析计算平台，高水平的造价人员加上功能完善的计算机辅助软件，才能实现准确快速的工程估价和编制出有竞争力的工程报价。

三、利用 Excel 电子表格

利用微软推出 Microsoft Excel 通用电子表格软件，也能实现工程概预算的计算与分析。Excel 的功能非常强大，它不仅能够对大量数据进行快速的计算和处理，而且还能按照所需要的形式对这些数据进行组织，如分类、筛选、排序、统计等，其方便的数据库管理功能则能存贮、查询与调用大量的材料及定额数据，为预算与报价编制人员带来了极大的方便。

Excel 文档称为工作簿，工作簿由多个（默认 3 个）工作表组成，工作表又是由若干个行和列组成的网格。行和列分别有行号和列标，行号位于行的左侧，从上到下依次为 1、2、3、4、…列标位于列的上方，从左到右依次为 A、B、C、D、…某行和某列的相交处就是单元格，相应的行号和列标构成单元格的地址。例如第 3 行第 3 列单元格的地址就表示为 C3。一个工作表最多可容纳 65536 行×256 列数据。

有不少专业化施工企业，由于需要计算的项目数量少，通过熟练地运用 Excel 便可实现工程概预算灵活快速的计算，其做法是先把常发生的数据保存起来，需要时打开这些项目，经简单的修改和重新计算，就可完成报价编制，这些企业往往不需要购买专门的预算与报价编制管理软件。

第三节　水利水电工程工程量清单计价系统

一、系统简介

“水利水电工程工程量清单计价系统”是北京峡光公司依据其多年水利水电工程造价咨询及相关的工作经验，并结合 2007 年 7 月 1 日国家颁布的《水利工程工程量清单计价规范》（GB50501—2007）自主研发的一款针对水利水电工程造价的行业性软件。

系统结合一线用户的需求，实现了功能丰富、灵活，操作简捷，单机、联网作业等功能特点。软件适用于水利水电行政各级主管部门以及水利水电设计、建设、施工、监理单位、招标代理机构及造价咨询等单位，在设计建设各个阶段编制投资控制管理文件。

二、系统的主要功能

(1) 支持联网多用户共同作业及单机作业。系统采用 CS（客户端——服务器）的模式开发，支持多用户对同一工程数据以数据共享的方式进行联合作业，也支持用户单机作业，同时支持任意数据服务器指定，可以实现方便的移动办公。

（2）支持多套定额交叉引用、调整、换算。系统支持多套国家及地方颁布的定额，支持用户补充定额。对于多套定额中用到的人工、材料、机械等数据项目，由造价专家进行了统一。在套用定额时可方便地进行多种定额交叉引用，造价工程师可以方便快速的引用定额，而无需考虑不同定额间人、材、机数据项目间规格、型号、计量单位等存在的差异。支持多套定额主辅有序，可以对定额引用的优先顺序自由指定，以区分主要定额及辅助定额。支持用户根据工程实际，可通过人、材、机系数调整、构成数量调整、取费类别调整、构成增减、构成替换等多种调整方式对定额进行调整。

（3）支持价区功能。水利水电工程投资大，规模大，在工程建设过程中很容易有跨行政区域或工程施工覆盖面内价格水平不同的情况出现，于是本系统内引入了“价区（价格区域)”的概念。不同的价格区域在本系统中可以定义为不同的“价区”。人工、材料在不同的价区内可以有不同的价格也可以多个价区共享同一价格；施工机械在某价格区域内作业时使用该价区的人工材料，得到该价格区域内施工台班费用；工程单价对价区的支持为：一个工程单价对应一个价区，引用该价区内的人材机，对于多价格区域某工程单价结构相同的情况，可以建立共享组成的链接单价，这样可以实现工程单价组成相同，不同价格区域内价格不同。

（4）支持灵活定制工程单价的取费方法。在工程造价过程中，会出现一些有特殊要求的工程单价取费计算方式，为满足这一需求，本系统实现了工程单价取费方法的灵活定制功能，并实现了检测公式拼写及循环引用等常规错误。通过该功能，还可以定制工程单价的输出形式。

（5）支持灵活定制电、风、水、砂石料、混凝土等材料的单价构成。用户可以通过编辑公式、添加引用等方式进行灵活定制电、风、水、砂石料、混凝土等材料的单价构成，系统实现了对用户编辑的公式进行智能分析，检测循环引用及对这些材料最深层次的分解，该过程将自动完成而无需用户手工计算分解系数。

（6）支持工程量清单内循环引用，支持指定计算精度的递归计算。用户可以通过编辑公式的方式对清单内各项目间进行循环引用，系统根据用户指定的计算精度和最大计算次数进行递归计算，用户通过该功能可以轻松完成一些有特殊要求的计算。

（7）支持界面数据显示精度及计算精度的自由控制。系统对所有的数据显示及计算都可以进行小数位数的精度控制。系统将数据分为人工材料、材料构成、机械、机械构成、工程单价、工程单价构成、工程量清单等几个不同单元，各单元独立控制，用户可以根据工程的不同需求进行灵活定制。计算结果可以实现最大 15 位小数精度。

（8）支持深层次的工料分析。系统实现了对工程量清单、工程单价、机械、材料等各级计算构成进行分解统计，对用户编辑的计算公式进行智能分析，可以根据用户的定制，实现中间任意层及最深层次的分解统计，可以满足各种工程对于工料机统计的需求。

（9）支持灵活的数据查询。系统实现了字符查询、汉语拼音首字母查询等两种查询方式以及两种查询方式的模糊查询。该功能可以让用户能够快速准确的定位数据，提高工作效率。

（10）支持自由定制的报表功能。系统的数据报表完全自由定制，包括输出数据源、数据源间的关系、数据报表格式等自由定制；支持 EXCEL 的格式设定操作。除了系统默认的标准报表的基础模板外，用户可以根据需要新建模板，或定制、修改基础模板，以满足各种特殊报表的需求。

三、系统的应用

（一）系统界面

系统的主程序窗口如图 10－1 所示，主程序窗口主要由菜单栏、工具栏、数据区、资源面板、信息面板及状态栏组成。

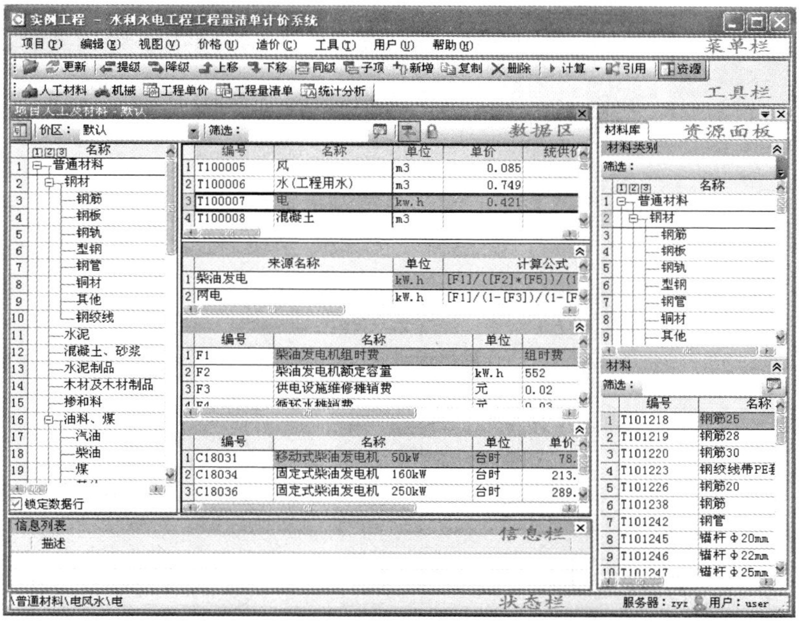

图 10－1　主程序窗口

（二）基础价格

（1）人工材料。单击主窗口菜单【价格＼人工及材料】或主窗口工具栏上【人工材料】按钮，打开“人工材料”编辑面板，如图 10－2 所示。面板由“人工及材料类别”、“人工及材料单价”列表及“构成”编辑区等 3 个区域组成。可以进行人工、材料分类定义，编辑人工及材料类别表，增加、删除人工和材料，更改人工、材料类别。

（2）电、风、水构成模板。计算工程施工用电、风、水价时，根据工程需要，可以直接输入综合价格，也可以按一定的计算规则计算出电、风、水的价格。如果采用计算价格，在相应材料的“构成模板”字段内选择“电风水”构成模板，同时将“自动计算”字段设定为真。

电、风、水构成模板体系结构如图 10－3 所示。

（3）砂石料构成模板。对于工程中使用的砂石料，根据工程需要，可以直接输入综合

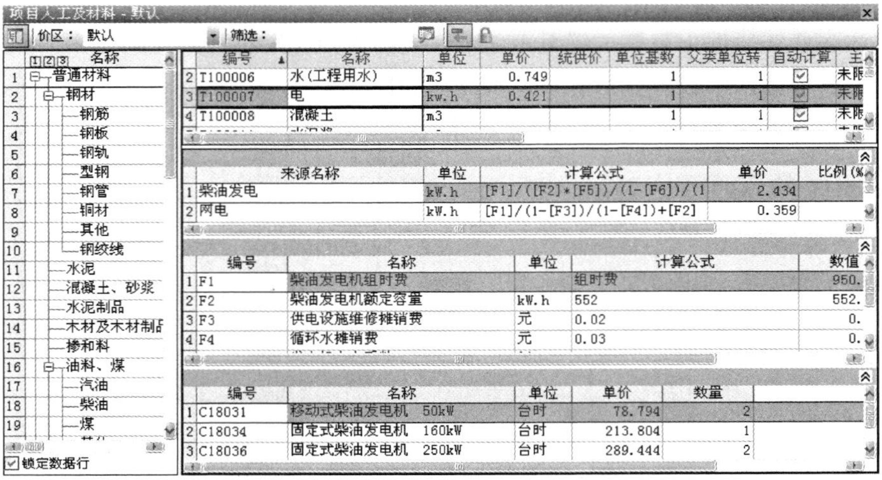

图 10－2　“人工材料”编辑面板

价格。若砂石料由承包商自行采备时，砂石料单价根据料源情况、开采条件和工艺流程计算。如果采用计算价格，在相应材料的“构成模板”字段内选择“砂石料”构成模板，同时将“自动计算”设定为真。选择该种材料，在材料表下方显示出“砂石料”构成模板的编辑面板。

砂石料构成模板体系结构如图 10－4 所示。

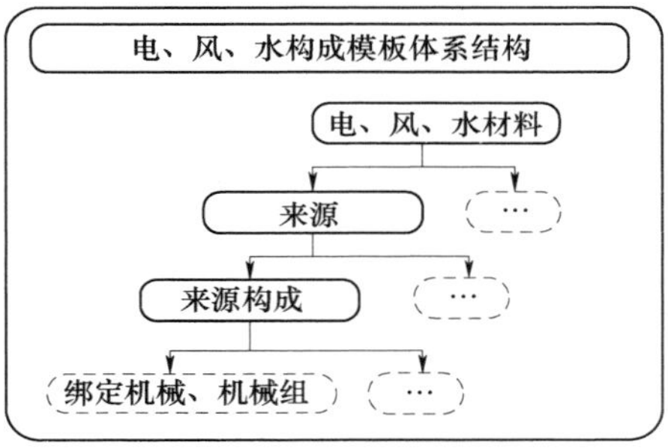

图 10－3　电、风、水构成模板体系结构

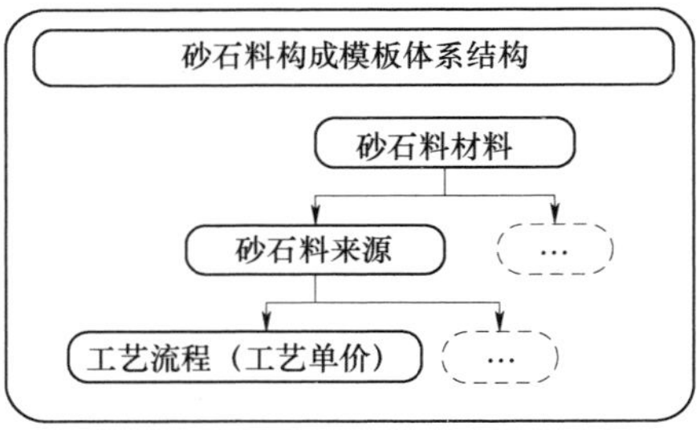

图 10－4　砂石料构成模板体系结构

（4）施工机械。单击主窗口菜单【价格＼机械】或主窗口工具栏上【机械】按钮，打开“机械”编辑面板，如图 10－5 所示。面板由“机械类别”、“机械单价”列表及“构成”编辑区等 3 个区域组成。可以进行机械分类定义，编辑机械类别，编辑机械、机械组表。

编辑机械类别表的操作主要有新增同级类别、新增子级类别、改变分类级别、删除类别节点、改变节点相对位置等。

机械、机械组表的编辑操作主要有新增机械、删除机械、新增机械版本、新增机械组、删除机械组、改变机械类别、改变机械组类别等

（三）工程单价

（1）取费方法及费率。点击主窗口菜单【造价＼计算方法及费率】，打开工程单价取

费管理面板，如图 10－6 所示。

图 10－5　施工机械编辑面板

图 10－6　单价取费管理面板

面板由上、下两部分组成，上部为取费类型列表，分为 5 种类型：“水利工程 \ 建筑工程”、“水利工程 \ 安装工程”、“水电工程 \ 建筑工程”、“水电工程 \ 安装工程”和“其他 \ 无取费项目”。下部包含 3 个选项卡：取费方法、费率数值和费率类别管理。

每种取费类型对应不同的取费计算方法，系统根据水利水电工程各相关规定，默认设定了相对应的取费方法，一般不需要用户进行修改。如果取费方法内的明细内容不能满足工程需要，用户可以对表内的文字、明细结构、计算方法等进行调整。

取费方法表中各明细数据项都必须定义一种数据类型，除子项合、人工（集合）、材料（集合）、机械（集合）、未计价装置性材料（集合）、子单价（集合）、其他费用（集合）等类型不需要编辑计算公式外，其他数据类型都需要编辑相应的计算公式或取费基数。

新建工程后，系统默认定义了工程各取费类型中常用的费率类别，通过“费率类别管理”面板，用户可以根据工程需要进行新增、修改或删除费率类别。还可以调整各费率类别的前后顺序。

费率数值面板用来设定费率类别中各取费项目的取费数值。

(2) 编制工程单价。单击主窗口菜单【造价\工程单价】或单击主窗口工具栏按钮，打开工程单价面板，如图10-7所示。

图10-7 工程单价面板

面板由工程单价列表、单价组成面板和单价分析表面板组成。

编制工程单价步骤为：新建单价、选择费率类别、选用定额、对定额人材机消耗量进行调整、计算工程单价。用户还可以进行复制工程单价、制作链接单价等操作。

(四) 工程量清单

(1) 编辑工程量清单。单击主窗口菜单【造价\工程量清单】，或单击工具栏【工程量清单】按钮，打开工程量清单编辑面板，如图10-8所示。可以编辑清单数据表结构，编辑套价公式，编辑工程类型。

(2) 导入导出清单。单击清单编辑面板工具栏内【导入】按钮，运行“导入工程量清单向导”。单击清单编辑面板工具栏内【导出】按钮，系统将清单导出至Excel中。按系统提示操作即可。

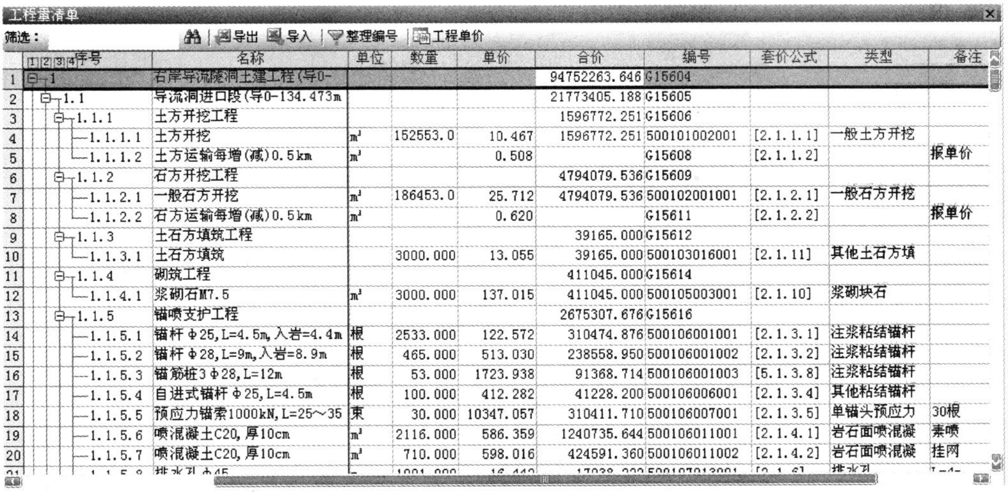

图 10-8　工程量清单编辑面板

（五）统计分析

单击主窗口菜单【造价\统计分析】命令，或单击主窗口工具栏【统计分析】按钮，打开模板编辑面板，如图 10-9 所示，可以进行各种统计分析。

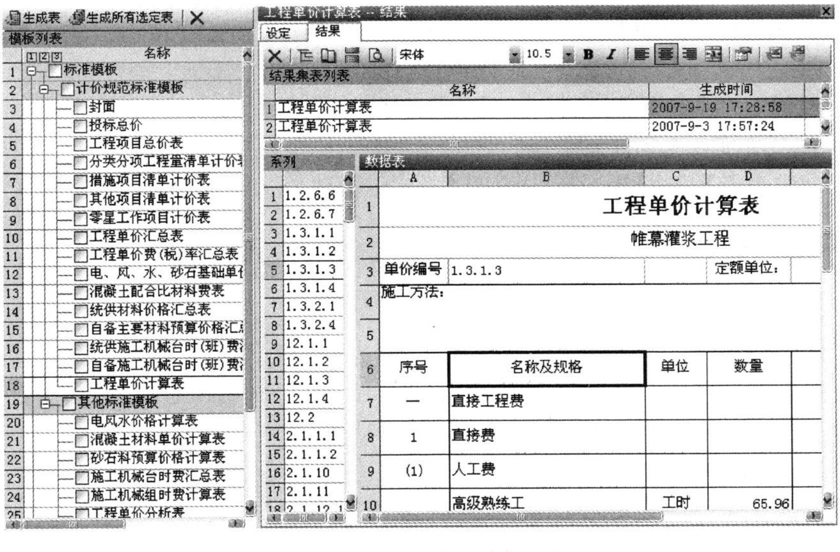

图 10-9　统计分析编辑面板

面板左侧为模板列表，右侧为包含模板设计和结果表两个选项卡。

第四节　凯云水利水电工程造价管理系统

一、系统简介

凯云水利水电工程造价管理系统是北京凯云创智软件技术有限公司研制开发，它由水利水电工程报价软件、水利工程工程量清单计价软件、水利水电工程概（估）算软件和水利水电工程定额管理平台等4个软件组成。能按照单价法、工程量清单计价法及企业定额法等多种计价方式灵活地编制水利水电工程概预算和投标报价。

二、系统的主要功能

（1）水利水电工程报价软件。主要适用于水利水电项目业主、施工单位编制招标标底、投标报价。系统运行稳定，速度快，扩展性强，能充分满足国内不同地区、不同企业对水利水电项目标底制作和投标报价编制的需要，可利用该报价软件按各种编制办法和招标文件快捷而准确地编制水利水电工程报价。

（2）水利工程工程量清单计价软件。为配合水利计价规范在全国范围推广应用，并满足水利工程采用工程量清单进行招标投标的需要，凯云公司率先在全国范围推出《凯云水利工程工程量清单计价软件》。该软件包含了我国从20世纪80年代以来几乎所有的水利工程定额，软件继承了《凯云水利水电工程报价软件》的所有优点，并结合水利计价规范，可适用于全国范围水利工程工程量清单招标与投标编制工作。

（3）水利水电工程概（估）算软件。适用于水利设计单位的工程造价相关部门以及从事工程造价咨询等业务的单位编制水利水电工程投资估算、设计概算、分标概算、执行概算等。系统运行稳定，操作简单，工程造价人员通过该软件的使用可以大幅减轻劳动强度和工作压力，提高造价编制效率和质量。软件还包括了水利部颁布的水土保持概算定额，适用于水保部门编制水土保持项目的投资估算、设计概算等。

（4）水利水电工程定额管理平台。用户可通过该平台对行业定额、地方定额以及企业定额进行管理，同时可根据企业的实际生产、管理水平而快速准确地编制适合本企业实际情况的企业定额及各种计算模板，为企业报价提供依据。

三、系统的主要特点

1. 快速、准确、灵活编制工程报价

系统界面简捷友好，简单易用，无需专门培训，定额版本全，兼容部颁及各地方水利、水电定额及编制办法。适用面广，可满足全国水利、水电及水土保持工程的招投标造价编制需求。兼容Excel，清单、附表及单价分析表等能实现一键导入或导出。

2. 完备的定额管理功能

系统设置独立的定额管理模块，可灵活修改、调整已有定额库，用户可自定义企业定额及材料计算公式、费率文件。

3. 灵活的工程单价编制、清单管理和报表汇总

系统具有自定义单价取费费率和取费模板文件相结合特点，可满足不同报价工程需要。定额选择灵活直观，任一报价工程均可套用所有版本定额。子单价调整方便、快捷、准确，一目了然 。具有强大的单价调整日志管理功能。能够详细分析清单项目人工、材料、机械用量。

4. 灵活的报价资料导入、导出

可以从其他项目或者文件中把项目的一部分或者全部资料导入，可以将窗口中的数据

以电子文件的形式输出，便于数据的兼容与共享。报表灵活，允许用户自由调整各种报表格式，导出到 Excel 可保持完整格式。

5. 强大的网络协同作业功能

系统具有支持对同一工程实施多人联网作业功能，提高报价编制效率和质量。对不同用户进行权限划分，有效保证数据共享、安全保密。系统自动协同多用户同时对同一项目的操作。

四、系统的应用（水利水电工程报价软件为例）

凯云水利水电工程报价软件主页面可分为项目、视图、工具、窗口和帮助 5 个主菜单栏。

（一）项目菜单

项目菜单设有新建项目、打开项目、另存为和项目管理下拉子菜单。

1. 新建项目

单击【项目＼新建】或

，会弹出如（图 10－10）所示的对话框。

填写项目名称，并从定额版本下拉列表中选择相应的定额版本。

单击【确定】按钮，系统导入该项目的定额数据，即可进入编制报价模块。

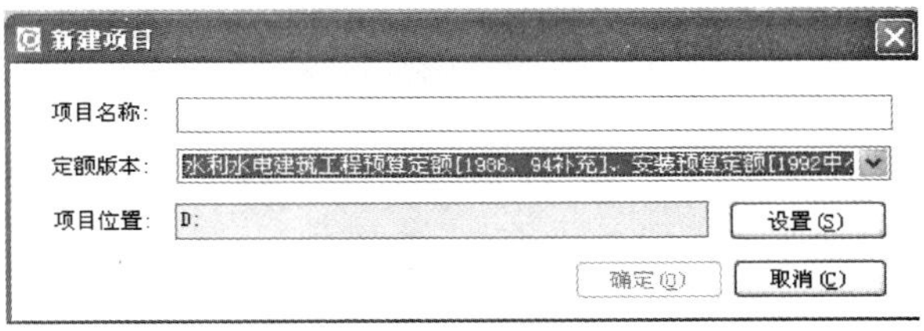

图 10－10　新建项目窗口

2. 打开项目

（1）单击【项目＼打开】或

，在打开项目窗口中显示当前登录用户有权限修改的所有项目。

（2）选择指定项目打开。则系统加载该报价项目所有资料。

3. 另存为

把当前打开项目另存为指定名称的报价项目并自动打开新项目，同时关闭当前项目。

4. 项目管理

打开项目管理，在列表中显示当前用户可以管理的全部报价项目（图 10－11）。

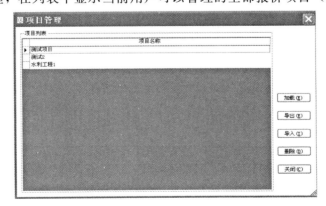

图 10－11　项目管理窗口

（二）项目属性

打开新建项目后，第一个页面显示该项目的属性（图 10－12），包括填写项目的工程名称、编制人、时间、单个等基本信息；选择材料单价的计算公式、是否限价（图 10－13）。单价统调系数的设置等。

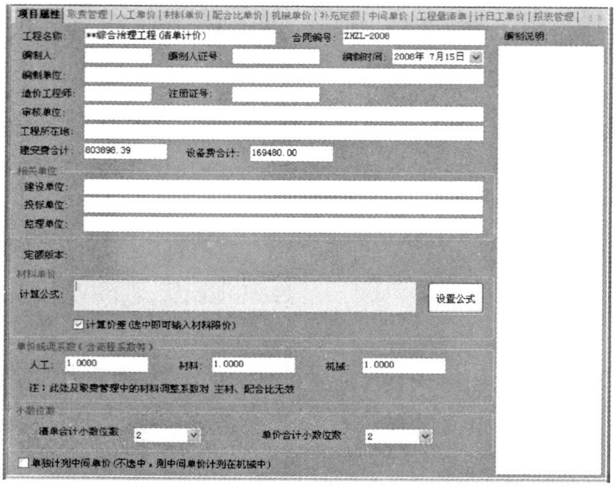

图 10－12　项目属性窗口

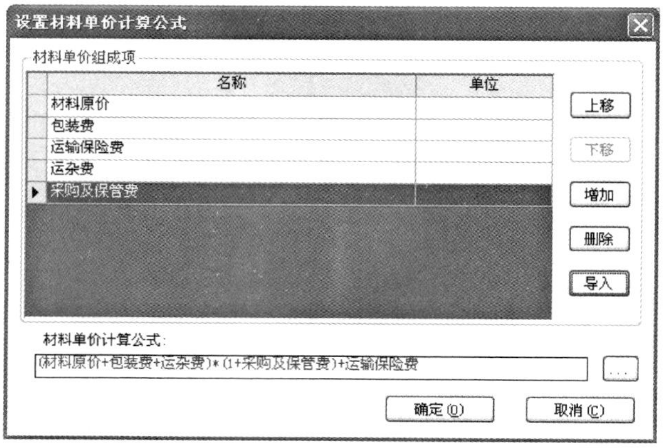

图 10－13　材料单价计算公式窗口

（三）取费管理

建立项目时系统自动导入该项目对应定额版本的所有工程取费，用户可对取费分类列表进行增删和修改，并在费用明细中，对相应分类设置费用的计算基础，并设置是否取费，或填写了默认的取费（图 10－14）。

（四）人工单价

建立报价项目时系统自动建立与所选定额对应的全部人工名称，打开人工单价页面，如图 10－15 所示。单击页面上“计算当前”按钮，软件自动计算所有人工分类的单价，然后通过明细区域中的选择框“是否计价”来选择人工单价或者根据项目的实际情况在人

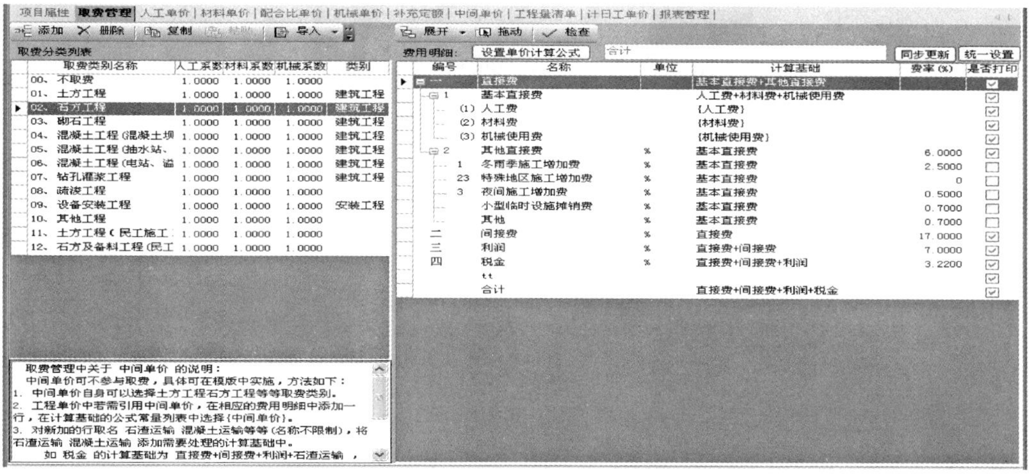

图 10－14　取费管理界面

工预算单价列直接填写人工单价，人工工资地区系数、工程类别、工种级别 3 项分别默认为六类工资区、枢纽工程和工长，调整上述参数请在【选择参数】和【人工系数】中操作。

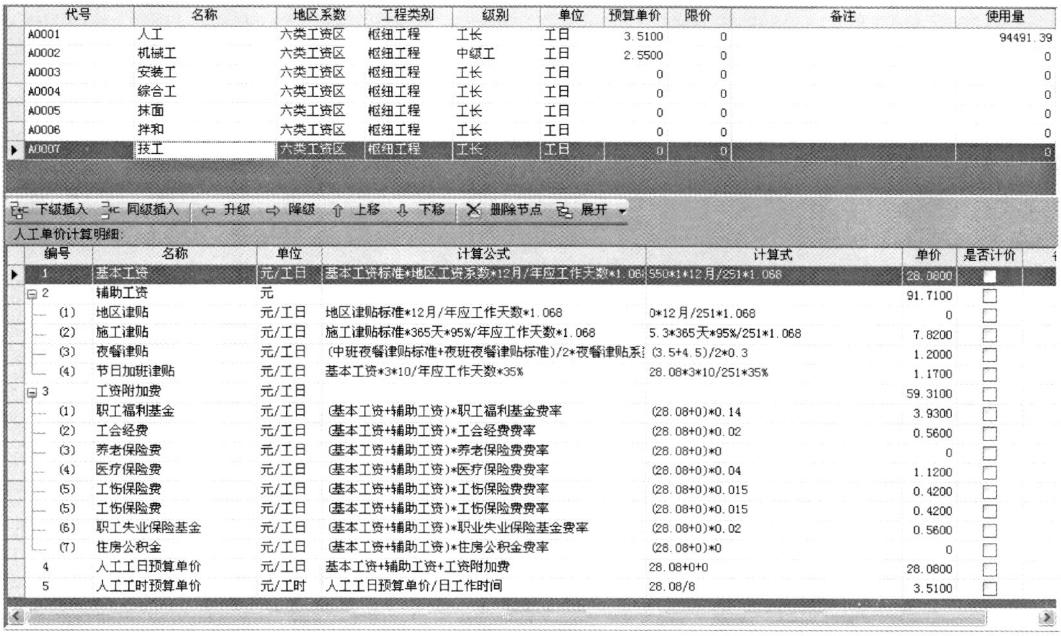

图 10－15　人工单价界面

（五）材料单价

材料单价窗口分为 3 部分：材料分类（单击分类列表可隐藏、显示此列）、材料单价库列表（左侧上表）、材料库列表（左侧下表）（图 10－16）。

图 10－16　材料单价界面

（六）配合比单价

配合比单价窗口分为 2 部分：配合比单价列表、配合比材料组成列表（图 10－17）。用户可以添加配合比、从定额导入配合比，也可以进行混凝土及配合比材料组成的修改。

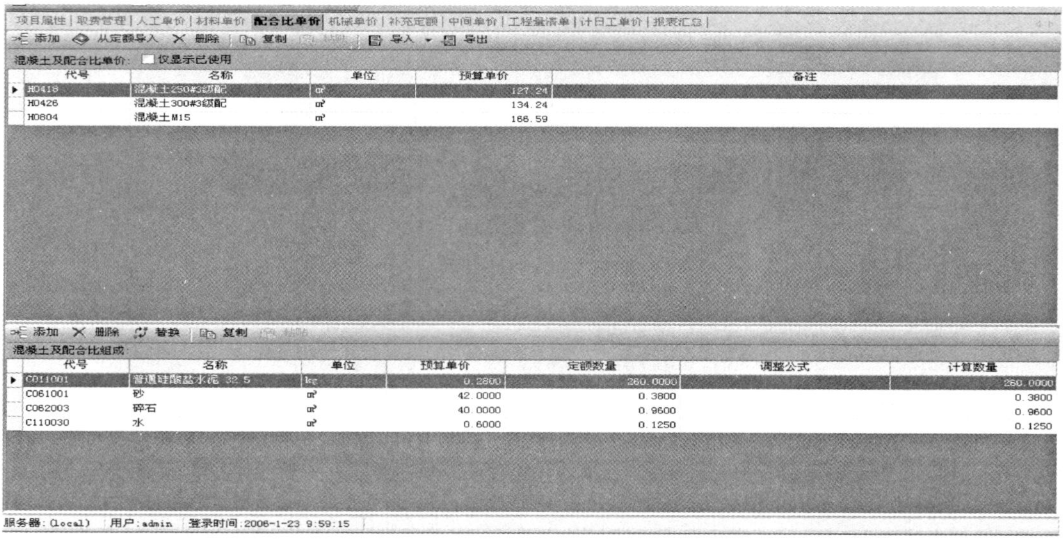

图 10－17　混凝土单价窗口

（七）机械单价

机械单价窗口分为 3 部分：机械分类、机械单价、机械费用组成列表。系统提供按机械分类、关键字进行查询的方法。单击工具栏中计算当前按钮，系统导入机械台时/台班费用（图 10－18）。

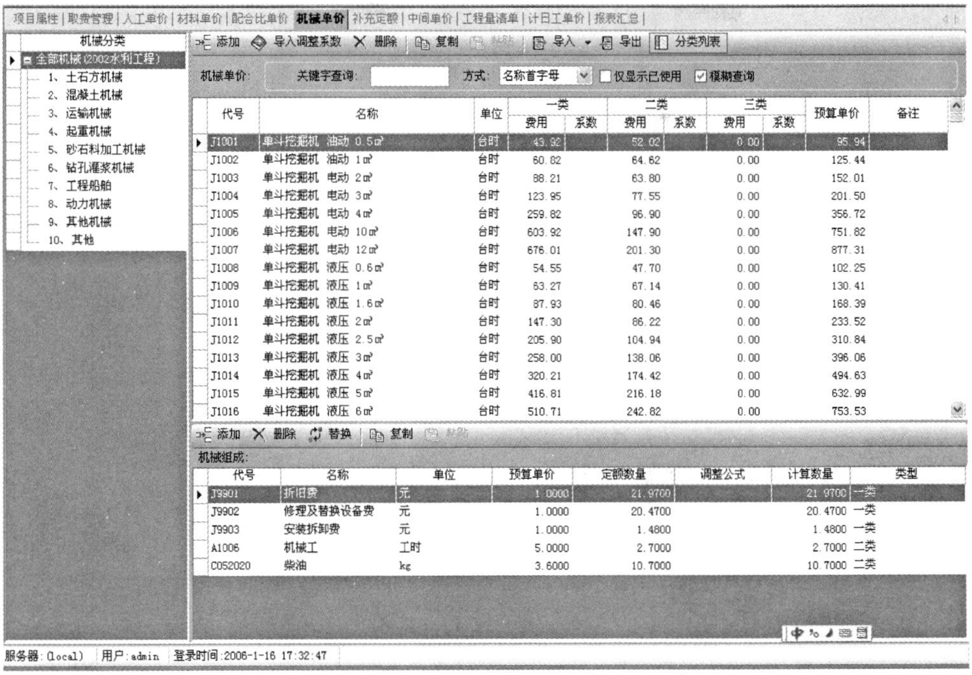

图 10－18 机械单价界面

（八）补充定额

根据项目编制需要可编制补充定额（图 10－19）。

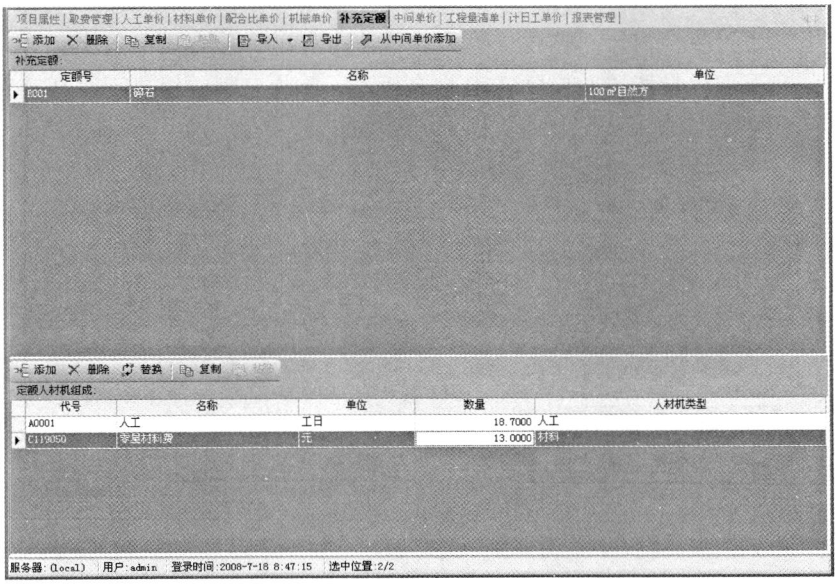

图 10－19 补充定额界面

添加的方法有两种方法：直接添加，这种方法的操作同机械单价的添加方法相同；另外一种方法是通过 从中间单价添加 的方法进行添加，这种方式可以把中间单价的组成带过来，然后在这基础上进行完善。

（九）中间单价

根据工程实际情况，用户可编制中间单价。如：混凝土运输（水平、垂直）、混凝土搅拌和石方运输等，以便在编制工程单价时调用。其包括3个列表：中间单价列表、中间单价定额组成列表、定额人材机组成列表（图10－20）。

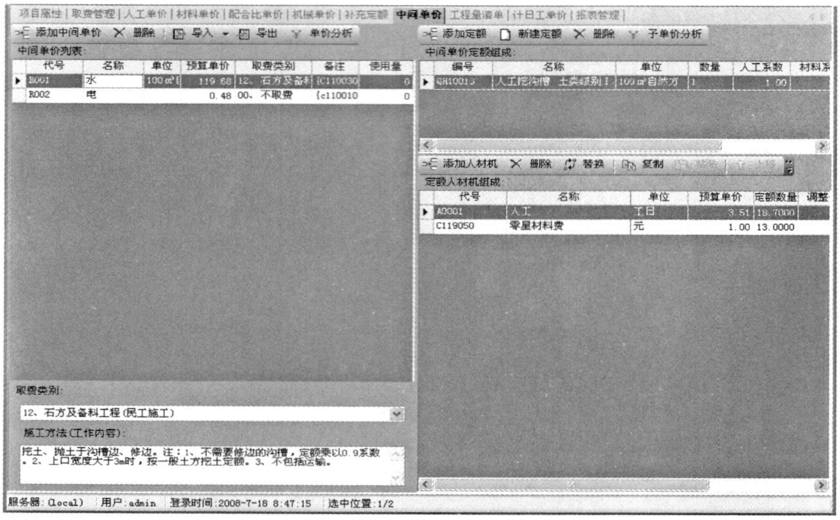

图10－20　中间单价界面

（十）工程量清单

单击“工程量清单”窗口，系统进入工程量清单界面，该界面中上半部分是工程量清单，下半部分则是工程量清单对应的工程单价列表、单价定额的组成列表和定额人材机的组成列表（图10－21）。

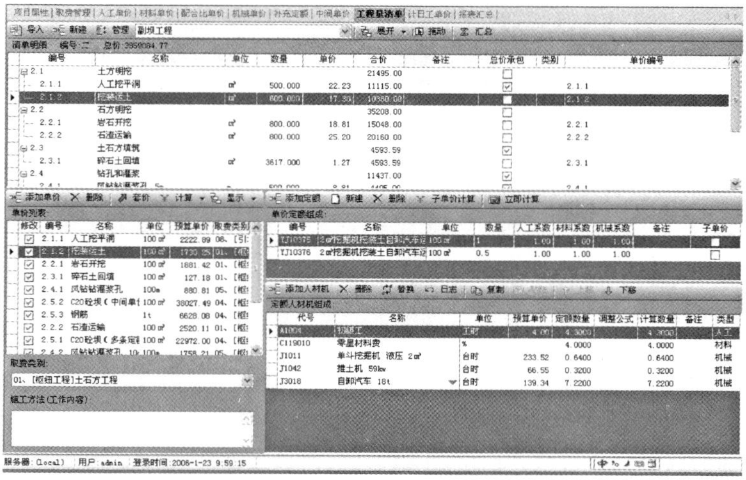

图10－21　工程量清单界面

选中工程量清单列表中的任意节点，如果该节点套用了工程单价，则在单价列表中自动选中与该清单节点套用单价对应的单价行。

工程量清单可以从 Excel 文件导入，也可以建立新的工程量清单组，系统设置了工程量清单管理项目，对清单进行修改。

编制工程单价步骤分为：添加单价或者新建单价、选择定额或新建新定额、选择取费类别、对定额人材机进行调整、计算定额费用、计算工程单价费用。在编制单价过程中可实现选择定额、填写施工方法、选取取费类别、修改定额数量以及定额的人材机械调整系数、填加子单价等功能。

（十一）计日工单价

根据项目实际需要编制计日工单价。计日工单价分为人、材、机 3 种单价，可分别编制单价（图 10－22）。

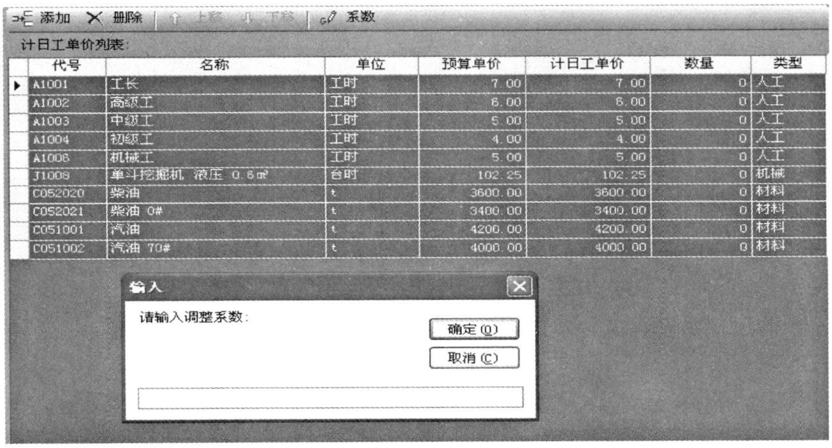

图 10－22　计日工单价列表的调整

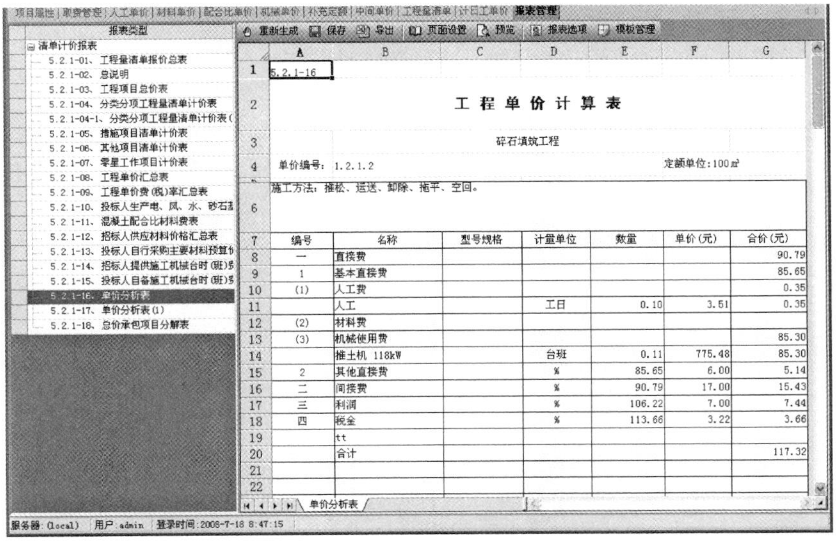

图 10－23　报表管理窗口

在左边列表中列出了当前项目所有的人材机，可一次选中多项，单击“添加”按钮，则所有选中的人材机选中到右边的表格。根据工程实际情况，直接在计日工单价中的输入具体数值或选中多个后单击系数按钮，输入相应的系数，则系统自动根据预算单价和系数计算出计日工单价。

（十二）报表管理

“报表管理”界面，左侧窗口显示工程造价管理系统常用的各种报表类型（为树型结构表），右侧窗口显示报表明细（图 10－23）。

在“报表管理”界面左侧报表类型列表中选一报表名称则在右边窗口中显示对应的报表，如果是第一次打开该项目对应的报表，则自动生成系统默认的报表格式。右侧的报表明细窗口里，有【重新生成】、【保存】、【导出】、【页面设置】、【预览】、【报表选项】、【模板管理】七个按钮，可按用户的要求导出 Excel 文档格式的投标报价表格。

第十一章　水利水电工程经济评价

水利水电工程项目的经济评价是项目可行性研究和评估的核心内容，其目的在于避免或最大限度地减小项目投资的风险，明确项目投资的财务效益水平和项目对国家经济发展及对社会的贡献大小，最大限度地提高项目投资的综合经济效益，为项目的投资决策提供科学的依据。

水利水电工程项目经济评价的任务是在完成项目相关的市场需求预测、拟建规模、厂址选择、技术设计方案、环境保护、投资估算与资金筹措等可行性分析的基础上，在遵循动态分析与静态分析相结合、定量分析与定性分析相结合、宏观效益分析与微观效益分析相结合、价值量分析与实物量分析相结合、预测分析与统计分析相结合的原则下，计算项目建设所需投入的费用，对项目建成投产后的经济效益进行计算、分析、评价，预测项目建成投产后的销售收入、利润额、获利程度、贷款清偿能力以及净现值等经济效益指标所能达到的程度，对项目在经济上的可行性、合理性进行分析论证，提供给决策者作为投资决策的经济论证依据。

水利水电工程项目的全面经济评价，分为财务评价和国民经济评价两个层次。财务评价是项目经济评价的第一步，是从企业角度，根据国家现行财政、税收制度和现行市场价格，计算项目的投资费用、产品成本与销售收入、税金等财务数据，进而计算分析项目的盈利情况、收益水平、清偿能力及外汇效果等，来考察项目投资在财务上的可行性。国民经济评价是从国家和社会的角度，采用影子价格、影子工资、影子汇率以及社会折现率等经济参数，计算项目需要国家付出的代价和项目对促进实现国家经济发展的战略目标和对社会效益的贡献大小，即从国民经济的角度判别项目经济效果的好坏，从而决定项目的取舍。

第一节　财　务　评　价

一、财务评价概述

（一）财务评价的概念

财务评价又称财务分析，是从项目财务核算单位的角度，根据国家现行的财税制度和价格体系，分析计算项目直接发生的财务效益和费用，编制财务报表，计算评价指标，考察项目的清偿能力、盈利能力以及外汇平衡等财务状况，其目的是考察项目在财务上的可行性。财务评价应在初步确定的建设方案、投资估算和融资方案的基础上进行，财务评价结果又可以反馈到方案设计中，用于方案比选，优化方案设计。

（二）水利水电工程财务评价的特点

水利水电工程具有防洪、治涝、发电、航运、城镇供水、灌溉、水产养殖和旅游等多种功能。因此，水利水电工程的财务评价，应根据不同功能的财务收益特点区别对待：

（1）对水力发电、供水等盈利性的水利水电项目，应根据国家现行的财税制度和价格体系在计算项目财务费用和财务效益的基础上，全面分析项目的清偿能力和盈利能力。

（2）对灌溉等保本型的水利水电项目，应该重点核算水利项目的灌溉供水成本和水费标准，对使用贷款或部分贷款建设的项目还需做项目清偿能力的分析，主要是计算和分析项目的借款偿还期。

（3）对防洪、治涝等社会公益性水利水电项目，主要是研究提出维持项目正常运行需由国家补贴的资金数额和需采取的经济优惠措施及有关政策。

（4）对具有综合利用功能的水利水电工程项目，应该把项目作为一个整体进行财务评价。

（三）财务评价的作用

项目的财务评价，无论是对项目投资主体，还是对为项目建设和生产提供资金的其他机构或个人，均具有十分重要的作用。主要表现在：

（1）考察项目的财务盈利能力。项目的财务盈利水平如何，能否达到国家规定的基准收益率，项目投资的主体能否取得预期的投资效益，项目的清偿能力如何，是否低于国家规定的投资回收期，项目债权人权益是否有保障等，是项目投资主体、债权人，以及国家、地方各级决策部门、财政部门共同关心的问题。因此，一个项目是否值得兴建，首先要考察项目的财务盈利能力等各项经济指标，进行财务评价。

（2）为项目制定适宜的资金规划。确定项目实施所需资金的数额，根据资金的可能来源及资金的使用效益，安排恰当的用款计划及选择适宜的筹资方案，都是财务评价要解决的问题。项目资金的提供者们据此安排各自的出资计划，以保证项目所需资金能及时到位。

（3）为协调企业利益和国家利益提供依据。有些投资项目是国计民生所急需的，其国民经济评价结论好，但财务评价不可行。为了使这些项目具有财务生存能力，国家需要用经济手段予以调节。财务分析可以通过考察有关经济参数（如价格、税收和利率等）变动对分析结果的影响，寻找经济调节的方式和幅度，使企业利益和国家利益趋于一致。

（4）项目方案比选中起着重要作用。项目经济评价的重要内容之一就是方案比选，无论是在规模、技术和工程等方面都必须通过方案比选予以优化，使项目整体趋于合理，此时项目财务数据和财务指标往往是重要的比选依据。在投资机会不止一个的情况下，如何从多个备选方案中择优，往往是项目发起人、投资者、甚至是政府有关部门关心的事情，财务评价的结果在项目方案比选中所起的重要作用是不言而喻的。

二、财务评价的内容

财务评价的内容主要包括以下3个部分：

1．财务预测

财务预测是在对投资项目的总体了解和对市场、环境及技术方案的充分调查与掌握的基础上，收集和测算进行财务分析的各项基础数据。这些基础数据主要包括：①投资估算，包括固定资产投资和流动资金投资的估算；②预计的产品产量和销量；③预计的产品价格，包括近期价格和未来价格的变动幅度；④预计的经营收入；⑤预计的成本支出，包括经营成本与税金。

2. 资金规划

资金规划的主要内容是资金筹措与资金的使用安排。资金筹措包括资金来源的开拓和对来源、数量的选择；资金的使用包括资金的投入、贷款偿还和项目运营的计划。一个优秀的资金规划方案，会使项目获得最佳的经济效益；否则，资金规划方案选择不当，就会葬送一个原本很有前途的投资项目。

在进行资金规划时，主要应对以下内容展开分析论证：

（1）分析资金的来源。即分析各种可能的资金来源渠道是否可行、可靠；是否正当、稳妥、合法，符合国家的有关规定；是否满足项目的基本要求；除传统的渠道外，有无可能开辟新的资金渠道等。

（2）分析筹资结构。即对各种可能获得的资金来源，深入分析其各自的利弊和对项目的影响，并组成若干个由各种不同资金来源比例的组合方案，论证各组合方案的优劣及其可行性，筛选出最佳的筹资方案。其中应该重点考虑的因素是自有资金（即权益资金和保留盈余资金）与债务资金的比例关系。

（3）分析筹资的数量和资金投放的时间。筹集资金固然要广开渠道，但绝非“多多益善”，而是要根据项目的实际情况，寻求一个合理的规模数量。筹资不足，会影响项目的建设；筹资过多，会导致资金闲置，从而影响投资效益。由于在建设期的不同阶段对资金的需求量不尽相同，因此需要测定各个时间段的资金投放量，以达到“既保证建设的供给又不至于造成资金闲置”的目的。

3. 财务效果分析

财务效果分析是根据财务预测和资金规划，编制各项财务报表，计算财务评价指标，将财务指标与评价标准进行比较，对项目的盈利能力、清偿能力及外汇平衡等财务状况作出评价，判别项目的财务可行性。通常财务效果分析应该与资金规划交叉进行，即利用财务效果分析进一步调整和优化资金规划。

进行财务效果分析时应包括两部分内容，一部分是排除财务条件的影响，将全部投资作为计算基础，在整个项目的范围内来考察项目的财务效益；另一部分是分析包括财务条件在内的全部因素影响的结果，以投资者的出资额为计算基础，考察自有投资的获利性，寻求最佳财务条件和资金规划方案。

三、财务评价的步骤和原则

（一）财务评价的步骤

1. 基础数据的准备

根据项目市场研究和技术研究的结果、现行价格体系及财税制度进行财务预测，获得项目投资、销售收入，生产成本、利润、税金及项目计算期等一系列财务基础数据，并将所得数据编制成辅助财务报表。

2．编制财务报表

为分析项目的盈利能力需要编制的主要报表有：现金流量表、损益表及相应的辅助报表；为分析项目的清偿能力需要编制的主要报表有：资产负债表、资金来源与运用表及相应的辅助报表；为考察项目的外汇平衡情况，应对涉及外贸、外资及影响外汇流量的项目进行分析，并编制项目的财务外汇平衡表。

3．财务评价指标的计算与分析

根据前面所编制的财务报表，可以计算出各项财务评价指标，将计算的财务指标与对应的评价标准（基准值）进行对比，对项目的盈利能力、清偿能力及外汇平衡等财务状况作出评价，判别项目的财务可行性。盈利能力分析需要计算财务内部收益率、净现值和投资回收期等主要评价指标，根据实际需要也可以计算投资利润率、投资利税率和资本金利润率等指标。清偿能力分析需要计算资产负债率、借款偿还期、流动比率和速动比率等指标。

4．进行不确定性分析

不确定性分析用于估计项目可能承担的风险及项目的抗风险能力，进行项目在不确定情况下的财务可靠性分析。财务评价的不确定性分析通常包括盈亏平衡分析和敏感性分析，根据项目特点和需要，有条件时还应该进行概率分析。

5．作出财务评价结论

综合考虑财务指标的评价结果和不确定性分析的结果，作出项目财务评价的结论，综合评价投资项目在财务上的可行性。

（二）财务评价的原则

1．效益与费用计算口径一致原则

只计算项目的内部效果，即项目本身的内部效益和内部费用，不考虑因项目而产生的外部效益和外部费用，避免因人为地扩大效益和费用范围，使得效益和费用缺乏可比性，从而造成财务效益评估失误。

2．动态分析为主、静态分析为辅原则

静态分析是一种不考虑资金时间价值和项目寿命期，只根据一年或几年的财务数据判断项目的盈利能力和清偿能力的方法。它具有计算简便、指标直观及容易理解等优点，但是计算不够准确，不能全面反映项目财务可行性。

动态分析则强调考虑资金的时间价值对投资效果的影响，根据项目整个寿命期各年的现金流入和流出状况判断项目的财务状况。其优点是计算出来的指标能较为准确地反映项目的财务状况。

3．预测价格原则

项目计算期一般较长，受市场供求变化等因素影响较大，投入物与产出物的价格在计算期内波动比较大，以现行价格为衡量尺度，显然不合理，因此应该以现行市场价格为基础预测计算期内投入物和产出物的价格，以此来计算项目的效益与费用，从而对项目的可行性作出客观的评价。

4．定量分析为主、定性分析为辅原则

经济评价的本质要求是通过效益和费用的计算，对项目建设和生产过程中的诸多经济因素给出明确、综合的数量概念，从而进行经济分析和比较。

但是一个复杂的项目，总会有一些经济因素不能量化，不能直接进行定量分析，对此则应进行实事求是的、准确的定性描述，与定量分析结合起来进行评价。

四、财务基础数据测算

（一）财务效益与财务费用的概念

财务效益与财务费用是指项目运营期内企业获得的收入和支出。主要包括营业收入、成本费用和有关税金等。

财务效益和财务费用估算应遵循“有无对比”的原则，正确识别和估算“有项目”和“无项目”状态的财务效益与财务费用。财务效益与财务费用估算应反映行业特点，符合依据明确、价格合理、方法适宜和表格清晰的要求。

项目的财务效益系指项目实施后所获得的营业收入。对于适用增值税的经营性项目，除营业收入外，其可得到的增值税返还也应作为补贴收入计入财务效益；对于非经营性项目，财务效益应包括可能获得的各种补贴收入。项目所支出的费用主要包括投资、成本费用和税金。

（二）营业收入及税金的估算

项目财务评价中的营业收入包括销售产品或提供服务所获得的收入，其估算的基础数据，包括产品或服务的数量和价格。营业收入估算应分析、确认产品或服务的市场预测分析数据，特别要注重目标市场有效的需求分析；说明项目建设规模、产品或服务方案；分析产品或服务的价格，采用的价格基点、价格体系、价格预测方法；论述采用价格的合理性。在估算营业收入的同时，还要完成相关税金的估算，主要有营业税、增值税、消费税及营业税金附加等。

1. 营业收入的估算

（1）确定各年运营负荷。运营负荷是指项目运营过程中负荷达到设计能力的百分数。在市场经济条件下，如果其他方面没有大的问题，运营负荷的高低主要取决于市场。运营负荷的确定一般有两种方式：①经验设定法，即根据以往项目的经验，结合该项目的实际情况，粗估各年的运营负荷，以设计能力的百分数表示；②营销计划法，通过制定详细的分年营销计划，确定各种产出物各年的生产量和商品量。

（2）确定产品或服务的数量。明确产品销售或服务市场，根据项目的市场调查和预测分析结果，分别测算出内销和外销的产品数量或服务数量。

（3）确定产品或服务的价格。产品或服务的价格确定应分析产品或服务的去向和市场需求，并考虑国内外相应价格变化趋势。为提高营业收入估算的准确性，应遵循稳妥原则，采用适当的方法，合理确定产品或服务的价格。

（4）确定营业收入。销售收入是销售产品或提供服务取得的收入，为数量和相应价格的乘积，即：

$$营业收入=产品或服务数量\times单位价格 \tag{11-1}$$

（5）编制营业收入估算表。营业收入估算表随行业和项目的不同而不同，项目的营业收入估算表应同时列出各种应交营业税金及附加、增值税。

2. 相关税金的估算

（1）增值税。应注意当采用含增值税价格计算销售收入和原材料、燃料动力成本时，利润表和利润分配表以及现金流量表中应单列增值税科目；采用不含增值税价格计算时，利润表和利润分配表以及现金流量表中不包括增值税科目。

（2）营业税金及附加。营业税金及附加是指包含在营业收入之内的营业税、消费税、资源税、城市维护建设税和教育费附加等内容。

3. 补贴收入

对于先征后返的增值税、按销量或工作量等依据国家规定的补助定额计算并按期给予的定额补贴，以及属于财政扶持而给予的其他形式的补贴等，应按相关规定合理估算，记作补贴收入。

按照《企业会计准则》，企业从政府无偿取得货币性资产或非货币性资产称为政府补助，并按照是否形成长期资产区分为与资产相关的政府补助和与收益相关的政府补助。

在项目财务分析中，作为运营期财务效益核算的应是与收益相关的政府补助，主要用于补偿项目建成（企业）以后期间的相关费用或损失。按照《企业会计准则》，这些补助在取得时应确认为递延收益，在确认相关费用的期间计入当期损益（营业外收入）。

（三）成本与费用的估算

在项目财务评价中，为了对运营期间的总费用一目了然，将管理费用、财务费用和营业费用这 3 项费用与生产成本合并为总成本费用。这是财务分析相对会计规定所作的不同处理，但并不会因此影响利润的计算。

1. 总成本费用估算

总成本费用构成与计算。总成本费用是指在一定时期（如 1 年）内因生产和销售产品发生的全部费用。总成本费用的构成和估算通常采用以下两种方法：

（1）生产成本加期间费用估算法。

$$总成本费用=生产成本+期间费用 \tag{11-2}$$

式中：生产成本＝直接材料费＋直接燃料和动力费＋直接工资＋其他直接支出＋制造费用；

期间费用＝管理费用＋财务费用＋营业费用。

总成本费用构成如图 11-1 所示。

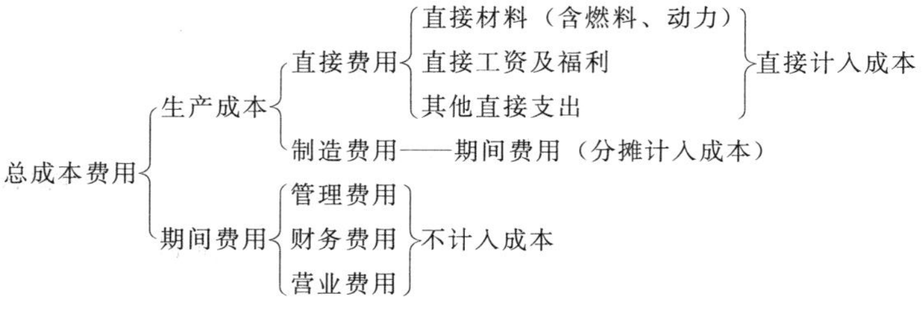

图 11-1　总成本费用构成（生产成本加期间费用估算法）

有关制造费用和期间费用的概念如下：

1）制造费用指企业为生产产品和提供劳务而发生的各项间接费用，包括生产单位管理人员的工资和福利费、折旧费、修理费（生产单位和管理用房屋、建筑物、设备）、办公费、水电费、机物料消耗、劳动保护费、季节性和修理期间的停工损失等，但不包括企业行政管理部门为组织和管理生产经营活动而发生的管理费用。

2）管理费用是指企业为管理和组织生产经营活动所发生的各项费用。包括公司经费、工会经费、职工教育经费、劳动保险费、待业保险费、董事会费、咨询费、聘请中介机构费、诉讼费、业务招待费、排污费、房产税、车船使用税、土地使用税、印花税、矿产资源补偿费、技术转让费、研究与开发费、无形资产与其他资产摊销、职工教育经费等。

3）营业费用是指企业在销售商品过程中发生的各项费用以及专设销售机构的各项经费。包括应由企业负担的运输费、装卸费、包装费、保险费、广告费、展览费以及专设销售机构人员的工资及福利费等。

（2）生产要素估算法。

$$总成本费用＝外购原材料、燃料及动力费＋人工工资及福利费＋折旧费＋摊销费＋修理费＋利息支出＋其他费用 \quad (11-3)$$

式中：其他费用包括其他制造费用、其他管理费用和其他营业费用 3 部分。

生产要素估算法从各种生产要素的费用人手，汇总得到总成本费用，如图 11－2 所示。

2．经营成本

经营成本是财务分析的现金流量分析中所使用的特定概念，作为项目现金流量表中运营期现金流出的主体部分，应得到充分的重视。经营成本与融资方案无关。因此，在完成建设投资和营业收入估算以后，就可以估算经营成本，为项目融资前分析提供数据。

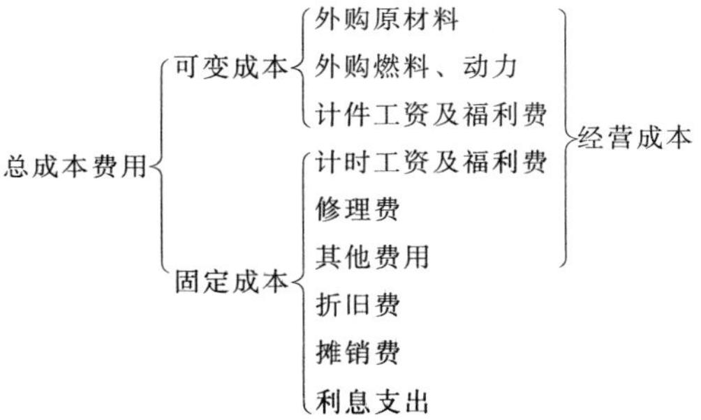

图 11－2　总成本费用构成（生产要素估算法）

经营成本的构成可用式（11－4）表示：

$$经营成本＝外购原材料费＋外购燃料及动力费＋工资及福利费＋修理费＋其他费用 \quad (11-4)$$

经营成本与总成本费用的关系如下：

$$经营成本＝总成本费用－折旧费－摊销费－利息支出 \quad (11-5)$$

经营成本估算的行业性很强，不同行业在成本构成科目和名称上都可能有较大的不同，所以估算时应按照行业规定进行，没有规定的也应注意反映行业特点。

3．固定成本与可变成本估算

为了进行盈亏平衡分析和不确定性分析，需将总成本费用分解为固定成本和可变成本。固定成本指成本总额不随产品产量变化的各项成本费用，主要包括工资或薪酬（计件工资除外）、折旧费、摊销费、修理费和其他费用等。可变成本指成本总额随产品产量变化而发生同方向变化的各项费用，主要包括原材料、燃料、动力消耗、包装费和计件工资等。

4．投资借款还本付息估算

投资借款还本付息估算主要是测算还款期的利息和偿还贷款的时间，从而观察项目的偿还能力和收益，为财务效益评价和项目决策提供依据。根据国家现行财税制度的规定，贷款还本的资金来源主要包括可用于归还借款的利润、固定资产折旧、无形资产和其他资产摊销费以及其他还款资金来源。

（1）利润。用于归还贷款的利润，一般应是经过利润分配程序后的未分配利润。

（2）固定资产折旧。鉴于项目投产初期尚未面临固定资产更新的问题，作为固定资产重置准备金性质的折旧，在被提取以后暂时处于闲置状态。因此，为了有效地利用一切可能的资金来源以缩短还贷期限，加强项目的偿债能力，可以使用部分新增折旧基金作为偿还贷款的来源之一。一般地，投产初期可以利用的折旧占全部折旧的比例较大，随着生产时期的延伸，可利用的折旧比例逐步减小。最终，所有被用于归还贷款的折旧，应由未分配利润归还贷款后的余额垫回，以保证折旧从总体上不被挪作他用，在还清贷款后恢复其原有的经济属性。

（3）摊销费。摊销费是按现行的财务制度计入项目的总成本费用，但是项目在提取摊销费后，这笔资金没有具体的用途规定，具有“沉淀”性质，因此可以用来归还贷款。

（4）其他还款资金。是指按有关规定可以用减免的营业税金来作为偿还贷款的资金来源。进行预测时，如果没有明确的依据，可以暂不考虑。

（四）财务基础数据测算表及其相互联系

1. 财务基础数据测算表的种类

根据财务基础数据估算的几方面内容，可以编制出财务基础数据测算表。

为满足项目财务评价的要求，必须具备下列测算报表：①建设投资估算表；②建设期融资利息估算表；③流动资金估算表；④项目总投资使用计划与资金筹措表；⑤营业收入、营业税金及附加和增值税估算表；⑥总成本费用估算表（生产要素法或生产成本加期间费用法）。

对于采用生产要素法编制总成费用估算表，应编制下列基础表表：①外购原材料费估算表，②外购燃料和动力费估算表，③固定资产折旧费估算表，④无形资产和其他资产摊销估算表，⑤工资及福利费估算表；⑥建设投资借款还本付息计划表；⑦利润与利润分配表。

上述估算表可归纳为 3 大类：

第一类，预测项目建设期间的资金流动状况的报表：如投资使用计划与资金筹措表和建设投资估算表。

第二类，预测项目投产后的资金流动状况的报表：如流动资金估算表、总成本费用估算表、营业收入和营业税金及附加和增值税估算表等。

第三类，预测项目投产后用规定的资金来源归还建设投资借款本息情况的报表：即借款还本付息计划表。

2. 财务基础数据测算表的相互联系

财务基础数据估算几方面的内容是连贯的，其中心是将投资成本（包括建设投资和流动资金）、总成本费用与营业收入的预测数据进行对比，求得项目的营业利润，又在此基础上测算贷款的还本付息情况。因此，编制上述 3 类估算表应按一定程序使其相互衔接起来。各类财务基础数据估算表之间的关系见图 11－3。

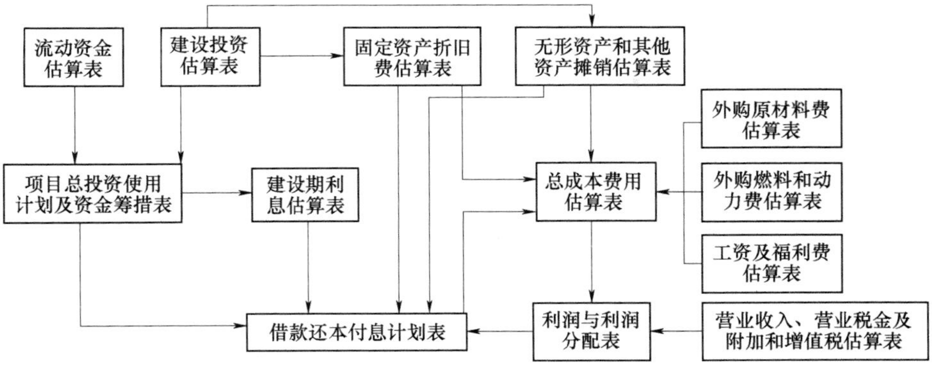

图 11-3 财务基础数据测算表关系图

五、财务评价的指标体系

水利水电工程项目财务评价指标体系是按照财务评价的内容建立起来的，同时也与编制的财务评价报表密切相关。水利水电工程项目财务评价内容、评价报表、评价指标之间的关系如表 11-1 所示。

表 11-1　　财务评价指标体系

评价内容	基本报表		评价指标	
			静态指标	动态指标
盈利能力分析	融资前分析	项目投资现金流量表	项目投资回收期	项目动态投资回收期 项目投资财务净现值 项目投资财务内部收益率
	融资后分析	项目资本金现金流量表		项目资本金财务内部收益率
		投资各方现金流量表		投资各方财务内部收益率
		利润与利润分配表	总投资收益率 项目资本金 净利润率	
偿债能力分析	借款还本付息计划表		偿债备付率 利息备付率	
	资产负债表		资产负债率 流动比率 速动比率	
财务生存能力分析	财务计划现金流量表		累计盈余资金	
外汇平衡分析	财务外汇平衡表			
不确定性分析	盈亏平衡分析		盈亏平衡产量 盈亏平衡生产能力利用率	
	敏感性分析		灵敏度 不确定因素的临界值	
风险分析	概率分析		$FNPV \geqslant 0$ 的累计概率	
			定性分析	

六、财务评价方法

1. 财务盈利能力评价

(1) 财务净现值 (*FNPV*)。财务净现值是对投资项目进行动态评价的最重要的指标之一，是指把项目计算期内各年的财务净现金流量，按照一个设定的标准折现率（基准收益率）折算到建设期初（项目计算期第一年年初）的现值累积之和。财务净现值是考察项目在其计算期内盈利能力的主要动态评价指标。其计算公式为：

$$FNPV = \sum_{t=1}^{n}(CI_t - CO_t)(1+i)^{-t} \tag{11-6}$$

式中　$FNPV$——第 t 年的现金流入额；

CI_t——第 t 年的现金流入额；

CO_t——第 t 年的现金流出额；

n——项目的计算期；

i——基准收益率。

项目财务净现值是考察项目盈利能力的绝对量指标，它反映项目在满足按设定折现率要求的盈利之外所能获得的超额盈利的现值。如果项目财务净现值不小于零，表明项目的盈利能力达到或超过了所要求的盈利水平，项目财务上可行，则该项目在经济上可以接受；反之，如果项目财务净现值小于零，表明项目的盈利能力低于所要求的盈利水平，项目财务上不可行，则在经济上应该拒绝该项目。

财务净现值是反映项目投资盈利能力的一个重要的动态评价指标，它广泛应用于项目经济评价中。其优点是：①考虑了资金的时间价值因素，并全面考察了投资项目在整个寿命周期内的经营情况；②直接以货币额表示投资项目收益的大小，经济意义较为直观明确。但其缺点是：在计算财务净现值指标时，必须事先给定一个基准折现率，而基准折现率的确定往往是一个比较复杂的问题，其数值的高低直接影响了净现值指标的大小，进而影响对项目优劣的判断。

(2) 财务内部收益率 (*FIRR*)。财务内部收益率是指项目在整个计算期内各年财务净现金流量的现值之和等于零时的折现率，也就是使项目的财务净现值等于零时的折现率，其计算公式为：

$$\sum_{t=1}^{n}(CI_t - CO_t)(1+FIRR)^{-t} = 0 \tag{11-7}$$

财务内部收益率是反映项目实际收益率的一个动态指标，该指标越大越好。一般情况下，财务内部收益率大于等于基准收益率时，项目可行。若基准折现率为 i_0，当 $FIRR \geqslant i_0$ 时，该投资项目在经济上是可以接受的；反之，当 $FIRR < i_0$ 时，在经济上应该拒绝该投资项目。

通常，由于水利水电工程项目的寿命期较长（一般都大于 2），也就是说上面的计算公式是一个关于 *FIRR* 的高次方程，其求解相当复杂，因此，在求解 *FIRR* 的实际操作中，通常采用一种较为简便（近似）方法进行求解，即“插值法”。

“插值法”的基本思想是：分别估算两个折现率 i_1 和 i_2，使得其对应的净现值 *FN*-

$PV_1>0$、$FNPV_2<0$，利用下面的公式近似计算投资项目的财务内部收益率：

$$FIRR=i_1+(i_2-i_1)\times\frac{|FNPV_1|}{|FNPV_1|+|FNPV_2|} \tag{11-8}$$

（3）投资回收期。投资回收期也称为返本期，是指从投资项目投资建设之日起，用项目各年的现金净流量将全部投资收回所需的时间，一般以年为单位。投资回收期按照是否考虑资金时间价值可以分为静态投资回收期和动态投资回收期。

1）静态投资回收期。静态投资回收期是指以项目每年的净收益回收项目全部投资所需要的时间，是考察项目财务上投资回收能力的重要指标。这里所说的全部投资既包括建设投资，也包括流动资金投资。项目每年的净收益是指税后利润加折旧。静态投资回收期的计算公式如下：

$$\sum_{t=1}^{T_p}(CI_t-CO_t)=0 \tag{11-9}$$

其更为实用的计算公式为：

$$T_p=(T-1)+\frac{\text{第}(T-1)\text{年的累积净现金流量的绝对值}}{\text{第 }T\text{ 年的净现金流量}} \tag{11-10}$$

式中 T——投资项目累积净现金流量首次为正值的年数；

其他符号与前面意义相同。

2）动态投资回收期。动态投资回收期是指在考虑了资金时间价值的情况下，以项目每年的净收益回收项目全部投资所需要的时间。这个指标主要是为了克服静态投资回收期指标没有考虑资金时间价值的缺点而提出的。动态投资回收期的计算公式如下：

$$\sum_{t=1}^{T_p}(CI_t-CO_t)(1+i)^{-t}=0 \tag{11-11}$$

其更为实用的计算公式为：

$$T_p=(T-1)+\frac{\text{第}(T-1)\text{年的累积净现金流量现值的绝对值}}{\text{第 }T\text{ 年的净现金流量现值}} \tag{11-12}$$

式中 T——投资项目累积净现金流量现值首次为正值的年数；

其他符号与前面意义相同。

在水利水电工程项目财务评价中，若基准投资回收期为 T_0，当 $T_p\leqslant T_0$ 时，该投资项目在经济上是可以接受的；反之，当 $T_p>T_0$ 时，在经济上应该拒绝该投资项目。

投资回收期是考察投资项目在财务上的投资回收能力的一个综合性指标，是投资项目经济评价中最常用的指标之一。其优点在于：①概念清楚明确，简单易懂；②该指标不仅反映了投资项目的盈利和偿付能力，同时还反映了项目的风险大小。

由于投资项目决策面临着未来的诸多不确定因素，并且不确定性随时间的延长而增加，决策风险也随之增大，而投资回收期指标在一定程度上体现了这种风险因素，即投资回收期（T_p）越小，项目越可靠。其缺点就是：①静态投资回收期没有考虑资金的时间价值；②该指标舍弃了回收期以后的效益和费用数据，不能全面反映投资项目在寿命期内的真实效益，难以对不同方案的比较选择作出正确的判断。

（4）总投资收益率（ROI）。总投资收益率是指项目达到设计能力后正常年份的年息税前利润或营运期内年平均息税前利润（$EBIT$）与项目总投资（TI）的比率。其计算公式为：

$$ROI=\frac{EBIT}{TI}\times 100\% \tag{11-13}$$

总投资收益率高于同行业的收益率参考值，表明用总投资收益率表示的盈利能力满足要求。

（5）项目资本金净利润率（*ROE*）。项目资本金净利润率是指项目达到设计能力后正常年份的年净利润或运营期内平均净利润（*NP*）与项目资本金（*EC*）的比率。其计算公式为：

$$ROE=\frac{NP}{EC}\times 100\% \tag{11-14}$$

项目资本金净利润率高于同行业的净利润率参考值，表明用项目资本金净利润率表示的盈利能力满足要求。

2. 清偿能力评价

投资项目的资金构成一般分为借入资金和自有资金。自有资金可长期使用，而借入资金必须按期偿还。项目的投资者自然要关心项目的偿债能力，同时借入资金的所有者——债权人也非常关心贷出资金能否按期收回本息。因此，偿债分析是财务分析中的一项重要内容。

（1）利息备付率（*ICR*）。利息备付率是指项目在借款偿还期内的息税前利润（*EBIT*）与应付利息（*PI*）的比值，它从付息资金来源的充裕性角度反映项目偿付债务利息的保障程度。利息备付率的含义和计算公式均与财政部对企业绩效评价的“已获利息倍数”指标相同，用于支付利息的息税前利润等于利润总额和当期应付利息之和，当期应付利息是指计入总成本费用的全部利息。利息备付率应按下式计算：

$$ICR=\frac{EBIT}{PI} \tag{11-15}$$

利息备付率应分年计算。对于正常经营的企业，利息备付率应当大于1，并结合债权人的要求确定。利息备付率高，表明利息偿付的保障程度高，偿债风险小。

（2）偿债备付率（*DSCR*）。偿债备付率是指项目在借款偿还期内，各年可用于还本付息的资金（$EBITDA-T_{AX}$）与当期应还本付息金额（*PD*）的比值，它表示可用于还本付息的资金偿还借款本息的保障程度，应按下式计算：

$$DSCR=\frac{EBITDA-T_{AX}}{PD} \tag{11-16}$$

式中 *EBITDA*——息税前利润加折旧和摊销；

T_{AX}——企业所得税。

偿债备付率可以按年计算，也可以按整个借款期计算。偿债备付率表示可用于还本付息的资金偿还借款本息的保证倍率，正常情况应当大于1，并结合债权人的要求确定。

（3）资产负债率。资产负债率是反映项目各年所面临的财务风险程度及偿债能力的指标，其计算公式为：

$$资产负债率=\frac{负债合计}{资产合计}\times 100\% \tag{11-17}$$

资产负债率表示企业总资产中有多少是通过负债得来的，是评价企业负债水平的综合指标。适度的资产负债率既能表明企业投资人、债权人的风险较小，又能表明企业经营安全、稳健、有效，具有较强的融资能力。国际上公认的较好的资产负债率指标是60%。但是难以简单地用资产负债率的高或低来进行判断，因为过高的资产负债率表明企业财务风险过大；过低的资产负债率则表明企业对财务杠杆利用不够。实践表明，行业间资产负债率差异也比较大。实际分析时应结合国家总体经济运行状况、行业发展趋势、企业所处竞争环境等具体条件进行判定。

（4）流动比率。流动比率是反映项目各年利用流动资产偿付流动负债能力的指标，其计算公式为：

$$流动比率=\frac{流动资产总额}{流动负债总额}\times 100\% \qquad (11-18)$$

流动比率是衡量企业资金流动性大小的指标，该指标越高，说明偿还流动负债的能力越强。但该指标过高，说明企业资金利用效率低，对企业的运营也不利。国际公认的标准是200%。但行业间流动比率会有较大差异，一般而言，若行业生产周期较长，流动比率就应该相应提高；反之，就可以相对降低。

（5）速动比率。速动比率是反映项目各年快速偿付流动负债能力的指标，计算公式为：

$$速动比率=\frac{速动资产总额}{流动负债总额}\times 100\% \qquad (11-19)$$

其中

$$速动资产总额=流动资产总额-存货$$

速动比率指标是对流动比率指标的补充，是将流动比率指标计算公式的分子剔除了流动资产中变现能力最差的存货后，计算企业实际的短期债务偿还能力，较流动比率更为准确，该指标体现的是企业迅速偿还债务的能力。该指标越高，说明偿还流动负债的能力越强。与流动比率一样，该指标过高，说明企业资金利用效率低，对企业的运营也不利。国际公认的标准比率为100%。同样，该指标在行业间差异较大，实际应用时应结合行业特点进行分析判断。

第二节　国民经济评价

一、国民经济评价的概念及必要性

（一）国民经济评价的概念

国民经济评价是指按照合理配置资源的原则，采用影子价格、影子汇率和社会折现率等国民经济评价参数，从国民经济的角度考察项目所耗费的社会资源和对社会的贡献，评价项目的经济合理性。

（二）国民经济评价的必要性

1. 国民经济评价为政府在资源配置中的决策提供参考依据

从国家经济发展和社会利益角度来看，存在一个基本的经济课题，即如何把有限的资源有效地分配给各种不同的经济用途，包括如何控制工程项目投资等。有限的资源包括劳动力、土地、各种自然资源和资金等。在完全的市场经济中，由市场配置资源，“看不见的手”通过市场机制调节资源的流向。在非完全的市场经济中，政府在资源配置中发挥一定的作用，项目的国民经济评价对项目的经济效益进行分析评价，为政府在资源配置中的决策提供参考依据。

2. 国民经济评价能够全面反映项目对于国民经济的贡献与代价

项目的财务评价是站在企业投资者的立场考察项目的经济效益，而企业与国家处于不同的立场，企业的利益并不总是与国家和社会的利益完全一致。项目的财务盈利性并不一定能够全面正确地反映项目对于国民经济的贡献和代价。至少在下面 3 个方面，项目对于社会的影响可能没有被正确地反映：①国家对于项目实施的征税及财务补贴；②市场价格的扭曲；③项目的外部费用和效益。

（三）国民经济评价的范围和内容

在市场经济充分发达的条件下，依赖市场调节的行业项目，投资通常由投资者自行决策，政府不必参与具体的项目决策。这类项目政府调节的主要作用发挥在构建合理有效的市场机制，而不在具体的项目投资决策。因此，这类项目不必进行国民经济评价，只进行财务评价。财务评价是从项目角度考察项目的盈利能力和偿债能力，在市场经济条件下，大部分项目的财务评价结论可以满足投资决策的要求。

但有些项目需要进行国民经济评价，需要从国民经济角度评价项目是否可行。需要进行国民经济评价的项目主要是：国家及地方政府参与投资的项目；国家给予财政补贴或者减免税费的项目；铁路、公路等交通运输项目；较大的水利水电工程项目；国家控制的战略性资源开发项目；动用社会资源和自然资源较大的中外合资项目；主要产出物和投入物的市场价格不能反映其真实价值的项目。

国民经济评价是按合理配置资源的原则，采用影子价格、影子汇率和社会折现率等国民经济评价参数，从国家整体角度考察项目的效益和费用，分析计算项目对国民经济的贡献，评价项目的经济合理性。国民经济评价是项目经济评价的核心部分，是决策部门考虑建设项目取舍的主要依据。国民经济评价实质上是一个以整个国家作为系统，以国民经济净收益为目标函数，以国家有用资源的合理利用为约束条件的最优化问题。在国民经济评价中，不仅要计算项目的直接收益和费用，而且还要计算项目的间接收益和费用。项目的转移支付必须从项目的收益和费用中扣除。

我国现行的《建设项目经济评价方法与参数》（第三版）中规定：建设项目经济评价内容的选择，应根据项目的性质、项目目标、项目投资者、项目财务主体以及项目对经济与社会的影响程度等具体情况确定。对于费用效益计算比较简单，建设期和运营期比较短，不涉及进出口平衡等一般项目，如果财务评价的结论能够满足投资决策需要，可不进行国民经济评价；对于关系公共利益、国家安全和市场不能有效配置资源的经济和社会发展的项目，除应进行财务评价外，还应进行国民经济评价；对于特别重大的建设项目尚应辅以区域经济与宏观经济影响分析方法进行国民经济评价。对于财务评价结论和国民经济评价结论都可行的项目，应予以通过；反之应予以否定。对于国民经济评价结论不可行的项目，一般应予以否定；对于关系公共利益、国家安全和市场不能有效配置资源的经济和社会发展的项目，如果国民经济评价结论可行，但财务评价结论不可行，应重新考虑方案，必要时可提出经济优惠措施的建议，使项目具有财务生存能力。由此可见，国民经济评价在项目经济评价中具有特别重要的意义。

二、水利水电工程国民经济评价的特点和意义

1. 国民经济评价的特点

水利水电工程是以促进水资源优化配置和水资源的可持续利用为主要目的，不以盈利为第一目的，因此水利水电工程项目国民经济评价具有以下特点：

(1) 水利水电工程的效益具有区域性、综合性、难于计算性、近期效益与远期效益不一致性等特点，因此在水利水电工程项目效益的估算中要把项目放在一个多元、多介质和多层次的综合体中进行识别，然后再对水利水电工程项目的效益进行估算。

(2) 水利水电工程项目是社会公益性项目，在经济评价中应以国民经济评价为主，以财务评价为辅。对国民经济评价不可行的项目，无论财务评价的结论如何都应予以否定。

(3) 水利水电工程项目具有很强的综合利用功能，国民经济评价和财务评价都应该把项目作为整体进行评价。

(4) 水利水电工程项目评价中效益的计算应该按照有无项目对比可获得直接效益和间接效益进行计算。

2. 国民经济评价的意义

国民经济评价从形式上看与财务评价相类似，都是对项目盈利状况的评价，但是财务评价是站在项目经营者的角度进行分析的，而国民经济评价是站在国家和全社会的角度，考察项目对整个国民经济的贡献。国民经济评价的意义主要体现在以下几个方面：

(1) 国民经济评价能够客观的估算项目对社会的贡献和社会为项目付出的代价。我国和大多数发展中国家一样，不少商品的价格不能反映价值，也不能反映供求关系，在商品价格严重失真的条件下，按现行价格计算项目的投入与产出，不能确切的反映项目建设给国民经济带来的效益和费用。国民经济评价运用反映项目投入物和产出物真实价值的影子价格计算建设项目的费用和效益，可以真实地反映项目对国民经济的贡献以及社会为项目付出的代价。

(2) 国民经济评价能够起到从宏观上合理配置资源的作用。对于不断增长的人口及其消费趋势来说，国家资源总是有限的，有些甚至是稀缺的。仅仅从企业财务角度评判项目的得失，无法正确反映资源的利用是否合理；而国民经济评价则在宏观上对资源流动进行跟踪，引导资源配置合理化，结合产业政策和地区政策，鼓励和促进某些有前途的产业和某类项目的发展，相应抑制和淘汰某些不适应的产业和某类项目的发展，从而起到对资源进行合理配置的效果。

(3) 国民经济评价可以达到统一标准的目的。由于国民经济评价中采用统一的评价参数，包括影子价格、社会折现率、影子汇率、影子工资、贸易费用率等，这些参数的运用，就使不同地区、不同行业的投资项目，在经济评价中都站在同一“起跑线”上，使效益和费用更具可比性。

(4) 国民经济评价使投资决策更加科学化。由于财务评价只关心企业自身的得失，不

涉及项目以外的问题，因此结论可能是片面的，例如有的项目也许自身盈利丰厚，但是对环境污染严重，从长远看为环境治理需付出沉重的代价，最终得不偿失，这样的项目不能靠财务评价来进行决策，而只能通过国民经济评价来作出决策。相反，有些项目公益性强，为社会所必需，但直接经济效益却很低，甚至亏损，这样的项目若只做财务评价肯定通不过，也只能通过国民经济评价的结果来作决策。另外，由于财务评价中包含了税收、补贴和贷款及还本付息等转移支付，使不同项目的财务盈利效果失去了公正比较的基础，而国民经济评价中则消除了这些外在的不平等性，使决策更趋科学化。

三、国民经济评价的内容和步骤

（一）国民经济评价的内容

国民经济评价的内容主要包括以下 3 大部分。

1. 国民经济效益和费用的识别与处理

国民经济评价中的效益和费用与财务评价相比，从含义到范围都有很大的区别，其不仅包括投资项目建设和运营过程中直接发生的、在财务账面上直接显现的费用，还包括那些因项目建设和运营对外部造成的、不在财务账面上直接显现的间接效益和费用。这就需要对这些效益和费用进行一一识别、归类，并尽量予以定量处理，实在难以定量处理的，也可以进行定性分析。

2. 影子价格的确定与基础数据的调整

正确拟定项目投入物和产出物的影子价格，是保障国民经济评价科学性的关键，在进行国民经济评价时，应选择既能够反映资源的真实经济价值、又能够反映市场供求关系、并且符合国家经济政策的影子价格，在此前提条件下，将项目的各项经济基础数据按照影子价格进行调整，计算各项国民经济效益和费用。

3. 国民经济效果分析

根据以上各项国民经济效益和费用，编制项目的国民经济效益费用流量表，结合社会折现率等经济参数，计算项目的各项国民经济评价指标，并进行不确定性分析，最终对投资项目的经济合理性进行综合评价。

（二）国民经济评价的步骤

国民经济评价分两种情形，一种是直接对项目进行国民经济评价，另一种是在项目财务评价的基础上进行国民经济评价，它们的评价步骤也不尽相同。

1. 直接进行项目国民经济评价的步骤

（1）识别和计算项目的直接效益。对那些为国民经济提供产出物的项目，首先应根据产出物的性质确定是否属于外贸货物，再根据定价原则确定产出物的影子价格；按照项目的产出物种类、数量及其逐年的增减情况和产出物的影子价格计算项目的直接效益。对那些为国民经济提供服务的项目，应根据服务的数量和用户的受益计算项目的直接效益。

（2）估算投资费用。用货物的影子价格、土地的影子费用、影子工资和影子汇率等参数直接进行项目的投资估算和流动资金估算，根据生产经营的实物消耗计算经营费用。

（3）识别项目的间接效益和间接费用。对能定量的进行定量计算，不能（或难于）定量的进行定性分析。

（4）编制有关报表，计算相应的评价指标。

（5）进行不确定性分析，分析投资项目的抗风险能力。

（6）作出国民经济评价结论。综合考虑评价指标的评价结果和不确定性分析的结果，作出项目国民经济评价的结论，综合评价投资项目在经济上的合理性。

2. 在项目财务评价基础上进行国民经济评价的步骤

（1）效益和费用范围的调整。剔除已经计入财务效益和费用中的转移支付；识别项目的间接效益和间接费用，对能定量的应进行定量计算，不能（或难于）定量的进行定性分析。

（2）效益和费用数值的调整。①固定资产投资的调整：剔除属于国民经济内部转移支付的引进设备、材料的关税和增值税，并用影子汇率、影子运费和贸易费用对引进设备价值进行调整；对于国内设备价值则用其影子价格、影子运费和贸易费用进行调整。②流动资金的调整：调整由于流动资金估算基础的变动而引起的流动资金占用量的变动。③经营费用的调整：先用货物的影子价格、影子工资等参数调整人工、材料等费用，然后再汇总得到调整后的经营费用。④销售收入的调整：先确定项目产出物的影子价格，然后重新计算调整销售收入。⑤在涉及外汇借款时，用影子汇率计算外汇借款本金与利息的偿还额。

（3）编制项目的国民经济效益费用流量表，计算相应的评价指标。

（4）进行不确定性分析，分析投资项目的抗风险能力。

（5）作出国民经济评价结论。

四、财务评价与国民经济评价的关系

在工程项目经济评价中，财务评价和国民经济评价是项目经济评价的主要内容。由于财务评价与国民经济评价的对象是同一个工程项目，因此它们之间的关系是非常密切的，二者之间既有相似之处，又有着本质的区别。

（一）财务评价与国民经济评价的共性

1. 评价的目的相同

财务评价和国民经济评价都属于经济评价范畴，其目的都是为了寻求经济效益最有利的投资项目和建设方案，即寻求以最小的投入获得最大的产出的项目和方案。

2. 评价的基础相同

财务评价和国民经济评价都是项目可行性研究的组成部分，都需在完成项目的市场分析、市场需求预测、方案构思、投资估算及资金规划等步骤的基础上进行计算和论证。

3. 评价的基本方法和基本指标相同

财务评价和国民经济评价都是在经济效果评价与方案比选的基本理论的指导下，采用基本相同的分析方法，都要考虑资金的时间价值，采用净现值、净年值、内部收益率、投资回收期等基本评价指标，通过编制相关报表对项目进行分析、比较。

4. 计算期相同

财务评价和国民经济评价的计算期是一致的，都包括项目的建设期和生产期。

（二）财务评价与国民经济评价的区别

1. 评价的角度不同

财务评价是从项目财务核算单位的角度出发，分析测算项目的财务收入和支出，考察项目的盈利能力和清偿能力，评价项目的财务可行性；而国民经济评价则是站在国家整体的立场上，从全社会的宏观角度出发，考察项目对国民经济的贡献，进而评价项目经济上的合理性。

2. 费用与效益的计算范围不同

财务评价的效益是指项目实施后财务核算单位的实际财务收入，其费用是指财务核算单位的实际财务支出。国民经济评价是站在国家的立场上，研究项目实施后国家所能获得的效益（包括直接效益、间接效益、有形效益和无形效益）和国家为此付出的代价（耗费的资源），为此，属于国民经济内部转移的税金、利润、国内借款利息以及各种补贴等，均不应计入项目的费用或效益。

3. 使用的价格体系不同

财务评价采用的是财务价格，而国民经济评价采用的是影子价格。财务评价采用的财务价格，是指以现行价格体系为基础的预测价格。当前，国内现行价格包括现行商品价格和收费标准，主要有国家定价、国家指导价和市场价格 3 种价格形式，在各种价格并存的情况下，项目的财务价格应该是预测的最有可能发生的价格。国民经济评价中，由于要求不同地区、不同行业的投资项目具有可比性，因此采用的是统一的价格标准——影子价格。

4. 评价中使用的参数不同

财务评价通常采用实际支付的汇率和行业财务基准收益率；而国民经济评价采用国家统一测定的影子汇率和社会折现率。

5. 评价的组成内容不同

财务评价的组成内容包括盈利能力分析、清偿能力分析和外汇平衡分析 3 个方面；而国民经济评价的组成内容则只包括盈利能力分析和外汇效果分析两个方面。对于只使用国内资金的项目，财务评价的内容主要是盈利能力和清偿能力的分析，而国民经济评价的内容则主要是项目盈利能力的分析。

6. 考察和跟踪的对象不同

财务评价考察的是项目财务生存能力，跟踪的是与项目直接相关的货币流动；国民经济评价考察的是项目对国民经济的净贡献，跟踪的是围绕项目发生的资源流动。

由于上述区别，两种评价有时可能得出相反的结论。一般情况下，财务评价和国民经济评价都合理可行的方案，才能被通过。国民经济评价结论不可行的项目，一般应予否定。对某些国计民生急需的项目，如果国民经济评价合理，而财务评价不可行，应重新考虑替代方案，必要时也可向主管部门提出维持项目正常运行需由国家补贴的资金数额和需要采用的优惠措施或政策。使项目既能满足国民经济发展的需要，又具有财务生存能力。

财务评价和国民经济评价的关系比较可以用表 11－2 来描述。

表 11－2　　财务评价与国民经济评价关系比较表

<table>
<tr><th colspan="3">项　目</th><th>财务评价</th><th>国民经济评价</th></tr>
<tr><td rowspan="5">相同</td><td colspan="2">1. 评价目的</td><td colspan="2">寻求以最小的投入获得最大的产出的项目和方案</td></tr>
<tr><td colspan="2">2. 评价基础</td><td colspan="2">在完成项目的市场分析、方案构思、投资估算及资金规划等步骤的基础上进行计算和论证</td></tr>
<tr><td colspan="2">3. 评价的基本方法</td><td colspan="2">在经济效果评价与方案比选的基本理论的指导下，采用基本相同的分析方法</td></tr>
<tr><td colspan="2">4. 评价的基本指标</td><td colspan="2">考虑资金的时间价值，采用净现值、净年值、内部收益率等基本评价指标</td></tr>
<tr><td colspan="2">5. 计算期</td><td colspan="2">包括项目的建设期和生产期</td></tr>
<tr><td rowspan="12">区别</td><td colspan="2">6. 评价角度</td><td>项目财务核算单位（企业）</td><td>国家和全社会</td></tr>
<tr><td colspan="2">7. 效益费用的划分</td><td>直接效益和费用</td><td>直接效益和费用及间接效益和费用</td></tr>
<tr><td colspan="2">8. 价格体系</td><td>财务价格（市场价格）</td><td>影子价格</td></tr>
<tr><td colspan="2">9. 评价标准</td><td>财务基准收益率</td><td>社会折现率</td></tr>
<tr><td colspan="2">10. 评价内容</td><td>盈利能力、清偿能力、外汇平衡</td><td>盈利能力、外汇效果</td></tr>
<tr><td colspan="2">11. 考察对象</td><td>自身财务生存能力</td><td>对国民经济的净贡献</td></tr>
<tr><td colspan="2">12. 跟踪对象</td><td>货币流动</td><td>资源流动</td></tr>
<tr><td colspan="2">13. 主要报表</td><td>总成本费用表、利润表、损益表、财务现金流量表、资产负债表、资金来源与运用表、借款还本付息表</td><td>国民经济效益费用流量表</td></tr>
<tr><td rowspan="4">14. 费用数据</td><td>税收和补贴</td><td>考虑</td><td>不考虑</td></tr>
<tr><td>沉没费用</td><td>考虑</td><td>不考虑</td></tr>
<tr><td>固定资产折旧</td><td>考虑</td><td>不考虑</td></tr>
<tr><td>贷款及归还</td><td>考虑</td><td>不考虑</td></tr>
</table>

五、国民经济评价的费用效益分析

水利水电工程项目国民经济评价的费用效益分析，是按合理配置资源的原则，采用影子价格、影子汇率和社会折现率等经济评价参数，分析项目投资的经济效率和对社会福利所做出的贡献，评价项目的经济合理性。

（一）费用和效益的识别

1. 费用和效益识别的内容和范围

（1）费用。项目的费用是指项目耗用社会经济资源的经济价值，即按经济学原理估算出的被耗用经济资源的经济价值。项目经济费用包括 3 个层次的内容，即项目实体直接承担的费用，受项目影响的利益群体支付的费用，以及整个社会承担的环境费用。第二、三项一般称为间接费用，但更多地称为外部效果。

（2）效益。项目的效益是指项目为社会创造的社会福利的经济价值，即按经济学原理估算出的社会福利的经济价值。与费用相同，项目的经济效益也包括三个层次的内容，即项目实体直接获得的效益，受项目影响的利益群体获得的效益，以及项目可能产生的环境效益。

2. 费用效益识别的一般原则

（1）遵循有无对比的原则。

（2）对项目所涉及的所有成员及群体的费用和效益做全面分析。

（3）正确识别和计算正面和负面的外部效果。

（4）合理确定效益和费用的空间范围和时间跨度。

（5）根据不同情况区别对待和调整转移支付。

项目的有些财务收入和支出，从社会角度看，并没有造成资源的实际增加或减少，从而称为经济费用效益分析中的“转移支付”。转移支付代表购买力的转移行为；接受转移支付的一方所获得的效益与付出方所产生的费用相等，转移支付行为本身没有导致新增资源的发生。因此，在国民经济评价的费用效益分析中，税赋、补贴、借款和利息等均属于转移支付。

（二）费用和效益的计算

1. 费用和效益的计算原则

（1）支付意愿原则。项目产出物的正面效果的计算遵循支付意愿原则，用于分析社会成员为项目所产出的效益愿意支付的价值。

（2）受偿意愿原则。项目产出物的负面效果的计算遵循接受补偿意愿原则，用于分析社会成员为接受这种不利影响所得到补偿的价值。

（3）机会成本原则。项目投入的费用的计算应遵循机会成本原则，用于分析项目所占有的所有资源的机会成本。机会成本应按资源的其他最有效利用所产生的效益进行计算。

（4）实际价值计算原则。项目费用效益分析应对所有费用和效益采用反映资源真实价值的实际价格进行计算，不考虑通货膨胀因素的影响，但应考虑相对价格变动。

2. 具有市场价格的货物（或服务）的影子价格的计算

若货物或服务处于竞争性市场环境中，市场价格能够反映支付意愿或机会成本，应采用市场价格作为计算项目投入物或产出物影子价格的依据。考虑到我国仍然是发展中国家，整个经济体系还没有完成工业化过程，国际市场和国内市场的完全融合仍然需要一定时间等具体情况，将投入物和产出物区分为外贸货物和非外贸货物，并采用不同的思路确定其影子价格。

（1）外贸货物。可外贸的投入物或产出物的价格应基于口岸价格进行计算，以反映其价格取值具有国际竞争力，计算公式为：

$$\text{出口产出的影子价格(出厂价)}=\text{离岸价}(FOB)\times\text{影子汇率}-\text{出口费用} \quad (11-20)$$

$$\text{进口投入的影子价格(到厂价)}=\text{到岸价}(CIF)\times\text{影子汇率}+\text{进口费用} \quad (11-21)$$

（2）非外贸货物。非外贸货物，其投入或产出的影子价格应根据下列要求计算：

1）如果项目处于竞争性市场环境中，应采用市场价格作为计算项目投入或产出的影子价格的依据。

2）如果项目的投入或产出的规模很大，项目的实施将足以影响其市场价格，导致“有项目”和“无项目”两种情况下市场价格不一致，在项目费用效益分析中，取二者的平均值作为计算影子价格的依据。

3. 不具有市场价格的货物（或服务）的影子价格计算

如果项目的产出效果不具有市场价格，或市场价格难以真实反映其经济价值时，应遵循消费者支付意愿和（或）接受补偿意愿的原则，按下列方法计算其影子价格：

（1）显示偏好法。按照消费者支付意愿的原则，通过其他相关市场价格信号，根据“显示偏好”的方法，寻找揭示这些影响的隐含价值，对其效果进行间接估算。如项目的外部效果导致关联对象产出水平或成本费用的变动，通过对这些变动进行客观量化分析，作为对项目外部效果进行量化的依据。

（2）陈述偏好法。根据意愿调查评估法，按照“陈述偏好”的原则进行间接估算。一般通过对被评估者的直接调查，直接评价对象的支付意愿或接受补偿的意愿，从中推断出项目造成的有关外部影响的影子价格。

4. 特殊投入物的影子价格

（1）劳动力的影子价格——影子工资。项目因使用劳动力所付的工资，是项目实施所付出的代价。劳动力的影子工资等于劳动力机会成本与因劳动力转移而引起的新增资源消耗之和。

（2）土地的影子价格。土地是一种重要的资源，项目所占用的土地无论是否支付费用，均应计算其影子价格。项目所占用的农业、林业、牧业、渔业及其他生产性用地，其影子价格应按照其未来对社会可提供的消费产品的支付意愿及因改变土地用途而发生的新增资源消耗进行计算；项目所占用的住宅、休闲用地等非生产性用地，市场完善的，应根据市场交易价格估算其影子价格；无市场交易价格或市场机制不完善的，应根据支付意愿价格估算其影子价格。

（3）自然资源的影子价格。项目投入的自然资源，无论在财务上是否付费，在国民经济费用效益分析中都必须测算其经济费用。不可再生自然资源的影子价格应按资源的机会成本计算；可再生资源的影子价格应按资源再生费用计算。

（三）费用效益分析的指标

项目经济费用与经济效益估算出来后，可编制国民经济费用效益流量表（见表 11－3），计算经济净现值、经济内部收益率、经济效益费用比和经济净年值等经济费用效益分析指标。

表 11－3　　　　国民经济效益与费用流量表

项　目	建设期		运行期				合计
	1	2	3	4	…	n	
1　效益流量							
1.1　项目效益							
1.2　回收固定资产余值							
1.3　回收流动资金							
1.4　项目间接效益							
2　费用流量							
2.1　固定资产投资							
2.2　流动资金							
2.3　经营费用							
2.4　更新改造费							
2.5　项目间接费用							
3　净效益流量							
4　累计净效益流量							

(1) 经济净现值(ENPV)。经济净现值是项目按照社会折现率将计算期内各年的经济净效益流量折现到建设期初的现值之和,是经济费用效益分析的主要评价指标。计算公式:

$$ENPV = \sum_{t=1}^{n}(B-C)_t(1+i_s)^{-t} \tag{11-22}$$

式中 B——经济效益流量;

C——经济费用流量;

$(B-C)_t$——第 t 期的经济净效益流量;

n——项目计算期;

i_s——社会折现率。

社会折现率是用以衡量资金时间经济价值的重要参数,代表资金占用的机会成本,并且用作不同年份之间资金价值换算的折现率。在经济费用效益分析中,如果经济净现值等于或大于0,说明项目可以达到社会折现率要求的效率水平,认为该项目从经济资源配置的角度可以被接受。

(2) 经济内部收益率(EIRR)。经济内部收益率是项目在计算期内经济净效益流量的现值累计等于0时的折现率,是经济费用效益分析的辅助评价指标。计算公式为:

$$\sum_{t=1}^{n}(B-C)_t(1+EIRR)^{-t} = 0 \tag{11-23}$$

式中 $EIRR$——经济内部收益率;

其他符号与前面意义相同。

如果经济内部收益率等于或者大于社会折现率,表明项目资源配置的经济效率达到了可以被接受的水平。

(3) 效益费用比(BCR)。效益费用比是项目在计算期内效益流量的现值与费用流量的现值的比率,是经济费用效益分析的辅助评价指标。计算公式为:

$$BCR = \frac{\sum_{t=1}^{n}B_t(1+i_s)^{-t}}{\sum_{t=1}^{n}C_t(1+i_s)^{-t}} \tag{11-24}$$

式中 BCR——经济内部收益率;

B_t——第 t 期的经济效益流量;

C_t——第 t 期的经济费用流量;

其他符号与前面意义相同。

如果效益费用比>1,表明项目资源配置的经济效率达到了可以被接受的水平。

(4) 经济净年值(ENAV)。经济净年值是通过资金的等值计算将投资项目的经济净现值分摊到寿命期内各年(从第1年到第 n 年)的等额年值。其计算公式为:

$$ENAV = ENPV \times (A/P,i_s,n) = \frac{i_s(1+i_s)^n}{(1+i_s)^n-1}\sum_{t=1}^{n}(B-C)_t(1+i_s)^{-t} \tag{11-25}$$

式中 A/P, i_s, n——投资回收系数,并且$(A/P,i_s,n)=\frac{i_s(1+i_s)^n}{(1+i_s)^n-1}$;

其他符号与前面意义相同。

在投资项目国民经济评价中，若 $ENAV \geqslant 0$，则该项目在经济上可以接受；反之，若 $ENAV < 0$，则在经济上应该拒绝该项目。

从净年值的计算公式可以看出：由于系数（A/P，i_s，n）>0，因此当 $ENAV \geqslant 0$ 时，有 $ENPV \geqslant 0$；$ENAV < 0$ 时，则 $ENAV < 0$，故采用经济净年值和经济净现值指标进行项目国民经济评价时，其结论是一致的。也就是说经济净年值和经济净现值是两个等效的指标，只不过经济净现值是项目在寿命期内获得的总收益的现值，而经济净年值则是项目在寿命期内每年获得的等额收益。与经济净现值不同的是，对于寿命期不同的方案之间进行比较时，使用经济净年值法可以使方案之间更具可比性。

第三节 不确定性分析及风险分析

在对项目进行经济评价时，一般是使用历史的统计数据或经验，对未来的生产状况、经济态势进行预测和判断，但即使采用非常科学的预测方法，也不可避免地存在误差，从而导致预测值与实际值不尽相同，小的误差或许不会带来太多的损失，但是经过若干次放大之后，可能这种误差会直接导致决策的错误，并引发整个项目全局性失败。此外，随着项目的投产运行，很多外界环境可能会发生变化，明显不同于预测时比较单纯的外部环境假设条件，因此使得方案经济效果评价中所用的费用、效益等基本数据与实际产生偏差，而这些因素也直接影响方案总体经济指标值，导致最终经济效果实际值偏离预测值，给投资者带来风险。由此可见，经济评价中存在着很多的不确定性。

不确定性分析就是针对上述不确定性问题所采取的处理方法。它通过运用一定的方法计算出各种不确定性因素对项目经济效益的影响程度来推断项目的抗风险能力，从而为项目决策提供更准确的依据，同时也有利于对未来可能出现的各种情况有所估计，事先提出改进措施。

风险分析的目的是为了避免或减少损失，找出工程方案中的风险因素，对他们的性质、影响和后果作出分析，对方案进行改进，制定出减轻风险影响的措施或在不同方案间作出优选。

一、不确定性分析

（一）概述

在进行投资项目的评估工作时，所采用的数据中有相当大的一部分来自于评估人员的预测和估计，即有赖于人们的经验判断和主观认识，因而不可能与未来实际情况完全吻合，这就使工程项目的投资决策或多或少地带有某种风险，即有可能使项目在实施过程中发生某种出乎意料的偏差，这就是项目的不确定性。

1. 产生不确定性的原因

产生项目不确定性的因素有很多，归纳起来有以下几方面原因：

（1）数据及其处理方法有误。

（2）对项目自身估计不当。

（3）对外界因素估计不当。

（4）其他必然因素的影响。

由于上述原因，使得在项目评价时的不确定性如影随形、不可避免。

2. 不确定性分析的概念与意义

为了减少不确定因素对项目决策的影响程度，采取一定的技术方法，以估计项目可能承担的风险，确定项目在经济上的可靠性和合理性，这就是不确定性分析。

不确定性分析包括盈亏平衡分析、敏感性分析和概率分析。其中，盈亏平衡分析只用于财务评价；敏感性分析和概率分析可同时用于财务评价和国民经济评价。

在处理项目的不确定性问题时，如果能够了解与项目盈利密切相关的一些因素的变化会影响投资决策到什么程度，显然对科学决策大有裨益；同时，如果不仅知道某种因素变动对项目的影响，而且还能给出该因素发生变动的可能性大小，则决策者在作出投资决策时就能更胸有成竹、算无遗策了，决策水平也就能更上一层楼了。进行项目评估时的不确定性分析，意义正在于此。

（二）敏感性分析

敏感性分析是通过分析预测项目主要因素发生变化时对项目经济评价指标的影响，从中找出敏感因素，并确定其影响程度的一种方法。

在项目计算期内可能发生变化的因素主要有：产品产量、销售价格、主要资源（原材料、燃料等）价格、生产成本、固定资产投资、建设工期、贷款利率及汇率等。敏感性分析通常要分析这些因素单独变化或多重变化时对项目经济效果的影响，从而对内外部条件发生不利变化时项目的承受能力作出判断。

敏感性分析除了可使决策者了解项目各主要因素变化对项目经济效果的影响程度，以提高决策的准确性之外，还可以提示评价者对敏感因素进行更深入的重点分析，提高其预测值的可靠性，从而减少项目的不确定性、降低其风险。

1. 敏感性分析的方法

进行项目敏感性分析可按以下步骤进行：

（1）选定需分析的不确定因素及可能变动范围。不同性质的投资项目需分析的不确定因素是有所不同的，但一般通常从下列因素中选定：①投资总额，包括固定资产投资与流动资金；②产品产量及销售量；③产品销售价格；④经营成本，特别是其中的变动成本；⑤建设工期以及达到设计生产能力的时间；⑥折现率；⑦银行贷款利率和外汇汇率。

在选定不确定因素后，还应根据实际情况设定这些因素可能的变化幅度，通常变化幅度在［－20％，＋20％］区间之内。

（2）确定分析评判的经济效果指标。首先不确定性分析所选择的评价指标应与确定性分析所用指标一致，并从中挑选；其次指标不宜过多，而只能对最重要的几个指标进行分析，如净现值、内部收益率、投资回收期等。

（3）计算所选不确定性因素引起评价指标的变化值。计算方法有以下两种：①相对测定法，即令所分析因素均从确定性分析中所采用的数值处开始向正反两个方向变动，且各因素变动幅度（增或减的百分比）相同，然后计算评价指标的变化量；②绝对测定法，即先设定有关评价指标为其临界值，如令净现值等于零、内部收益率等于基准折现率、投资回收期等于基准回收期，然后求待分析因素的最大允许变动幅度，并与其可能出现的最大变动幅度相比较。

（4）确定敏感因素。所谓敏感因素是指其数值变动能显著影响方案经济效果的不确定性因素。确定方法是：①采用相对测定法时，则引起评价指标变动幅度较大的因素为敏感因素；②采用绝对测定法时，则其可能出现的最大变动幅度超过最大允许变动幅度的因素为敏感因素。

2. 单因素敏感性分析

单因素敏感性分析的对象是单个不确定性因素发生变动的情况。在分析方法上类似于数学中的多元函数的偏微分，即计算某个因素变动对经济效果的影响时，假定其他因素均不变。

进行单因素敏感性分析时，应求出导致项目由可行变为不可行的不确定因素变化的临界值。该临界值可通过敏感性分析图求得，具体做法是：以不确定因素变化率为横坐标，以评价指标（如内部收益率）为纵坐标，从每种不确定因素的变化中可得到评价指标随之变化的曲线；每条曲线与评价指标的基准评判线（如基准收益率线）的交点，即为该不确定因素变化的临界点，该点对应的横坐标即为不确定因素变化的临界值。如图 11－4 所示，图中 A、B、C 3 点即分别为投资额、经营成本和产品价格 3 项不确定因素的临界值。

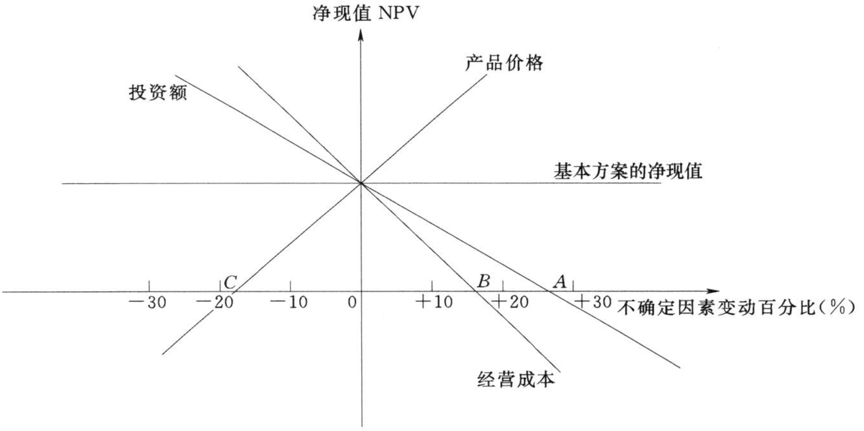

图 11－4　单因素敏感性分析图

3. 多因素敏感性分析

多因素敏感性分析的对象是若干个不确定性因素同时发生变动的情况。由于单因素敏感性分析的前提是当某个不确定因素变动时、其他因素均不变。而在实践中，这样的假定基本上并不成立，实际情况是在各因素间存在着相关性，往往多个因素都发生变动，它们有的对方案有利、有的对方案不利，总之，多因素变动使方案的前景更为扑朔迷离，这时就必须进行多因素敏感性分析。

多因素敏感性分析涉及各变动因素不同变动幅度的多种组合，计算量十分繁琐。这时一般可以采取简化问题的办法，首先进行单因素敏感性分析，找出敏感因素；然后对 2～3 个敏感性因素或较为敏感的不确定因素进行多因素敏感性分析。

最常见的多因素敏感性分析有双因素敏感性分析三因素敏感性分析。

（三）盈亏平衡分析

盈亏平衡分析是通过盈亏平衡点分析项目成本与收益的平衡关系的一种方法。

各种不确定因素（如项目投资、生产成本、产品价格、销售量等）的变化，会影响方案的经济效果，当这些因素的变化达到某一临界值（即处于盈亏平衡点）时，就会影响方案的取舍。盈亏平衡分析的目的，就在于找到这个盈亏平衡点，以判断方案对不确定因素变化的承受能力。

在进行盈亏平衡分析时，将产品总成本划分为固定成本和变动成本，假定产量等于销量，根据产量（销量）、成本、售价和利润四者之间的函数关系，找出各因素的盈亏平衡点。对于产量而言，盈亏平衡点就是当达到一定的产量时，销售收入正好等于总成本，项目不盈不亏（盈利为零）的那一点。

1. 线性盈亏平衡分析

假若成本、收益与产量之间呈线性函数关系则称上述分析为线性盈亏平衡分析。

设：S——售净收入（总销售收入－销售税金及附加）；

TC——总成本；

FC——固定成本；

VC——变动成本；

Q——产量（销量）；

P——产品售价；

L——利润；

C——单位产品变动成本。

则有：$L=S-TC$；$S=Q\times P$；$TC=VC+FC$；$VC=Q\times C$

即有：

$$L=Q(P-C)-FC \tag{11-26}$$

（1）盈亏平衡点（BEP——Break Even Point）。指销售收入与总成本相等的点，即利润 $L=0$ 的状态。

$L=Q(P-C)-FC$，当 $L=0$ 时有：

$Q(P-C)-FC=0$

$\Rightarrow$盈亏平衡点销量 $Q^*=\dfrac{FC}{(P-C)}$

$\Rightarrow$盈亏平衡点销售额 $S^*=P\times Q^*=P\times\dfrac{FC}{(P-C)}=\dfrac{FC}{\dfrac{P-C}{P}}=\dfrac{FC}{\text{边际贡献率}}$

（2）盈亏平衡点作业率。指盈亏平衡点的销量占正常销量的比重，即：

$$\text{盈亏平衡点作业率}=\frac{\text{盈亏平衡点销量}}{\text{正常销量}}=\frac{\text{盈亏平衡点销售额}}{\text{正常销售额}} \tag{11-27}$$

“盈亏平衡点作业率”表明企业的作业率达到正常作业的多少比重时才能达到盈利，否则发生亏损。

显然，“盈亏平衡点作业率”越低，项目的抗风险能力越强。一般认为“盈亏平衡点作业率小于70％”时，项目已具备相当的抗风险能力。

对于销量的盈亏平衡点，可以用盈亏平衡图来描述，线性盈亏平衡图如图11－5所示。

2. 非线性盈亏平衡分析

前面的分析是基于产量、价格、利润、成本之间呈线性关系；而实际上市场和生产的情况常常比较复杂，并非一直呈线性关系，这时成本函数和收入函数就有可能是非线性的了，盈亏平衡分析也必然是非线性的。图 11－6 所示就是一种非线性关系的情况。非线性成本函数和收入函数通常会导致出现几个盈亏平衡点，一般把最后出现的盈亏平衡点称为盈利限制点。很显然，只有当产量符合 $Q_1^* < Q < Q_2^*$ 时，项目才能盈利；项目的最大盈利 L_{max} 可以通过对利润函数（收入一成本）求偏导数的方法求得，该点的销量为最大盈利销量 Q_{max}。

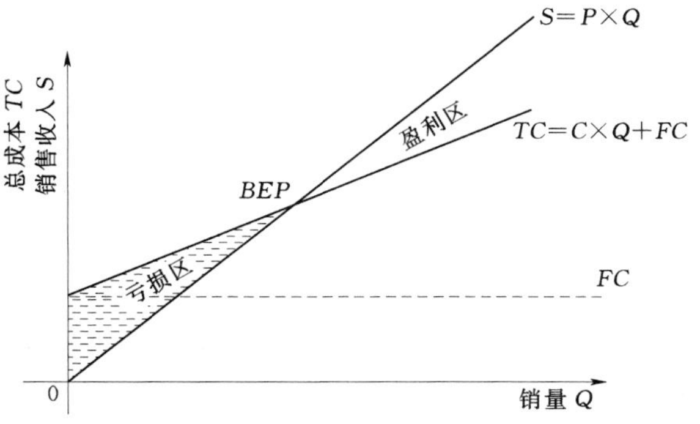

图 11－5　线性盈亏平衡图

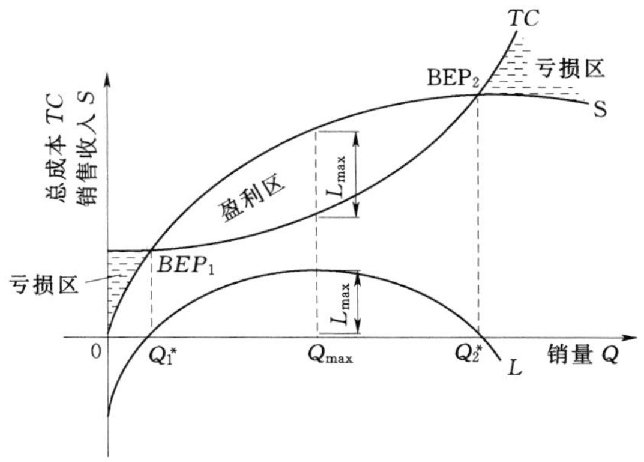

图 11－6　非线性盈亏平衡图

3. 互斥方案盈亏平衡分析

“互斥方案”是指几个方案互不相容，不能同时进行，只能选择一个最优的方案。上面的分析都是针对独立方案而言的。在需要对几个互斥方案进行比选时，如果是某一个共同的不确定因素影响方案的取舍，可以进行如下分析：

设两个互斥方案的经济效果都受一个不确定因素 x 的影响，则可将 x 看作自变量，将两个方案的经济效果指标都表示为 x 的函数，即：

$$E_1 = f_1(x) \tag{11-28}$$

$$E_2 = f_2(x) \tag{11-29}$$

当这两个方案的经济效果相同时，有：

$$f_1(x) = f_2(x) \tag{11-30}$$

对上述方程的 x 求解，即为两个方案的盈亏平衡点，也就是决定这两个方案优劣的临界点。结合对 x 未来取值范围的预测，就可以作出取舍决策。

在实际运用中，这个不确定因素可以是产量、价格、成本、项目寿命期和项目投资额等不同变量，作为盈亏平衡分析的对象；并且可以用净现值、净年值和内部收益率等作为衡量方案经济效果的评价指标。

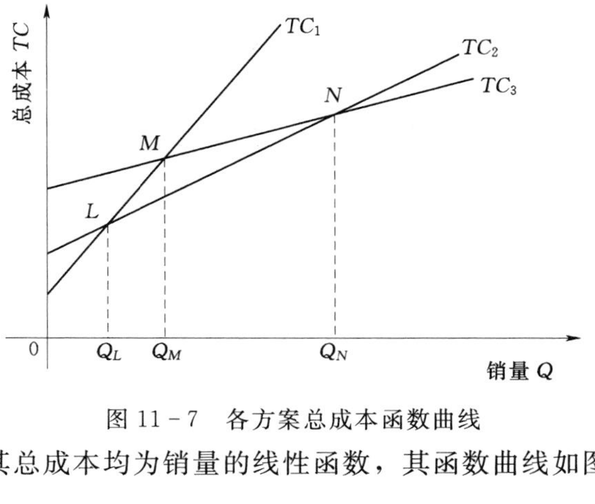

图 11－7　各方案总成本函数曲线

以总成本为例，现有 3 个互斥方案，其总成本均为销量的线性函数，其函数曲线如图

11-7所示。当 $0<Q<Q_L$ 时，总成本 TC_1 最小，方案1最优，因此应该选择方案1；当 $Q_L<Q<Q_N$ 时，总成本 TC_2 最小，方案2最优，因此应该选择方案2；当 $Q>Q_N$ 时，总成本 TC_3 最小，方案3最优，因此应该选择方案3。

（四）概率分析

概率分析是使用概率研究预测各种不确定性因素和风险因素的发生对项目经济评价指标影响的一种方法。

由于敏感性分析只能指出项目经济评价指标对不确定性因素的敏感程度，但不能表明各不确定性因素变化发生的可能性大小，以及在这种可能性下对评价指标的影响程度；即敏感性分析的前提是各不确定性因素发生变化的概率是相同的，但实际上这种假定并不可靠，各不确定性因素发生变化的概率往往不会相同。那么一个敏感性大而发生概率很低的不确定性因素，对项目的实际影响可能还不如一个敏感性小但发生概率很高的因素。这样为了正确判断项目的实际风险，就必须进行概率分析。

1. 概率分析的相关概念

从严格意义上说，决定方案经济效果的绝大多数因素（如投资额、经营成本、销售价格、建设工期和贷款利率等）都是随机变量，只能大致预测其取值的范围，而不能确切地知道其具体数值。这样，投资方案的现金流量也就成为随机现金流。

要想完整地描述一个随机变量，需要先确定其概率类型和参数。对于投资项目的随机现金流，可以看成是多个相互独立的随机变量之和（即各年的随机现金流互不相关，上一年的不影响下一年的，反之亦然），在许多情况下近似地服从正态分布。描述随机变量的主要参数是期望值、方差和标准差。

（1）期望值。所谓期望值是在大量的重复事件中随机变量取值的平均值，即随机变量所有可能取值的加权平均值（各可能取值与其概率乘积之和），权重为各可能取值出现的概率。计算公式为：

$$\text{离散型：}E(x)=\sum_{i=1}^{n}x_i p_i,\text{其中 }0\leqslant p_i\leqslant 1,\sum_{i=1}^{n}p_i=1 \tag{11-31}$$

$$\text{连续型：}E(x)=\int_{-\infty}^{+\infty}xf(x)\mathrm{d}x,\text{其中 }0\leqslant f(x)\leqslant 1,\int_{-\infty}^{+\infty}f(x)=1 \tag{11-32}$$

式中　$E(x)$ ——净现金流 x 的期望值；

x_i——净现金流的离散数值；

p_i——x_i 各取值的发生概率；

$f(x)$ ——净现金流 x 的分布密度。

（2）方差。所谓方差是反映随机变量取值的离散程度的参数，计算公式为：

$$\text{离散型：}D(x)=\sum_{i=1}^{n}[x_i-E(x)]^2 p_i,\text{其中 }0\leqslant p_i\leqslant 1,\sum_{i=1}^{n}p_i=1 \tag{11-33}$$

$$\text{连续型：}\quad D(x)=\int_{-\infty}^{+\infty}[x-E(x)]^2 f(x)\mathrm{d}x,\text{其中 }0\leqslant f(x)\leqslant 1,\int_{-\infty}^{+\infty}f(x)=1 \tag{11-34}$$

式中　$D(x)$ ——净现金流 x 的方差；

其他符号含义同前。

（3）标准差。所谓标准差也是反映随机变量取值的离散程度的参数，即方差的开二次方值，计算公式为：

$$\sigma(x)=\sqrt{D(x)} \tag{11-35}$$

式中　$\sigma(x)$ ——净现金流 x 的标准差；

其他符号含义同前。

通常情况下，标准差 σ 越小，数据的离散程度越小，风险也越小；反之，标准差 σ 越大，数据的离散程度越大，风险也越大。

2. 概率分析的方法

进行概率分析可按以下步骤进行：

（1）选定需分析的不确定因素及可能变动范围。这些因素选择方法与进行敏感性分析时一样，根据经验和统计资料来确定，且假定这些因素是相互独立的。

（2）预测各不确定因素变化发生的概率。概率的产生有多种途径，可以是主观推断，也可以是客观测算。在项目评价中，往往主观概率为多。各概率之和应为1。

（3）确定分析评判的经济效果指标。一般可以选择净现值作为评价指标，因为净现值的经济含义直观明显，又简便易算。

（4）分析计算、得出结论。即计算净现值的期望值，以及净现值等于或大于零的累计概率期望值大于或等于零，说明项目可行；反之，则不可行。累计概率值越高，说明风险越小；反之，则风险太大。

根据概率论的知识可知，若假定投资项目的随机现金流呈正态分布，即连续型随机变量 x 服从参数为 μ（均值）、σ（标准差）的正态分布，则 $X<x$ 的概率为：

$$P(X<x)=\Phi\left(\frac{x-\mu}{\sigma}\right) \tag{11-36}$$

二、风险分析

在投资项目的评估工作中，人们常常将风险分析与不确定性分析这两个概念合二为一地混同使用。但严格地说，风险和不确定性还是有所区别的。

（一）风险与不确定性的区别

风险是指由随机因素引起的项目总体的实际价值对预期价值的偏离；而不确定性是指由于预测人员对项目有关因素或未来情况缺乏足够的情报信息、无法作出准确的估计，或是没有全面考虑所有因素而造成的项目实际价值与预期价值之间的差异。

一般来说，不确定性因素可以通过不确定性分析予以确认和研究，并采取相应的对策来减少由于不确定性造成的项目潜在的损失；而风险因素则只能通过风险分析去尽量显现，由此提供决策者以选择机会，即根据自己对风险的承受能力作出取舍，但风险因素本身依然存在，并不因此而消失。

（二）风险分析的内容

风险分析是对项目的风险因素进行考察，评估、预测项目风险性的大小，从而使决策者依据项目抗风险能力作出科学决策的一种方法。

风险分析又称风险型决策、随机型决策，它的特点是：在决定或影响未来事件发生的诸因素中，有些是已知的，有些是未知的；未来会出现何种状态虽无法确知，但其出现的可能程度，却可以大致预估出来（概率已知）；这样不论选择哪个方案，都带有一定的风险。

风险型决策要求各种状态不仅是互斥的，而且是完备的，构成一个“互斥完备事件群”，即它们的概率之和等于1。各种状态的概率，可以根据历史记载或分析计算决定，称客观概率；也可以根据经验和判断直接给定，称主观概率。事实上在风险型决策中，大部分对未来状态的确定属于主观概率。

（三）风险分析方法

如果只对投资项目中的一个方案进行风险分析，则可采用以下方法进行。

1. 调整折现率法

调整折现率法是将项目因承担风险而要求的、与投资项目的风险程度相适应的风险报酬，计入资金成本或要求达到的收益率，构成按风险调整的折现率，并据以进行投资决策。其隐含的思想是：风险与报酬成正比，即项目对承担的投资风险要求超过资金时间价值的报酬；承担风险越大，则要求报酬越高。

按风险调整的折现率可以通过下列两个方法确定：

（1）按风险大小直接给定。即根据以往的经验，按风险大小给项目预先设定一个折现率。如果对方案的实施结果很有把握则折现率可定得较低一些；如果对方案的前景走向心中无底则折现率可定得较高一些，以便使项目筛选标准更为严格。

例如，西方国家的石油公司对很有希望的油田开发项目，通常采用10%的折现率；对在国外勘探石油的项目，则将折现率定在15%左右；而对在中东地区局势动荡不定的国家的投资项目，会把折现率一下子调高到20%、甚至更高的水平。

（2）按风险报酬斜率调整。即以事先设定的风险报酬斜率乘以项目内部收益率的变异系数，以此作为风险报酬率，再加上无风险折现率，就构成按风险调整的折现率。计算公式为：

$$k=i+bQ \qquad (11-37)$$

式中 k——按风险调整的折现率；

i——无风险折现率；

b——风险报酬斜率；

Q——风险程度。

通常，i是已知的，b要么是给定的，要么根据历史资料用高低点法、直线回归法进行求解，也可以参照以往中等风险程度的同类型项目的历史资料，根据公式$b=\frac{K^{*}-i}{Q'}$进行计算，而风险程度Q通常取$Q=\frac{\sigma}{E}$，即变异系数（标准离差），式中K^{*}表示含风险报酬的同类型项目的投资收益率，Q'表示同类型项目的内部收益率变异系数。

实际上，风险报酬斜率的确定，在很大程度上取决于投资者对风险的态度：大胆的投资者往往将b值定得低些；稳健的投资者则倾向于把b值定得高些。

“按风险调整的折现率”和“风险程度”的关系可以用图11-8描述。

同时考虑风险和时间价值的情况下，可以通过以下几个步骤来计算项目调整贴现率后的净现值（NPV）：

1）计算 $E_t=\sum_{i=1}^{k}x_{ti}p_{ti}$ 和 $D_t=\sum_{i=1}^{k}(x_{ti}-E_t)^2p_{ti}$。

2）计算 $E=\sum_{t=1}^{n}\frac{E_t}{(1+i)^t}$ 和 $\sigma=\sqrt{D}=\sqrt{\sum_{t=1}^{n}\frac{D_t}{(1+i)^{2t}}}$。

3）计算 $Q=\frac{\sigma}{E}$。

4）计算 $k=i+b\times Q$。

5）计算 $NPV=\sum_{t=1}^{n}\frac{E_t}{(1+k)^t}$。

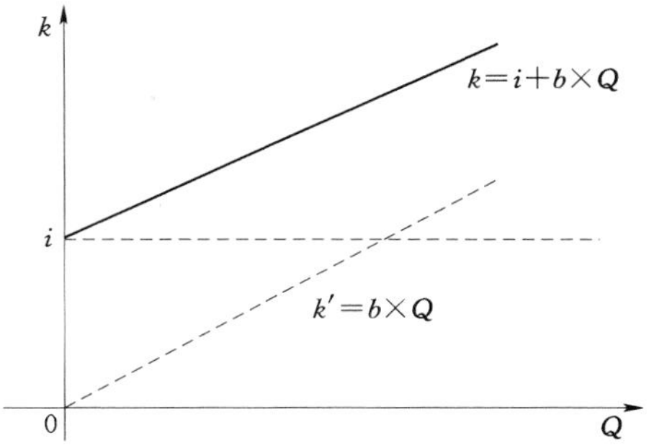

图 11-8　折现率与风险程度关系图

对于项目的判断准则是：若 $NPV\geqslant0$，项目可以接受；

若 $NPV<0$，项目应被拒绝。

2. 肯定当量法

肯定当量法是将不能肯定的期望现金流量按肯定当量系数折算为肯定的现金流量，然后用无风险折现率来进行评价的决策方法。

由于按风险调整折现率法存在一个问题，即把风险因素计入折现率中后，等于把风险随时间推移而人为地逐年放大，这种处理常与实际情况相悖。肯定当量法则避免了这个问题。采用肯定当量法时，按下式计算项目的期望净现值：

$$NPV=\sum_{t=1}^{n}\frac{E_t\times d_t}{(1+i)^t} \tag{11-38}$$

式中：d_t——第 t 年期望现金流量的肯定当量系数；

i——基准折现率；

其他符号含义同前。

在这里，肯定当量系数 d 是肯定的现金流量对与之相当的不肯定的期望现金流量的比值，且 $0<d<1$。应根据各年现金流量的离散程度，分别确定不同的 d 值。例如，风险投资项目的初始投资往往是可以肯定的，因此可将 $t=0$ 时，取 $d=1$；对于 $t=1, 2, \cdots, n$ 的以后各年，则视其离散程度大小而定，离散程度越大，越不能肯定，d 值越小。也就是说，无风险的 1 元期望现金流量相当于 1 元肯定的现金收入；风险小的 1 元相当于 0.9 元或 0.8 元的收入；风险大的 1 元只相当于 0.5 元或 0.6 元的收入。

肯定当量系数的取值，可由经验丰富的分析人员凭主观经验确定，也可根据变异系数 Q 来确定。通常，变异系数与肯定当量系数的经验关系如表 11-4 所示。

表 11-4　变异系数与肯定当量系数经验关系表

变异系数	0.00～0.07	0.08～0.15	0.16～0.23	0.24～0.32	0.33～0.42	0.43～0.54	0.55～0.70	0.71～0.90
肯定当量系数	1.0	0.9	0.8	0.7	0.6	0.5	0.4	0.3

同时考虑风险和时间价值的情况下，可以采用肯定当量法，通过以下几个步骤来计算

项目的净现值（NPV）：

（1）计算 $E_t = \sum_{i=1}^{k} x_{ti} p_{ti}$ 和 $D_t = \sum_{i=1}^{k} (x_{ti} - E_t)^2 p_{ti}$。

（2）计算 $\sigma_t = \sqrt{D_t} = \sqrt{\sum_{i=1}^{k} (x_{ti} - E_t)^2 p_{ti}}$。

（3）计算 $Q_t = \frac{\sigma_t}{E_t}$。

（4）根据变异系数 Q_t 的大小通过表 11－4 确定肯定当量系数 d_t。

（5）计算 $NPV = \sum_{t=1}^{n} \frac{E_t \times d_t}{(1+i)^t}$。

对于项目的判断准则是：若 $NPV \geqslant 0$，项目可以接受；

若 $NPV < 0$，项目应被拒绝。

第四节　某水利水电工程经济评价实例

一、工程概况

某干堤位于长江中下游左岸的湖北省某市境内。该堤始建于明清时期，历经数百年的整修与加固。新中国成立 50 余年来，对干堤进行了合理的调整，改变了以往堤外有堤、圩外有圩的复杂局面。干堤全长 104.88km，堤顶高程一般位于 23.91～29.10m 之间，有 32％的堤段的堤顶高程满足设计要求，堤身高度为 5～7m，堤顶宽度为 6～9m，其中堤顶宽度达 8m 的占堤段总长的 65％，堤内及堤外坡比为 1：3。干堤范围内长江总体流向为北西至南东，蜿蜒曲折，江面宽一般为 1～2km。该干堤与举水、巴河、浠水和蕲水等支堤共同保护该市的 5 个县（市、区），保护区面积为 1520km^2，人口 108 万人，耕地 75.8 万亩，保护区内有一些重要的工商业城镇，也是湖北省重要的粮棉生产基地，沪蓉高速公路、106、318 等国道及京九铁路穿越保护区。保护区内水陆运输十分发达，工农业生产水平较高，其经济发展水平在鄂东地区占有非常重要的地位。

二、经济评价内容和方法

长江干堤整险加固工程属于改、扩建性质的水利建设项目，根据规范规定，按有无整险加固工程对比，以增量投资和增量效益为基础，进行经济评价。本工程属于社会公益性水利建设项目，只进行国民经济评价。

根据工程的具体情况，要使保护区的防渗标准达到设计要求，不仅要实施长江干堤的整险加固工程，还必须对长江支堤进行整险加固。因此，本章的国民经济评价中，将对长江干堤和支堤整险加固工程作整体评价。即以本整险加固工程的投资费用作为增量费用，以实施本整险加固工程后的减灾效益作为增量效益，分析计算其投资回收期（T_p）（静态指标）、净现值（NPV）、内部收益率（IRR）和效益费用比（BCR）等指标，并对不确定因素进行敏感性分析，分析工程的经济合理性。同时对该工程各不同方案采用常规多方案优选方法（净年值法）进行比选，评出最优方案。

三、主要参数

1. 社会折现率

按照规范规定，本项目的社会折现率采用12%。

2. 价格

经济评价在计算期内均使用同一价格水平，即2001年底价格水平。国民经济评价中，除按规范对工程投资进行调整外，影子价格换算系数均采用1.0。

3. 计算期

方案一：本方案计算期取54年，其中建设期为3年（4个年度），运行期（寿命）为50年。工程开工后第4年开始发挥部分效益，第5年发挥全部效益。

方案二：本方案计算期取64年，其中建设期为3年（4个年度），运行期（寿命）为60年。工程开工后第4年开始发挥部分效益，第5年发挥全部效益。

方案三：本方案计算期取84年，其中建设期为3年（4个年度），运行期（寿命）为80年。工程开工后第4年开始发挥部分效益，第5年发挥全部效益。

4. 基准年与基准点

以建设期的第一年为基准年，并以该年年初作为折现计算的基准点，各项费用和效益均按年末发生和结算。

四、工程费用分析

工程费用主要包括加固工程固定资产投资、年运行费和流动资金等。

1. 固定资产投资

根据初步投资估算，该长江干堤、支堤整险加固工程的静态总投资为：方案一：147027万元；方案二：150789万元；方案三：159122万元。各方案分年投资见表11-5。

表11-5　工程分年投资表　单位：万元

年序 方案	第1年	第2年	第3年	第4年	合计
方案一	46509	45435	42493	12590	147027
方案二	47649	46594	43578	12968	150789
方案三	50283	49169	45986	13684	159122

2. 年运行费

按规范规定，年运行费应包括材料、燃料及动力费、职工工资及福利费、工程维护费、管理费和其他直接费用。按固定资产投资的2.5%进行估算，各方案年运行费分别为：方案一：147027×2.5%≈3676万元；方案二：150789×2.5%≈3770万元；方案三：159122×2.5%≈3978万元。

3. 流动资金

按年运行费的10%计算，各方案流动资金分别为：方案一：3676×10%≈368万元；

方案二：3770×10%≈377 万元；方案三：3978×10%≈398 万元。

五、工程效益分析

该干堤整险加固工程的主要效益为防洪效益。防洪效益构成复杂，涉及因素较多，除经济效益外，还有难以用经济指标衡量的社会效益和环境效益。为简化计算，本部分仅对堤防工程所减少的洪水淹没损失进行计算。即按有防洪工程与无防洪工程相比所减少的淹没损失作为本工程的防洪经济效益。

该长江干堤保护着该市境内 5 个县（市），保护面积为 1520km²，人口约 108 万人，大小企业 1000 多家，1997 年的工农业总产值为 287.12 亿元。同时保护区内还有京九铁路、沪蓉高速公路、106、108 等国道，堤防一旦溃决，损失将极其惨重，因此其防洪地位十分重要。

1. 减淹耕地面积分析计算

减淹耕地面积按有、无整险加固工程情况下同一洪水造成淹没面积的差值计算。

该市因其地理位置及气候条件，历来洪涝灾害频繁。1949～1998 年间发生了 1954 年、1983 年、1995 年、1996 年和 1998 年等数次大洪水。1954 年长江大洪水，该长江干堤溃口几十处，长约 10km，堤内一片汪洋，房屋倒塌，死亡人数不计其数，淹没面积达 5.01 万 hm²。1998 年长江发生了仅次于 1954 年的大洪水，堤防各类险情不断出现，虽未溃口，但防汛抢险投入达 1.5 亿元，付出了巨大的代价。按 1949～1998 年洪水系列分析，干堤整险加固工程实施以后，若仅考虑减少 1954 年洪水淹没的耕地 5.01 万 hm²，折合多年平均可减淹耕地 1001hm²。

2. 洪灾综合经济损失指标分析计算

洪灾经济损失包括直接经济损失和间接经济损失。

（1）洪灾直接经济损失。按照 1998 年生产和价格水平，对长江干堤 1998 年洪水影响范围内的财产进行了调查，并考虑了 1998 年长江洪水超警戒水位 80d 以上各类财产的损失情况。影响区内财产直接损失分析计算结果见表 11-6。

表 11-6　保护范围内直接经济损失计算表

项　目	保护财产（亿元）	财产损失率（%）	财产淹没损失（亿元）
1. 农业财产	57.29	30	17.19
2. 工业财产	100.23	20	20.05
3. 商业财产	9.38	30	2.81
4. 公共财产	15.26	10	1.53
5. 私人财产	67.05	15	10.06
合计	249.21		51.46

按 1998 年洪水影响区内 4.58 万 hm² 耕地考虑，洪灾直接经济损失综合指标为 51.46 亿元/4.58 万 hm²≈11.24 万元/hm²。

（2）洪灾间接经济损失。洪灾间接损失是指因洪灾造成的直接经济损失给洪灾区内外带来影响而间接造成的经济损失。按直接经济损失的 25%计。

（3）洪灾综合经济损失指标。经过上述计算，本工程保护范围内洪灾综合经济损失指标为 11.24×（1＋25%）＝14.05 万元/hm^2。综合考虑 1998～2001 年间的洪灾增长率（按 3%计）和物价变化（按 7%计），本工程洪灾综合经济损失指标采用 14.05×（1＋3%)^3×（1＋7%)^3≈18.81 万元/hm^2。

3. 防洪效益

按前面分析的多年平均减淹面积和洪灾综合经济损失指标计算，该长江干堤整险加固工程实施后多年平均可减免洪灾经济损失 18825 万元，即本工程的多年平均防洪经济效益为 18.81 万元/hm^2×1001hm^2＝18825 万元。

在计算期内，防洪效益年平均递增率按 5%考虑（综合考虑了计算期内洪灾增长率和物价变化）。

六、国民经济评价

国民经济评价是按资源合理配置的原则，从国家整体角度考虑项目的效益和费用，计算该长江干堤整险加固工程对国民经济的净贡献，评价该工程的经济合理性。

1. 工程费用的调整计算

（1）固定资产投资。结合本工程具体情况，固定资产投资调整主要以静态投资为基础，扣除属于国民经济内部转移支出的税金、计划利润、贷款利息等费用，调整后各方案的影子投资分别为：方案一：135265 万元；方案二：138726 万元；方案三：146392 万元。

（2）年运行费。按调整后影子投资的 2.5%计算，各方案年运行费分别为：方案一：135265×2.5%≈3382 万元；方案二：138726×2.5%≈3468 万元；方案三：146392×2.5%≈3660 万元。

（3）流动资金。按年运行费的 10%计算，各方案流动资金分别为：方案一：3382×10%≈338 万元；方案二：3468×10%≈347 万元；方案三：3660×10%≈366 万元。

2. 经济效益分析计算

按前面计算的结果，本工程实施后多年平均防洪效益为 18825 万元。工程开工后第 4 年开始发挥效益。各方案各年效益流量见表 11－7～表 11－9。

3. 国民经济盈利能力分析

根据上述的各项效益与费用编制国民经济效益与费用流量表（表 11－7～表 11－9）。根据该表求得本工程的国民经济评价指标如下：

（1）方案一：

1）投资回收期（T_p）$=9+\frac{14016}{27282}\approx 9.51$(年)

2）净现值（NPV）$=\sum_{t=1}^{n}(B-C)_t(1+i_s)^{-t}\approx 88357.80$(万元)

3）由 $\sum_{t=1}^{n}(B-C)_t(1+EIRR)^{-t}=0$，利用“插值法”可求得：内部收益率（$EIRR$）≈17.10%

表 11-7　国民经济效益与费用流量表(方案一)

单位：万元

项目＼年序	建设期				运行期											合计
	1	2	3	4	5	6	7	8	9	10	11	12	…	53	54	
1. 效益流量				6865	24026	25227	26489	27813	29204	30664	32197	33807	…	249901	262734	5036998
1.1　项目效益				6865	24026	25227	26489	27813	29204	30664	32197	33807	…	249901	262396	5036660
1.2　回收固定资产余值																
1.3　回收流动资金															338	338
1.4　项目间接效益																
2. 费用流量	42788	41800	39094	12823	3607	3382	3382	3382	3382	3382	3382	3382	…	3382	3382	305830
2.1　固定资产投资	42788	41800	39094	11583									…			135265
2.2　流动资金				113	225								…			338
2.3　经营费用				1127	3382	3382	3382	3382	3382	3382	3382	3382	…	3382	3382	170227
2.4　更新改造费																
2.5　项目间接费用																
3. 净效益流量	−42788	−41800	−39094	−5958	20419	21845	23107	24413	25822	27282	28815	30425	…	246519	259352	4731168
4. 累计净效益流量	−42788	−84588	−123682	−129640	−109221	−87376	−64269	−39838	−14016	−13266	42081	72506	…	4471816	4731168	

指标计算：

投资回收期（T_p）：9.51 年

净现值（NPV）：88357.80 万元

内部收益率（IRR）：17.10%

效益费用比（BCR）：1.70

表 11-8　　国民经济效益与费用流量表(方案二)　　单位：万元

项目 \ 年序	建设期				运行期											合计
	1	2	3	4	5	6	7	8	9	10	11	12	…	63	64	
1. 效益流量				6865	24026	25227	26489	27813	29204	30664	32197	33807	…	407062	427762	8502414
1.1　项目效益值				6865	24026	25227	26489	27813	29204	30664	32197	33807	…	407062	427415	8502067
1.2　回收固定资产余值																
1.3　回收流动资金															347	347
1.4　项目间接效益																
2. 费用流量	43837	42866	40092	13203	3699	3468	3468	3468	3468	3468	3468	3468	…	3468	3468	348309
2.1　固定资产投资	43837	42866	40092	11931									…			138726
2.2　流动资金				116	231								…			347
2.3　经营费用				1156	3468	3468	3468	3468	3468	3468	3468	3468	…	3468	3468	209236
2.4　更新改造费																
2.5　项目间接费用																
3. 净效益流量	−43837	−42866	−40092	−6338	20327	21759	23021	24345	25736	27196	28729	30339	…	403594	424294	8154105
4. 累计净效益流量	−43837	−86703	−126795	−133133	−112806	−91047	−68026	−43681	−17945	9251	37980	68319	…	7729811	8154105	

指标计算：

投资回收期（T_p）：9.66 年

净现值（*NPV*）：89234.53 万元

内部收益率（*IRR*）：16.85%

效益费用比（*BCR*）：1.69

表 11-9　　**国民经济效益与费用流量表(方案三)**　　单位：万元

项目 \ 年序	建设期				运行期										合计
	1	2	3	4	5	6	7	8	9	10	11	12	…	83	84	
1. 效益流量				6865	24026	25227	26489	27813	29204	30664	32197	33807	…	1080057	1134426	23341975
1.1　项目效益				6865	24026	25227	26489	27813	29204	30664	32197	33807	…	1080057	1134060	23341609
1.2　回收固定资产余值																
1.3　回收流动资金															366	366
1.4　项目间接效益																
2. 费用流量	46260	45235	42307	13932	3904	3660	3660	3660	3660	3660	3660	3660	…	3660	3660	440778
2.1　固定资产投资	46260	45235	42307	12590									…			146392
2.2　流动资金				122	244								…			366
2.3　经营费用				1220	3660	3660	3660	3660	3660	3660	3660	3660	…	3660	3660	294020
2.4　更新改造费																
2.5　项目间接费用																
3. 净效益流量	−46260	−45235	−42307	−7067	20122	21567	22829	24153	25544	27004	28537	30147	…	1076397	1130766	22901197
4. 累计净效益流量	−46260	−91495	−133802	−140869	−120747	−99180	−76351	−52198	−26654	350	28887	59034	…	21770431	22901197	

指标计算：

投资回收期（T_p）：9.99 年

净现值（NPV）：85390.77 万元

内部收益率（IRR）：16.28%

效益费用比（BCR）：1.63

4）效益费用比（BCR）$=\dfrac{\sum_{t=1}^{n}B_t(1+i_s)^{-t}}{\sum_{t=1}^{n}C_t(1+i_s)^{-t}}\approx 1.70$

（2）方案二：

1）投资回收期（T_p）$=9+\dfrac{17945}{27196}\approx 9.66$(年)

2）净现值（NPV）$=\sum_{t=1}^{n}(B-C)_t(1+i_s)^{-t}\approx 89234.53$(万元)

3）由 $\sum_{t=1}^{n}(B-C)_t(1+EIRR)^{-t}=0$，可求得：内部收益率（EIRR）≈16.85%

4）效益费用比（BCR）$=\dfrac{\sum_{t=1}^{n}B_t(1+i_s)^{-t}}{\sum_{t=1}^{n}C_t(1+i_s)^{-t}}\approx 1.69$

（3）方案三：

1）投资回收期（T_p）$=9+\dfrac{26654}{27004}\approx 9.99$(年)

2）净现值（NPV）$=\sum_{t=1}^{n}(B-C)_t(1+i_s)^{-t}\approx 85390.77$(万元)

3）由 $\sum_{t=1}^{n}(B-C)_t(1+EIRR)^{-t}=0$，可求得：内部收益率（EIRR）≈16.28%

4）效益费用比（BCR）$=\dfrac{\sum_{t=1}^{n}B_t(1+i_s)^{-t}}{\sum_{t=1}^{n}C_t(1+i_s)^{-t}}\approx 1.63$

由此可见，该干堤整险加固工程 3 个方案的各项评价指标均优于国家规定的评价标准（注：对于堤防防洪标准经济评价来说，投资回收期（T_p）在 2～15 年、内部收益率（IRR）为 15.0%～25.0%、效益费用比（BCR）为 1.1～5.0 及其相应的净现值（NPV）>0 为较优良），其国民经济效益是良好的，该加固工程在经济上是合理可行的。

（4）敏感性分析。上述评价所采用的数据大部分来自预测和估算，有一定程度的不确定性，为了检验其中某些数据变化对成果的影响，按下列两项主要因素变化进行了敏感性计算：①投资减少 10%、20%；②投资增加 10%、20%；③效益减少 10%、20%；④效益增加 10%、20%。各方案计算结果如表 11－10 所示。

以不确定因素变化率为横坐标，以评价指标为纵坐标，将上述数据绘制成各因素的敏感性分析图如图 11－9～图 11－20 所示。

计算结果表明：在投资增加 10%、20%或效益减少 10%、20%的情况下，各项指标虽有变化，但均优于国家规定的评价标准，即内部收益率大于社会折现率 12%，净现值大于 0，效益费用比大于 1，不影响经济评论结论。从以上指标可以看出，该工程具有较强的抗经济风险能力，因此该加固工程在经济上是合理可行的。

表 11-10　　敏感性分析成果表

项目			净现值（万元）	经济效益费用比	经济内部收益率（%）	投资回收期（年）
方案一	基本方案		88357.80	1.70	17.10	9.51
	投资变动	减少 20%	113453.37	2.13	19.85	8.37
		减少 10%	100905.58	1.89	18.34	8.95
		增加 10%	75810.02	1.55	16.05	10.09
		增加 20%	63262.24	1.42	15.15	10.64
	效益变动	减少 20%	45590.67	1.36	14.74	10.93
		减少 10%	66974.24	1.53	15.94	10.15
		增加 10%	109741.36	1.87	18.22	9.00
		增加 20%	131124.93	2.04	19.31	8.56
方案二	基本方案		89234.53	1.69	16.85	9.66
	投资变动	减少 20%	114977.93	2.12	19.53	8.49
		减少 10%	102106.23	1.88	18.06	9.08
		增加 10%	76362.84	1.54	15.83	10.24
		增加 20%	63491.14	1.41	14.96	10.82
	效益变动	减少 20%	45644.23	1.35	14.57	11.11
		减少 10%	67439.38	1.52	15.73	10.30
		增加 10%	111029.68	1.86	17.94	9.13
		增加 20%	132824.83	2.03	19.01	8.68
方案三	基本方案		85390.77	1.63	16.28	9.99
	投资变动	减少 20%	112561.06	2.04	18.85	8.75
		减少 10%	98975.92	1.81	17.44	9.37
		增加 10%	71805.63	1.48	15.31	10.59
		增加 20%	58220.48	1.36	14.49	11.20
	效益变动	减少 20%	41142.33	1.30	14.12	11.50
		减少 10%	63266.55	1.47	15.21	10.66
		增加 10%	107515.00	1.79	17.33	9.42
		增加 20%	129639.22	1.95	18.35	8.96

（5）风险分析。假设当前市场风险报酬斜率 b 取 0.1，而风险程度 Q 取 0.2，则根据前面讨论的公式计算按风险调整的折现率 $k=i+bQ=12\%+0.1\times0.2=14\%$。

根据国民经济效益与费用流量表（如表 11-7、表 11-8、表 11-9 所示），将调整后的折现率 $k=14\%$；代入公式 $NPV=\sum_{t=1}^{n}(B-C)_t(1+k)^{-t}$ 和 $BCR=\dfrac{\sum_{t=1}^{n}B_t(1+k)^{-t}}{\sum_{t=1}^{n}C_t(1+k)^{-t}}$ 中，可

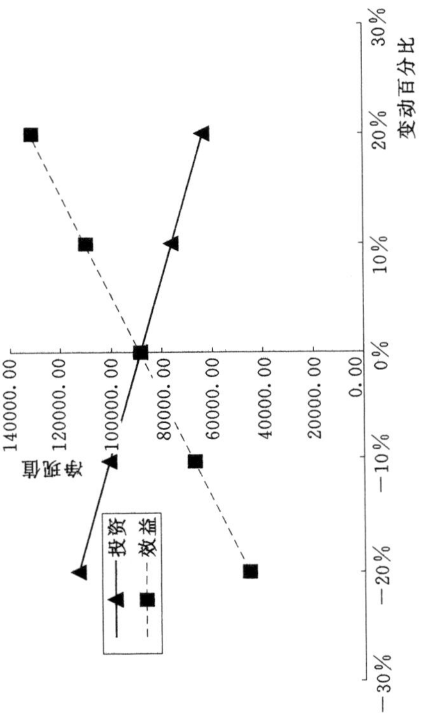

图 11-9　方案一净现值敏感性分析图

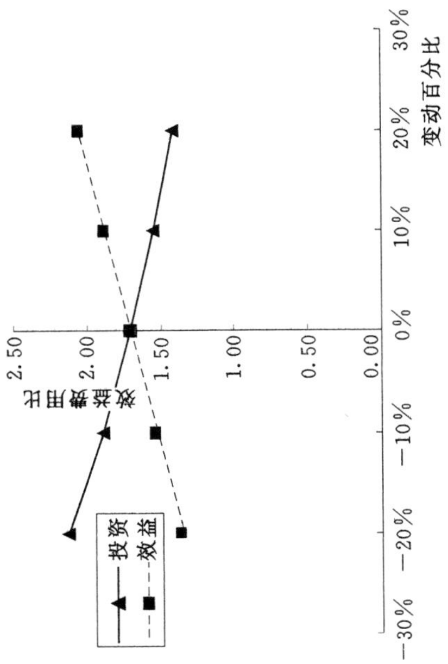

图 11-10　方案一效益费用比敏感性分析图

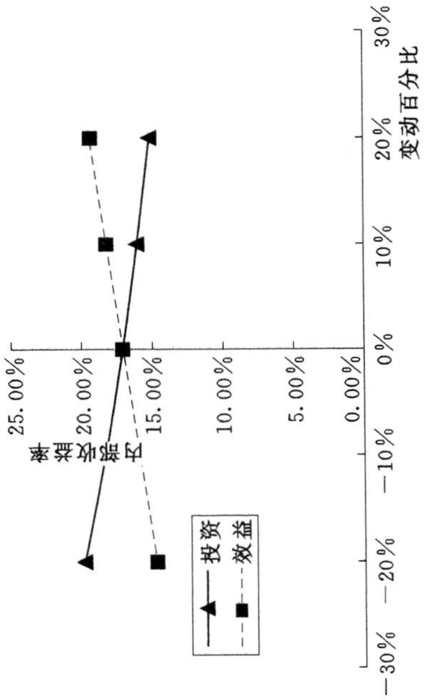

图 11-11　方案一内部收益率敏感性分析图

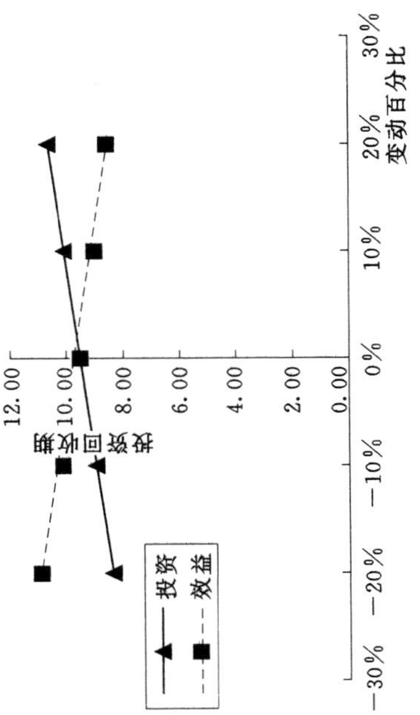

图 11-12　方案一投资回收期敏感性分析图

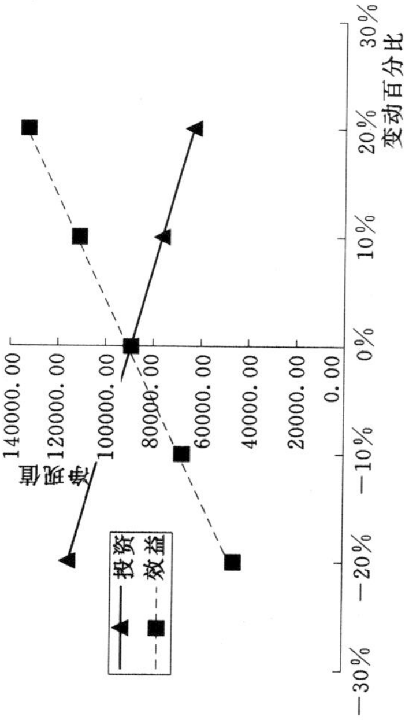

图 11-13　方案二净现值敏感性分析图

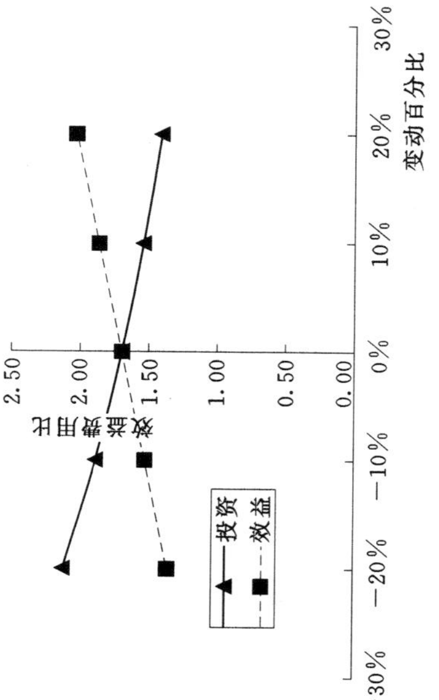

图 11-14　方案二效益费用比敏感性分析图

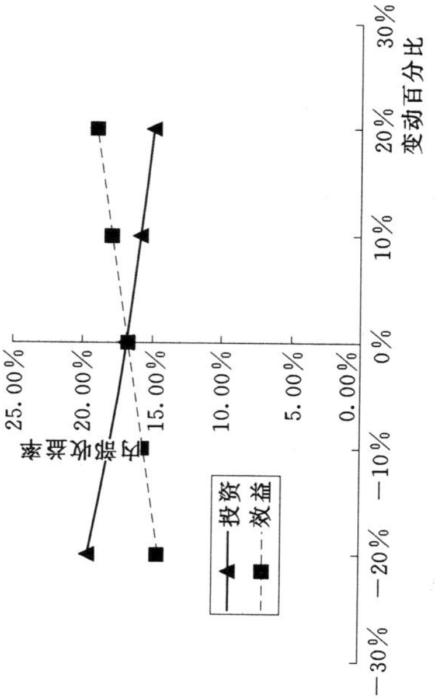

图 11-15　方案二内部收益率敏感性分析图

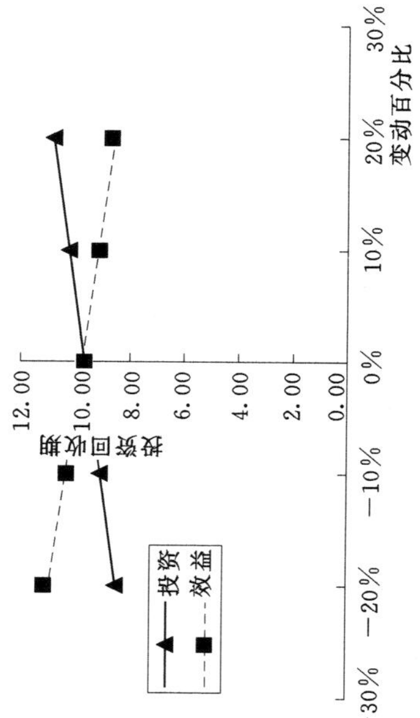

图 11-16　方案二投资回收期敏感性分析图

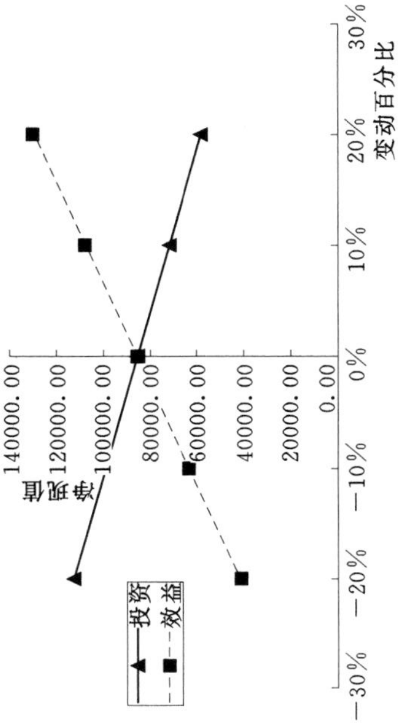

图 11-17　方案三净现值敏感性分析图

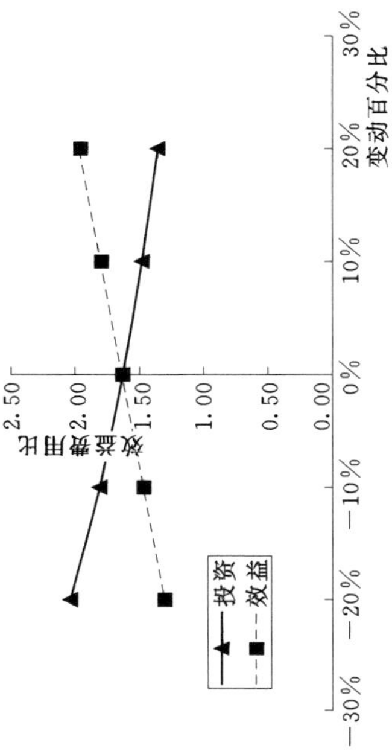

图 11-18　方案三效益费用比敏感性分析图

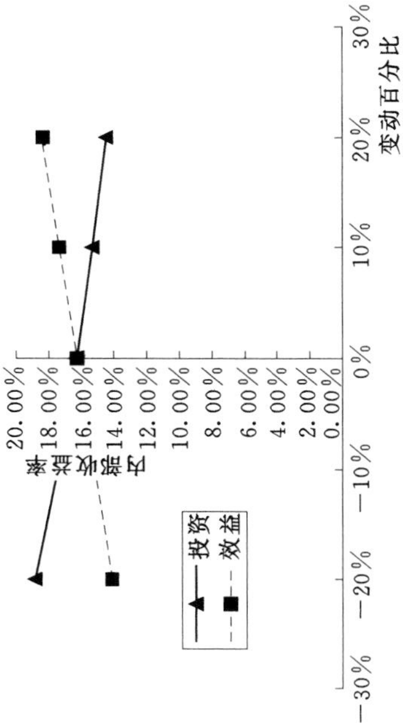

图 11-19　方案三内部收益率敏感性分析图

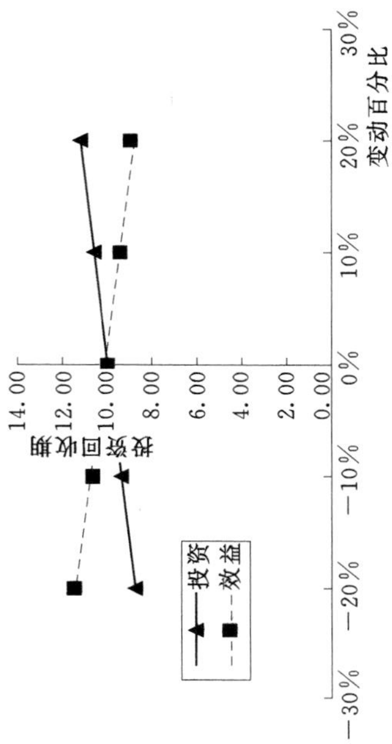

图 11-20　方案三投资回收期敏感性分析图

求得本工程考虑风险后的国民经济评价指标如下：

1）方案一：

$$净现值（NPV）=\sum_{t=1}^{n}(B-C)_t(1+k)^{-t}\approx 41459.52\ 万元$$

$$效益费用比（BCR）=\frac{\sum_{t=1}^{n}B_t(1+k)^{-t}}{\sum_{t=1}^{n}C_t(1+k)^{-t}}\approx 1.35$$

2）方案二：

$$净现值（NPV）=\sum_{t=1}^{n}(B-C)_t(1+k)^{-t}\approx 39889.80\ 万元$$

$$效益费用比（BCR）=\frac{\sum_{t=1}^{n}B_t(1+k)^{-t}}{\sum_{t=1}^{n}C_t(1+k)^{-t}}\approx 1.33$$

3）方案三：

$$净现值（NPV）=\sum_{t=1}^{n}(B-C)_t(1+k)^{-t}\approx 34108.53\ 万元$$

$$效益费用比（BCR）=\frac{\sum_{t=1}^{n}B_t(1+k)^{-t}}{\sum_{t=1}^{n}C_t(1+k)^{-t}}\approx 1.27$$

由此可见，在考虑风险的情况下，该干堤整险加固工程的各项指标虽有变化，但均优于国家规定的评价标准，即净现值大于0，效益费用比大于1，不影响经济评论结论。从以上指标可以看出，该工程具有较强的抗经济风险能力，因此该加固工程在经济上是合理可行的。

（6）方案比选。将前面的计算结果整理如表11-11所示。

表11-11　　方案比选计算结果表

评价指标 / 方案	NPV（万元）	BCR	EIRR（%）	T_P（年）
方案一	88357.80	1.70	17.10	9.51
方案二	89234.53	1.69	16.85	9.66
方案三	85390.77	1.63	16.28	9.99

通过对比上述数据可知：采用净现值（NPV）指标评价时，方案二是最优的；采用效益费用比（BCR）指标评价时，方案一是最优的；采用内部收益率（IRR）指标评价时，方案一是最优的；采用投资回收期（T_P）指标评价时，方案一是最优的。

然而，由于上述3个方案的寿命期不同，在这种情形下，通常应该采用净年值（NAV）指标进行评价。

方案一：净年值$(NAV)=88357.80\times\frac{12\%\times(1+12\%)^{54}}{(1+12\%)^{54}-1}\approx10626.30$(万元)

方案二：净年值$(NAV)=89234.53\times\frac{12\%\times(1+12\%)^{64}}{(1+12\%)^{64}-1}\approx10715.73$(万元)

方案三：净年值$(NAV)=85390.77\times\frac{12\%\times(1+12\%)^{84}}{(1+12\%)^{84}-1}\approx10247.64$(万元)

由于方案二的净年值（NAV）=10715.73万元，在各备选方案中最大，因此该方案为最优方案。

复习思考题

1. 国民经济评价与财务评价的主要区别有哪些？
2. 水利建设项目国民经济评价方法有哪些？
3. 水利建设项目经济评价中不确定性分析主要包括哪些内容？

附录1　水利基本建设工程项目划分

第一部分　建　筑　工　程

Ⅰ	枢　纽　工　程			
序号	一级项目	二级项目	三级项目	技术经济指标
一	挡水工程			
1		混凝土坝（闸）工程		
			土方开挖	元/m^3
			石方开挖	元/m^3
			土石方回填	元/m^3
			模板	元/m^2
			混凝土	元/m^3
			防渗墙	元/m^2
			灌浆孔	元/m
			灌浆	
			排水孔	元/m
			砌石	元/m^3
			钢筋	元/t
			锚杆	元/根
			锚索	元/束
			启闭机室	元/m^2
			温室措施	
			细部结构工程	元/m^3
2		土（石）坝工程		
			土方开挖	元/m^3
			石方开挖	元/m^3
			土料填筑	元/m^3
			砂砾料填筑	元/m^3
			斜（心）墙土料填筑	元/m^3
			反滤料、过渡料填筑	元/m^3
			坝体（坝趾）堆石	元/m^3
			土工膜	元/m^2
			沥青混凝土	元/m^3
			模板	元/m^2
			混凝土	元/m^3
			砌石	元/m^3
			铺盖填筑	元/m^3

续表

I	枢　纽　工　程			
序号	一级项目	二级项目	三级项目	技术经济指标
			防渗墙	元/m^2
			灌浆孔	元/m
			灌浆	
			排水孔	元/m
			钢筋	元/t
			锚索（杆）	元/束（根）
			面（趾）板止水	元/m
			细部结构工程	元/m^3
二	泄洪工程			
1		溢洪道工程		
			土方开挖	元/m^3
			石方开挖	元/m^3
			土石方回填	元/m^3
			模板	元/m^2
			混凝土	元/m^3
			灌浆孔	元/m
			灌浆	
			排水孔	元/m
			砌石	元/m^3
			钢筋	元/t
			锚索（杆）	元/束（根）
			温室措施	
			细部结构工程	元/m^3
2		泄洪洞工程		
			土方开挖	元/m^3
			石方开挖	元/m^3
			模板	元/m^2
			混凝土	元/m^3
			灌浆孔	元/m
			灌浆	
			排水孔	元/m
			钢筋	元/t
			锚索（杆）	元/束（根）
			细部结构工程	元/m^3
3		冲砂洞（孔）工程		
			土方开挖	元/m^3
			石方开挖	元/m^3
			模板	元/m^2

续表

Ⅰ	枢纽工程			
序号	一级项目	二级项目	三级项目	技术经济指标
			混凝土	元/m^3
			灌浆孔	元/m
			灌浆	
			排水孔	元/m
			钢筋	元/t
			锚索（杆）	元/束（根）
			细部结构工程	元/m^3
4		放空洞工程		
三	引水工程			
1		引水明渠工程		
			土方开挖	元/m^3
			石方开挖	元/m^3
			模板	元/m^2
			混凝土	元/m^3
			钢筋	元/t
			锚索（杆）	元/束（根）
			细部结构工程	元/m^3
2		进（取）水口工程		
			土方开挖	元/m^3
			石方开挖	元/m^3
			模板	元/m^2
			混凝土	元/m^3
			钢筋	元/t
			锚索（杆）	元/束（根）
			细部结构工程	元/m^3
3		引水隧道工程		
			土方开挖	元/m^3
			石方开挖	元/m^3
			模板	元/m^2
			混凝土	元/m^3
			灌浆孔	元/m
			灌浆	
			钢筋	元/t
			锚索（杆）	元/束（根）
			细部结构工程	元/m^3
4		调压井工程		
			土方开挖	元/m^3
			石方开挖	元/m^3
			模板	元/m^2

续表

I	枢纽工程			
序号	一级项目	二级项目	三级项目	技术经济指标
			混凝土	元/m^3
			喷浆	元/m^2
			灌浆孔	元/m
			灌浆	
			钢筋	元/t
			锚索（杆）	元/束（根）
			细部结构工程	元/m^3
5		高压管道工程		
			土方开挖	元/m^3
			石方开挖	元/m^3
			模板	元/m^2
			混凝土	元/m^3
			灌浆孔	元/m
			灌浆	
			钢筋	元/t
			锚索（杆）	元/束（根）
			细部结构工程	元/m^3
四	发电厂工程			
1		地面厂房工程		
			土方开挖	元/m^3
			石方开挖	元/m^3
			模板	元/m^2
			混凝土	元/m^3
			砖墙	元/m^2
			砌石	元/m^3
			灌浆孔	元/m
			灌浆	
			钢筋	元/t
			锚索（杆）	元/束（根）
			温室措施	
			厂房装修	元/m^2
			细部结构工程	元/m^3
2		地下厂房工程		
			石方开挖	元/m^3
			模板	元/m^2
			混凝土	元/m^3
			喷浆	元/m^2
			灌浆孔	元/m

续表

I	枢　纽　工　程			
序号	一级项目	二级项目	三级项目	技术经济指标
			灌浆	
			排水孔	元/m
			钢筋	元/t
			锚索（杆）	元/束（根）
			温室措施	
			厂房装修	元/m²
			细部结构工程	元/m³
3		交通洞工程		
			土方开挖	元/m³
			石方开挖	元/m³
			模板	元/m²
			混凝土	元/m³
			灌浆孔	元/m
			灌浆	
			钢筋	元/t
			锚索（杆）	元/束（根）
			细部结构工程	元/m³
4		出线洞（井）工程		
5		通风洞（井）工程		
6		尾水洞工程		
7		尾水洞调压井工程		
8		尾水渠工程		
			土方开挖	元/m³
			石方开挖	元/m³
			模板	元/m²
			混凝土	元/m³
			砌石	元/m³
			钢筋	元/t
			细部结构工程	元/m³
五	升压变电站工程			
1		变电站工程		
			土方开挖	元/m³
			石方开挖	元/m³
			模板	元/m²
			混凝土	元/m³
			砌石	元/m³
			构架	元/ m³（t）
			钢筋	元/ t
			细部结构工程	元/m³

续表

I	枢纽工程			
序号	一级项目	二级项目	三级项目	技术经济指标
2		开关站工程		
			土方开挖	元/m^3
			石方开挖	元/m^3
			模板	元/m^2
			混凝土	元/m^3
			砌石	元/m^3
			构架	元/ m^3 (t)
			钢筋	元/ t
			细部结构工程	元/m^3
六	航运工程			
1		上游引航道工程		
			土方开挖	元/m^3
			石方开挖	元/m^3
			模板	元/m^2
			混凝土	元/m^3
			砌石	元/m^3
			钢筋	元/t
			锚索(杆)	元/束(根)
			细部结构工程	元/m^3
2		船闸(升船机)工程		
			土方开挖	元/m^3
			石方开挖	元/m^3
			模板	元/m^2
			混凝土	元/m^3
			灌浆孔	元/m
			灌浆	
			防渗墙	元/m^2
			钢筋	元/t
			锚索(杆)	元/束(根)
			控制室	元/m^2
			温控措施	
			细部结构工程	元/m^3
3		下游引航道工程		
			土方开挖	元/m^3
			石方开挖	元/m^3
			模板	元/m^2
			混凝土	元/m^3
			砌石	元/m^3
			钢筋	元/t

续表

Ⅰ	枢　纽　工　程			
序号	一级项目	二级项目	三级项目	技术经济指标
			锚索（杆）	元/束（根）
			细部结构工程	元/m^3
七	鱼道工程			
八	交通工程			
1		公路工程		
			土方开挖	元/m^3
			石方开挖	元/m^3
			土石方回填	元/m^3
			砌石	元/m^3
			路面	
2		铁路工程		元/km
3		桥梁工程		元/延米
4		码头工程		
九	房屋建筑工程			
1		辅助生产厂房		元/m^2
2		仓库		元/m^2
3		办公室		元/m^2
4		生活及文化福利建筑		
5		室外工程		
十	其他建筑工程			
1		内部观测工程		
2		动力线路工程（厂坝区）		元/km
3		照明线路工程		元/km
4		通信线路工程		元/km
5		厂坝区及生活区供水、供热、排水等公共设施		
6		厂坝区环境建设工程		
7		水情自动测报系统工程		
8		其他		

Ⅱ	引水工程及河道工程			
序号	一级项目	二级项目	三级项目	技术经济指标
一	渠（管）道工程（堤防工程、疏浚工程）			
1		××～××段干渠(管)工程（××～××段堤防工程、××～××段疏浚工程）		
			土方开挖（挖泥船挖土、砂）	元/m^3

续表

Ⅱ	引水工程及河道工程			
序号	一级项目	二级项目	三级项目	技术经济指标
			石方开挖	元/m^3
			土石方回填	元/m^3
			土工膜	元/m^2
			模板	元/m^2
			混凝土	元/m^3
			输水管道	元/m
			砌石	元/m^3
			抛石	元/m^3
			钢筋	元/t
			细部结构工程	元/m^3
2				
二	建筑物工程			
1		××～××段支渠(管)工程		
		泵站工程（扬水站、排灌站）		
			土方开挖	元/m^3
			石方开挖	元/m^3
			土石方回填	元/m^3
			模板	元/m^2
			混凝土	元/m^3
			砌石	元/m^3
			钢筋	元/t
			锚杆	元/根
			厂房建筑	元/m^2
			细部结构工程	元/m^3
2		水闸工程		
			土方开挖	元/m^3
			石方开挖	元/m^3
			土石方回填	元/m^3
			模板	元/m^2
			混凝土	元/m^3
			防渗墙	元/m^2
			灌浆孔	元/m
			灌浆	
			砌石	元/m^3
			钢筋	元/t
			启闭机室	元/m^2
			细部结构工程	元/m^3
3		隧洞工程		
			土方开挖	元/m^3

续表

Ⅱ	引水工程及河道工程			
序号	一级项目	二级项目	三级项目	技术经济指标
			石方开挖	元/m³
			模板	元/m²
			混凝土	元/m³
			灌浆孔	元/m
			灌浆	
			钢筋	元/t
			锚索（杆）	元/束（根）
			细部结构工程	元/m³
4		渡槽工程		
			土方开挖	元/m³
			石方开挖	元/m³
			土石方回填	元/m³
			模板	元/m²
			混凝土	元/m³
			砌石	元/m³
			钢筋	元/t
			细部结构工程	元/m³
5		倒虹吸工程		
			土方开挖	元/m³
			石方开挖	元/m³
			土石方回填	元/m³
			模板	元/m²
			混凝土	元/m³
			砌石	元/m³
			钢筋	元/t
			细部结构工程	元/m³
6		小水电站工程		
			土方开挖	元/m³
			石方开挖	元/m³
			土石方回填	元/m³
			模板	元/m²
			混凝土	元/m³
			砌石	元/m³
			钢筋	元/t
			锚筋	元/t
			厂房建筑	元/m²
			细部结构工程	元/m³
7		调蓄水库工程		

续表

Ⅱ	引水工程及河道工程			
序号	一级项目	二级项目	三级项目	技术经济指标
8		其他建筑工程		
三	交通工程			
1		公路工程		
			土方开挖	元/m^3
			石方开挖	元/m^3
			土石方回填	元/m^3
			砌石	元/m^3
			路面	
2		铁路工程		元/km
3		桥梁工程		元/延米
4		码头工程		
四	房屋建筑工程			
1		辅助生产厂房		元/m^2
2		仓库		元/m^2
3		办公室		元/m^2
4		生活及文化福利建筑		
5		室外工程		
五	供电设施工程			
六	其他建筑工程			
1		内外部观测工程		
2		照明线路工程		元/km
3		通信线路工程		元/km
4		厂坝（闸、泵站）区及生活区供水		
5		供热、排水等公共设施		
6		厂坝（闸、泵站）区环境建设工程		
7		水情自动测报系统工程		
8		其他		

第二部分　机电设备及安装工程

Ⅰ	枢　纽　工　程			
序号	一级项目	二级项目	三级项目	技术经济指标
一	发电设备及安装工程			
1		水轮机设备及安装工程		
			水轮机	元/台

续表

Ⅰ	枢纽工程			
序号	一级项目	二级项目	三级项目	技术经济指标
			调速器	元/台
			油压装置	元/台
			自动化元件	元/台
			透平油	元/t
2		发电机设备及安装工程		
			发电机	元/台
			励磁装置	元/台（套）
3		主阀设备及安装工程		
			蝴蝶阀（球阀、锥形阀）	元/台
4		起重设备及安装工程		
			桥式起重机	元/台
			转子吊具	元/具
			平衡梁	元/付
			轨道	元/双10m
			滑触线	元/三相10m
5		水力械辅助设备及安装工程		
			油系统	
			压气系统	
			水系统	
			水力量测系统	
			管路（管子、附件、阀门）	
6		电气设备及安装工程		
			发电电压设备	
			控制保护系统	
			直流系统	
			厂用电系统	
			电工试验	
			35kV及以下动力电缆	
			控制和保护电缆	
			母线	
			电线架	
			其他	
二	升压变电设备及安装工程			
1		主变压器设备及安装工程		
			变压器	元/台
			轨道	元/双10m
2		高压电器设备及安装工程		
			高压断路器	
			电流互感器	
			电压互感器	

续表

Ⅰ	枢 纽 工 程			
序号	一级项目	二级项目	三级项目	技术经济指标
			隔离开关	
			[SF6 全封闭组合电器 (GIS)]	
			(高频阻波器)	
			(高压避雷针)	
			110kV 及以上高压电缆	
3		一次拉线及其他安装工程		
三	公用设备及安装工程			
1		通信设备及安装工程		
			卫星通信	
			光缆通信	
			微波通信	
			载波通信	
			生产调度通信	
			行政管理通信	
2		通风采暖设备及安装工程		
			通风机	
			空调机	
			管路系统	
3		机修设备及安装工程		
			车床	
			刨床	
			钻床	
4		计算机监控系统		
5		管理自动化系统		
6		全厂接地及保护网		
7		电梯设备及安装工程		
			大坝电梯	
			厂房电梯	
8		坝区馈电设备及安装工程		
			变压器	
			配电装置	
9		厂坝区供水、排水、供热设备及安装工程		
10		水文、泥沙监测设备及安装工程		
11		水情自动测报系统设备及安装工程		
12		外部观测设备及安装工程		
13		消防设备		
14		交通设备		

Ⅱ	引水工程及河道工程			
序号	一级项目	二级项目	三级项目	技术经济指标
一	泵站设备及安装工程			
1		水泵设备及安装工程		
2		电动机械设备及安装工程		

续表

Ⅱ	引水工程及河道工程			
序号	一级项目	二级项目	三级项目	技术经济指标
3		主阀设备及安装工程		
4		起重设备及安装工程		
			桥式起重机	元/台
			平衡梁	元/付
			轨道	元/双10m
			触滑线	元/三相10m
5		水力机械辅助设备及安装工程		
			油系统	
			压气系统	
			水系统	
			水力量测系统	
			管路（管子、附件、阀门）	
6		电气设备及安装工程		
			控制保护系统	
			盘柜	
			电缆	
			母线	
二	小水电站设备及安装工程			
三	供变电工程			
		变电站设备及安装工程		
四	公用设备及安装工程			
1		通信设备及安装工程		
			卫星通信	
			光缆通信	
			微波通信	
			载波通信	
			生产调度通信	
			行政管理通信	
2		通风采暖设备及安装工程		
			通风机	
			空调机	
			管路系统	
3		机修设备及安装工程		
			车床	
			刨床	
			钻床	
4		计算机监控系统		
5		管理自动化系统		
6		全厂接地及保护网		
7		坝（闸、泵站）区馈电设备及安装工程		

续表

Ⅱ	引水工程及河道工程			
序号	一级项目	二级项目	三级项目	技术经济指标
			变压器	
			配电设备	
8		厂坝（闸、泵站）区供水、排水、供热设备及安装工程		
9		水文、泥沙监测设备及安装工程		
10		水情自动测报系统设备及安装工程		
11		外部观测设备及安装工程		
12		消防设备		
13		交通设备		

第三部分 金属结构设备及安装工程

Ⅰ	枢 纽 工 程			
序号	一级项目	二级项目	三级项目	技术经济指标
一	挡水工程			
1		闸门设备及安装工程		
			平板门	元/t
			弧形门	元/t
			埋件	元/t
			闸门防腐	
2		启闭设备及安装工程		
			卷扬式启闭机	元/台
			门式启闭机	元/台
			油式启闭机	元/台
			轨道	元/双10m
3		拦污设备及安装工程		
			拦污栅	元/t
			清污机	元/t（台）
二	泄洪工程			
1		闸门设备及安装工程		
2		启闭设备及安装工程		
3		拦污设备及安装工程		
三	引水工程			
1		闸门设备及安装工程		

续表

Ⅰ	枢 纽 工 程			
序号	一级项目	二级项目	三级项目	技术经济指标
2		启闭设备及安装工程		
3		拦污设备及安装工程		
4		钢管制作及安装工程		
四	发电厂工程			
1		闸门设备及安装工程		
2		启闭设备及安装工程		
五	航运工程			
1		闸门设备及安装工程		
2		启闭设备及安装工程		
3		升船机设备及安装工程		
六	鱼道工程			

Ⅱ	引水工程及河道工程			
序号	一级项目	二级项目	三级项目	技术经济指标
一	泵站工程			
1		闸门设备及安装工程		
2		启闭设备及安装工程		
3		拦污设备及安装工程		
二	水闸工程			
1		闸门设备及安装工程		
2		启闭设备及安装工程		
3		拦污设备及安装工程		
三	小水电站工程			
1		闸门设备及安装工程		
2		启闭设备及安装工程		
3		拦污设备及安装工程		
4		钢管制作及安装工程		
四	调蓄水库工程			
五	其他建筑工程			

第四部分 施工临时工程

Ⅰ	枢 纽 工 程			
序号	一级项目	二级项目	三级项目	技术经济指标
一	导流工程			
1		导流明渠工程		
			土方开挖	元/m^3
			石方开挖	元/m^3
			模板	元/m^2

续表

Ⅰ	枢 纽 工 程			
序号	一级项目	二级项目	三级项目	技术经济指标
			混凝土	元/m^3
			钢筋	元/t
			锚杆	元/根
2		导流洞工程		
			土方开挖	元/m^3
			石方开挖	元/m^3
			模板	元/m^2
			混凝土	元/m^3
			灌浆	
			钢筋	元/t
			锚杆（索）	元/根（束）
3		土石围堰工程		
			土方开挖	元/m^3
			石方开挖	元/m^3
			堰体填筑	元/m^3
			砌石	元/m^3
			防渗	元/m^3
			堰体拆除	元/m^3
			截流	
			其他	
4		混凝土围堰工程		
			土方开挖	元/m^3
			石方开挖	元/m^3
			模板	元/m^3
			混凝土	元/m^3
			防渗	元/m^3
			堰体拆除	元/m^3
			其他	
5		蓄水期下游断流补偿设施工程		
6		金属结构设备及安装工程		
二	施工交通工程			
1		公路工程		元/km
2		铁路工程		元/km
3		桥梁工程		元/延米
4		施工支洞工程		
5		码头工程		
6		转运站工程		
三	施工供电工程			
1		220kV供电线路		元/km

续表

Ⅰ	枢 纽 工 程			
序号	一级项目	二级项目	三级项目	技术经济指标
2		110kV供电线路		元/km
3		35kV供电线路		元/km
4		10kV供电线路(饮水及河道)		元/km
5		变配电设施(场内除外)		元/座
四	房屋建筑工程			
1		施工仓库		
2		办公、生活及文化福利建筑		
五	其他施工临时工程			

注 凡永久与临时相结合的项目列入相应永久工程项目内。

第五部分 独 立 费 用

Ⅰ	枢 纽 工 程			
序号	一级项目	二级项目	三级项目	技术经济指标
一	建设管理费			
1		项目建设管理费		
			建设单位开办费	
			建设单位经常费	
2		工程建设监理费		
3		联合试运转费		
二	生产准备费			
1		生产及管理单位提前进厂费		
2		生产职工培训费		
3		管理用具购置费		
4		备品备件购置费		
5		工器具及生产家具购置费		
三	科研勘测设计费			
1		工程科学研究试验费		
2		工程勘测设计费		
四	建设及施工场地征用费			
1		定额编制管理费		
2		工程质量监督费		
3		工程保险费		
4		其他税费		

附录2　混凝土、砂浆配合比及材料用量表

1. 混凝土配合比有关说明

（1）除碾压混凝土材料配合参考表外，水泥混凝土强度等级均以28d龄期用标准试验方法测得的具有95%保证率的抗压强度标准值确定，如设计龄期超过28d，按附表2-1系数换算。计算结果如介于两种强度等级之间，应选用高一级的强度等级。

附表2-1　不同龄期水泥混凝土强度等级折合系数

设计龄期（d）	28	60	90	180
强度等级折合系数	1	0.83	0.77	0.71

（2）混凝土配合比表系卵石、粗砂混凝土，如改用碎石或中、细砂，按附表2-2系数换算。

附表2-2　混凝土配合比表

项　目	水　泥	砂	石　子	水
卵石换为碎石	1.10	1.10	1.06	1.00
粗砂换为中砂	1.07	0.98	0.98	1.07
粗砂换为细砂	1.10	0.96	0.97	1.10
粗砂换为特细砂	1.16	0.90	0.95	1.16

注　水泥按重量计，砂、石子、水按体积计。

（3）混凝土细骨料的划分标准为：

细度模数3.19～3.85（或平均粒径1.2～2.5mm）为粗砂；

细度模灵敏2.5～3.19（或平均粒径0.6～1.2mm）为中砂；

细度模数1.78～2.5（或平均粒径0.3～0.6mm）为细砂；

细度模数0.9～1.78（或平均粒径0.15～0.3mm）为特细砂。

（4）埋块石混凝土，应按配合比表的材料用量，扣除埋块石实体的数量计算。

1）埋块石混凝土材料量＝配合表列材料用量×（1－埋块石量%）

1块石实体方＝1.67码方

2）因埋块石增加的人工见附表2-3。

附表2-3　因埋块石增加的人工数量

埋块石率（%）	5	10	15	20
每100m³埋块石混凝土增加人工工时	24.0	32.0	42.4	56.8

注　不包括块石运输及影响浇筑的工时。

（5）有抗冻要求时，按附表2-4水灰比选用混凝土强度等级。

附表 2-4　混凝土强度等级选用

抗渗等级	一般水灰比	抗冻等级	一般水灰比
W4	0.60～0.65	F50	＜0.58
W6	0.55～0.60	F100	＜0.55
W8	0.50～0.55	F150	＜0.52
W12	＜0.50	F200 F300	＜0.50 ＜0.45

（6）除碾压混凝土材料配合参考表外，混凝土配合表的预算量包括场内运输及操作损耗在内。不包括搅拌后（熟料）的运输和浇筑损耗，搅拌后的运输和浇筑损耗已根据不同浇筑部位计入定额内。

（7）水泥用量按机械拌和拟定，若系人工拌和，水泥用量增加 5%。

（8）按照国际标准（ISO3893）的规定，且为了与其他规范相协调，将原规范混凝土及砂浆标号的名称改为混凝土或砂浆强度等级。新强度等级与原标号对照见附表 2-5 和附表 2-6。

附表 2-5　混凝土新强度等级与原标号对照

原用标号（kgf/cm^2）	100	150	200	250	300	350	400
新强度等级	C9	C14	C19	C24	C29.5	C35	C40

附表 2-6　砂浆新强度等级与原标号对照

原用标号（kgf/cm^2）	30	50	75	100	125	150	200	250	300	350	400
新强度等级	M3	M5	M7.5	M10	M12.5	M15	M20	M25	M30	M35	M40

2. 纯混凝土材料配合比及材料用量

纯混凝土材料配合比及材料用量见附表 2-7。

3. 掺外加剂混凝土材料配合比及材料用量

掺外加剂混凝土材料配合比及材料用量见附表 2-8。

4. 掺粉煤灰混凝土材料配合比及材料用量

掺粉煤灰混凝土材料配合比及材料用量见附表 2-9～附表 2-11。

5. 碾压混凝土材料配合

碾压混凝土材料配合参考表见附表 2-12。

6. 泵用纯混凝土材料配合

泵用纯混凝土材料配合表见附表 2-13、附表 2-14。

7. 水泥砂浆材料配合

水泥砂浆材料配合表见附表 2-15。

8. 水泥强度等级换算

水泥强度等级换算系数参考值见附表 2-16。

附表 2-7　　纯混凝土材料配合比及材料用量

序号	混凝土强度等级	水泥强度等级	水灰比	级配	最大粒径(mm)	配合比			预算量					
						水泥	砂	石子	水泥(kg)	粗砂		卵石		水(m^3)
										kg	m^3	kg	m^3	
1	C10	32.50	0.75	1	20	1	3.69	5.05	237	877	0.58	1218	0.72	0.170
				2	40	1	3.92	6.45	208	819	0.55	1360	0.79	0.150
				3	80	1	3.78	9.33	172	653	0.44	1630	0.95	0.125
				4	150	1	3.64	11.65	152	555	0.37	1792	1.05	0.110
2	C15	32.50	0.65	1	20	1	3.15	4.41	270	853	0.57	1206	0.70	0.170
				2	40	1	3.20	5.57	242	777	0.52	1367	0.81	0.150
				3	80	1	3.09	8.03	201	623	0.42	1635	0.96	0.125
				4	150	1	2.92	9.89	179	527	0.36	1799	1.06	0.110
3	C20	32.50	0.55	1	20	1	2.48	3.78	321	798	0.54	1227	0.72	0.170
				2	40	1	2.53	4.72	289	733	0.49	1382	0.81	0.150
				3	80	1	2.49	6.80	238	594	0.40	1637	0.96	0.125
				4	150	1	2.38	8.55	208	498	0.34	1803	1.06	0.110
		42.50	0.60	1	20	1	2.80	4.08	294	827	0.56	1218	0.71	0.170
				2	40	1	2.89	5.20	261	757	0.51	1376	0.81	0.150
				3	80	1	2.82	7.37	218	618	0.42	1627	0.95	0.125
				4	150	1	2.73	9.29	191	522	0.35	1791	1.05	0.110
4	C25	32.50	0.50	1	20	1	2.10	3.50	353	744	0.50	1250	0.73	0.170
				2	40	1	2.25	4.43	310	699	0.47	1389	0.81	0.150
				3	80	1	2.16	6.23	260	565	0.38	1644	0.96	0.125
				4	150	1	2.04	7.78	230	471	0.32	1812	1.06	0.110

续表

序号	混凝土强度等级	水泥强度等级	水灰比	级配	最大粒径（mm）	配合比			预算量					
						水泥	砂	石子	水泥（kg）	粗砂		卵石		水（m^3）
										kg	m^3	kg	m^3	
4	C25	42.50	0.55	1	20	1	2.48	3.78	321	798	0.54	1227	0.72	0.170
				2	40	1	2.53	4.72	289	733	0.49	1382	0.81	0.150
				3	80	1	2.49	6.80	238	594	0.40	1637	0.96	0.125
				4	150	1	2.38	8.55	208	498	0.34	1803	1.06	0.110
5	C30	32.50	0.45	1	20	1	1.85	3.14	389	723	0.48	1242	0.73	0.170
				2	40	1	1.97	3.98	343	678	0.45	1387	0.81	0.150
				3	80	1	1.88	5.64	288	542	0.36	1645	0.96	0.125
				4	150	1	1.77	7.09	253	448	0.30	1817	1.06	0.110
		42.50	0.50	1	20	1	2.10	3.50	353	744	0.50	1250	0.73	0.170
				2	40	1	2.25	4.43	310	699	0.47	1389	0.81	0.150
				3	80	1	2.16	6.23	260	565	0.38	1644	0.96	0.125
				4	150	1	2.04	7.78	230	471	0.32	1812	1.06	0.110
6	C35	32.50	0.40	1	20	1	1.57	2.80	436	689	0.46	1237	0.72	0.170
				2	40	1	1.77	3.44	384	685	0.46	1343	0.79	0.150
				3	80	1	1.53	5.12	321	493	0.33	1666	0.97	0.125
				4	150	1	1.49	6.35	282	422	0.28	1816	1.06	0.110
		42.50	0.45	1	20	1	1.85	3.14	389	723	0.48	1242	0.73	0.170
				2	40	1	1.97	3.98	343	678	0.45	1387	0.81	0.150
				3	80	1	1.88	5.64	288	542	0.36	1645	0.96	0.125
				4	150	1	1.77	7.09	253	448	0.30	1817	1.06	0.110
7	C40	42.50	0.40	1	20	1	1.57	2.80	436	689	0.46	1237	0.72	0.170
				2	40	1	1.77	3.44	384	685	0.46	1343	0.79	0.150
				3	80	1	1.53	5.12	321	493	0.33	1666	0.97	0.125
				4	150	1	1.49	6.35	282	422	0.28	1816	1.06	0.110
8	C45	42.50	0.34	2	150	1	1.13	3.28	456	520	0.35	1518	0.89	0.125

附表 2-8 掺外加剂混凝土材料配合比及材料用量

序号	混凝土强度等级	水泥强度等级	水灰比	级配	最大粒径(mm)	配合比 水泥	配合比 砂	配合比 石子	预算量 水泥(kg)	粗砂 kg	粗砂 m^3	卵石 kg	卵石 m^3	外加剂(kg)	水(m^3)
1	C10	32.50	0.75	1	20	1	4.14	5.69	213	887	0.59	1230	0.72	0.43	0.170
				2	40	1	4.18	7.19	188	826	0.55	1372	0.80	0.38	0.150
				3	80	1	4.17	10.31	157	658	0.44	1642	0.96	0.32	0.125
				4	150	1	3.84	12.78	139	560	0.38	1803	1.05	0.28	0.110
2	C15	32.50	0.65	1	20	1	3.44	4.81	250	865	0.58	1221	0.71	0.50	0.170
				2	40	1	3.57	6.19	220	790	0.53	1382	0.81	0.45	0.150
				3	80	1	3.46	8.98	181	630	0.42	1649	0.96	0.37	0.125
				4	150	1	3.3	11.15	160	530	0.36	1811	1.06	0.32	0.110
3	C20	32.50	0.55	1	20	1	2.78	4.24	290	810	0.54	1245	0.73	0.58	0.170
				2	40	1	2.92	5.44	254	743	0.50	1400	0.82	0.52	0.150
				3	80	1	2.8	7.70	212	596	0.40	1654	0.97	0.43	0.125
				4	150	1	2.66	9.52	188	503	0.34	1817	1.06	0.38	0.110
		42.50	0.60	1	20	1	3.16	4.61	264	839	0.56	1235	0.72	0.53	0.170
				2	40	1	3.26	5.86	234	767	0.52	1392	0.81	0.47	0.150
				3	80	1	3.19	8.29	195	624	0.42	1641	0.96	0.39	0.125
				4	150	1	3.11	10.56	171	527	0.36	1806	1.05	0.35	0.110
4	C25	32.50	0.50	1	20	1	2.36	3.92	320	757	0.51	1270	0.74	0.64	0.170
				2	40	1	2.5	4.93	282	709	0.48	1410	0.82	0.56	0.150
				3	80	1	2.44	7.02	234	572	0.38	1664	0.97	0.47	0.125
				4	150	1	2.27	8.74	207	479	0.32	1831	1.07	0.42	0.110

续表

序号	混凝土强度等级	水泥强度等级	水灰比	级配	最大粒径(mm)	配合比			预算量						
						水泥	砂	石子	水泥(kg)	粗砂 kg	粗砂 m^3	卵石 kg	卵石 m^3	外加剂(kg)	水(m^3)
4	C25	42.50	0.55	1	20	1	2.78	4.24	290	810	0.54	1245	0.73	0.58	0.170
				2	40	1	2.92	5.44	254	743	0.50	1400	0.82	0.52	0.150
				3	80	1	2.8	7.70	212	596	0.40	1654	0.97	0.43	0.125
				4	150	1	2.66	9.52	188	503	0.34	1817	1.06	0.38	0.110
5	C30	32.50	0.45	1	20	1	2.12	3.62	348	736	0.49	1269	0.74	0.71	0.170
				2	40	1	2.23	4.53	307	689	0.46	1411	0.83	0.62	0.150
				3	80	1	2.13	6.39	257	549	0.37	1667	0.97	0.52	0.125
				4	150	1	2.00	8.04	225	453	0.30	1837	1.07	0.46	0.110
		42.50	0.50	1	20	1	2.36	3.92	320	757	0.51	1270	0.74	0.64	0.170
				2	40	1	2.50	4.93	282	709	0.48	1410	0.82	0.56	0.150
				3	80	1	2.44	7.02	234	572	0.38	1664	0.97	0.47	0.125
				4	150	1	2.27	8.74	207	479	0.32	1831	1.07	0.42	0.110
6	C35	32.50	0.40	1	20	1	1.79	3.18	392	705	0.47	1265	0.74	0.78	0.170
				2	40	1	2.01	3.90	346	698	0.47	1368	0.80	0.69	0.150
				3	80	1	1.72	5.77	289	500	0.33	1691	0.99	0.58	0.125
				4	150	1	1.68	7.17	254	427	0.28	1839	1.08	0.51	0.110
		42.50	0.45	1	20	1	2.12	3.62	348	736	0.49	1269	0.74	0.71	0.170
				2	40	1	2.23	4.53	307	689	0.46	1411	0.83	0.62	0.150
				3	80	1	2.13	6.39	257	549	0.37	1667	0.97	0.52	0.125
				4	150	1	2.00	8.04	225	453	0.30	1837	1.07	0.46	0.110
7	C40	42.50	0.40	1	20	1	1.79	3.18	392	705	0.47	1265	0.74	0.78	0.170
				2	40	1	2.01	3.90	346	698	0.47	1368	0.80	0.69	0.150
				3	80	1	1.72	5.77	289	500	0.33	1691	0.99	0.58	0.125
				4	150	1	1.68	7.17	254	427	0.28	1839	1.08	0.51	0.110
8	C45	42.50	0.34	2	40	1	1.29	3.73	410	532	0.35	1552	0.91	0.82	0.125

附表 2-9　　掺粉煤灰混凝土材料配合表(掺粉煤灰量20%，取代系数1.3)

序号	混凝土强度等级	水泥强度等级	水灰比	级配	最大粒径(mm)	配合比				预算量							
						水泥	粉煤灰	砂	石子	水泥(kg)	粉煤灰(kg)	粗砂		卵石		外加剂(kg)	水(m^3)
												kg	m^3	kg	m^3		
1	C10	32.50	0.75	3	80	1	0.325	4.65	11.47	139	45	650	0.44	1621	0.95	0.28	0.125
				4	150	1	0.325	4.50	14.42	122	40	551	0.37	1784	1.05	0.25	0.110
2	C15	32.50	0.65	3	80	1	0.325	3.86	10.03	160	53	620	0.42	1627	0.96	0.33	0.125
				4	150	1	0.325	3.71	12.57	140	47	523	0.35	1791	1.05	0.29	0.110
3	C20	32.50	0.55	3	80	1	0.325	3.10	8.44	190	63	589	0.40	1623	0.96	0.38	0.125
				4	150	1	0.325	2.93	10.50	168	56	495	0.33	1791	1.05	0.34	0.110
		42.50	0.60	3	80	1	0.325	3.54	9.21	173	58	616	0.42	1618	0.95	0.35	0.125
				4	150	1	0.325	3.40	11.58	152	51	519	0.35	1781	1.05	0.31	0.110

附表 2-10　　掺粉煤灰混凝土材料配合表(掺粉煤灰量25%，取代系数1.3)

序号	混凝土强度等级	水泥强度等级	水灰比	级配	最大粒径(mm)	配合比				预算量							
						水泥	粉煤灰	砂	石子	水泥(kg)	粉煤灰(kg)	粗砂		卵石		外加剂(kg)	水(m^3)
												kg	m^3	kg	m^3		
1	C10	32.50	0.75	3	80	1	0.433	4.96	12.38	131	57	650	0.44	1621	0.95	0.27	0.125
				4	150	1	0.433	4.79	15.51	115	50	551	0.36	1784	1.04	0.24	0.110
2	C15	32.50	0.65	3	80	1	0.433	4.13	10.82	150	66	620	0.42	1624	0.96	0.31	0.125
				4	150	1	0.433	3.98	13.54	132	58	525	0.34	1788	1.05	0.27	0.110
3	C20	32.50	0.55	3	80	1	0.433	3.31	9.11	178	79	590	0.40	1622	0.95	0.36	0.125
				4	150	1	0.433	3.18	11.45	156	69	495	0.32	1787	1.05	0.32	0.110
		42.50	0.60	3	80	1	0.433	3.78	9.92	163	71	615	0.42	1617	0.95	0.33	0.125
				4	150	1	0.433	3.62	12.44	143	63	517	0.35	1780	1.05	0.29	0.110

附表 2-11　**掺粉煤灰混凝土材料配合表(掺粉煤灰量30%，取代系数1.3)**

序号	混凝土强度等级	水泥强度等级	水灰比	级配	最大粒径(mm)	配合比				预算量							
						水泥	粉煤灰	砂	石子	水泥(kg)	粉煤灰(kg)	粗砂 kg	粗砂 m^3	卵石 kg	卵石 m^3	外加剂(kg)	水(m^3)
1	C10	32.50	0.75	3	80	1	0.557	5.30	13.09	122	69	649	0.44	1619	0.95	0.25	0.125
				4	150	1	0.557	5.10	16.32	108	61	551	0.37	1781	1.05	0.22	0.110
2	C15	32.50	0.65	3	80	1	0.557	4.39	11.39	140	80	619	0.42	1622	0.95	0.28	0.125
				4	150	1	0.557	4.20	14.20	124	70	522	0.35	1786	1.05	0.25	0.110
3	C20	32.50	0.55	3	80	1	0.557	3.54	9.61	166	95	590	0.40	1618	0.95	0.34	0.125
				4	150	1	0.557	3.34	11.93	148	83	495	0.33	1786	1.05	0.30	0.110
		42.50	0.60	3	80	1	0.557	3.97	10.33	154	86	613	0.42	1612	0.95	0.31	0.125
				4	150	1	0.557	3.84	13.11	134	76	518	0.35	1778	1.04	0.27	0.110

附表 2-12　**碾压混凝土材料配合参考表**

序号	龄期(d)	混凝土强度等级	水泥强度等级	水胶比	砂率(%)	水泥	粉煤灰	水	砂	石子	外加剂	备注
1	90	C10	42.5	0.61	34	46	107	93	761	1500	0.380	江垭资料，人工砂石料
2	90	C15	42.5	0.58	33	64	96	93	738	1520	0.400	江垭资料，人工砂石料
3	90	C20	42.5	0.53	36	87	107	103	783	1413	0.490	江垭资料，人工砂石料
4	90	C10	32.5	0.60	35	63	87	90	765	1453	0.387	汾河二库资料，人工砂石料
5	90	C20	32.5	0.55	36	83	84	92	801	1423	0.511	汾河二库资料，人工砂石料
6	90	C20	32.5	0.50	36	132	56	94	777	1383	0.812	汾河二库资料，人工砂石料
7	90	C10	32.5	0.56	33	60	101	90	726	1473	0.369	汾河二库资料，天然砂、人工骨料
8	90	C20	32.5	0.50	36	104	86	95	769	1396	0.636	汾河二库资料，天然砂、人工骨料
9	90	C20	32.5	0.45	35	127	84	95	743	1381	0.779	汾河二库资料，天然砂、人工骨料
10	90	C15	42.5	0.55	30	72	58	71	649	1554	0.871	白石水库资料，天然细骨料、人工粗骨料、砂用量含石粉
11	90	C15	42.5	0.58	29	91	39	75	652	1609	0.325	观音阁资料，天然砂石料

续表

序号	龄期(d)	混凝土强度等级	水泥强度等级	水胶比	砂率(%)	水泥	磷矿渣及凝灰岩	水	砂	石子	外加剂	备注
1	90	C15	42.5	0.50	35	67	101	84	798	1521	1.344	大朝山资料，人工砂石料
2	90	C20	42.5	0.50	38	94	94	91	850	1423	1.504	大朝山资料，人工砂石料

注 碾压混凝土材料配合参考表中材料用量不包括场内运输及拌制损耗在内，实际运用过程中损耗率可采用：水泥2.5%、砂3%、石子4%。

附表2-13　泵用纯混凝土材料配合表

序号	混凝土强度等级	水泥强度等级	水灰比	级配	最大粒径(mm)	配合比			预算量					
						水泥	砂	石子	水泥(kg)	粗砂		卵石		水(m^3)
										kg	m^3	kg	m^3	
1	C15	32.50	0.63	1	20	1	2.97	3.11	320	951	0.64	970	0.66	0.192
				2	40	1	3.05	4.29	280	858	0.58	1171	0.78	0.166
2	C20	32.50	0.51	1	20	1	2.30	2.45	394	910	0.61	979	0.67	0.193
				2	40	1	2.35	3.38	347	820	0.55	1194	0.80	0.161
3	C25	32.50	0.44	1	20	1	1.88	2.04	461	872	0.58	955	0.66	0.195
				2	40	1	1.95	2.83	408	800	0.53	1169	0.79	0.173

附表2-14　泵用掺外加剂混凝土材料配合表

序号	混凝土强度等级	水泥强度等级	水灰比	级配	最大粒径(mm)	配合比			预算量						
						水泥	砂	石子	水泥(kg)	粗砂		卵石		外加剂(kg)	水(m^3)
										kg	m^3	kg	m^3		
1	C15	32.50	0.63	1	20	1	3.28	3.35	290	957	0.65	987	0.67	0.58	0.192
				2	40	1	3.38	4.63	253	860	0.59	1188	0.79	0.50	0.166
2	C20	32.50	0.51	1	20	1	2.61	2.77	355	930	0.62	999	0.68	0.71	0.193
				2	40	1	2.61	3.78	317	831	0.56	1214	0.81	0.62	0.161
3	C25	32.50	0.44	1	20	1	2.15	2.32	415	895	0.60	980	0.68	0.83	0.195
				2	40	1	2.22	3.21	366	816	0.54	1191	0.81	0.73	0.173

附表 2-15　　　水泥砂浆材料配合表

(1) 砌筑砂浆

砂浆类别	砂浆强度等级	水泥 (kg)	砂 (m^3)	水 (m^3)
		32.5		
水泥砂浆	M5	211	1.13	0.127
	M7.5	261	1.11	0.157
	M10	305	1.10	0.183
	M12.5	352	1.08	0.211
	M15	405	1.07	0.243
	M20	457	1.06	0.274
	M25	522	1.05	0.313
	M30	606	0.99	0.364
	M40	740	0.97	0.444

(2) 接缝砂浆

序号	砂浆强度等级	体积配合比		矿渣大坝水泥		纯大坝水泥		砂 (m^3)	水 (m^3)
		水泥	砂	强度等级	数量 (kg)	强度等级	数量 (kg)		
1	M10	1	3.1	32.5	406			1.08	0.270
2	M15	1	2.6	32.5	469			1.05	0.270
3	M20	1	2.1	32.5	554			1.00	0.270
4	M25	1	1.9	32.5	633			0.94	0.270
5	M30	1	1.8			42.5	625	0.98	0.266
6	M35	1	1.5			42.5	730	0.93	0.266
7	M40	1	1.3			42.5	789	0.90	0.266

附表 2-16　　　水泥强度等级换算系数参考表

原强度等级 \ 代换强度等级	32.5	42.5	52.5
32.5	1.00	0.86	0.76
42.5	1.16	1.00	0.88
52.5	1.31	1.13	1.00

附录3　水利水电工程设计工程量计算规定（SL328—2005）

1. 总则

（1）水利水电工程各设计阶段的工程量，是设计工作的重要成果和编制工程概（估）算的主要依据。为统一设计工程量的计算工作，特制定本规定。

（2）本规定适用于大、中型水利水电工程项目的项目建议书、可行性研究和初步设计阶段的设计工程量计算。

（3）按照不同设计阶段设计报告编制规程的要求，永久工程和主要施工临时工程的工程量，均应符合《水利工程设计概（估）算编制规定》中工程项目划分的要求。

（4）各设计阶段计算的工程量乘以附表3-1所列相应的阶段系数后，作为设计工程量提供给造价专业编制工程概（估）算。

（5）施工中允许的超挖、超填量、合理的施工附加量及施工操作损耗，已计入概算定额，不应包括在设计工程量中。

（6）本规定中不包括机电设备需要量计算的内容，机电设备需要量应根据水规计［1996］608号文、DL5020、DL5021、水总［2002］116号文等有关规程、规定的要求计算。

（7）本规定引用的规程和规定。

1）水规计［1996］608号文　水利水电工程项目建议书编制暂行规定。

2）水利水电工程可行性研究报告编制规程（DL5020—93）。

3）水利水电工程初步设计报告编制规程（DL5021—93）。

4）水利水电工程施工组织设计规范（SL303—2004）。

5）水总［2002］116号文　水利工程设计概（估）算编制规定。

（8）水利水电工程设计工程量计算除符合本规定外，尚应符合国家和有关部门现行的相关专业技术标准的规定。

水利水电工程设计工程量阶段系数表见附表3-1。

附表3-1　　水利水电工程设计工程量阶段系数表

类别	设计阶段	土石方开挖工程量（万 m^3）				混凝土工程量（万 m^3）			
		＞500	500～200	200～50	＜50	＞300	300～100	100～50	＜50
永久工程建筑物	项目建议书	1.03～1.05	1.05～1.07	1.07～1.09	1.09～1.11	1.03～1.05	1.05～1.07	1.07～1.09	1.09～1.11
	可行性研究	1.02～1.03	1.03～1.04	1.04～1.06	1.06～1.08	1.02～1.03	1.03～1.04	1.04～1.06	1.06～1.08
	初步设计	1.01～1.02	1.02～1.03	1.03～1.04	1.04～1.05	1.01～1.02	1.02～1.03	1.03～1.04	1.04～1.05
施工临时工程	项目建议书	1.05～1.07	1.07～1.10	1.10～1.12	1.12～1.15	1.05～1.07	1.07～1.10	1.10～1.12	1.12～1.15
	可行性研究	1.04～1.06	1.06～1.08	1.08～1.10	1.10～1.13	1.04～1.06	1.06～1.08	1.08～1.10	1.10～1.13
	初步设计	1.02～1.04	1.04～1.06	1.06～1.08	1.08～1.10	1.02～1.04	1.04～1.06	1.06～1.08	1.08～1.10

续表

类别	设计阶段	土石方开挖工程量（万 m^3）				混凝土工程量（万 m^3）			
		>500	500～200	200～50	<50	>300	300～100	100～50	<50
金属结构工程	项目建议书								
	可行性研究								
	初步设计								

类别	设计阶段	土石方 填筑 砌石 工程量（万 m^3）				钢筋（t）	钢材（t）	模板（t）	灌浆（t）
		>500	500～200	200～50	<50				
永久工程建筑物	项目建议书	1.03～1.05	1.05～1.07	1.07～1.09	1.09～1.11	1.08	1.06	1.11	1.16
	可行性研究	1.02～1.03	1.03～1.04	1.04～1.06	1.06～1.08	1.06	1.05	1.08	1.15
	初步设计	1.01～1.02	1.02～1.03	1.03～1.04	1.04～1.05	1.03	1.03	1.05	1.10
施工临时工程	项目建议书	1.05～1.07	1.07～1.10	1.10～1.12	1.12～1.15	1.10	1.10	1.12	1.18
	可行性研究	1.04～1.06	1.06～1.08	1.08～1.10	1.10～1.13	1.08	1.08	1.09	1.17
	初步设计	1.02～1.04	1.04～1.06	1.06～1.08	1.08～1.10	1.05	1.05	1.06	1.12
金属结构工程	项目建议书						1.17		
	可行性研究						1.15		
	初步设计						1.10		

注 1. 若采用混凝土立模面系数乘以混凝土工程量计算模板工程量时，不应再考模板阶虑段系数。
2. 若采用混凝土含钢率或含钢量乘以混凝土工程量计算钢筋工程量时，不应再考虑钢筋阶段系数。
3. 截流工程的工程量阶段系数可取1.25～1.35。
4. 表中工程量系指工程总工程量。

2. 永久工程建筑工程量

（1）土石方开挖工程量，应按岩土分类级别计算，并将明挖、暗挖分开。明挖宜分一般、坑槽、基础、坡面等；暗挖宜分平洞、斜井、竖井和地下厂房等。

（2）土石方填（砌）筑工程的工程量计算应符合下列规定：

1）土石方填筑工程量应根据建筑物设计断面中不同部位不同填筑材料的设计要求分别计算，以建筑物实体方计量。

2）砌筑工程量按不同砌筑材料、砌筑方式（干砌、浆砌等）和砌筑部位分别计算，以建筑物砌体方计量。

（3）疏浚与吹填工程的工程量计算应符合下列规定：

1）疏浚工程量的计算，宜按设计水下方计量，开挖过程中的超挖及回淤量不应计入。

2）吹填工程量计算，除考虑吹填土层下沉及原地基下沉增加量，还应考虑施工期泥沙流失量，计算出吹填区陆上方再折算为水下方。

（4）土工合成材料工程量宜按设计铺设面积或长度计算，不应计入材料搭接及各种型式嵌固的用量。

（5）混凝土工程量计算应以成品实体方计量，并应符合下列规定：

1）项目建议书阶段混凝土工程量宜按工程各建筑物分项、分强度和级配计算。可行性研究和初步设计阶段混凝土工程量应根据设计图纸分部位、分强度、分级配计算。

2）碾压混凝土宜提出工法，沥青混凝土宜提出开级配或密级配。

3）钢筋混凝土的钢筋可按含钢率或含钢量计算。混凝土结构中的钢衬工程量应单独列出。

（6）混凝土立模面积应根据建筑物结构体形、施工分缝要求和使用模板的类型计算。

项目建议书和可行性研究阶段可参考《水利建筑工程概算定额》中附录9，初步设计阶段可根据工程设计立模面积计算。

（7）钻孔灌浆工程量计算应符合下列规定：

1）基础固结灌浆与帷幕灌浆的工程量，自起灌基面算起，钻孔长度自实际孔顶高程算起。基础帷幕灌浆采用孔口封闭的，还应计算灌注孔口管的工程量，根据不同孔口管长度以孔为单位计算。地下工程的固结灌浆，其钻孔和灌浆工程量根据设计要求以m计。

2）回填灌浆工程量按设计的回填接触面积计算。

3）接触灌浆和接缝灌浆的工程量，按设计所需面积计算。

（8）混凝土地下连续墙的成槽和混凝土浇筑工程量应分别计算。并应符合下列规定：

1）成槽工程量按不同墙厚、孔深和地层以面积计算。

2）混凝土浇筑的工程量，按不同墙厚和地层以成墙面积计算。

（9）锚固工程量可按下列要求计算：

1）锚杆支护工程量，按锚杆类型、长度、直径和支护部位及相应岩石级别以根数计算。

2）预应力锚索的工程量按不同预应力等级、长度、型式及锚固对象以束计算。

（10）喷混凝土工程量应按喷射厚度、部位及有无钢筋以体积计，回弹量不应计入。喷浆工程量应根据喷射对象以面积计。

（11）混凝土灌注桩的钻孔和灌筑混凝土工程量应分别计算。并应符合下列规定：

1）钻孔工程量按不同地层类别以钻孔长度计。

2）灌筑混凝土工程量按不同桩径以桩长度计。

（12）枢纽工程对外公路工程量，项目建议书和可行性研究阶段可根据1/50000～1/10000的地形图按设计推荐（或选定）的线路，分公路等级以长度计算工程量。初步设计阶段应根据不小于1/5000的地形图按设计确定的公路等级提出长度或具体工程量。

场内永久公路中主要交通道路，项目建议书和可行性研究阶段应根据1/10000～1/5000的施工总平面布置图按设计确定的公路等级以长度计算工程量。初步设计阶段应根据1/5000～1/2000的施工总平面布置图，按设计要求提出长度或具体工程量。引（供）水、灌溉等工程的永久公路工程量可参照上述要求计算。桥梁、涵洞按工程等级分别计算，提出延米或具体工程量。永久供电线路工程量，按电压等级、回路数以长度计算。

3. 施工临时工程的工程量

（1）施工导流工程工程量计算要求与永久水工建筑物计算要求相同，其中永久与临时结合的部分应计入永久工程量中，阶段系数按施工临时工程计取。

（2）施工支洞工程量应按永久水工建筑物工程量计算要求进行计算，阶段系数按施工临时工程计取。

（3）大型施工设施及施工机械布置所需土建工程量，按永久建筑物的要求计算工程量，阶段系数按施工临时工程计取。

（4）施工临时公路的工程量可根据相应设计阶段施工总平面布置图或设计提出的运输线路分等级计算公路长度或具体工程量。

（5）施工供电线路工程量可按设计的线路走向、电压等级和回路数计算。

4. 金属结构工程量

（1）水工建筑物的各种钢闸门和拦污栅的工程量以吨计，项目建议书可按已建工程类比确定；可行性研究阶段可根据初选方案确定的类型和主要尺寸计算；初步设计阶段应根据选定方案的设计尺寸和参数计算。各种闸门和拦污栅的埋件工程量计算均应与其主设备工程量计算精度一致。

（2）启闭设备工程量计算，宜与闸门和拦污栅工程量计算精度相适应，并分别列出设备重量（t）和数量（台、套）。

（3）压力钢管工程量应按钢管型式（一般、叉管）、直径和壁厚分别计算，以 t 为计量单位，不应计入钢管制作与安装的操作损耗量。

附录4　混凝土温控费用计算参考资料

混凝土温控费用计算参考资料如下：

（1）大体积混凝土浇筑后水泥产生水化热，温度迅速上升，且幅度较大，自然散热极其缓慢。为了防止混凝土出现裂缝，混凝土坝体内的最高温度必须严格加以控制，方法之一是限制混凝土搅拌机的出机口温度。在气温较高季节，混凝土在自然条件下的出机口温度往往超过施工技术规范规定的限度，此时，就必须采取人工降温措施，例如采用冷水喷淋预冷骨料或一次、二次风冷骨料，加片冰和（或）加冷水拌制混凝土等方法来降低混凝土的出机口温度。

控制混凝土最高温升的方法之二是在坝体混凝土内预埋冷却水管，进行一、二期通水冷却。一期（混凝土浇筑后不久）通低温水以削减混凝土浇筑初期产生的水泥水化热温升。二期通水冷却，主要是为了满足水工建筑物接缝灌浆的要求。

以上这些温控措施，应根据不同工程的特点、不同地区的气温条件、不同结构物不同部位的温控要求等综合因素确定。

（2）根据不同标号混凝土的材料配合比和相关材料的温度，可计算出混凝土的出机口温度，如附表4-1计算。出机口混凝土温度一般由施工组织设计确定。若混凝土的出机口温度已确定，则可按附表4-1公式计算确定应预冷的材料温度，进而确定各项温控措施。

附表4-1　　混凝土出机口温度计算表

序号	材料	重量 G (kg/m³)	比热 C [kJ/(kg·℃)]	温度 t (℃)	$C\times C=P$ [kJ/(m³·℃)]	$G\times C\times t=Q$ (kJ/m³)
1	水泥及粉煤灰		0.796	$t_1=T+15$		
2	砂		0.963	$t_2=T-2$		
3	石子		0.963	t_3		
4	砂的含水		4.2	$t_4=t_2$		
5	石子含水		4.2	$t_5=t_3$		
6	拌和水		4.2			
7	片冰		2.1 潜热335			$Q_7=-335G_7$
8	机械热					Q_8
合计		出机口温度 $t_c=\sum Q/\sum P$			$\sum P$	$\sum Q$

注　1. 表中"T"为月平均气温,℃。石子的自然温度可取与"T"同值。

2. 砂子含水率可取5%。

3. 风冷骨料脱水后的石子含水率可取0。

4. 淋水预冷骨料脱水后的石子含水率可取0.75%。

5. 混凝土拌和机械热取值：常温混凝土 $Q_8=2094\text{kJ/m}^3$；14℃混凝土 $Q_8=4187\text{kJ/m}^3$；7℃混凝土 $Q_8=6281\text{kJ/m}^3$。

6. 若给定了出机口温度、加冷水和加片冰量，则可按下式确定石子的冷却温度：

$$t_3=\frac{t_c\sum P-Q_1-Q_2-Q_4-Q_5-Q_6-Q_8+335G_7}{0.963G_3}$$

（3）综合各项温控措施的分项单价，可按附表 4－2 计算出每 $1m^3$ 混凝土的温控综合价（直接费）。

（4）各分项温控措施的单价计算列于附表 4－3～附表 4－8，坝体通水冷却单价计算列于附表 4－9。

附表 4－2　　混凝土预冷综合单价计算表

序号	项目	单位	数量 G	材料温度（℃）			分项措施单价（元） M	复价（元） $G\times\Delta t\times M$
				初温 t_0	终温 t_i	降幅 $\Delta t=t_0-t_i$		
1	制冷水	kg				元/（kg·℃）		
2	制片冰	kg				元/kg		
3	冷水喷淋骨料	kg				元/（kg·℃）		
4	一次风冷骨料	kg				元/（kg·℃）		
5	二次风冷骨料	kg				元/（kg·℃）		

注　1. 冷水喷淋预冷骨料和一次风冷骨料，二者择其一，不得同时计费。
2. 根据混凝土出机口温度计算，骨料最终温度大于 8℃时，一般可不必进行二次风冷，有时二次风冷是为了保温。
3. 一次风冷或水冷石子的初温可取月平均气温值。
4. 一次风冷或水冷之后，骨料转运到二次风冷料仓过程中，温度回升值可取 1.5～2℃。

附表 4－3　　制 冷 水 单 价

适用范围：冷水厂

工作内容：28℃河水、制 2℃冷水*、送出。　　单位：100t 冷水

项　目	单位	冷 水 产 量（t/h）					
		2.4	5.0	7.0	10.0	20.0	40.0
中级工	工时	61	30	24	15	8	4
初级工	工时	128	60	54	45	30	18
合计	工时	189	90	78	60	38	22
水	m^3	220	220	220	220	220	220
氟利昂	kg	0.50	0.50	0.50	0.50	0.50	0.50
冷冻机油	kg	0.70	0.70	0.70	0.70	0.70	0.70
其他材料费	%	2	2	2	2	2	2
螺杆式冷水机组 LSLGF100	台时	42					
螺杆式冷水机组 LSLGF200	台时		20				
螺杆式冷水机组 LSLGF300	台时			14			
螺杆式冷水机组 LSLGF500	台时				10		
螺杆式冷水机组 LSLGF1000	台时					5	
螺杆式冷水机组 LSLGF2000	台时						2.5
水泵 5.5kW	台时	42	20				
水泵 11kW	台时	84		14	10	5	5
水泵 15kW	台时		40	36	30	10	
水泵 30kW	台时					10	13
玻璃钢冷却塔 NBL－500	台时	4	4	4	4	4	4
其他机械费	%	5	5	5	5	5	6

附表 4-4　　　**＊对不同出水温度机械台时乘系数 *K***

出水温度（℃）	2	5	6	7	8	9	10	11	12
系数 *K*	1.0	0.78	0.71	0.65	0.60	0.55	0.51	0.47	0.44

附表 4-5　　　**制 片 冰 单 价**

适用范围：混凝土系统制冰加冰。

工作内容：用 2℃冷水制－8℃片冰贮存、送出。　　　单位：100t 片冰

项　　目	单　　位	片　冰　产　量（t/d）			
		12	25	50	100
中级工	工时	300	144	72	36
初级工	工时	900	720	504	324
合计	工时	1200	864	576	360
2℃冰水	m^3	105	105	105	105
水	m^3	700	700	700	700
氨液	kg	18	18	18	18
冷冻机油	kg	7	7	7	7
其他材料费	%	5	5	5	5
片冰机 PBL15/d	台时	200			
片冰机 PBL30/d	台时		96	96	96
贮冰库 30t	台时		96	48	
贮冰库 60t	台时				24
螺杆式氨泵机组 ABLG55Z	台时			48	24
螺杆式氨泵机组 ABLG100Z	台时		96	96	96
螺杆式氨泵机组 ABLG30Z	台时	400	96		
水泵 7.5kW	台时	400	96	48	
水泵 15kW	台时		96		24
水泵 30kW	台时			48	48
玻璃钢冷却塔 NBL-500	台时	20	20	20	20
输冰胶带机 $B=500$ $L=50m$	台时	200	96	96	48
其他机械费	%	5	5	5	5

附表 4-6　　　**冷水喷淋预冷骨料单价**

适用范围：2～4℃冷水喷淋，将骨料预冷至 8～16℃。

工作内容：制冷水、喷淋、回收、排渣、骨料脱水。　　　单位：100t 骨料降温 10℃

项　　目	单　　位	预冷骨料量（t/h）	
		200	400
中级工	工时	3	2
初级工	工时	3	2
合计	工时	6	4
水	m^3	43	43
氟利昂	kg	0.20	0.20
冷冻机油	kg	0.20	0.20
其他材料费	%	10	10

续表

项　　目	单　　位	预冷骨料量（t/h）	
		200	400
螺杆式冷水机组 LSLGF500	台时	0.36	
螺杆式冷水机组 LSLGF1000	台时	0.72	0.89
水泵 7.5kW	台时	0.36	0.36
水泵 15kW	台时	1.07	1.07
水泵 30kW	台时	1.44	1.25
衬胶泵 17kW	台时	0.72	0.72
玻璃钢冷却塔 NBL－500	台时	0.72	0.72
输冰胶带机 $B=1000$ $L=40$m	台时	0.72	0.89
输冰胶带机 $B=1400$ $L=170$m	台时	0.36	0.36
圆振动筛 2400×6000	台时	0.36	0.36
其他机械费	%	5	5

附表 4－7　　一次风冷骨料单价

适用范围：在料仓内用冷风将骨料预冷至 8～16℃。

工作内容：制冷水、鼓风、回风、骨料冷却。　　单位：100t 骨料降温 10℃

项　　目	单　　位	预冷骨料量（t/h）	
		200	400
中级工	工时	4	2
初级工	工时	2	2
合计	工时	6	4
水	m^3	21	21
氨液	kg	0.84	0.84
冷冻机油	kg	0.20	0.20
其他材料费	%	10	10
氨螺杆压缩机 LG20A250G	台时	1.11	1.11
卧式冷凝器 WNA－300	台时	1.11	1.11
氨贮液器 ZA－4.5	台时	1.11	1.11
空气冷却器 GKL－1250	台时	1.11	1.11
离心式风机 55kW	台时	1.11	
离心式风机 75kW	台时		0.56
水泵 75kW	台时	0.56	0.56
玻璃钢冷却塔 NBL－500	台时	0.56	0.56
其他机械费	%	17	17

附表 4－8　　二次风冷骨料单价

适用范围：在料仓内用冷风将骨料预冷至 0～2℃。

工作内容：制冷、鼓风、回风、骨料冷却。　　单位：100t 骨料降温 10℃

项　　目	单　　位	预冷骨料量（t/h）	
		200	400
中级工	工时	2.0	1
初级工	工时	2.5	2
合计	工时	4.5	3

续表

项　　目	单　　位	预冷骨料量（t/h）	
		200	400
水	m^3	38	1
氨液	kg	1.50	1.50
冷冻机油	kg	0.40	0.40
其他材料费	%	10	10
螺杆式氨泵机组 ABLG100Z	台时	4	
氨螺杆压缩机 LG20A200Z	台时		2
卧式冷凝器 WNA－300	台时		2
氨贮液器 ZA－4.5	台时	1	2
空气冷却器 GKL－1000	台时	2	2
离心式风机 55kW	台时	2	
离心式风机 75kW	台时		1
水泵 55kW	台时	1	
水泵 75kW	台时		1
玻璃钢冷却塔 NBL－500	台时	1	1
其他机械费	%	5	17

附表 4－9　　坝体通水冷却单价

适用范围：需要通水冷却的坝体混凝土。

工作内容：冷却水管埋设、通水、观测、混凝土表面保护。　　单位：$100m^3$ 混凝土

项　　目	单位	片　冰　产　量（t/d）			
		1×1.5	1.5×1.5	2×1.5	3×3
中级工	工时				
初级工	工时	60	40	30	10
合计	工时	60	40	30	10
钢管（冷却水管）	kg	240	160	120	40
低温水（一期冷却）温升5℃	m^3	120	80	60	20
水（二期冷却）	m^3	700	466	350	120
表面保护材料	m^2	50	50	50	30
其他材料费	%	5	5	5	5
电焊机交流 20kVA	台时	3	2	1.5	0.5
水泵	台时				
其他机械费	%	20	20	20	20

注　一期冷却和二期冷却是否用制冷水，水量及水温由温控设计确定。如用循环水，则应增加水泵台时量。

附录5　建设工程监理与相关服务收费管理规定

为规范建设工程监理及相关服务收费行为，维护委托双方合法权益，促进工程监理行业健康发展，国家发展和改革委员会、建设部组织国务院有关部门和有关组织，制定了《建设工程监理与相关服务收费管理规定》，自2007年5月1日起执行。2007年5月10日水利部办公厅以通知的形式（办建管函［2007］267号）转发了国家发展和改革委员会、建设部关于印发《建设工程监理与相关服务收费管理规定的通知》（发改价格［2007］670号），要求部直属各单位、各省（自治区、直辖市）水利（水务）厅（局），各计划单列市水利（水务）局，新疆生产建设兵团水利局，各单位认真贯彻执行。

《建设工程监理与相关服务收费管理规定》的基本规定如下：

（1）为规范建设工程监理与相关服务收费行为，维护发包人和监理人的合法权益，根据《中华人民共和国价格法》及有关法律、法规，制定本规定。

（2）建设工程监理与相关服务，应当遵守公开、公平、公正、自愿和诚实信用的原则。依法须招标的建设工程，应通过招标方式确定监理人。监理服务招标应优先考虑监理单位的资信程度、监理方案的优劣等技术因素。

（3）发包人和监理人应当遵守国家有关价格法律法规的规定，接受政府价格主管部门的监督、管理。

（4）建设工程监理与相关服务收费根据建设项目性质的不同情况，分别实行政府指导价或市场调节价。依法必须实行监理的建设工程施工阶段收费实行政府指导价；其他建设工程施工阶段的监理收费和其他阶段的监理与相关服务实行市场调节价。

（5）实行政府指导价的建设工程施工阶段监理收费，其基准价根据《建设工程监理与相关服务收费标准》计算，浮动幅度为上下20%。发包人和监理人应当根据建设工程的实际情况在规定的浮动幅度内协商确定收费额。实行市场调节价的建设工程监理与相关服务收费，由发包人和监理人协商确定收费额。

（6）建设工程监理与相关服务收费，应当体现优质优价的原则。在保证工程质量的前提下，由于监理人提供的监理与相关服务节省投资，缩短工期，取得显著经济效益的，发包人可根据合同约定奖励监理人。

（7）监理人应当按照《关于商品和服务实行明码标价的规定》，告知发包人有关服务项目、服务内容、服务质量、收费依据，以及收费标准。

（8）建设工程监理与相关服务收费的内容、质量要求和相应的收费金额以及支付方式，由发包人和监理人在监理与相关服务合同中约定。

（9）监理人提供的监理与相关服务，应当符合国家有关法律、法规和标准规范，满足合同约定的服务内容和质量等要求。监理人不得违反标准规范规定或合同约定，通过降低服务质量、减少服务内容等手段进行恶性竞争，扰乱正常市场秩序。

（10）由于非监理人原因造成建设工程监理与相关服务工作量增加或减少的，发包人应当按合同约定与监理人协商另行支付监理与相关服务费用。

（11）由于监理人原因造成监理与相关服务工作量增加的，发包人不另行支付监理与相关服务费用。

监理人提供监理与相关服务不符合国家有关法律、法规和标准规范的，提供的监理服务人员、执业水平和服务时间未达到监理工作要求的，不能满足合同约定的服务内容和质量等要求的，发包人可按合同约定扣减相应的监理与相关服务费用。

由于监理人工作失误给发包人造成经济损失的，监理人应当按照合同约定依法承担相应的赔偿责任。

（12）违反本规定和国家有关价格法律、法规规定的，由政府价格主管部门依据《中华人民共和国价格法》、《价格违法行为行政处罚规定》予以处罚。

建设工程监理与相关服务收费标准如下：

（1）建设工程监理与相关服务是指监理人接受发包人的委托，提供建设工程施工阶段的质量、进度、费用控制管理和安全生产监督管理、合同、信息等方面协调管理服务，以及勘察、设计、保修等阶段的相关服务。各阶段的工作内容附表5-1。

附表5-1　建设工程监理与相关服务的主要工作内容

服务阶段	主要工作内容	备注
勘察阶段	协助发包人编制勘察要求、选择勘察单位，核查勘察方案并监督实施和进行相应的控制，参与验收勘察成果	建设工程勘察、设计、施工、保修等阶段监理与相关服务的具体工作内容执行国家、行业有关规范、规定
设计阶段	协助发包人编制设计要求、选择设计单位，组织评选设计方案，对各设计单位进行协调管理，监督合同履行，审查设计进度计划并监督实施，核查设计大纲和设计深度、使用技术规范合理性，提出设计评估报告（包括各阶段设计的核查意见和优化建议），协助审核设计概算	
施工阶段	施工过程中的质量、进度、费用控制，安全生产监督管理、合同、信息等方面的协调管理	
保修阶段	检查和记录工程质量缺陷，对缺陷原因进行调查分析并确定责任归属，审核修复方案，监督修复过程并验收，审核修复费用	

（2）建设工程监理与相关服务收费包括建设工程施工阶段的工程监理（以下简称“施工监理”）服务收费和勘察、设计、保修等阶段的相关服务（以下简称“其他阶段的相关服务”）。

（3）铁路、水运、公路、水电、水库工程的施工监理服务收费按建筑安装工程费分档定额计费方式计算收费。其他工程的施工监理服务收费按照建设项目工程概算投资额分档定额计费方式计算收费。

（4）其他阶段的相关服务收费一般按相关服务工作所需工日和《建设工程监理与相关服务人员人工日费用标准》（附表5-2）收费。

（5）施工监理服务收费按照下列公式计算。

施工监理服务收费按照下列公式计算：

附表5-2　　建设工程监理与相关服务人员人工日费用标准

建设工程监理与相关服务人员职级	工日费用标准（元）
1. 高级专家	1000～1200
2. 高级专业技术职称的监理与相关服务人员	800～1000
3. 中级专业技术职称的监理与相关服务人员	600～800
4. 初级及以下专业技术职称监理与相关服务人员	300～600

施工监理服务收费＝施工监理服务收费基准价×（1±浮动幅度值）

施工监理服务收费基准价＝施工监理服务收费基价×专业调整系数×工程复杂程度调整系数×高程调整系数

（6）施工监理服务收费基价。施工监理服务收费基价是完成国家法律法规、规范规定的施工阶段监理基本服务内容的价格。施工监理服务收费基价按《施工监理服务收费基价表》（附表5-3）确定，计费额处于两个数值区间的，采用直线内插法确定施工监理服务收费基价。

附表5-3　　施工监理服务收费基价表　　单位：万元

序号	计费额	收费基价	序号	计费额	收费基价
1	500	16.5	9	60000	991.4
2	1000	30.1	10	80000	1255.8
3	3000	78.1	11	100000	1507.0
4	5000	120.8	12	200000	2712.5
5	8000	181.0	13	400000	4882.6
6	10000	218.6	14	600000	6835.6
7	20000	393.4	15	800000	8658.4
8	40000	708.2	16	1000000	10390.1

注　计费额大于1000000万元的，以计费额乘以1.039%的收费率计算收费基价。其他未包含的其收费由双方协商议定。

（7）施工监理服务收费基准价。施工监理服务收费基准价是按照本收费标准规定的基价和1.0.5（2）计算出的施工监理服务基准收费额。发包人与监理人根据项目的实际情况，在规定的浮动幅度范围内协商确定施工监理服务收费合同额。

（8）施工监理服务收费的计费额。施工监理服务收费以建设项目工程概算投资额分档定额计费方式收费的，其计费额为工程概算中的建筑安装工程费、设备购置费和联合试运转费之和，即工程概算投资额。对设备购置费和联合试运转费占工程概算投资额40%以上的工程项目，其建筑安装工程费全部计入计费额，设备购置费和联合试运转费按40%的比例计入计费额。但其计费额不应小于建筑安装工程费与其相同且设备购置费和联合试运转费等于工程概算投资额40%的工程项目的计费额。

工程中有利用原有设备并进行安装调试服务的，以签订工程监理合同时同类设备的当期价格作为施工监理服务收费的计费额；工程中有缓配设备的，应扣除签订工程监理合同时同类设备的当期价格作为施工监理服务收费的计费额；工程中有引进设备的，按照购进设备的离岸价格折换成人民币作为施工监理服务收费的计费额。

施工监理服务收费以建筑安装工程费分档定额计费方式收费的，其计费额为工程概算中的建筑安装工程费。

作为施工监理服务收费计费额的建设项目工程概算投资额或建筑安装工程费均指每个监理合同中约定的工程项目范围的计费额。

（9）施工监理服务收费调整系数。施工监理服务收费调整系数包括：专业调整系数、工程复杂程度调整系数和高程调整系数。

1）专业调整系数是对不同专业建设工程的施工监理工作复杂程度和工作量差异进行调整的系数。计算施工监理服务收费时，专业调整系数在《施工监理服务收费专业调整系数表》（附表5－4）中查找确定。

附表5－4　　施工监理服务收费专业调整系数表

工程类型	专业调整系数
1. 矿山采选工程	
黑色、有色、黄金、化学、非金属及其他矿采选工程	0.9
选煤及其他煤炭工程	1.0
矿井工程、铀矿采选工程	1.1
2. 加工冶炼工程	
冶炼工程	0.9
船舶水工工程	1.0
各类加工工程	1.0
核加工工程	1.2
3. 石油化工工程	
石油工程	0.9
化工、石化、化纤、医药工程	1.0
核化工工程	1.2
4. 水利电力工程	
风力发电、其他水利工程	0.9
火电工程、送变电工程	1.0
核能、水电、水库工程	1.2
5. 交通运输工程	
机场场道、助航灯光工程	0.9
铁路、公路、城市道路、轻轨及机场空管工程	1.0
水运、地铁、桥梁、隧道、索道工程	1.1
6. 建筑市政工程	
园林绿化工程	0.8
建筑、人防、市政公用工程	1.0
邮政、电信、广播电视工程	1.0
7. 农业林业工程	
农业工程	0.9
林业工程	0.9

2）工程复杂程度调整系数是对同一专业建设工程的施工监理复杂程度和工作量差异进行调整的系数。工程复杂程度分为一般、较复杂和复杂3个等级，其调整系数分别为：一般（Ⅰ级）0.85；较复杂（Ⅱ级）1.0；复杂（Ⅲ级）1.15。计算施工监理服务收费时，水利工程复杂程度在附表5-5、附表5-6中查找确定。

3）高程调整系数如下：

海拔高程2001m以下的为1；

海拔高程2001～3000m为1.1；

海拔高程3001～3500m为1.2；

海拔高程3501～4000m为1.3；

海拔高程4001m以上的，高程调整系数由发包人和监理人协商确定。

附表5-5　　水利、发电、送电、变电、核能工程复杂程度表

等　级	工　程　特　征
Ⅰ级	1. 单机容量200MW及以下凝汽式机组发电工程，燃气轮机发电工程，50MW及以下供热机组发电工程； 2. 电压等级220kV及以下的送电、变电工程； 3. 最大坝高小于70m，边坡高度小于50m，基础处理深度小于20m的水库水电工程； 4. 施工明渠导流建筑物与土石围堰； 5. 总装机容量小于50MW的水电工程； 6. 单洞长度小于1km的隧洞； 7. 无特殊环保要求
Ⅱ级	1. 单机容量300～600MW凝汽式机组发电工程，单机容量50MW以上供热机组发电工程，新能源发电工程（可再生能源、风电、潮汐等）； 2. 电压等级330kV的送电、变电工程； 3. 70m≤最大坝高＜100m或1000万m^3≤库容＜1亿m^3的水库水电工程； 4. 地下洞室的跨度＜15m，50m≤边坡高度＜100m，20m≤基础处理深度＜40m的水库水电工程； 5. 施工隧洞导流建筑物（洞径＜10m）或混凝土围堰（最大堰高＜20m）； 6. 50MW≤总装机容量＜1000MW的水电工程； 7. 1km≤单洞长度＜4km的隧洞； 8. 工程位于省级重点环境（生态）保护区内，或毗邻省级重点环境（生态）保护区，有较高的环保要求
Ⅲ级	1. 单机容量600MW以上凝汽式机组发电工程； 2. 换流站工程，电压等级≥500kV送电、变电工程； 3. 核能工程； 4. 最大坝高≥100m或库容≥1亿m^3的水库水电工程； 5. 地下洞室的跨度≥15m，边坡高度≥100m，基础处理深度≥40m的水库水电工程； 6. 施工隧洞导流建筑物（洞径≥10m）或混凝土围堰（最大堰高≥20m）； 7. 总装机容量≥1000MW的水库水电工程； 8. 单洞长度≥4km的水工隧洞； 9. 工程位于国家级重点环境（生态）保护区内，或毗邻国家级重点环境（生态）保护区，有特殊的环保要求

附表 5-6　　其他水利工程复杂程度表

等级	工程特征
Ⅰ级	1. 流量<$15m^3/s$ 的引调水渠道管线工程； 2. 堤防等级Ⅴ级的河道治理建（构）筑物及河道堤防工程； 3. 灌区田间工程； 4. 水土保持工程
Ⅱ级	1. $15m^3/s$≤流量<$25m^3/s$ 的引调水渠道管线工程； 2. 引调水工程中的建筑物工程； 3. 丘陵、山区、沙漠地区的引调水渠道管线工程； 4. 堤防等级Ⅲ、Ⅳ级的河道治理建（构）筑物及河道堤防工程
Ⅲ级	1. 流量≥$25m^3/s$ 的引调水渠道管线工程； 2. 丘陵、山区、沙漠地区的引调水建筑物工程； 3. 堤防等级Ⅰ、Ⅱ级的河道治理建（构）筑物及河道堤防工程； 4. 护岸、防波堤、围堰、人工岛、围垦工程，城镇防洪、河口整治工程

（10）发包人将施工监理服务中的某一部分工作单独发包给监理人，按照其占施工监理服务工作量的比例计算施工监理服务收费，其中质量控制和安全生产监督管理服务收费不宜低于施工监理服务收费额的70%。

（11）建设工程项目施工监理服务由两个或者两个以上监理人承担的，各监理人按照其占施工监理服务工作量的比例计算施工监理服务收费。发包人委托其中一个监理人对建设工程项目施工监理服务总负责的，该监理人按照各监理人合计监理服务收费额的4%～6%向发包人收取总体协调费。

（12）本收费标准不包括本总则以外的其他服务收费。其他服务收费，国家有规定的，从其规定；国家没有规定的，由发包人与监理人协商确定。

附录6 工程勘察设计收费标准

一、总则

（1）工程设计收费是指设计人根据发包人的委托，提供编制建设项目初步设计文件、施工图设计文件、非标准设备设计文件、施工图预算文件、竣工图文件等服务所收取的费用。

（2）工程设计收费采取按照建设项目单项工程概算投资额分档定额计费方法计算收费。铁道工程设计收费计算方法，在交通运输工程一章中规定。

（3）工程设计收费按照下列公式计算。

1）工程设计收费＝工程设计收费基准价×（1±浮动幅度值）

2）工程设计收费基准价＝基本设计收费＋其他设计收费

3）基本设计收费＝工程设计收费基价×专业调整系数×工程复杂程度调整系数×附加调整系数

（4）工程设计收费基准价。工程设计收费基准价是按照本收费标准计算出的工程设计基准收费额，发包人和设计人根据实际情况，在规定的浮动幅度内协商确定工程设计收费合同额。

（5）基本设计收费。基本设计收费是指在工程设计中提供编制初步设计文件、施工图设计文件收取的费用，并相应提供设计技术交底、解决施工中的设计技术问题、参加试车考核和竣工验收等服务。

（6）其他设计收费。其他设计收费是指根据工程设计实际需要或者发包人要求提供相关服务收取的费用，包括总体设计费、主体设计协调费、采用标准设计和复用设计费、非标准设备设计文件编制费、施工图预算编制费、竣工图编制费等。

（7）工程设计收费基价。工程设计收费基价是完成基本服务的价格。工程设计收费基价在《工程设计收费基价表》（附表6－5）中查找确定，计费额处于两个数值区间的，采用直线内插法确定工程设计收费基价。

（8）工程设计收费计费额。工程设计收费计费额，为经过批准的建设项目初步设计概算中的建筑安装工程费、设备与工器具购置费和联合试运转费之和。

工程中有利用原有设备的，以签订工程设计合同时同类设备的当期价格作为工程设计收费的计费额；工程中有缓配设备，但按照合同要求以既配设备进行工程设计并达到设备安装和工艺条件的，以既配设备的当期价格作为工程设计收费的计费额；工程中有引进设备的，按照购进设备的离岸价折换成人民币作为工程设计收费的计费额。

（9）工程设计收费调整系数。工程设计收费标准的调整系数包括：专业调整系数、工程复杂程度调整系数和附加调整系数。

1）专业调整系数是对不同专业建设项目的工程设计复杂程度和工作量差异进行调整

的系数。计算工程设计收费时，专业调整系数在《工程设计收费专业调整系数表》（附表6－6）中查找确定。

2）工程复杂程度调整系数是对同一专业不同建设项目的工程设计复杂程度和工作量差异进行调整的系数。工程复杂程度分为一般、较复杂和复杂三个等级，其调整系数分别为：一般（Ⅰ级）0.85；较复杂（Ⅱ级）1.0；复杂（Ⅲ级）1.15。计算工程设计收费时，工程复杂程度在相应章节的《工程复杂程度表》中查找确定。

3）附加调整系数是对专业调整系数和工程复杂程度调整系数尚不能调整的因素进行补充调整的系数。附加调整系数分别列于总则和有关章节中。附加调整系数为两个或两个以上的，附加调整系数不能连乘。将各附加调整系数相加，减去附加调整系数的个数，加上定值1，作为附加调整系数值。

（10）非标准设备设计收费按照下列公式计算。

非标准设备设计费＝非标准设备计费额×非标准设备设计费率

非标准设备计费额为非标准设备的初步设计概算。非标准设备设计费率在《非标准设备设计费率表》（附表6－7）中查找确定。

（11）单独委托工艺设计、土建以及公用工程设计、初步设计、施工图设计的，按照其占基本服务设计工作量的比例计算工程设计收费。

（12）改扩建和技术改造建设项目，附加调整系数为1.1～1.4。根据工程设计复杂程度确定适当的附加调整系数，计算工程设计收费。

（13）初步设计之前，根据技术标准的规定或者发包人的要求，需要编制总体设计的，按照该建设项目基本设计收费的5％加收总体设计费。

（14）建设项目工程设计由两个或者两个以上设计人承担的，其中对建设项目工程设计合理性和整体性负责的设计人，按照该建设项目基本设计收费的5％加收工程设计协调费。

（15）工程设计中采用标准设计或者复用设计的，按照同类新建项目基本设计收费的30％计算收费；需要重新进行基础设计的，按照同类新建项目基本设计收费的40％计算收费；需要对原设计做局部修改的，由发包人和设计人根据设计工作量协商确定工程设计收费。

（16）编制工程施工图预算的，按照该建设项目基本设计收费的10％收取施工图预算编制费；编制工程竣工图的，按照该建设项目基本设计收费的8％收取竣工图编制费。

（17）工程设计中采用设计人自有专利或者专有技术的，其专利和专有技术收费由发包人与设计人协商确定。

（18）工程设计中的引进技术需要境内设计人配合设计的，或者需要按照境外设计程序和技术质量要求由境内设计人进行设计的，工程设计收费由发包人与设计人根据实际发生的设计工作量，参照本标准协商确定。

（19）由境外设计人提供设计文件，需要境内设计人按照国家标准规范审核并签署确认意见的，按照国际对等原则或者实际发生的工作量，协商确定审核确认费。

（20）设计人提供设计文件的标准份数，初步设计、总体设计分别为10份，施工图设计、非标准设备设计、施工图预算、竣工图分别为8份。发包人要求增加设计文件份数的，由发包人另行支付印制设计文件工本费。工程设计中需要购买标准设计图的，由发包人支付购图费。

(21) 本收费标准不包括本总则第1条以外的其他服务收费。其他服务收费，国家有收费规定的，按照规定执行；国家没有收费规定的，由发包人与设计人协商确定。

二、水利电力工程设计

1. 水利电力工程范围

适用于水利、发电、送电、变电和核能工程。

2. 水利电力工程各阶段工作量比例

水利电力工程各阶段工作量比例如附表6-1所示。

附表6-1　　水利电力工程各阶段工作量比例表

工程类型＼设计阶段		初步设计（%）	招标设计（%）	施工图设计（%）
核能、送电、变电工程		40		60
火电工程		30		70
水库、水电、潮汐工程		25	20	55
风电工程		45		55
引调水工程	建构筑物	25	20	55
	渠道管线	45	20	35
河道治理工程	建构筑物	25	20	55
	河道堤防	55	10	35
灌区田间工程		60		40
水土保持工程		70	10	20

3. 水利电力工程复杂程度

(1) 电力、核能、水库工程。如附表6-2所示。

附表6-2　　电力、核能、水库工程复杂程度表

等级	工程设计条件
Ⅰ级	1. 新建4台以上同容量凝汽式机组发电工程，燃气轮机发电工程； 2. 电压等级110kV的及以下的送电、变电工程； 3. 设计复杂程度赋分值之和≤20的水库和水电工程
Ⅱ级	1. 新建或扩建2～4台单机容量50MW以上凝汽式机组及50MW及以下供热机组发电工程； 2. 电压等级220kV、330kV的送电、变电工程； 3. 设计复杂程度赋分值之和为-20～20的水库和水电工程
Ⅲ级	1. 新建一台机组的发电工程，一次建设两种不同容量机组的发电工程，新建2～4台单机容量50MW以上供热机组发电工程，新能源发电工程（风电、潮汐等）； 2. 电压等级500kV送电、变电、换流站工程； 3. 核电工程、核反应堆工程； 4. 设计复杂程度赋分值之和≥20的水库和水电工程

注　1. 水电工程可行性研究与初步设计阶段合并的，设计总工作量附加调整系数为1.1。

2. 水库和水电工程计费额包括水库淹没区处理补偿费和施工辅助工程费。

（2）其他水利工程。如附表6－3所示。

附表6－3　　其他水利工程复杂程度表

等　级	工程设计条件
Ⅰ级	1. 丘陵、山区、沙漠地区的建筑物投资之和与建设项目中所有建筑物投资之和的比例＜30%的引调水建筑物工程； 2. 丘陵、山区、沙漠地区渠道管线长度之和与建设项目中所有渠道管线长度之和的比例＜30%的引调水渠道管线工程； 3. 堤防等级Ⅴ级的河道治理建（构）筑物及河道堤防工程； 4. 灌区田间工程； 5. 水土保持工程
Ⅱ级	1. 丘陵、山区、沙漠地区的建筑物投资之和与建设项目中所有建筑物投资之和的比例在30%～60%的引调水建筑物工程； 2. 丘陵、山区、沙漠地区渠道管线长度之和与建设项目中所有渠道管线长度之和的比例在30%～60%的引调水渠道管线工程； 3. 堤防等级Ⅲ、Ⅳ级的河道治理建（构）筑物及河道堤防工程
Ⅲ级	1. 丘陵、山区、沙漠地区的建筑物投资之和与建设项目中所有建筑物投资之和的比例＞60%的引调水建筑物工程； 2. 丘陵、山区、沙漠地区管线长度之和与建设项目中所有渠道管线长度之和的比例＞60%的引调水渠道管线工程； 3. 堤防等级Ⅰ、Ⅱ级的河道治理建（构）筑物及河道堤防工程； 4. 护岸、防波堤、围堰、人工岛、围垦工程，城镇防洪、河口整治工程

注　1. 引调水渠道或管线、河道堤防工程附加调整系数为0.85。
2. 灌区田间工程附加调整系数为0.25。
3. 水土保持工程附加调整系数为0.7。
4. 河道治理及引调水工程建筑物、构筑物工程附加调整系数为1.3。

4. 水库和水电工程复杂程度赋分

水库和水电工程复杂程度赋分表如附表6－4所示。

附表6－4　　水库和水电工程复杂程度赋分表

项　目	工程设计条件	赋分值
枢纽布置方案比较	一个坝址或一条坝线方案	－10
	两个坝址或两条坝线方案	5
	三个坝址或三条坝线方案	10
建筑物	有副坝	－1
	土石坝、常规重力坝	2
	有地下洞室	6
	两种坝型或两种厂型	7
	新坝型，拱坝、混凝土面板堆石坝、碾压混凝土坝	7

续表

项　目	工 程 设 计 条 件	赋分值
综合利用	防洪、发电、灌溉、供水、航运、减淤、养殖具备一项	－6
	防洪、发电、灌溉、供水、航运、减淤、养殖具备两项	1
	防洪、发电、灌溉、供水、航运、减淤、养殖具备三项	2
	防洪、发电、灌溉、供水、航运、减淤、养殖具备四项	4
	防洪、发电、灌溉、供水、航运、减淤、养殖具备五项及以上	6
环保	环保要求简单	－3
	环保要求一般	1
	环保有特殊要求	3
泥沙	少泥沙河流	－4
	多泥沙河流	5
冰凌	有冰凌问题	5
主坝坝高	坝高＜30m	－4
	坝高 30～50m	1
	坝高 51～70m	2
	坝高 71～150m	4
	坝高＞150m	6
地震设防	地震设防烈度≥7 度	4
基础处理	简单：地质条件好或不需进行地基处理	－4
	中等：按常规进行地基处理	1
	复杂：地质条件复杂，需进行特殊地基处理	4
下泄流量	窄河谷坝高在 70m 以上、下泄流量 25000m^3/s 以上	4
地理位置	地处深山峡谷，交通困难、远离居民点、生活物资供应困难	3

三、取费表

如附表 6－5 所示为工程设计收费基价表。

附表 6－5　　**工程设计收费基价表**　　单位：万元

序号	计费额	收费基价	序号	计费额	收费基价
1	200	9.0	10	60000	1515.2
2	500	20.9	11	80000	1960.1
3	1000	38.8	12	100000	2393.4
4	3000	103.8	13	200000	4450.8
5	5000	163.9	14	400000	8276.7
6	8000	249.6	15	600000	11897.5
7	10000	304.8	16	800000	15391.4
8	20000	566.8	17	1000000	18793.8
9	40000	1054.0	18	2000000	34948.9

注　计费额大于 2000000 万元的，以计费额乘以 1.6%的收费率计算收费基价。

附表 6-6　　工程设计费专业调整系数

工 程 类 型	专业调整系数
1. 矿山采选工程	
黑色、黄金、化学、非金属及其他矿采选工寻	1.1
采煤工程，有色、铀矿采选工程	1.2
选煤及其他煤炭工程	1.3
2. 加工冶炼工程	
各类冷加工工程	1.0
船舶水工工程	1.1
各类冶炼、热加工、压力加工工程	1.2
核加工工程	1.3
3. 石油化工工程	
石油、化工、石化、化纤、医药工程	1.2
核化工工程	1.6
4. 水利电力工程	
风力发电、其他水利工程	0.8
火电工程	1.0
核电常规岛、水电、水库、送变电工程	1.2
核能工程	1.6
5. 交通运输工程	
机场场道工程	0.8
公路、城市道路工程	0.9
机场空管和助航灯光、轻轨工程	1.0
水运、地铁、桥梁、隧道工程	1.1
索道工程	1.3
6. 建筑市政工程	
邮政工艺工程	0.8
建筑、市政、电信工程	1.0
人防、园林绿化、广电工艺工程	1.1
7. 农业林业工程	
农业工程	0.9
林业工程	0.8

非标准设备设计费率表如附表 6-7 所示。

附表 6-7　　非标准设备设计费率表

类别	非标准设备分类	费率（%）
一般	技术一般的非标准设备，主要包括： 1. 单体设备类：槽、罐、池、箱、斗、架、台，常压容器、换热器、铅烟除尘、恒温油浴及无传动的简单装置； 2. 室类：红外线干燥室、热风循环干燥室、浸漆干燥室、套管干燥室、极板干燥室、隧道式干燥室、蒸汽硬化室、油漆干燥室、木材干燥室	10～13

续表

类别	非标准设备分类	费率（%）
较复杂	技术较复杂的非标准设备，主要包括： 1. 室类：喷砂室、静电喷漆室； 2. 窑类：隧道窑、倒焰窑、抽屉窑、蒸笼窑、辊道窑； 3. 炉类：冷、热风冲天炉、加热炉、反射炉、退火炉、淬火炉、煅烧炉、坩锅炉、氢气炉、石墨化炉、室式加热炉、砂芯烘干炉、干燥炉、亚胺化炉、还氧铅炉、真空热处理炉、气氛炉、空气循环炉、电炉； 4. 塔器类：Ⅰ、Ⅱ类压力容器、换热器、通信铁塔； 5. 自动控制类：屏、柜、台、箱等电控、仪控设备，电力拖动、热工调节设备； 6. 通用类：余热利用、精铸、热工、除渣、喷煤、喷粉设备、压力加工、钣材、型材加工设备，喷丸强化机、清洗机； 7. 水工类：浮船坞、坞门、闸门、船舶下水设备、升船机设备； 8. 试验类：航空发动机试车台、中小型模拟试验设备	13～16
复杂	技术复杂的非标准设备，主要包括： 1. 室类：屏蔽室、屏蔽暗室； 2. 窑类：熔窑、成型窑、退火窑、回转窑； 3. 炉类：闪速炉、专用电炉、单晶炉、多晶炉、沸腾炉、反应炉、裂解炉、大型复杂的热处理炉、炉外真空精炼设备； 4. 塔器类：Ⅲ类压力容器、反应釜、真空罐、发酵罐、喷雾干燥塔、低温冷冻、高温高压设备、核承压设备及容器、广播电视塔桅杆、天馈线设备； 5. 通用类：组合机床、数控机床、精密机床、专用机床、特种起重机、特种升降机、高货位立体仓贮设备、胶接固化装置、电镀设备，自动、半自动生产线； 6. 环保类：环境污染防治、消烟除尘、回收装置； 7. 试验类：大型模拟试验设备、风洞高空台、模拟环境试验设备	16～20

注　1. 新研制并首次投入工业化生产的非标准设备，乘以1.3的调整系数计算收费。
2. 多台（套）相同的非标准设备，自第二台（套）起乘以0.3的调整系数计算收费。

附录7 概 算 表 格

一、工程概算总表

工程概算总表是由工程部分的总概算表与移民和环境部分的总概算表汇总而成。如附表7-1所示，表中Ⅰ部分是工程部分总概算表。表中Ⅱ部分是移民环境总概算表。表中Ⅲ部分为前两部分合计静态总投资和总投资。

附表7-1 **工 程 概 算 总 表** 单位：万元

序号	工程或费用名称	建安工程费	设备购置费	独立费用	合计
Ⅰ	工程部分投资 ⋮ 静态总投资 ⋮ 总投资				
Ⅱ	移民环境投资 ⋮ 静态总投资 ⋮ 总投资				
Ⅲ	工程投资总计				
	静态总投资				
	总投资				

二、概算表

概算表包括总概算表、建筑工程概算表、设备及安装工程概算表、分年度投资表和资金流量表。

1. 总概算表

按项目划分的5部分填表并列至一级项目。5部分之后的内容为：1～5部分投资合计、基本预备费、静态总投资、价差预备费、建设期融资利息和总投资，如附表7-2所示。

附表7-2 **总 概 算 表** 单位：万元

序号	工程或费用名称	建安工程费	设备购置费	独立费用	合计	占1～5部分投资（%）
	各部分投资					
	1～5部分投资合计					

续表

序号	工程或费用名称	建安工程费	设备购置费	独立费用	合计	占1～5部分投资（%）
	基本预备费					
	静态总投资					
	价差预备费					
	建设期融资利息					
	总投资					

2. 建筑工程概算表

按项目划分列至三级项目，如附表7－3所示，适用于编制建筑工程概算、施工临时工程概算和独立费用概算。

附表7－3　　建筑工程概算表

序　号	工程或费用名称	单　　位	数　　量	单价（元）	合计（万元）

3. 设备及安装工程概算表

按项目划分列至三级项目，如附表7－4所示，适用于编制机电和金属结构设备及安装工程概算。

附表7－4　　设备及安装工程概算表

序号	名称及规格	单位	数量	单价（元）		合计（万元）	
				设备费	安装费	设备费	安装费

4. 分年度投资表

可视不同情况按项目划分列至一级项目。枢纽工程原则上按下表编制分年度投资，为编制资金流量表作准备。某些工程施工期较短可不编制资金流量表，因此其分年度投资表的项目可按工程部分总概算表的项目列入，如附表7－5所示。

附表7－5　　分年度投资表　　单位：万元

项　　目	合计	建设工期（年）							
		1	2	3	4	5	6	7	8
一、建筑工程									
1. 建筑工程									
×××工程（一级项目）									
2. 施工临时工程									
×××工程（一级项目）									
二、安装工程									
1. 发电设备安装工程									
2. 变电设备安装工程									

续表

项目	合计	建设工期（年）							
		1	2	3	4	5	6	7	8
3. 公用设备安装工程									
4. 金属结构设备安装工程									
三、设备工程									
1. 发电设备									
2. 变电设备									
3. 公用设备									
4. 金属结构设备									
四、独立费用									
1. 建设管理费									
2. 生产准备费									
3. 科研勘测设计费									
4. 建设及施工场地征用费									
5. 其他									
一至四部分合计									

5. 资金流量表

可视不同情况按项目划分列至一级或二级项目，如附表7-6所示。

附表7-6　资 金 流 量 表　单位：万元

项目	合计	建设工期（年）							
		1	2	3	4	5	6	7	8
一、建筑工程									
分年度资金流量									
×××工程									
……									
二、安装工程									
分年度资金流量									
三、设备工程									
分年度资金流量									
四、独立费用									
分年度资金流量									
一至四部分合计									
分年度资金流量									
基本预备费									
静态总投资									
价差预备费									
建设期融资利息									
总投资									

三、概算附表

概算附表包括建筑工程单价汇总表、安装工程单价汇总表、主要材料预算价格汇总表、次要材料预算价格汇总表、施工机械台时费汇总表、主要工程量汇总表、主要材料量汇总表、工时数量汇总表和建设及施工场地征用数量汇总表。

1．建筑工程单价汇总表

建筑工程单价汇总表如附表 7－7 所示。

附表 7－7　　建筑工程单价汇总表　　单位：元

序号	名称	单位	单价	其中							
				人工费	材料费	机械使用费	其他直接费	现场经费	间接费	企业利润	税金

2．安装工程单价汇总表

安装工程单价汇总表如附表 7－8 所示。

附表 7－8　　安装工程单价汇总表　　单位：元

序号	名称	单位	单价	其中								
				人工费	材料费	机械使用费	装置性材料费	其他直接费	现场经费	间接费	企业利润	税金

3．主要材料预算价格汇总表

主要材料预算价格汇总表如附表 7－9 所示。

附表 7－9　　主要材料预算价格汇总表　　单位：元

序号	名称及规格	单位	预算价格	其中			
				原价	运杂费	运输保险费	采购及保管费

4．次要材料预算价格汇总表

次要材料预算价格汇总表如附表 7－10 所示。

附表 7－10　　次要材料预算价格汇总表　　单位：元

序号	名称及规格	单位	原价	运杂费	合计

5．施工机械台时费汇总表

施工机械台时费汇总表如附表 7－11 所示。

附表 7-11　　施工机械台时费汇总表　　单位：元

序号	名称及规格	台时费	其中				
			折旧费	修理及替换设备费	安拆费	人工费	动力燃料费

6. 主要工程量汇总表

主要工程量汇总表如附表 7-12 所示。

附表 7-12　　主要工程量汇总表

序号	项目	土石方明挖（m^3）	石方洞挖（m^3）	土石方填筑（m^3）	混凝土（m^3）	模板（m^2）	钢筋（t）	帷幕灌浆（m）	固结灌浆（m）

7. 主要材料量汇总表

主要材料量汇总表如附表 7-13 所示。

附表 7-13　　主要材料量汇总表

序号	项目	水泥（t）	钢筋（t）	钢材（t）	木材（m^3）	炸药（t）	沥青（t）	粉煤灰（t）	汽油（t）	柴油（t）

8. 工时数量汇总表 t

工时数量汇总表如附表 7-14 所示。

附表 7-14　　工时数量汇总表

序　号	项　目	工时数量 t	备　注

9. 建设及施工场地征用数量汇总表

建设及施工场地征用数量汇总表如附表 7-15 所示。

附表 7-15　　建设及施工场地征用数量汇总表

序　号	项　目	占地面积（亩）	备　注

四、概算附件附表

概算附件附表包括人工预算单价计算表、主要材料运输费用计算表、主要材料预算价格计算表、混凝土材料单价计算表、建筑工程单价表、安装工程单价表、资金流量计算表以及主要技术经济指标表。

1. 人工预算单价计算表

人工预算单价计算表如附表 7 - 16 所示。

附表 7 - 16　　人工预算单价计算表

地区类别		定额人工等级	
序号	项 目	计算式	单价（元）
1	基本工资		
2	辅助工资		
(1)	地区津贴		
(2)	施工津贴		
(3)	夜餐津贴		
(4)	节日加班津贴		
3	工资附加费		
(1)	职工福利基金		
(2)	工会经费		
(3)	养老保险费		
(4)	医疗保险费		
(5)	工伤保险费		
(6)	职工失业保险基金		
(7)	住房公积金		
4	人工工日预算单价		
5	人工工时预算单价		

2. 主要材料运输费用计算表

主要材料运输费用计算表如附表 7 - 17 所示。

附表 7 - 17　　主要材料运输费用计算表

编号	1	2	3	材料名称				材料编号	
交货条件				运输方式	火车	汽车	船运	火车	
交货地点				货物等级				整车	零担
交货比例（%）				装载系数					

编号	运输费用项目	运输起讫地点	运输距离（km）	计算公式	合计（元）
1	铁路运杂费				
	公路运杂费				
	水路运杂费				
	场内运杂费				
	综合运杂费				
2	铁路运杂费				
	公路运杂费				
	水路运杂费				
	场内运杂费				
	综合运杂费				

续表

编号	运输费用项目	运输起讫地点	运输距离（km）	计算公式	合计（元）
3	铁路运杂费				
	公路运杂费				
	水路运杂费				
	场内运杂费				
	综合运杂费				
每吨运杂费					

3. 主要材料预算价格计算表

主要材料预算价格计算表如附表7－18。

附表7－18　主要材料预算价格计算表

编号	名称及规格	单位	原价依据	单位毛重（t）	每吨运费（元）	价格（元）					
						原价	运杂费	采购及保管费	运到工地分仓库价格	保险费	预算价格

4. 混凝土材料单价计算表

混凝土材料单价计算表如附表7－19所示。

附表7－19　混凝土材料单价计算表　单位：m^3

编号	混凝土标号	水泥强度等级	级配	预 算 量						单价（元）
				水泥（kg）	掺和料（kg）	砂（m^3）	石子（m^3）	外加剂（kg）	水（kg）	

5. 建筑工程单价表

建筑工程单价表如附表7－20所示。

附表7－20　建 筑 工 程 单 价 表

定额编号________　项目________　定额单位：

施工方法：

编号	名称	单位	数量	单价（元）	合计（元）

6. 安装工程单价表

安装工程单价表如附表7－21所示。

附表 7-21　　安装工程单价表

定额编号________　　项目________　　定额单位：

型号规格：

编号	名称	单位	数量	单价（元）	合计（元）

7. 资金流量计算表

资金流量计算表如附表 7-22 所示。

8. 主要技术经济指标表

本表可根据工程的具体情况进行编制，反映出主要技术经济指标即可。如附表 7-23 所示为某工程的主要技术经济指标表格，供参考使用。

附表 7-22　　资金流量计算表　　单位：万元

项　　目	合计	建设工期（年）							
		1	2	3	4	5	6	7	8
一、建筑工程									
（一）×××工程									
1. 分年度完成工作量									
2. 预付款									
3. 扣回预付款									
4. 保留金									
5. 偿还保留金									
（二）×××工程									
⋮									
二、安装工程									
1. 分年度完成安装费									
2. 预付款									
3. 扣回预付款									
4. 保留金									
5. 偿还保留金									
三、设备工程									
1. 分年度完成设备费									
2. 预付款									
3. 扣回预付款									
4. 保留金									
5. 偿还保留金									
四、独立费用									
1. 分年度费用									
2. 保留金									
3. 偿还保留金									
一至四部分合计									
1. 分年度工作量									
2. 预付款									
3. 扣回预付款									
4. 保留金									
5. 偿还保留金									

续表

<table>
<tr><td rowspan="2">项 目</td><td rowspan="2">合计</td><td colspan="8">建设工期（年）</td></tr>
<tr><td>1</td><td>2</td><td>3</td><td>4</td><td>5</td><td>6</td><td>7</td><td>8</td></tr>
<tr><td>基本预备费</td><td></td><td></td><td></td><td></td><td></td><td></td><td></td><td></td><td></td></tr>
<tr><td>静态总投资</td><td></td><td></td><td></td><td></td><td></td><td></td><td></td><td></td><td></td></tr>
<tr><td>价差预备费</td><td></td><td></td><td></td><td></td><td></td><td></td><td></td><td></td><td></td></tr>
<tr><td>建设期融资利息</td><td></td><td></td><td></td><td></td><td></td><td></td><td></td><td></td><td></td></tr>
<tr><td>总投资</td><td></td><td></td><td></td><td></td><td></td><td></td><td></td><td></td><td></td></tr>
</table>

附表7-23　　主要技术经济指标表

<table>
<tr><td>河系</td><td colspan="2"></td><td rowspan="13">发电厂</td><td colspan="2">型式</td><td>地下厂房</td></tr>
<tr><td>建设地点</td><td colspan="2"></td><td colspan="2">厂房尺寸（长×宽×高）</td><td></td></tr>
<tr><td>设计单位</td><td colspan="2"></td><td colspan="2">水泵水轮机型号</td><td></td></tr>
<tr><td>建设单位</td><td colspan="2"></td><td colspan="2">装机容量</td><td></td></tr>
<tr><td>水库</td><td>上水库</td><td>下水库</td><td colspan="2">保证出力</td><td>万 kW</td></tr>
<tr><td>正常蓄水位</td><td colspan="2"></td><td colspan="2">年发电量</td><td>亿 kW·h</td></tr>
<tr><td>总库容</td><td colspan="2"></td><td colspan="2">年抽水电量</td><td>亿 kW·h</td></tr>
<tr><td>调节库容</td><td colspan="2"></td><td colspan="2">建筑工程投资</td><td>万元</td></tr>
<tr><td>建设占地</td><td colspan="2"></td><td colspan="2">单位千瓦指标</td><td>元</td></tr>
<tr><td>迁移人口</td><td colspan="2"></td><td colspan="2">单位空间体积指标</td><td>元/m^3</td></tr>
<tr><td>迁移费用</td><td colspan="2"></td><td colspan="2">发电设备投资</td><td>万元</td></tr>
<tr><td>单位指标</td><td colspan="2"></td><td colspan="2">单位千瓦指标</td><td>元</td></tr>
<tr><td>拦河坝（闸）</td><td>主坝</td><td>副坝</td><td colspan="2">单位电量指标</td><td>元</td></tr>
<tr><td>型式</td><td>混凝土面板堆石坝</td><td>混凝土面板堆石坝</td><td rowspan="4">主体建筑工程量</td><td rowspan="2">开挖</td><td>明挖土石方</td><td>万 m^3</td></tr>
<tr><td>最大坝高</td><td></td><td></td><td>洞挖石方</td><td>万 m^3</td></tr>
<tr><td>坝体方量</td><td></td><td></td><td rowspan="2">填筑</td><td>石方</td><td>万 m^3</td></tr>
<tr><td>投资</td><td></td><td></td><td>混凝土</td><td>万 m^3</td></tr>
<tr><td>单位指标</td><td></td><td></td><td rowspan="4">主要材料用量</td><td colspan="2">水泥</td><td>万 t</td></tr>
<tr><td rowspan="5">引水隧洞</td><td>型式</td><td></td><td colspan="2">钢筋钢材</td><td>万 t</td></tr>
<tr><td>直径</td><td></td><td colspan="2">木材</td><td>万 m^3</td></tr>
<tr><td>长度/条数</td><td></td><td colspan="2">粉煤灰</td><td></td></tr>
<tr><td>投资</td><td></td><td rowspan="3">全员人数</td><td colspan="2">高峰人数</td><td>人</td></tr>
<tr><td>单位指标</td><td></td><td colspan="2">平均人数</td><td>人</td></tr>
<tr><td colspan="2">静态投资</td><td>万元</td><td colspan="2">总工时</td><td>万工时</td></tr>
<tr><td colspan="2">总投资</td><td>万元</td><td rowspan="5">计划施工时间</td><td colspan="2">筹建期</td><td>月</td></tr>
<tr><td colspan="2">单位千瓦静态投资</td><td>元</td><td colspan="2">第一台机发电工期</td><td>月</td></tr>
<tr><td colspan="2">单位年发电量投资</td><td>元/（kW·h）</td><td colspan="2">竣工工期</td><td>月</td></tr>
<tr><td colspan="2">第一台机组发电静态总投资</td><td>万元</td><td colspan="2">总工期（不含筹建期）</td><td>月</td></tr>
<tr><td colspan="2">第一台机组发电总投资</td><td>万元</td><td colspan="3"></td></tr>
<tr><td colspan="2">工程建设期贷款利息</td><td>万元</td><td></td><td colspan="3"></td></tr>
<tr><td colspan="2">工程投资</td><td>万元</td><td></td><td colspan="3"></td></tr>
<tr><td colspan="2">生产单位定员人</td><td></td><td></td><td colspan="3"></td></tr>
</table>

附录8　土石方松实系数换算表

项　目	自　然　方	松　　方	实　　方	码　　方
土方	1	1.33	0.85	
石方	1	1.53	1.31	
砂方	1	1.07	0.94	
混合料	1	1.19	0.88	
块石	1	1.75	1.43	1.67

注　1. 松实系数是指土石料体积的比例关系，供一般土石方工程换算时参考。

2. 块石实方指堆石坝坝体方，块石松方即块石堆方。

附录 9　一般工程土类分级表

土质级别	土质名称	自然温容重（kg/m³）	外形特征	开挖方法
Ⅰ	1. 砂土 2. 种植土	1650～1750	疏松，黏着力差或易透水，略有黏性	用锹或略加脚踩开挖
Ⅱ	1. 壤土 2. 淤泥 3. 含壤种植土	1750～1850	开挖时能成块，并易打碎	用锹或略加脚踩开挖
Ⅲ	1. 黏土 2. 干燥黄土 3. 干淤泥 4. 含少量砾石黏土	1800～1950	黏手，看不见砂粒或干硬	用镐、三齿耙开挖或用锹需用力加脚踩开挖
Ⅳ	1. 坚硬黏土 2. 砾质黏土 3. 含卵石黏土	1900～2100	土壤结构坚硬，将土分裂后成块状或含黏粒砾石较多	用镐，三齿耙工具开挖

参 考 文 献

［1］ 中华人民共和国水利部．水利工程设计概（估）算编制规定．郑州：黄河水利出版社，2002.

［2］ 中华人民共和国水利部．水利建筑工程概算定额（上、下册）．郑州：黄河水利出版社，2002.

［3］ 中华人民共和国水利部．水利水电设备及安装工程概算定额．郑州：黄河水利出版社，2002.

［4］ 中华人民共和国水利部．水利工程施工机械台时费定额．郑州：黄河水利出版社，2002.

［5］ 中华人民共和国水利部．水利工程概预算补充定额．郑州：黄河水利出版社，2005.

［6］ 陈全会，王修贵，谭兴华．水利水电工程定额与造价．北京：中国水利水电出版社，2003.

［7］ 李春生，胡祥建．水利工程造价编制实训．郑州：黄河水利出版社，2008.

［8］ 中国水利学会水利工程造价管理专业委员会．水利工程造价．北京：中国计划出版社，2002.

［9］ 方国华，朱成立．水利水电工程概预算．郑州：黄河水利出版社，2008.

［10］ 徐学东，姬宝霖．水利水电工程概预算．北京：中国水利水电出版社，2005.

［11］ 钟汉华．水利水电工程造价．北京：科学出版社，2004.

［12］ 吴恒安．财务评价、国民经济评价、社会评价、后评价理论与方法．北京：中国水利水电出版社，1998.

［13］ 施熙灿．水利工程经济学. 2版．北京：中国水利水电出版社，2010.

［14］ 黄森开．工程造价编制实训．北京：中国水利水电出版社，2003.